现代光子学系列译丛

结构光及其应用

——相位结构光束和纳米尺度光力导论

大卫·安德鲁斯(David L. Andrews) 著

张 彤 张晓阳 译

U0380375

东南大学出版社
SOUTHEAST UNIVERSITY PRESS
·南京·

内容简介

在复杂结构光束的产生及其在非接触光操纵的应用领域充满了新机遇。本书全面介绍了这一新领域中包含的电磁理论、光学特性、实现方法及实际应用，详尽阐述了诸如光旋涡与其他波前结构所具有的独特光束特性，以及与之相关的相位特征和光子特性，并且展示了上述特性在多个领域里的应用，展示范围从冷原子操纵一直延伸至光驱动微机械。

本书可供高等院校物理、电子和光学专业的高年级本科生、研究生阅读或作为教材使用，也可供纳米光子学领域研究人员参考。

图书在版编目(CIP)数据

结构光及其应用:相位结构光束和纳米尺度光力导论 / (英)大卫·安德鲁斯(David L. Andrews) 著;张彤等译. — 南京:东南大学出版社,2017.3(2024.4重印)
(现代光子学系列译丛)
书名原文:Structured Light and Its Applications: An Introduction to Phase-Structured Beams and Nanoscale Optical Forces
ISBN 978-7-5641-6893-3

Ⅰ.①结… Ⅱ.①大… ②张… Ⅲ.①光子束—研究 Ⅳ.①TL501

中国版本图书馆 CIP 数据核字(2017)第 325449 号

江苏省版权局著作权合同登记
图字:10-2016-113

This edition of Structured Light and Its Applications: An Introduction to Phase-Structured Beams and Nanoscale Optical Forces by David Andrews is published by arrangement with Elsevier Inc. of a Delaware corporation having its principal place of business at 360 Park Avenue South, New York, NY 10010, USA
Copyright © 2008 Elsevier Inc. All rights reserved.

结构光及其应用:相位结构光束和纳米尺度光力导论

出版发行	东南大学出版社
社　　址	南京市玄武区四牌楼 2 号(210096)
网　　址	http://www.seupress.com
出 版 人	江建中
责任编辑	张　煦
经　　销	全国各地新华书店
印　　刷	江苏凤凰数码印务有限公司
开　　本	787mm×1092mm　1/16
印　　张	15.5
字　　数	358 千字
版　　次	2017 年 3 月第 1 版
印　　次	2024 年 4 月第 2 次印刷
书　　号	ISBN 978-7-5641-6893-3
定　　价	56.00 元

东大版图书若有印装质量问题，请直接与营销部联系。电话(传真):025—83791830

译者序

人们对光的求索可追溯至公元前，众多研究者们耗费毕生精力探索光的本质。十七世纪末，惠更斯、胡克和牛顿等人分别试图从波动和粒子的角度对光进行阐释。至十九世纪中叶，麦克斯韦和赫兹确立了光的电磁假说，人们认识到光是电磁波。随后，光学研究深入到光的产生及光与物质相互作用的微观机制，爱因斯坦在普朗克量子假说的基础上提出光子概念，阐述了光的波粒二象性。人们从此意识到光子具有质量、能量及动量，对光的本质的认识达到了前所未有的新高度。在此之后，光子学的发展不断加速。二十多年前，艾伦等人证明了光子可携带离散的轨道角动量，它与光子的自旋角动量相对应，揭示了光除频率、偏振之外的另一种自由度，使光子学焕然一新。

光的轨道角动量赋予了光束特殊的空间结构，催生出一系列交叉学科应用领域：从生物细胞俘获及分离到冷原子操纵，从超高分辨率显微成像到近场光学微操纵，从新型传感和精密探测到量子通信。这些新兴的研究领域在近年来不断拓展，愈发活跃。

《结构光及其应用》正是一部深入阐述光的轨道角动量的权威著作。它全新地诠释了“结构光学”这一研究领域，并详细地介绍了该领域的研究方向和应用前景。本书从光的电磁场及量子理论出发，阐述了光的相位结构、角动量、涡旋等，在此基础上系统分析了结构光与物质相互作用的动力学原理及其在微操纵领域的应用，并进一步介绍了光子轨道角动量在生物微流变、量子通信领域及冷原子操纵领域中的研究现状。

值得注意的是，近年来基于表面等离激元的研究发展迅猛，表面等离激元作为一种光与电子的共振模式，突破了传统光学衍射极限，相关研究将光子学研究引入了亚波长时代。人们通过设计金属结构，形成了二维超材料，实现了对光场在近场和远场区域的调控，逐步获得了微纳尺度光学功能元件。但是，固定的微纳光学功能元件只具有单一的光学功能，无法实现光场的动态调节。而结构光学的存在，恰巧弥补了这一不足。入射光场携带的振幅、相位和偏振等信息为等离激元场分布的调控提供了新的自由度，从而使单一的微纳元件也能实现高度可控地调节，为未来实现集成化与小型化的光信息器件及功能化回路提供了新的思路。等离激元学与结构光学在近场光学微操纵、量子信息等新兴应用领域交集很多，是目前光学研究领域最前沿的发展方向，相互之间的理论联系也非常紧密。该系列译著丛书的前两本——《表面等离激元纳米光子学》和《等离激元学——基础与应用》系统地介绍了等离激元学这一光学前沿方向的相关理论和应用研究。现在，我们把这本《结构光及其应用》献给读者，真诚地希望本书能为研究者们提供有价值的参考，并对相关领域的研究人员给予启发，进一步拓展和深入结构光的科学研究及其在物理学、生物学和医学等交叉领域中的应用。相信结构光学与等离激元学的结合能够使得亚波长的光学研究更加丰富，这也是我们共同努力的目标。最后借此对在翻译过程中付出大量辛勤劳动的老师和研究生们表示由衷的谢意。

张　彤

2016 年 12 月

目　录

原版作者　所属机构 …… Ⅰ
前言 …… Ⅲ
第一章　相位结构电磁波概述 …… 1
1.1　简介 …… 1
1.2　拉盖尔—高斯光束和轨道角动量 …… 1
1.3　贝塞尔和马蒂厄光束 …… 5
1.4　波动方程的一般解 …… 5
1.5　经典还是量子? …… 6
1.6　用透镜和全息图产生拉盖尔—高斯光束 …… 6
1.7　相干性:空间与时间 …… 7
1.8　基组间的转换 …… 8
1.9　总结 …… 9
参考文献 …… 9
第二章　光学中的角动量和涡旋 …… 13
2.1　简介 …… 13
2.2　场和粒子的经典角动量 …… 15
2.2.1　粒子和辐射的角动量 …… 15
2.2.2　角动量各部分的变化率 …… 16
2.3　辐射角动量分解为 L 和 S …… 16
2.3.1　经典描述 …… 16
2.3.2　量子运算符 …… 17
2.4　多极场及其涡旋结构 …… 18
2.4.1　球形多极场 …… 18
2.4.2　圆柱形多极场 …… 20
2.5　单色傍轴光束的角动量 …… 22
2.5.1　傍轴近似 …… 22
2.5.2　单色光的角动量 …… 23
2.5.3　均一的轨道角动量和自旋角动量 …… 24
2.5.4　非均匀偏振 …… 25
2.6　傍轴光束的量子描述 …… 26

2.6.1 傍轴场的量子运算符 …… 26
2.6.2 自旋和轨道角动量的量子运算符 …… 27
2.7 非单色傍轴光束 …… 28
2.7.1 非单色光束的角动量 …… 28
2.7.2 旋转偏振的自旋 …… 28
2.7.3 旋转模式图样的轨道角动量 …… 29
2.7.4 非均匀偏振旋转的角动量 …… 30
2.8 经典傍轴光束的运算符描述 …… 31
2.8.1 傍轴光束的 Dirac 符号 …… 31
2.8.2 傍轴光束和量子谐振子 …… 32
2.8.3 模式的升降算符 …… 34
2.8.4 轨道角动量和 Hermite-Laguerre 球体 …… 35
2.9 光学涡旋动力学 …… 36
2.9.1 不变的模式图样 …… 36
2.9.2 同方向涡旋的旋转图样 …… 37
2.9.3 涡旋的产生和湮灭 …… 38
2.10 总结 …… 39
参考文献 …… 39
第三章 奇点光学及其相位特性 …… 42
3.1 基本相位奇点 …… 43
3.2 复合涡旋光束 …… 46
3.3 非整数涡旋光束 …… 48
3.4 传播动力学 …… 49
3.5 总结 …… 49
致谢 …… 50
参考文献 …… 50
第四章 纳米光学:粒子间作用力 …… 53
4.1 简介 …… 53
4.2 光诱导对力的量子电动力学描述 …… 54
4.2.1 量子学基础 …… 55
4.2.2 几何结构的定义 …… 56
4.2.3 斜圆柱对 …… 58
4.2.4 共线对 …… 60
4.2.5 圆柱体平行对 …… 62
4.2.6 球形粒子 …… 63
4.2.7 拉盖尔—高斯光束中的球形粒子 …… 64
4.3 应用综述 …… 65
4.4 讨论 …… 67
致谢 …… 68

参考文献 …… 68
第五章　近场光学微操纵 …… 72
5.1　引言 …… 72
5.1.1　什么是近场? …… 72
5.1.2　用于近场和引导(初步研究)的光学几何结构 …… 73
5.2　近场俘获的理论考量 …… 74
5.3　近场中粒子引导和俘获实验 …… 76
5.3.1　近场表面引导和俘获 …… 76
5.3.2　使用全反射物镜进行俘获 …… 81
5.3.3　采用光波导的微操作 …… 82
5.4　亟需研究的近场课题 …… 84
5.4.1　近场中光力诱导的微粒自组装 …… 84
5.4.2　基于先进光子架构的近场俘获 …… 85
5.5　结论 …… 87
致谢 …… 87
参考文献 …… 87
第六章　全息光镊 …… 91
6.1　简介 …… 91
6.2　举例构建光阱扩展阵列的基本原理 …… 92
6.3　实验细节 …… 93
6.3.1　标准的光学系统 …… 93
6.4　全息光阱的算法 …… 97
6.4.1　随机掩模编码 …… 98
6.4.2　叠加算法 …… 99
6.4.3　Gerchberg-Saxton 算法 …… 100
6.4.4　直接搜索算法和模拟退火法 …… 101
6.4.5　总结 …… 102
6.4.6　创建扩展光学势能图谱的可替代手段 …… 103
6.5　全息光镊的未来 …… 105
致谢 …… 106
参考文献 …… 106
第七章　利用结构光进行原子和分子操纵 …… 113
7.1　简介 …… 113
7.2　概要 …… 114
7.3　轨道角动量向原子和分子的转移 …… 114
7.4　多普勒力和扭矩 …… 115
7.4.1　基本形式 …… 115
7.4.2　瞬态动力学 …… 117
7.4.3　稳态动力学 …… 119

7.4.4 偶极电位 …… 120
7.5 多普勒频移 …… 120
7.5.1 轨迹线 …… 121
7.5.2 多光束 …… 121
7.5.3 二维和三维粘团 …… 122
7.6 液晶的旋转效应 …… 124
7.7 讨论和总结 …… 127
致谢 …… 127
参考文献 …… 128
第八章 光涡旋俘获及粒子自旋动力学 …… 131
8.1 引言 …… 131
8.2 光俘获的计算电磁模型 …… 131
8.3 电磁角动量 …… 133
8.4 傍轴和非傍轴光涡旋中的电磁角动量 …… 135
8.5 非傍轴光涡旋 …… 137
8.6 涡旋光束俘获 …… 141
8.7 对称与光扭矩 …… 145
8.8 零角动量光涡旋 …… 150
8.9 高斯“纵向”光束涡旋 …… 151
8.10 总结 …… 153
参考文献 …… 153
第九章 光镊下的粒子自旋 …… 159
9.1 简介 …… 159
9.2 使用光强整形光束来导向和旋转俘获的物体 …… 160
9.3 光镊到粒子的角动量传递 …… 160
9.4 光镊下的面外自旋 …… 162
9.5 光镊中螺旋形粒子的自旋 …… 162
9.6 光镊下自旋控制的应用 …… 163
第十章 流变方法与粘度测量方法 …… 167
10.1 简介 …… 167
10.2 光学扭矩测量 …… 168
10.2.1 自旋角动量测量 …… 168
10.2.2 测量轨道角动量 …… 169
10.3 基于旋转光镊的测微粘度计 …… 170
10.3.1 基于自旋测微粘度计的实验装置 …… 170
10.3.2 结果与分析 …… 171
10.3.3 用于微粘度测量的轨道角动量 …… 174
10.4 应用 …… 176
10.4.1 皮升粘度测量 …… 176

10.4.2 医学样品 …… 177
10.4.3 流场测量 …… 177
10.5 总结 …… 179
参考文献 …… 179
第十一章 量子通信和量子信息中的轨道角动量 …… 182
11.1 量子信息的发送与接收 …… 183
11.1.1 纠缠轨道角动量态的产生 …… 184
11.1.2 单光子级别轨道角动量量子态探测 …… 185
11.1.3 固有安全性(intrinsic security) …… 187
11.2 轨道角动量量子态空间探索 …… 187
11.2.1 轨道角动量量子态的叠加态 …… 188
11.2.2 纠缠叠加态的产生 …… 189
11.2.3 轨道角动量信息的存储 …… 191
11.3 量子协议 …… 192
11.3.1 高维度的优势 …… 192
11.3.2 通信方案 …… 193
11.4 总结与展望 …… 195
致谢 …… 195
参考文献 …… 195
第十二章 超冷原子的光学操纵 …… 199
12.1 背景 …… 199
12.2 光力与原子阱 …… 199
12.3 量子气:玻色—爱因斯坦凝聚体 …… 202
12.3.1 原子云中的玻色—爱因斯坦凝聚 …… 202
12.3.2 凝聚及其描述 …… 203
12.3.3 量子气体相位印迹 …… 205
12.4 冷原子的光致规范势 …… 207
12.4.1 背景 …… 207
12.4.2 光场中原子绝热运动的一般形式 …… 208
12.5 Λ 体系的光致规范势 …… 209
12.5.1 概述 …… 209
12.5.2 绝热条件 …… 211
12.5.3 有效矢量势和俘获势 …… 212
12.5.4 携带轨道角动量的同向传播光束 …… 212
12.5.5 移动的横向剖面的相向传播光束 …… 213
12.6 三脚架型原子的光致规范场 …… 215
12.6.1 概述 …… 215
12.6.2 $S_{12}=0$ 的情况 …… 217
12.7 光致规范势中冷原子的超相对论行为 …… 218

12.7.1 引言 …… 218
12.7.2 公式表达 …… 218
12.7.3 冷原子的准相对论行为 …… 219
12.7.4 实验研究 …… 220
12.8 结语 …… 221
参考文献 …… 222
索引 …… 226

原版作者 所属机构

原版作者	所属机构
Les Allen	英国,思克莱德大学
David L. Andrews	英国,东英吉利亚大学
Theodor Asavei	澳大利亚,昆士兰大学
Mohamed Babiker	英国,约克大学
Johannes Courtial	英国,格拉斯哥大学
Luciana C. Dávila Romero	英国,东英吉利亚大学
Kishan Dholakia	英国,圣安德鲁斯大学
Sonja Franke-Arnold	英国,格拉斯哥大学
Roberto Di Leonardo	意大利,罗马大学
Enrique J. Galvez	美国,柯盖德大学
Norman R. Heckenberg	澳大利亚,昆士兰大学
John Jeffers	英国,思克莱德大学
Gediminas Juzeliūnas	立陶宛,维尔纽斯大学理论物理学及天文学研究所
Gregor Knöner	澳大利亚,昆士兰大学
Jonathan Leach	英国,格拉斯哥大学
Vincent L.Y. Loke	澳大利亚,昆士兰大学
Timo A. Nieminen	澳大利亚,昆士兰大学
Gerard Nienhuis	荷兰,莱顿大学
Patrick Öhberg	英国,赫瑞瓦特大学
Miles Padgett	英国,格拉斯哥大学
Simon Parkin	澳大利亚,昆士兰大学
Peter J. Reece	英国,圣安德鲁斯大学
Halina Rubinsztein-Dunlop	澳大利亚,昆士兰大学
Gabriel C. Spalding	美国,伊利诺伊卫斯理大学

前　　言

在新兴研究中，复杂结构光束表现出众多令人惊异的奇妙特性，不可胜言。同时，对物质的非接触光学操控也展现出广阔的应用前景，难以尽述。上述研究所采用的方法已经远远超出现有的聚焦激光捕获及光镊的范畴，其潜在应用已从生物细胞处理，拓展到微流体、纳米制备及光子学，并进一步扩展到激光制冷、原子捕获、量子信息和玻色－爱因斯坦凝聚体控制等众多领域，为具有亚波长分辨率的纳米光学提供了新的发展机遇。这些方法中，许多利用了特殊角动量、节点结构和复杂波前结构光束的相位特性。

然而，此类研究的价值绝不仅限于应用技术方面。这是一个理论和实验都在轰轰烈烈发展的领域：新的理论不断出现，指导着实验的开展；实验结果进一步挑战现有理论，促进新理论的诞生。正如技术的发展速度首次超出了基础理论的发展，太多的研究成果迫使人们不断转变和提升对光子特性的理解。人们震惊地发现光子角动量不只包含本征自旋。这一发现带来的巨大冲击至今没有得到缓解。Rodney Loudon 在《光的量子理论》千禧版中写道："再也无法简洁明了地阐释一个'光子'所蕴含的意义了。"

结构光学及光力的研究培植出一个新兴、活跃、独特的跨学科领域，激励起全世界学者们的浓厚兴趣和深入研究。本书的主要目的是介绍及解析这一领域中的关键进展，展示它们的发展历程和相互影响。自始至终，我非常荣幸地得到领域内许多权威专家的支持，共同为本书的编撰贡献力量。我相信这本凝聚了各位专家心血并由他们分章撰写的书，不仅能够成为这一领域的标杆，也将传递出该领域内研究者们兴奋的声音。我受到他们的恩惠是显而易见的，在此致上我最诚挚的谢意。

大卫·安德鲁斯

诺威奇，2007 年 10 月

第一章　相位结构电磁波概述

Les Allen[1] and Miles Padgett[2]
[1]Universities of Glasgow and Strathclyde, UK
[2]University of Glasgow, UK

1.1　简介

粗略翻阅有关光电磁理论和光学的经典书籍可以发现，人们只研究了自由空间球面波和平面波的传播。这些书籍讨论波的传播过程时，通常并没有详细描述其相位或振幅结构。在激光器出现的初期，光束由偏振和光强剖面来说明。激光的剖面通常用艾伦等人提出的矩形对称厄米特—高斯振幅模式来描述[1]：

$$
\begin{aligned}
u_{nm}^{\mathrm{HG}}(x,y,z)=&\left(\frac{2}{\pi n!m!}\right)^{1/2}2^{-N/2}(1/\omega)\exp[-\mathrm{i}k(x^2+y^2)/2R]\\
&\cdot\exp[-(x^2+y^2)/\omega^2]\exp[-\mathrm{i}(n+m+1)\psi]\\
&\cdot H_n(x\sqrt{2}/\omega)H_m(y\sqrt{2}/\omega)
\end{aligned}
\tag{1}
$$

其中 $H_n(x)$表示 n 阶厄米多项式。结果显示公式(1)相邻最大值间呈反相 π，正是由于相位的不连续性使得波瓣在光的传播过程中保持分离状态。该相位结构中加入了与光束发散和聚焦有关的球面相位波前。

1990 年，Tamm 和 Weiss[43] 研究了 TEM_{01}^{*} 混合模式。该混合模式由频率简并 TEM_{10} 和 TEM_{01} 模式的稳定振荡产生。他们还发现了由方位角相位确定的螺旋结构。后来，Harris 等人[24]制作了这种激光束，其分布具有螺旋形态的连续等相位面。当其与光束的镜像或平面波发生干涉时，其结构会通过特征螺旋条纹显示出来。也许很容易计算得到这些条纹的具体形态，以及它们如何随着光的传播而改变(Soskin 等人[41])。光轴上的相位奇点就是光学涡流的一个特例，贯穿整个自然光场，自 20 世纪 70 年代 Nye 和 Berry 开始，已得到了广泛研究[36]。

1.2　拉盖尔—高斯光束和轨道角动量

自从艾伦等人证明了具有方位角相位的光束和光漩涡带有轨道角动量后，这方面的研究便焕然一新[1]。几十年前我们就已经知道光子能够携带轨道角动量。众所周知，在原子核的多极辐射中，原子的衰减过程遵守角动量守恒(Blatt 和 Weisskopf[47])原则。然而，虽然在实验室生成的光束也能带有确定的轨道角动量，但此现象还没有引起人们的重视。如图 1.1 和图 1.2 所示，一束光既能产生拉盖尔—高斯模式（Laguerre-Gaussian modes），也能产生厄米特—高斯模式（Hermite-Gaussian）。由 Tamm、Weiss 和 Harris 生成的螺旋相位光束跟拉盖尔—高斯模式密切相关，它由共轴同心圆组成，更重要的是，其数学表达式有与方位角有关的项。

$$\begin{aligned} u_{nm}^{\mathrm{LG}}(r,\varphi,z) &= \left(\frac{2}{\pi n!m!}\right)^{1/2} \min(n,m)!(1/\omega)\exp[-\mathrm{i}kr^2/2R] \\ &\cdot \exp[-(r^2/\omega^2)]\exp[-\mathrm{i}(n+m+1)\psi] \\ &\cdot \exp[-\mathrm{i}l\varphi](-1)^{\min(n,m)}(r\sqrt{2}/\omega)L_{\min(n,m)}^{n-m}(2r^2/\omega^2) \end{aligned} \tag{2}$$

其中 $L_p^l(x)$是广义拉盖尔多项式。之前提到的厄米特—高斯模式的幅度分布，就是波动方程傍轴形式的解。波动方程傍轴形式是由标量波动方程得到。单色波 $\psi(x,y,z,t)\chi(x,y,z)\exp(-\mathrm{i}\omega t)$，可简化为与空间相关的亥姆霍兹方程：

$$(\nabla^2+k^2)\chi(x,y,z)=0 \tag{3}$$

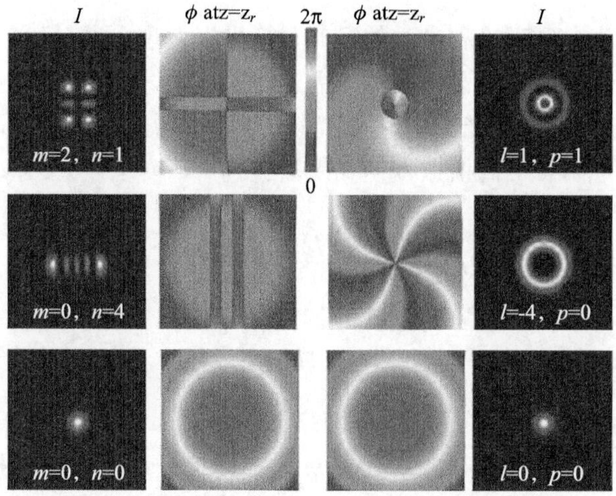

图 1.1　厄米特—高斯模式(左)和拉盖尔—高斯模式(右)的强度和相位结构的实例，图中标出了到光束束腰的距离，其等于瑞利范围。见彩色插图。

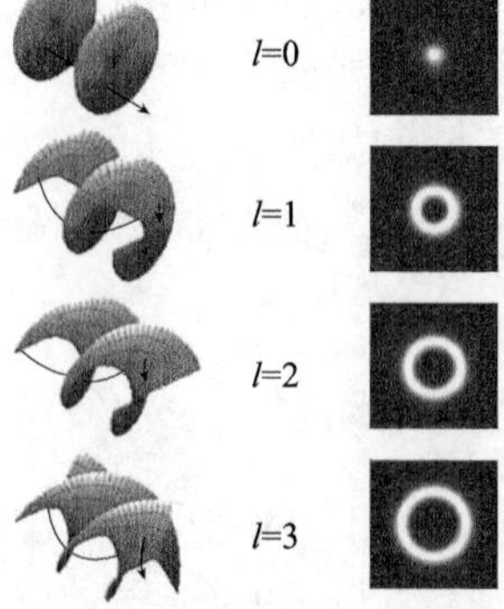

图 1.2　螺旋相位波前与相对应的 exp(i$l\varphi$)相位结构，以及相应的拉盖尔—高斯模式的强度分布。见彩色插图。

对于$\chi(x,y,z)=u(x,y,z)\exp(ikz)$处的光束而言，其传输非常缓慢，这里给出

$$\mathrm{i}\frac{\partial u}{\partial z}=-\frac{1}{2k}\left(\frac{\partial^2}{\partial x^2}+\frac{\partial^2}{\partial y^2}\right)u \tag{4}$$

该波动方程的傍轴形式与用z替换t后的薛定谔方程完全相同。轨道角动量z分量可用$L_z=-\mathrm{i}\hbar\partial/\partial\varphi$表示。我们可由傍轴光学和量子力学之间的类比来辨认轨道角动量（艾伦等人[1]、Marcuse[48]提出）。

虽然现在还不清楚为什么要把轨道角动量量化成$\hbar$的整数倍，但很容易理解轨道角动量为什么存在。任何光束的波矢在光束的横截面处被定义为与相位波前垂直，它代表每个光子$\hbar k$在光束内的线性动量流的方向。对于螺旋相位波，波矢关于光轴的倾斜角被证明是l/kr(Padgett 和 Allen[38])。这就能得到l/kr的线性动量流的角分量，因此可得到每光子$l\hbar$的角动量。由此可见，对于半径R最大的光束，l的最大可能值满足$l\leqslant kR$。

与只有两个独立的状态（自旋向上或自旋向下）的自旋角动量不同，轨道角动量具有无数的正交态，对应于各个l整数值。虽然已建立了自旋角动量与圆偏振之间的关系，但是轨道角动量与光束结构的某些方面的关系尚不明显。这种关系很吸引人，例如可将轨道角动量和任一光学涡旋的l值直接联系起来，然而这并不正确。涡流中心是零强度位置，因而不带有动量和能量。确切地说，角动量与高强度区域有关。Molina-terriza 等人用事实很好地证明了这一点[34]。他们将光束通过一个柱面透镜的焦点后，虽然光束总的轨道角动量保持不变，但接近涡旋中心的线性动量的角分量反转了（Padgett 和 Allen[39]）。该涡旋的翻转仅仅是几何光学中的图像反演，与角动量无关。

前面提到：当光束相对于传播方向相位波前发生倾斜时，便可能产生轨道角动量，以及包含了虽然未量子化但定义明确的轨道角动量的无漩涡光束（vortex-free beams）[15]。在几何光学近似范围内，无涡旋光束与关于光轴倾斜的光束中的光线等效。虽然看似简单，但在大多数实验中我们用倾斜光线模型都预测出了正确的结果[16,13,44]。再次强调，光的轨道角动量仅仅是由距光轴一定半径的线性动量的方向角分量产生，即使光的轨道角动量通常可由整个光束积分求得。

正式地讲，光束的平均周期线性动量密度$\boldsymbol{p}$，角动量密度$\boldsymbol{j}$，可由电场强度$\boldsymbol{E}$和磁场强度$\boldsymbol{B}$计算(Jackson[49])：

$$\boldsymbol{p}=\varepsilon_0\langle\boldsymbol{E}\times\boldsymbol{B}\rangle \tag{5}$$

$$\boldsymbol{j}=\varepsilon_0(\boldsymbol{r}\times\langle\boldsymbol{E}\times\boldsymbol{B}\rangle)=(\boldsymbol{r}\times\boldsymbol{p}) \tag{6}$$

在整个光束剖面对上述表达式进行积分可分别得到每单位长度总的线性动量和角动量。在这种经典的处理方法中，公式(6)包含光束的自旋和轨道角动量。光束的自旋角动量通常描述为是由孤立光子的自旋产生，但这种方法与前述方法是等效的。Barnett[9]已经证明光束的角动量流可分为自旋和轨道两部分。与得到角动量密度的方法不同，该划分是规范不变的，且不依赖于傍轴近似。

从公式(2)可以清楚看出，若在传播方向z上有角动量j_z，则光场必须在方位角方向上具有线性动量。这需要一个电磁场z分量。Simmons 和 Guttman[50]强调，无限范围

的理想化平面波，它只有横向场，若不考虑它的偏振程度，则它不带有角动量。然而，对于有限范围的光束，电磁场的 z 分量可由两种不同的途径产生。由于电场始终与倾斜的相位波前正交，所以带有螺旋相位波前的光束在其传播方向上具有振荡分量。不太明显的是，在圆偏振光 $\boldsymbol{E}_x$ 和 $\boldsymbol{E}_y$ 正交的位置，传播方向的电场与径向强度梯度成正比。当梯度为零时，这与理论平面波概念是一致的。

在傍轴近似范围内，光束的线性动量密度极值由以下公式给出：

$$\begin{aligned}\boldsymbol{p} &= \frac{\varepsilon_0}{2}(\boldsymbol{E}^* \times \boldsymbol{B} + \boldsymbol{E} \times \boldsymbol{B}^*) \\ &= \mathrm{i}\omega \frac{\varepsilon_0}{2}(u^* \nabla u - u \nabla u^*) + \omega k \varepsilon_0 |u|^2 \boldsymbol{z} + \omega\sigma \frac{\varepsilon_0}{2} \frac{\partial |u|^2}{\partial r} \boldsymbol{\Phi}\end{aligned} \tag{7}$$

其中 $u \equiv u(r,\varphi,z)$ 是描述电场幅值分布的复标量函数。σ 用来描述光的偏振程度：$\sigma = \pm 1$ 分别表示右左旋圆偏振光，而 $\sigma = 0$ 为线偏振光。由偏振产生的自旋角动量密度分量包含于上式的最后一项中，并与 σ 和强度梯度有关。动量密度叉乘半径矢量 $\boldsymbol{r} \equiv (r,0,z)$ 可得到角动量密度。z 方向的角动量密度取决于 $\boldsymbol{p}$ 的 $\boldsymbol{\Phi}$ 分量，如下式所示：

$$j_z = r p_\varphi \tag{8}$$

对于多模函数 u，如圆偏振拉盖尔—高斯模式，可用公式(7)和(8)进行解析估算，并在整个光束区域内进行积分。传播方向上的角动量可表示为：$\sigma\hbar$ 等于每个光子的自旋角动量，$l\hbar$ 等于每个光子的轨道角动量（Allen 等人提出[5]）。关于局部动量密度特性的理论探讨已在其他刊物上发表（Allen 和 Padget 提出[3]），需要指出的是局部自旋角动量和轨道角动量绝不会以相同的方式出现。

所有光束的轨道角动量都来源于关于半径矢量的线性动量的 Φ 分量。如果该值因计算时改变了参考轴而不同，则称角动量为非本征的(extrinsic)。对于拉盖尔—高斯光束，$\boldsymbol{p}$ 的局部值会随（根据公式(7)和(8)）计算时参考轴位置的改变而改变。然而，通过对整个光束剖面积分得到的总自旋角动量仍然保持不变。众所周知，自旋角动量从来都不依赖于光轴，所以它是本征的(intrinsic)。但 Berry[51] 表示，在某些特定情况下，轨道角动量也不依赖于光轴，所以它也是本征的。如果整个光束的角动量表达式中的半径矢量 $\boldsymbol{r}$ 偏移一个恒定量 $\boldsymbol{r}_0 \equiv (r_{x0}, r_{y0}, r_{z0})$，易得角动量 z 分量的变化量，如下式所示：

$$\boldsymbol{J}_z = \varepsilon_0 \iint \mathrm{d}x\,\mathrm{d}y \boldsymbol{r} \times \langle \boldsymbol{E} \times \boldsymbol{B} \rangle \tag{9}$$

$$\begin{aligned}\Delta J_z &= (r_{x0} \times P_y) + (r_{y0} \times P_x) \\ &= r_{x0}\varepsilon_0 \iint \mathrm{d}x\,\mathrm{d}y \langle \boldsymbol{E} \times \boldsymbol{B} \rangle_y + r_{y0}\varepsilon_0 \iint \mathrm{d}x\,\mathrm{d}y \langle \boldsymbol{E} \times \boldsymbol{B} \rangle x\end{aligned} \tag{10}$$

因为分量 r_{z0} 在 z 方向上没有叉乘，所以它不起作用。如果 $r_{0x} = r_{0y} = 0$，角动量的变化量 ΔJ_z 等于零（计算关于光轴而言）。更重要的是，如果规定 z 轴为光的传播方向，其中横向动量电流 $\varepsilon_0 \iint \mathrm{d}x\,\mathrm{d}y \langle \boldsymbol{E} \times \boldsymbol{B} \rangle_x$ 和 $\varepsilon_0 \iint \mathrm{d}x\,\mathrm{d}y \langle \boldsymbol{E} \times \boldsymbol{B} \rangle_y$ 恰好是零，那么角动量也没有变化。因此我们可以称轨道角动量为准本征的(quasi-intrinsic)（O'Neil 等人[37]提出）。

1.3 贝塞尔和马蒂厄光束

虽然我们一直把拉盖尔—高斯光束当作讲解的重点，但是它不是唯一带有轨道角动量的相位结构的光束。具有螺旋相位结构 $\exp(\mathrm{i}l\varphi)$的任意光束中的每个光子都带有轨道角动量 $l\hbar$。Durnin 将贝塞尔光束描述为无衍射(diffraction-free)光束[17,18]，使其成为一个具有重要研究意义的话题(McGloin 和 Dholakia[31])。Durnin 发现在亥姆霍兹方程的解里面，

$$u(x,y,z)=\exp(\mathrm{i}k_z z)\int_0^{2\pi}A(\varphi)\exp(\mathrm{i}k_r(x\cos\varphi+y\sin\varphi))\mathrm{d}\varphi \tag{11}$$

强度$|u(x,y,z)|^2$并不受 z 的影响。在 $A(\varphi)$不变的情况下，他还发现

$$u(r,z)\propto\exp(\mathrm{i}k_z z)J_0(k_r r) \tag{12}$$

其中 J_0是第一类贝塞尔函数。具有这种幅度和相位分布的光束被称为零阶贝塞尔光束。形如 $A(\varphi)\propto\exp(\mathrm{i}l\varphi)$的相位函数可导出高阶贝塞尔光束，其幅度满足

$$u(r,\varphi,z)\propto\exp(\mathrm{i}k_z z)\exp(\mathrm{i}l\varphi)J_m(k_r r) \tag{13}$$

近年来，人们发现了椭圆贝塞尔光束簇关于 $u(x,y,z)$和 $A(\varphi)$的闭合形式，即我们熟知的马蒂厄光束。贝塞尔光束是圆对称的，而马蒂厄光束则具有椭圆参量。两种类型的光束都可具有轨道角动量[23,14,30]。

1.4 波动方程的一般解

本章对电磁波的处理只涉及亥姆霍兹方程的求解。求解过程是在假设我们感兴趣的激光场可作傍轴近似的前提下进行的。在尝试寻找光轨道角动量的那些方面满足此假设时，Barnett 和 Allen[10] 发现了完整麦克斯韦理论一般形式的精确解(对于沿 z 方向传播的单色光，其电场的 x 和 y 分量依赖于方位角 $\exp(\mathrm{i}l\varphi)$)。其电场可用下式表示：

$$\boldsymbol{E}=(\alpha\boldsymbol{x}+\beta\boldsymbol{y})E(z,\rho)\exp(\mathrm{i}l\varphi)+\boldsymbol{z}E_x \tag{14}$$

其中每个分量都满足亥姆霍兹方程，E_z的选取必须保证电场的横向性。$E(z,\rho)$的一般解具有以下形式：

$$E(z,\rho)=\int_0^k\mathrm{d}\kappa E(\kappa)J_l(\kappa\rho)\exp(\mathrm{i}\sqrt{k^2-\kappa^2 z}) \tag{15}$$

研究发现光束的电场具有以下形式：

$$\begin{aligned}\boldsymbol{E}=&\int_0^k\mathrm{d}\kappa E(\kappa)\exp(\mathrm{i}l\varphi)\exp(\mathrm{i}\sqrt{\boldsymbol{k}^2-\boldsymbol{\kappa}^2 z})\\&\cdot\Big((\alpha\boldsymbol{x}+\beta\boldsymbol{y})J_l(\kappa\rho)+\boldsymbol{z}\frac{\boldsymbol{\kappa}}{\sqrt{\boldsymbol{k}^2-\boldsymbol{\kappa}^2}}[(\mathrm{i}\alpha-\beta)\exp(-\mathrm{i}\varphi)J_{l-1}(\kappa\rho)\\&-(\mathrm{i}\alpha+\beta)\exp(\mathrm{i}\varphi)J_{l+1}(\kappa\rho)]\Big)\end{aligned} \tag{16}$$

其中我们把 l 阶贝塞尔函数记为 $J_l(\kappa\rho)$。因此，贝塞尔光允许傍轴近似解不足为奇。理论上可通过一般解得到一系列不同的近似值，进而得到所有这些近似值对应的场分布，即使这在实际中很难做到。

1.5 经典还是量子?

光子的整数倍轨道角动量的含义是轨道角动量具有量子性。然而,到目前为止我们考虑的螺旋相位光束的角动量属性还只是基于经典理论。光子的角动量源自轨道角动量和能量的比值 l/ω。该比值的分子和分母同乘 $\hbar$ 可得到光子的轨道角动量。然而,轨道角动量是光束模式结构的直接结果,因此推测光束的轨道角动量属性也处于单光子水平也是合理的。研究表明对于三波相互作用(three-wave interactions),如倍频,其轨道角动量在光场内是守恒的(Dholakia 等人[16])。然而,从量子角度来看,参量下转换(parametric down-conversion)更能吸引我们的兴趣。具有轨道角动量的下转换光子对(photon pairs)就是我们所熟知的纠缠态(entangled)(Mair 等人[32])。这种纠缠来自非线性晶体内的三个空间模式的复杂重叠(Franke-Arnold 等人[19])。这些实验与 Aspect 等人[8]为偏振光和自旋角动量的纠缠所做的实验相似。

Van Enk 和 Nienhuis 提出了一种利用算子描述光束传播的方法[45]。他们表示,高斯光束的 Gouy 相位等于量子力学谐振子(能量与时间相关)的动态相位。由此可得出结论:l 是角动量算子的本征值,它表示量化的轨道角动量。

1.6 用透镜和全息图产生拉盖尔—高斯光束

带有自旋角动量的偏振光束很容易通过一种将线性光转换成圆偏振光的波片产生。Beijersbergen 等人[12]意识到没有角动量的厄米特—高斯光束(Hermite-Gaussian beam)同样可通过柱面透镜转化成带有轨道角动量的拉盖尔—高斯光束(Laguerre-Gaussian beam),如图 1.3 所示。

虽然这一转化过程是高效的,但每个拉盖尔—高斯模式需要一个特定的厄米特—高斯模式作为输入。特定的厄米特—高斯模式这一前提条件限制了可生成拉盖尔—高斯模式的范围。因此,数值计算全息图成为了产生螺旋光束的常用方法,这是由于可利用数值全息图将任何初始光束转换成任何拉盖尔—高斯模式(图 1.4)。

平面波与要生成光束的干涉图案可用全息图的形式记录在摄影胶片上。显影之后,便可通过平面波照射胶片来产生具有与想生成光束强度和相位一致的一阶衍射光束。这种方法的一大优势在于能够利用现有的高质量空间光调制器(SLMs)。这些像素化的液晶器件能够取代全息胶片,通过简单计算求出干涉图案并在器件上显示,不再需要实验获得。

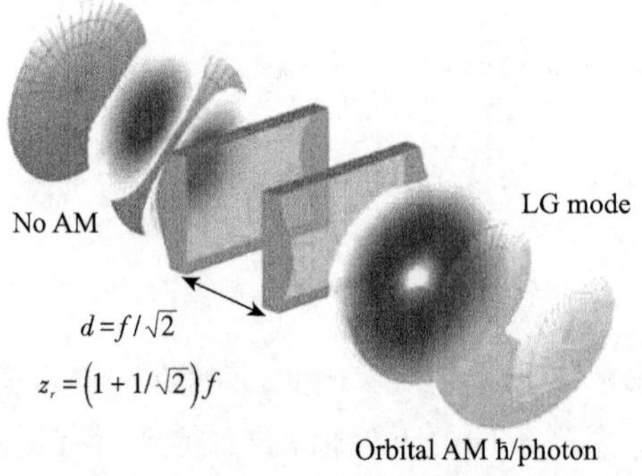

图 1.3 用来将厄米特—高斯模式转化为拉盖尔—高斯模式的柱面透镜模式转换器。见彩色插图。

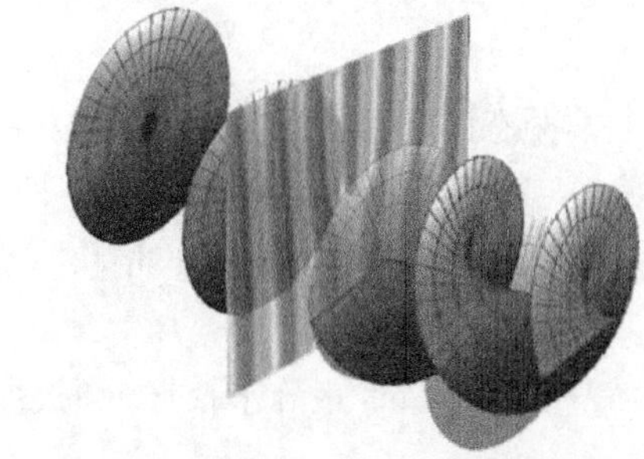

图 1.4　“经典”的叉形全息图用于产生螺旋相位光束。见彩色插图。

这种方式下,器件可重新配置电脑计算的全息图,允许简单的激光束转化为任何具有独特相位和振幅结构的光束。另一优点是全息图每秒可多次变换,因此得到的光束可以按照实验要求进行调节。图 1.4 显示了由 Soskin 开创的,一个相对简单的叉形模型如何将传统激光模式平面波输出转化为带有轨道角动量的拉盖尔—高斯模式(Bazhenov 等人[11])。近年来,空间光调制器已应用于多种光镊(Grier[22])和自适应光学(Wright 等人[46])。全息图也可设计用于产生模式的精细叠加,如需形成涡旋光链路和节点的拉盖尔—高斯模式的组合(Leach 等[26])。

1.7　相干性:空间与时间

圆偏振光至少在理论上可从空间和时间都不相干的光源产生。但轨道角动量的情况并不是那么清楚。轨道角动量的量用方位角相位项 $\exp(\mathrm{i}l\varphi)$表示。这已假定光束是空间相干的。然而,如果光束是空间相干的,则不必要求其同时具有时间相干性,因为单个光谱成分可能已具有 $\exp(\mathrm{i}l\varphi)$相位。

白光光束可由空间滤波热源和超连续激光器产生。虽然理论上 SLM 可用所需相位剖面 $u(x,y)$直接编程,但由于设备的线性和模糊等缺陷,合成光束实际上是由几个不同衍射级叠加出来的。当使用白光光源时,由于相位变化与波长相关,因此不同衍射级权重的变化也与波长相关,从而使得上述问题进一步加剧。但 SLM 这些性能的限制可通过设计叉状全息图的方式克服,叉状全息图在不同衍射级之间引入了一个角度偏差,同时也允许在 SLM 傅里叶平面放置空间滤波器用于筛选一阶衍射光束。不论 SLM 非线性如何,一阶光束的每个波长分量都具有所需的相位结构。然而,离轴设计使得角间距存在,从而使 SLM 具有固有的色散。最近,该角色散已由 SLM 平面到二次色散元件如棱镜(Leach 和 Padgett[27])或光栅(Mariyenko 等人[33])的成像所补偿,如图 1.5 所示。

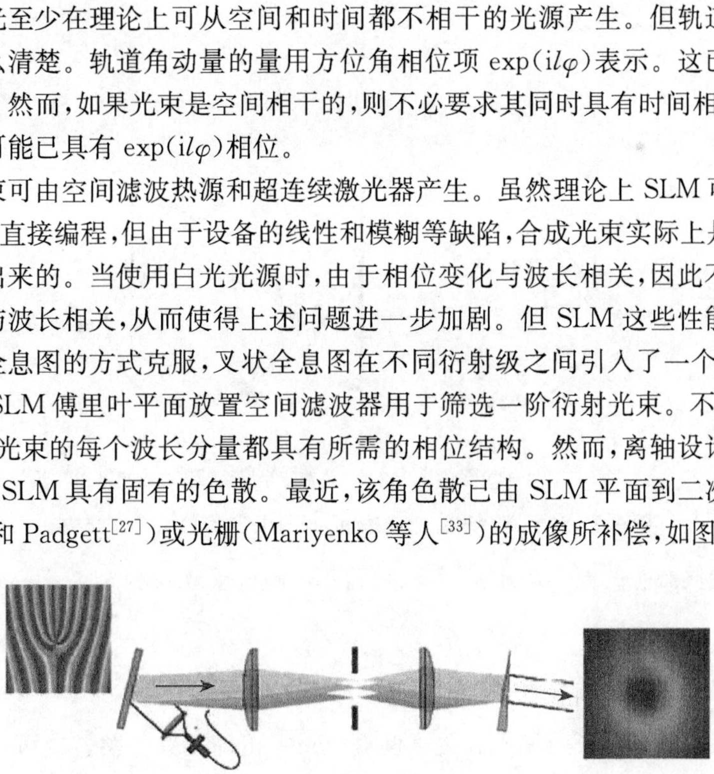

图 1.5　使用棱镜补偿叉形全息图的彩色色散,从而产生白光光学涡旋。见彩色插图。

1.8 基组间的转换

通过光学元件时光通道上偏振态的转换可分为两类。第一类是双折射波片，它在关于感光底片有一定取向的线偏振态之间引入了一个相移（Hecht 和 Zajac[52]）。第二类是与取向无关的线性状态旋转，它相当于圆偏振态之间的相移。后者的旋转与旋光性有关（Hecht 和 Zajac[52]）。

引入了相位延时角 φ 的波片可用 Jones 矩阵来描述。通过一个列向量：

$$\begin{pmatrix}1\\ e^{i\varphi}\end{pmatrix}$$

作用于正交偏振态：

$$\begin{bmatrix}0\\1\end{bmatrix} \text{和} \begin{bmatrix}1\\0\end{bmatrix}$$

波片关于偏振方向旋转 θ 角可表示为波片向量乘以旋转矩阵：

$$\begin{bmatrix}\cos\theta & \sin\theta\\ -\sin\theta & \cos\theta\end{bmatrix}$$

对于阶数 $\theta=1$ 的厄米特—高斯模式和拉盖尔—高斯模式，它们的矩阵相同。HG_{01} 和 HG_{10} 可通过以下向量描述：

$$\begin{bmatrix}0\\1\end{bmatrix} \text{和} \begin{bmatrix}1\\0\end{bmatrix}$$

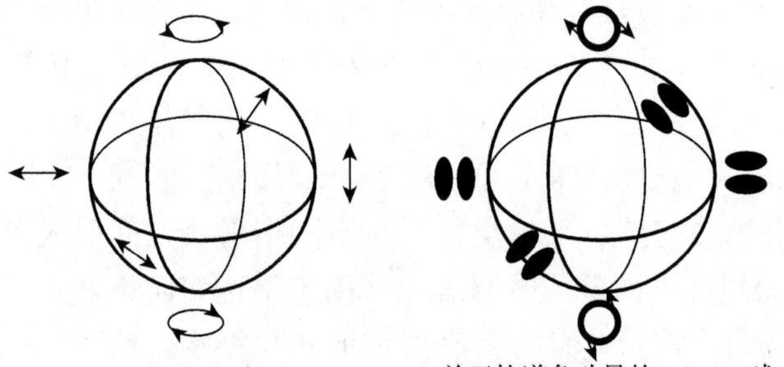

图 1.6　对于 $N=1$ 模式的 Poincaré 球及其等价的几何结构

上述向量与线偏振态的表述形式相同，而拉盖尔—高斯模式表示为：

$$\begin{pmatrix}\sqrt{2}\\ \sqrt{2}\,i\end{pmatrix} \text{和} \begin{pmatrix}\sqrt{2}\\ -\sqrt{2}\,i\end{pmatrix}$$

它们和圆偏振态的表示形式相同。关于偏振，Jones 矩阵及其相关转换可用 Poincaré 球表示，且为厄米特—高斯模式和拉盖尔—高斯模式制定了等价几何结构（Padgett 和 Courtial[40]），如图 1.6 所示。

如前所述，Beijersbergen 等人[12]认为与波片的等效转换可通过柱状棱镜模式转换器在轨道角动量态上进行。所以，波片是具有合适 Jones 矩阵的柱面透镜模式转换器。一个特殊的情况是 π 柱面透镜模式转换器，它实际上是一个图像反向器，因此在光学性能上它和 Dove 棱镜是相同的（Gonzalez 等人[21]）。波片和柱面透镜模式转换器的相似转换可从 $N=1$ 扩展到任意阶模式（Allen 等人[2]），此处 HG 模式的相移与 $(m-n)$ 成正比，$\pi/2$ 柱面透镜模式转换器可将每个 HG_{mn} 模式转换成一个 $LG^{m-n}_{\min(m,n)}$ 模式（Beijersbergen 等人[12]）。

很难理解是什么构成了线偏振旋转的等效变换。对于偏振，线性状态旋转 α 角相当于圆偏振态发生了一个相对的相移（$\sigma=\pm1, \Delta\varphi=\sigma\alpha$）。对于 HG 模式而言，等效旋转仅仅是模式绕其轴线的旋转。对高阶旋转矩阵的检验（Allen 等人[2]）证实了高阶 HG 模式旋转 α 角恰好等于 LG 模成分发生 $\Delta\varphi=l\alpha$ 的相移。结果表明，当光连续透过两个 Dove 棱镜后，图像将以棱镜之间的两倍夹角旋转（Leach 等人[28]）。这恰好与应用两个半波片给偏振态引入的几何变换相同。

厄米特—高斯模式和拉盖尔—高斯模式是完备正交组，任一幅度分布可由另一组的合适模式复叠加描述。因此，任意图像的旋转可完全用 HG 模成分的旋转或相应 LG 模式的相位延迟来描述。一般来说，光束既可相对光束的任意点旋转，也可关于一个特定的轴旋转（Allen 和 Padgett[4]）。对于偏振而言，上述两种映射在光束中可造成相同的转换。然而，模式结构的旋转必须是整体绕着光轴旋转。同样地，鉴于旋光性在光束内的每个点使其偏振发生旋转，图像旋转是绕光轴的全局映射。旋光性材料不改变轨道角动量态已被预测（Andrews 等人[6]）和观测到（Araoka 等人[7]）。

1.9　总结

对相位结构光及其蕴含的光学角动量的探索也许仅仅是个开始。光与原子相互作用的研究还有非常大的发展空间。光学微机械中已经有了轨道角动量的应用。Hilbert 空间不断增加的维数（Molina-terriza 等人[35]）无疑将在新的加密方法以及在量子通信和信息处理领域中的应用以获得更高的数据密度（Gibson 等人[20]）等方面发挥显著作用。也有人提出，轨道角动量可为基于实验室和天文台的天文学提供新的原理（Swartzlander[42]，Lee 等人[29]，Harwit[25]），包括改进望远镜设计，或者捕获外星信号。

参考文献

[1] L. Allen, M.W. Beijersbergen, R.J.C. Spreeuw, J.P. Woerdman, Orbital angular momentum of light and the transformation of Laguerre-Gaussian laser modes, *Phys. Rev. A 45* (1992) 8185-8189.

[2] L. Allen, J. Courtial, M.J. Padgett, Matrix formulation for the propagation of light beams with orbital and spin angular momenta, *Phys. Rev. E 60* (1999) 7497-7503.

[3] L. Allen, M.J. Padgett, The Poynting vector in Laguerre-Gaussian beams and the interpretation of their angular momentum density, *Opt. Commun. 184* (2000) 67-71.

[4] L. Allen, M.J. Padgett, Equivalent geometric transformations for spin and orbital angular momentum of light, *J. Mod. Opt. 54* (2007) 487-491.

[5] L. Allen, M.J. Padgett, M. Babiker, Progress in Optics, vol. XXXIX, Elsevier, Amsterdam, 1999,pp. 291-372.

[6] D.L. Andrews, L.C.D. Romero, M. Babiker, On optical vortex interactions with chiral matter, *Opt. Commun.* *237* (2004) 133-139.

[7] F. Araoka, T. Verbiest, K. Clays, A. Persoons, Interactions of twisted light with chiral molecules:An experimental investigation, *Phys. Rev. A 71* (2005) 3.

[8] A. Aspect, J. Dalibard, G. Roger, Experimental test of Bell inequalities using time-varying analysers, *Phys. Rev. Lett.* *49* (1982) 1804-1807.

[9] S.M. Barnett, Optical angular momentumux, *J. Opt. B*: *Quantum Semiclass. Opt.* *4* (2002) S7-S16.

[10] S.M. Barnett, L. Allen, Orbital angular momentum and nonparaxial light-beams, *Opt. Commun.* *110* (1994) 670-678.

[11] V.Y. Bazhenov, M.V. Vasnetsov, M.S. Soskin, Laser beams with screw dislocations in their wavefronts, *JETP Lett.* *52* (1990) 429-431.

[12] M.W. Beijersbergen, L. Allen, H. Vanderveen, J.P. Woerdman, Astigmatic laser mode converters and transfer of orbital angular momentum, *Opt. Commun.* *96* (1993) 123-132.

[13] V. Chavez, D. McGloin, M.J. Padgett, W. Dultz, H. Schmitzer, K. Dholakia, Observation of the transfer of the local angular momentum density of a multiringed light beam to an optically trapped particle, *Phys. Rev. Lett.* *91* (2003) 4.

[14] S. Chavez-Cerda, M.J. Padgett, I. Allison, G.H.C. New, J.C. Gutierrez-Vega, A.T. O'Neil, I. MacVicar, J. Courtial, Holographic generation and orbital angular momentum of high-orderMathieu beams, *J. Opt. B*: *Quantum Semiclass. Opt.* *4* (2002) S52-S57.

[15] J. Courtial, K. Dholakia, L. Allen, M.J. Padgett, Gaussian beams with very high orbital angular momentum, *Opt. Commun.* *144* (1997) 210-213.

[16] K. Dholakia, N.B. Simpson, M.J. Padgett, L. Allen, Second-harmonic generation and the orbital angular momentum of light, *Phys. Rev. A 54* (1996) R3742-R3745.

[17] J. Durnin, Exact solutions for non-diffracting beams I. The scalar theory, *J. Opt. Soc. Am. A 4* (1987) 651-654.

[18] J. Durnin, J. J. Miceli, J. H. Eberly, Diffraction-free beams, *Phys. Rev. Lett.* *58* (1987) 1499-1501.

[19] S. Franke-Arnold, S.M. Barnett, M.J. Padgett, L. Allen, Two-photon entanglement of orbital angular momentum states, *Phys. Rev. A 65* (2002) 033823.

[20] G. Gibson, J. Courtial, M.J. Padgett, M. Vasnetsov, S.M. Pas'ko, V. Barnett, S. Franke-Arnold, Free-space information transfer using light beams carrying orbital angular momentum, *Opt.Exp.* *12* (2004) 5448-5456.

[21] N. Gonzalez, G. Molina-Terriza, J.P. Torres, How a Dove prism transforms the orbital angular momentum of a light beam, *Opt. Exp. 14* (2006) 9093-9102.

[22] D.G. Grier, A revolution in optical manipulation, *Nature 424* (2003) 810-816.

[23] J.C. Gutierrez-Vega, M.D. Iturbe-Castillo, S. Chavez-Cerda, Alternative formulation for invariant optical elds: Mathieu beams, *Opt. Lett.* *25* (2000)1493-1495.

[24] M. Harris, C.A. Hill, P.R. Tapster, J.M. Vaughan, Laser modes with helical wave-fronts, *Phys. Rev. A 49* (1994) 3119-3122.

[25] M. Harwit, Photon orbital angular momentum in astrophysics, *Astrophys. J. 597* (2003) 1266-1270.

[26] J. Leach, M. Dennis, J. Courtial, M. Padgett, Laser beams—Knotted threads of darkness, *Nature 432* (2004) 165.

[27] J. Leach, M.J. Padgett, Observation of chromatic effects near a white-light vortex, *New J. Phys. 5* (2003) 154.1-154.7.

[28] J. Leach, M.J. Padgett, S.M. Barnett, S. Franke-Arnold, J. Courtial, Measuring the orbital angular momentum of a single photon, *Phys. Rev. Lett. 88* (2002) 257901.

[29] J.H. Lee, G. Foo, E.G. Johnson, G.A. Swartzlander, Experimental verication of an optical vortex coronagraph, *Phys. Rev. Lett. 97* (2006) 053901.

[30] C. Lopez-Mariscal, M. A. Bandres, J. C. Gutierrez-Vega, S. Chavez-Cerda, Observation of parabolic nondiffracting optical fields, *Opt. Exp. 13* (2005)2364-2369.

[31] D. McGloin, K. Dholakia, Bessel beams: Diffraction in a new light, *Contemp. Phys. 46* (2005) 15-28.

[32] A. Mair, A. Vaziri, G. Weihs, A. Zeilinger, Entanglement of the orbital angular momentum states of photons, *Nature 412* (2001) 313-316.

[33] I. Mariyenko, J. Strohaber, C. Uiterwaal, Creation of optical vortices in femtosecond pulses, *Opt. Exp. 13* (2005) 7599-7608.

[34] G. Molina-Terriza, J. Recolons, J.P. Torres, L. Torner, E.M. Wright, Observation of the dynamical inversion of the topological charge of an optical vortex, *Phys. Rev. Lett. 87* (2001) 023902.

[35] G. Molina-Terriza, J.P. Torres, L. Torner, Management of the angular momentum of light: Preparation of photons in multidimensional vector states of angular momentum, *Phys. Rev. Lett. 88* (2002) 4.

[36] J.F. Nye, M.V. Berry, Dislocations in wave trains, Proc. R. Soc. London, Series A: Math. *Phys. Eng. Sci. 336* (1974) 165-190.

[37] A.T. O'Neil, I. MacVicar, L. Allen, M.J. Padgett, Intrinsic and extrinsic nature of the orbital angular momentum of a light beam, *Phys. Rev. Lett. 88* (2002) 053601.

[38] M.J. Padgett, L. Allen, The Poynting vector in Laguerre-Gaussian laser modes, *Opt. Commun. 121* (1995) 36-40.

[39] M.J. Padgett, L. Allen, Orbital angular momentum exchange in cylindrical-lens mode converters, *J. Opt. B: Quantum Semiclass. Opt. 4* (2002) S17-S19.

[40] M.J. Padgett, J. Courtial, Poincaré-sphere equivalent for light beams containing orbital angular momentum, *Opt. Lett. 24* (1999) 430-432.

[41] M.S. Soskin, V.N. Gorshkov, M.V. Vasnetsov, J.T. Malos, N.R. Heckenberg, Topological charge and angular momentum of light beams carrying optical vortices, *Phys. Rev. A 56* (1997) 4064-4075.

[42] G.A. Swartzlander, Peering into darkness with a vortex spatial filter, *Opt. Lett. 26* (2001) 497-499.

[43] C. Tamm, C.O. Weiss, Bistability and optical switching of spatial patterns in a laser, *J. Opt. Soc. Am. B: Opt. Phys. 7* (1990) 1034-1038.

[44] G.A. Turnbull, D.A. Robertson, G.M. Smith, L. Allen, M.J. Padgett, Generation of free-space Laguerre-Gaussian modes at millimetre-wave frequencies by use of a spiral phaseplate, *Opt.Com-*

mun. *127* (1996) 183-188.

[45] S.J. Van Enk, G. Nienhuis, Eigenfunction description of laser beams and orbital angular momentum of light, *Opt*. *Commun*. *94* (1992) 147-158.

[46] A.J. Wright, B.A. Patterson, S.P. Poland, J.M. Girkin, G.M. Gibson, M.J. Padgett, Dynamic closed-loop system for focus tracking using a spatial light modulator and a deformable membrane mirror, *Opt*. *Exp*. *14* (2006) 222-228.

[47] J.M. Blatt, V.F. Weisskopf, Theoretical Nuclear Physics, Wiley, New York, 1952.

[48] D. Marcuse, Light Transmission Optics, Van Nostrand, New York, 1972.

[49] J.D. Jackson, Classical Electrodynamics, Wiley, New York, 1962.

[50] J.W. Simmons, M. J. Guttman, States, Wawes and Photons, Addison-Wesley, Reading, MA, 1970.

[51] M.V. Berry, Paraxialbeams of spinning light, in: M.S. Soskin, M.V. Vasnetson (Eds.), *Singulat Optics*, *in*: *SPIE*, vol. 3487, 1998, pp. 6-11.

[52] H. Hecht, A. Zajac, Optics, Addison-Wesley, Reading, MA, 1974.

第二章　光学中的角动量和涡旋

Gerard Nienhuis
Universiteit Leiden，The Netherlands

本章，我们将综述经典量子理论辐射场中角动量的概念。讨论在一任意场和傍轴极限光束条件下，轨道角动量和自旋角动量的区别。讨论将会涉及与二者对应的量子算符的性质。重点讨论角动量密度与能量(或光子)密度间具有简单关联的光场。这种状态(的光场)往往包含相位奇点形式的涡旋。实例包括球形和圆柱形多极场，二者均为麦克斯韦方程组的准确解。拉盖尔—高斯光束(Laguerre-Gaussian beams)是最常见的傍轴极限的近似解。随时间物理旋转的光场中也会形成角动量。傍轴光束在半周期里能够被映射成二维谐振子波函数。这一映射被应用于分析光学涡旋的传播性质。

2.1　简介

角动量(AM，Angular Momentum)、能量及线性动量是物理学中基本的守恒量。能量守恒源于时间平移的不变性，动量守恒反映了空间的同质性，而角动量守恒产生于空间的各向同性。这种各向同性使得一个封闭的物理系统的状态经旋转后仍旧不变。角动量守恒和空间各向同性间的关系在量子描述中最为明晰——相应的算符与哈密顿算符对易，值保持不变。这解释了为什么一个可能与时间相关的状态经旋转后仍是薛定谔方程的解——这是由于状态的旋转是由角动量的矢量算符计算得到的。

任意经典体系中，角动量密度是由动量密度 $\boldsymbol{P}$ 的角度来定义的：

$$\boldsymbol{j}(\boldsymbol{r})=\boldsymbol{r}\times\boldsymbol{p}(\boldsymbol{r}) \tag{1}$$

对物质体系而言，可以很方便地将总角动量 $\boldsymbol{J}=\int \mathrm{d}\boldsymbol{r}\boldsymbol{j}$ 分为轨道部分和自旋部分。以地球围绕太阳做轨道运动为例，自旋角动量源于地球的自转，同时地球的轨道运动产生了轨道角动量。对于任意的物质体系，只要将矢径分为 $\boldsymbol{r}=\boldsymbol{R}+\boldsymbol{r}'$ 就可以了，其中 $\boldsymbol{R}$ 是质心的位置，$\boldsymbol{r}'$ 是在质心体系的位置。这样 $\boldsymbol{j}$ 也被相应地分为两部分。对位置积分后，总的角动量也被相应地分为

$$\boldsymbol{J}=\boldsymbol{L}+\boldsymbol{S} \tag{2}$$

这里 $\boldsymbol{L}=\boldsymbol{R}\times\boldsymbol{P}$ 是与质心运动相关的角动量。其中 $\boldsymbol{P}=\int \mathrm{d}\boldsymbol{r}\boldsymbol{p}$ 是总动量。$\boldsymbol{L}$ 分量与原点的选择有关，因此它具有外在性。通过恰当地选择原点，可消去 $\boldsymbol{L}$。相反，$\boldsymbol{S}$ 就是质心体系

中的角动量。对于一个刚体而言，$\boldsymbol{S}$ 是相对其质心旋转所对应的角动量，这就是自旋的意义。通常，$\boldsymbol{S}$ 并不依赖于原点的选择。对于一个封闭的物质体系而言，$\boldsymbol{L}$ 和 $\boldsymbol{S}$ 分别守恒。

不能将自旋的经典概念与量子粒子的固有自旋混淆。量子的自旋不能理解成是由质量体的机械旋转产生，且它不能被表示成角动量密度（如(1)式）对位置的积分。刚体材料的机械旋转只能产生整数的自旋分量特征值（单位为 $\hbar$）。经典和量子角动量间的另一个区别在于，量子体系的轨道角动量并不总能通过选择恰当的原点消去。事实上，尽管通常是在质心体系进行评估的，但是原子中的电子可以有非零的轨道角动量。这是由于电子的波函数具有有限维度的展开式。

光学中，角动量的性质及其分解并不简单。众所周知，当一个原子吸收一个圆偏振光子时，在传播方向上的角动量就会变为 $\boldsymbol{AM}\pm\hbar$。这是由原子的磁量子数的选择规则 $\Delta m=\pm1$ 所决定的。更一般地说，根据麦克斯韦理论，一个包含能量密度 w 及动量 $\boldsymbol{p}$ 的电磁场可以表示为：

$$w=\frac{1}{2}\left(\varepsilon_0\boldsymbol{E}^2+\frac{1}{\mu_0}\boldsymbol{B}^2\right),\boldsymbol{p}=\varepsilon_0\boldsymbol{E}\times\boldsymbol{B} \tag{3}$$

在真空中，动量密度即为能量流（坡印亭矢量）$\boldsymbol{E}\times\boldsymbol{H}$ 除以 c^2。由式(1)可知，这一动量密度也产生了角动量密度[1]。通过该光学表述很容易得知，具有角动量光场并不一定是圆偏振。也许有人会认为，就如在量子场中的角动量可分解为自旋角动量和轨道角动量一样，光的角动量能被分解成分别由偏振以及旋转相位梯度引起的分量。这种光角动量的分解形式被认为是有问题的[2-4]。另一方面，对于在傍轴极限下的光束而言，在传播方向上，将角动量分解为自旋和轨道角动量两个部分，这一结果已经被科研人员充分理解[5,6]。

类比量子粒子，当光的相位沿包围位错线的闭合路径以 2π 的倍数增加时，就会产生轨道角动量，该角动量相位不定，且强度为零[7]。此时，相位奇点附近的相位梯度类似于循环流体中的涡流。产生的光学涡旋是光学奇点的最好例证[8]。它们在数学上与一般意义上波现象（包括量子力学概率波）产生的涡流相同[9]。此外，光的偏振可以有奇异点或奇异线[10]。

这一部分，我们讨论任意电磁场和傍轴光束情况下，光学角动量的概念及各种形式。在经典情况下，允许非单色光。我们也将考虑角动量的量子算符，即产生旋转的因子。在所有情况下，讨论将角动量分解为自旋及轨道分量的可能性及重要性。随后，对于一个封闭的电荷与场的经典体系，我们将比较各类因素对角动量的贡献。在下一个部分中，我们将论证把光学角动量分成内在部分（与原点选择无关）和外在部分的可能性。这种划分不依赖于给定的标准，且对于一个自由场，这两部分分别守恒。这种划分会让人将这些部分看作是自旋和轨道角动量。从而会产生以下误解：在量子描述中使用正确的对易规则时，这些分立的部分不产生角动量算符。这与以下的事实相关：通常不可能仅旋转麦克斯韦场的偏振态而保持振幅模式不变。和量子力学中角动量的本征态类似，多极场是麦克斯韦方程组的准确解。相应地，在相位和偏振方面，多极场往往在原点或坐标轴上表现出奇异性。随后，我们将分析球形和圆柱形多极场的角动量性质，以及在相位和偏振方面的奇异性。然后将讨论傍轴光束的角动量及其在轨道和偏振分量的分离。

在此情况下，描述得以简化，且沿光轴的轨道和偏振部分角动量的全部性质是可预期的。在光束具有相同轨道角动量的特殊情况下，轴上会出现一个相位奇点。不同偏振方向的这类光束叠加后能够得到在横向平面上变化、在轴上有偏振涡旋的光束。在量子描述中，角动量运算符是产生旋转的因子。为了在傍轴光束中解释这一点，我们需要用到傍轴近似的量子形式，在下面一节里会予以介绍。正如所预期的，一束光绕其轴随时间做物理旋转时，也能产生角动量[11]。具有时变横向场的模式的光束是非平稳的。这就导致了非单色光束的角动量问题，下一节会进行介绍。最后，我们讨论在傍轴光束传播情况下的涡旋的表现形式。

2.2　场和粒子的经典角动量

当考虑电磁场及其来源时，把总角动量划分为辐射分量和物质分量是很巧妙的。主要原因是场分量（库仑场）与电荷密不可分，且随电荷移动。本节将阐明这一点。

2.2.1　粒子和辐射的角动量

考虑由点状颗粒（位置为 $\boldsymbol{r}_\alpha$，质量为 m_α，电荷为 q_α）及电磁场（磁场强度为 $\boldsymbol{B}$ 和电场强度为 $\boldsymbol{E}$）组成的经典体系。用麦克斯韦（微观的）方程组描述场的动力学过程，且粒子的运动遵循牛顿第二定律。式(3)给出了电磁场的动量密度，同时粒子动力学动量是 $m_\alpha\dot{\boldsymbol{r}}_\alpha$。对于场和粒子的总角动量，给出下式：

$$\boldsymbol{J}=\boldsymbol{J}_{\text{kin}}+\boldsymbol{J}_{\text{field}} \tag{4}$$

其中

$$\boldsymbol{J}_{\text{kin}}=\sum_\alpha m_\alpha \boldsymbol{r}_\alpha\times\dot{\boldsymbol{r}}_\alpha,\boldsymbol{J}_{\text{field}}=\varepsilon_0\int \mathrm{d}\boldsymbol{r}\boldsymbol{r}\times(\boldsymbol{E}\times\boldsymbol{B}) \tag{5}$$

应用亥姆霍兹定理作电场的标准分解：$\boldsymbol{E}=\boldsymbol{E}^{\parallel}+\boldsymbol{E}^{\perp}$，将电场分解为纵向和横向两部分，其中纵向部分旋度为0（$\nabla\times\boldsymbol{E}^{\parallel}=0$），横向部分散度为0（$\nabla\cdot\boldsymbol{E}^{\perp}=0$）[1,4]，这样就可方便地分析上述角动量的各种源的贡献。 通常，我们仅用横向矢势 $\boldsymbol{A}$ 来表示磁场及横向电场，这样 $\boldsymbol{B}=\nabla\times\boldsymbol{A}$，$\boldsymbol{E}^{\perp}=-\dot{\boldsymbol{A}}$。横向矢势 $\boldsymbol{A}$ 由瞬时磁场唯一决定，反之亦然。在横向矢势的选择上，令 $\nabla\cdot\boldsymbol{A}=0$，这等价于采用库仑规范。这一横向矢势等同于其他任何规范中矢势的横向部分。从麦克斯韦标量公式 $\rho=\varepsilon_0\nabla\cdot\boldsymbol{E}^{\parallel}$ 中可看出，纵向电场相当于不同电荷位置对应的瞬时库仑场。这一电场可看作随着带电颗粒一同运动，因此该电场不具备独立的自由度。另一方面，横向电场 $\boldsymbol{E}^{\perp}$ 与磁场 $\boldsymbol{B}$ 二者联合可表示辐射场。该电场具有独立的自由度，可完全由横向矢势来描述[4]。

将电场分解为纵向部分（库仑场）和横向部分（辐射场），相应的场角动量被划分为

$$\boldsymbol{J}_{\text{field}}=\boldsymbol{J}_{\text{Coul}}+\boldsymbol{J}_{\text{rad}} \tag{6}$$

其中

$$\boldsymbol{J}_{\text{Coul}}=\varepsilon_0\int \mathrm{d}\boldsymbol{r}\boldsymbol{r}\times(\boldsymbol{E}^{\parallel}\times\boldsymbol{B})=\sum_\alpha q_\alpha\boldsymbol{r}_\alpha\times\boldsymbol{A}(\boldsymbol{r}_\alpha) \tag{7}$$

最后一部分表述是用 $\boldsymbol{B}=\nabla\times\boldsymbol{A}$ 进行替代并进行偏积分结果。下一节将进一步分析辐射

角动量：

$$J_{\text{rad}} = \varepsilon_0 \int \mathrm{d}\boldsymbol{r}\boldsymbol{r} \times (\boldsymbol{E}^{\perp} \times \boldsymbol{B}) \tag{8}$$

显然，可将这个场看成粒子运动产生的动力学部分以及库仑部分之和，这样就有[4]：

$$\boldsymbol{J}_{\text{kin}} + \boldsymbol{J}_{\text{Coul}} \equiv \boldsymbol{J}_{\text{part}} = \sum_{\alpha} \boldsymbol{r}_{\alpha} \times \boldsymbol{p}_{\alpha} \tag{9}$$

其中，$\boldsymbol{p}_{\alpha} = m_{\alpha}\dot{\boldsymbol{r}}_{\alpha} + q_{\alpha}\boldsymbol{A}(\boldsymbol{r}_{\alpha})$ 表示粒子 α 的正则动量。
式(4)中总角动量形式为：

$$\boldsymbol{J} = \boldsymbol{J}_{\text{part}} + \boldsymbol{J}_{\text{rad}} \tag{10}$$

其中 $\boldsymbol{J}_{\text{part}}$ 和 $\boldsymbol{J}_{\text{rad}}$ 分别对应粒子和辐射场，它们是两个独立的自由度。如前所述当 $\boldsymbol{r} = \boldsymbol{R} + \boldsymbol{r}'$ 时，粒子的角动量 $\boldsymbol{J}_{\text{part}} = \boldsymbol{L}_{\text{part}} + \boldsymbol{S}_{\text{part}}$ 可分解为本征和非本征两部分。

2.2.2　角动量各部分的变化率

$\boldsymbol{J}_{\text{kin}}$变化率与洛伦兹力的表示形式相同。用电荷密度 $\rho(\boldsymbol{r})$和电流密度 $\boldsymbol{u}(\boldsymbol{r})$可方便地表示粒子的位置和速度，它们是 δ 函数 $q_{\alpha}\delta(\boldsymbol{r}-\boldsymbol{r}_{\alpha})$与 $q_{\alpha}\dot{\boldsymbol{r}}_{\alpha}\delta(\boldsymbol{r}-\boldsymbol{r}_{\alpha})$之和。这样就有[12]：

$$\frac{\mathrm{d}}{\mathrm{d}t}\boldsymbol{J}_{\text{kin}} = \int \mathrm{d}\boldsymbol{r}\boldsymbol{r} \times (\rho\boldsymbol{E}^{\perp} + \boldsymbol{u} \times \boldsymbol{B}) \tag{11}$$

此处纵向电场 $\boldsymbol{E}^{\parallel}$ 的作用可被省略，这是因为 ρ 与$\nabla \cdot \boldsymbol{E}^{\parallel}$ 成比例。利用麦克斯韦方程组可得 $\boldsymbol{J}_{\text{Coul}}$的变化率[12]：

$$\frac{\mathrm{d}}{\mathrm{d}t}\boldsymbol{J}_{\text{Coul}} = -\int \mathrm{d}\boldsymbol{r}\boldsymbol{r} \times (\rho\boldsymbol{E}^{\perp} + \boldsymbol{j}^{\parallel} \times \boldsymbol{B}) \tag{12}$$

电流密度的纵向部分 $\boldsymbol{j}^{\parallel}$ 可由连续的电荷密度的时间导数得到，$\boldsymbol{J}_{\text{rad}}$的变化率也可用下式表达：

$$\frac{\mathrm{d}}{\mathrm{d}t}\boldsymbol{J}_{\text{rad}} = -\int \mathrm{d}\boldsymbol{r}\boldsymbol{r} \times (\boldsymbol{j}^{\perp} \times \boldsymbol{B}) = -\frac{\mathrm{d}}{\mathrm{d}t}\boldsymbol{J}_{\text{part}} \tag{13}$$

显然，将式(11)和(12)相加即可得到式(13)。这就验证了式(10)中粒子和辐射的总角动量是守恒的。

2.3　辐射角动量分解为 $\boldsymbol{L}$ 和 $\boldsymbol{S}$

本节，我们讨论将辐射场的角动量 $\boldsymbol{J}_{\text{rad}}$ 表示为本征部分和非本征部分之和 $\boldsymbol{L}_{\text{rad}} + \boldsymbol{S}_{\text{rad}}$。

2.3.1　经典描述

当用矢势表示磁场并对[4]式(8)进行偏积分后，式(8)中辐射场的角动量也可分解为：

$$\boldsymbol{J}_{\text{rad}} = \boldsymbol{L}_{\text{rad}} + \boldsymbol{S}_{\text{rad}} \tag{14}$$

其中

$$\boldsymbol{L}_{\text{rad}} = \varepsilon 0 \sum_{\text{i}} \int \mathrm{d}\boldsymbol{r} E_{\text{i}}^{\perp} (\boldsymbol{r} \times \nabla) A_{\text{i}}, \boldsymbol{S}_{\text{rad}} = \varepsilon 0 \int \mathrm{d}\boldsymbol{r} \boldsymbol{E}^{\perp} \times \boldsymbol{A} \tag{15}$$

由于 $\boldsymbol{A}$ 是横矢势，这些量是无量纲的。与轨道角动量类似，$\boldsymbol{L}_{\text{rad}}$的取值随原点的选择而变化，因此它具有非本征特性。而且，它是由相位场的梯度决定的。另一方面，$\boldsymbol{S}_{\text{rad}}$的取值不随原点的选择而变，并取决于场的偏振，这点与自旋角动量类似。这两个量的变化率也值得考虑，计算如下[12]：

$$\frac{\mathrm{d}}{\mathrm{d}t}\boldsymbol{L}_{\text{rad}}=-\sum_{\mathrm{i}}\int \mathrm{d}\boldsymbol{r}\boldsymbol{j}_{\mathrm{i}}^{\perp}(r\times\nabla)A_{\mathrm{i}},\frac{\mathrm{d}}{\mathrm{d}t}\boldsymbol{S}_{\text{rad}}=-\int \mathrm{d}\boldsymbol{r}\boldsymbol{j}^{\perp}\times\boldsymbol{A} \tag{16}$$

这说明 $\boldsymbol{L}_{\text{rad}}$和 $\boldsymbol{S}_{\text{rad}}$的变化完全取决于与电流横向部分的相互作用。对于自由场，在没有电荷的情况下，$\boldsymbol{L}_{\text{rad}}$和 $\boldsymbol{S}_{\text{rad}}$分别守恒。

2.3.2　量子运算符

许多人建议将式(15)中的辐射场角动量的 $\boldsymbol{L}_{\text{rad}}$和 $\boldsymbol{S}_{\text{rad}}$解释为轨道部分和自旋部分。但该解释是有问题的。当我们从量子化的角度去研究 2.2 节中所讨论的同样体系中的粒子和场时，这一点就很明了了。用一组广义规范的坐标和动量对[4]描述这一体系，即可直接得到量子化的结果，并且可由产生及湮灭算符得到矢势 $\hat{\boldsymbol{A}}$，磁场 $\hat{\boldsymbol{B}}=\nabla\times\hat{\boldsymbol{A}}$，以及横向电场 $\hat{\boldsymbol{E}}^{\perp}$等常见算符。为实现辐射场角动量的量子化这一目的，可选择一系列平面波模型，每个平面波具有各自特征性的波矢 $\boldsymbol{k}$，并且在与 $\boldsymbol{k}$ 垂直的平面上存在归一化圆偏振矢量 $\mathbf{e}_+$ 或 $\mathbf{e}_-$，矢量 $\mathbf{e}_+$ 的螺旋方向平行于 $\boldsymbol{k}$，而 $\mathbf{e}_-$ 的螺旋方向与 $\boldsymbol{k}$ 相反。这样，横向电场的算符 $\hat{\boldsymbol{E}}^{\perp}$及矢势的算符 $\hat{\boldsymbol{A}}$ 就有如下表达形式[13]：

$$\begin{aligned}\hat{\boldsymbol{E}}^{\perp}&=\mathrm{i}\int \mathrm{d}\boldsymbol{k}\sqrt{\frac{\hbar\omega}{2\varepsilon_0(2\pi)^3}}\,\mathrm{e}^{\mathrm{i}\boldsymbol{k}\cdot\boldsymbol{r}}(\mathbf{e}_+(\boldsymbol{k})\hat{a}_+(\boldsymbol{k})+\mathbf{e}_-(\boldsymbol{k})\hat{a}_-(\boldsymbol{k}))+\text{H.c.}\\ \hat{\boldsymbol{A}}(\boldsymbol{r})&=\int \mathrm{d}\boldsymbol{k}\sqrt{\frac{\hbar}{2\varepsilon_0\omega(2\pi)^3}}\,\mathrm{e}^{\mathrm{i}\boldsymbol{k}\cdot\boldsymbol{r}}(\mathbf{e}_+(\boldsymbol{k})\hat{a}_+(\boldsymbol{k})+\mathbf{e}_-(\boldsymbol{k})\hat{a}_-(\boldsymbol{k}))+\text{H.c.}\end{aligned} \tag{17}$$

其中模型运算符服从交换法则$[\hat{a}_+(\boldsymbol{k}'),\hat{a}_+^{\dagger}(\boldsymbol{k})]=\delta(\boldsymbol{k}-\boldsymbol{k}')$等等，$\omega=ck$ 是模式频率。

将量子运算符 $\hat{\boldsymbol{A}}$ 和 $\hat{\boldsymbol{E}}^{\perp}$代入式(15)即得 $\boldsymbol{S}_{\text{rad}}$的量子运算符。结果可直观地表达为

$$\hat{\boldsymbol{S}}_{\text{rad}}=\int \mathrm{d}\boldsymbol{k}\hbar\,\frac{\boldsymbol{k}}{k}(\hat{a}_+^{\dagger}(\boldsymbol{k})\hat{a}_+(\boldsymbol{k})-\hat{a}_-^{\dagger}(\boldsymbol{k})\hat{a}_-(\boldsymbol{k})) \tag{18}$$

该式是有限的量子体连续化的表达结果[12,14]。它简单地说明每个具有波矢量 $\boldsymbol{k}$ 和偏振矢量 $\mathbf{e}_+(\boldsymbol{k})$的光子在 $\boldsymbol{k}$ 方向上为 $\boldsymbol{S}_{\text{rad}}$贡献一个单位 $\hbar$。圆偏振方向相反的光子 $\mathbf{e}_-$的贡献值为负。

量子运算符 $\boldsymbol{S}_{\text{rad}}$ 的一个显著特性是它的三个分量$(\hat{S}_x,\hat{S}_y,\hat{S}_z)$可互换，这是由于不同模式的产生和湮灭运算符可交换。事实上，所有圆偏振模式的数态是三个分量的共同本征态。这就说明不能将 $\boldsymbol{S}_{\text{rad}}$ 看成产生旋转的角动量的特有的运算符。另一方面，由交换律$[\hat{J}_{x,\text{rad}},\hat{J}_{y,\text{rad}}]=\mathrm{i}\hbar\hat{J}_{z,\text{rad}}$等可知，$\hat{\boldsymbol{J}}_{\text{rad}}$是一个角动量运算符。因此，量子运算符 $\hat{\boldsymbol{L}}_{\text{rad}}$ 的各个分量的交换律如下[12,15]：

$$[\hat{L}_{x,\text{rad}},\hat{L}_{y,\text{rad}}]=\mathrm{i}\hbar(\hat{L}_{z,\text{rad}}-\hat{S}_{z,\text{rad}}) \tag{19}$$

这些转换特性源于一个事实：旋转辐射场的偏振，不会旋转场模式，只会改变场的横向特性。矢量运算符 $\hat{\boldsymbol{S}}_{\text{rad}}$是物理状态空间中一个特有量子运算符。只有在横向约束下，它的

变换属性才类似于偏振模式的旋转[15]。

辐射场的哈密顿函数也有一个更常见的形式。代入场运算符后，可以很简单地得到

$$\hat{\boldsymbol{H}}_{\text{rad}}=\frac{1}{2}\int \mathrm{d}\boldsymbol{r}\left(\varepsilon_0\hat{\boldsymbol{E}}^2(\boldsymbol{r})+\frac{1}{\mu_0}\hat{\boldsymbol{B}}^2(\boldsymbol{r})\right)=\sum_s\int \mathrm{d}\boldsymbol{k}\hbar\omega\,(\hat{a}_s^\dagger(\boldsymbol{k})\hat{a}_s(\boldsymbol{k})+\hat{a}_s(\boldsymbol{k})\hat{a}_s^\dagger(\boldsymbol{k})) \tag{20}$$

其中，S 取正负表示圆偏振的螺旋方向。显然，该哈密顿函数可与自旋运算符的分量互换(式(18))，这就证明 $\hat{\boldsymbol{S}}_{\text{rad}}$(及 $\hat{\boldsymbol{L}}_{\text{rad}}$)在自由场中是守恒的。

2.4 多极场及其涡旋结构

式(17)中的量子场运算符被表示成平面波模式$\propto\exp(\mathrm{i}\boldsymbol{k}\cdot\boldsymbol{r})$的扩展形式。这些具有明确动量值的模式是麦克斯韦方程组的解。每个光子能量 $\hbar\omega$ 对应动量 $\hbar\boldsymbol{k}$。此说法有些误导，因为对麦克斯韦方程组的任何其他解，总动量(式(3)中动量密度的体积积分)同样都是明确定义的。平面波的特点是动量密度与能量密度成正比，比值为 $\boldsymbol{k}/\omega$。类似地，我们会想到适用于角动量讨论的麦克斯韦方程组的解——多极场。本章将讨论球形和圆柱形两种形式的多极场，重点讨论它们的角动量特性及其涡旋结构。

2.4.1 球形多极场

由电多极子或磁多极子发射的场被称为多极场[1]，它们最佳的表示方式是用球坐标 r,θ，和 φ 表示为球面谐波 $Y_{lm}(\theta,\varphi)$，可由亥姆霍兹波方程$\nabla^2\psi=-k^2\psi$ 标量解的分解得出：

$$\psi_{lm}(\boldsymbol{r})=g_l(r)Y_{lm}(\theta,\varphi) \tag{21}$$

其中，函数 g_l 是辐射场方程式(22)的解

$$\left(\frac{\mathrm{d}^2}{\mathrm{d}r^2}+\frac{2}{r}\frac{\mathrm{d}}{\mathrm{d}r}+k^2-\frac{l(l+1)}{r^2}\right)g_l(r)=0 \tag{22}$$

函数 g_l 是球形 Bessel 函数 $j_l(kr)$和球形 Hankel 函数 $n_l(kr)$的线性组合。Hankel 函数在原点是奇异的，而 Bessel 函数是正则的。

通常要区分两种类型的多极场。在横向电场 TE 中，其电场的径向分量为零，而在横向磁场 TM 中，其磁场的径向分量为零。这两种电磁场都可通过单频矢量势 $\boldsymbol{A}$ 被完全确定。给定频率为 $\omega=ck$ 的 TE 场在球坐标下的表达式如下：

$$\boldsymbol{A}_{lm}^{\text{TE}}(\boldsymbol{r},t)=(\boldsymbol{r}\times\nabla)g_l(r)Y_{lm}(\theta,\varphi)\mathrm{e}^{-\mathrm{i}\omega t}+\text{c.c.} \tag{23}$$

需要注意的是，运算符 $\boldsymbol{r}\times\nabla$在球坐标系中只包含与角 θ 和 φ 有关的微分，不含 g_l 方向的微分。对应的电场和磁场分别为：

$$\begin{aligned}\boldsymbol{E}_{lm}^{\text{TE}}(\boldsymbol{r},t)&=\mathrm{i}\omega(\boldsymbol{r}\times\nabla)g_l(r)Y_{lm}(\theta,\varphi)\mathrm{e}^{-\mathrm{i}\omega t}+\text{c.c.}\\ \boldsymbol{B}_{lm}^{\text{TE}}(\boldsymbol{r},t)&=\nabla\times(\boldsymbol{r}\times\nabla)g_l(r)Y_{lm}(\theta,\varphi)\mathrm{e}^{-\mathrm{i}\omega t}+\text{c.c.}\end{aligned} \tag{24}$$

TM 场可由以下矢势确定：

$$\boldsymbol{A}_{lm}^{\text{TM}}(\boldsymbol{r},t)=-\mathrm{i}\frac{c}{\omega}\nabla\times(\boldsymbol{r}\times\nabla)g_l(r)Y_{lm}(\theta,\varphi)\mathrm{e}^{-\mathrm{i}\omega t}+\text{c.c.} \tag{25}$$

该矢势确定了如下电场和磁场的形式：

$$\boldsymbol{E}_{lm}^{\mathrm{TM}}(\boldsymbol{r},t)=c\ \nabla\times(\boldsymbol{r}\times\nabla)g_l(r)Y_{lm}(\theta,\varphi)\mathrm{e}^{-\mathrm{i}\omega t}+\mathrm{c.c.}$$

$$\boldsymbol{B}_{lm}^{\mathrm{TM}}(\boldsymbol{r},t)=-\mathrm{i}\,\frac{\omega}{c}(r\times\nabla)g_l(r)Y_{lm}(\theta,\varphi)\mathrm{e}^{-\mathrm{i}\omega t}+\mathrm{c.c} \tag{26}$$

当满足 $l\geqslant1$，l 为整数，$-l\leqslant m\leqslant l$，m 为整数时，以上定义对 TE 场和 TM 场的定义有效。各向同性的球谐函数 Y_{00} 显然不会产生非零场。所有的场的散度为零，且它们都满足波动方程，所以它们均为麦克斯韦方程组的解。式(24)和(26)反映了自由电场和磁场的二重特征，这意味着对于真空中麦克斯韦方程组的一个解，若作如下替换：$\boldsymbol{E}\to c\boldsymbol{B}$ 及 $c\boldsymbol{B}\to-\boldsymbol{E}$，则替换后的式仍是原方程的一个解。TM 和 TE 场之间的转换就由此替换实现。

对于有固定 l 的一组场 $\boldsymbol{A}_{lm}^{\mathrm{TE}}$，其旋转变换性与球谐函数 Y_{lm} 一致，这一结论同样适用于 TM 场。由于旋度运算符是由角动量的量子运算符 $\hat{\boldsymbol{J}}$ 所产生的，这意味着模式为 TE 或 TM，模值为 l 和 m 的每个光子都在 z 方向具有角动量 $\hbar m$。且每个光子对量 $\hat{\boldsymbol{J}}^2$ 的贡献为 $\hbar^2 l(l+1)$。

这些公式确定了多极场的能流密度及角动量密度。在一个光学周期内对式(3)时间取平均后，场(24)和(26)的能流密度如下：

$$w(\boldsymbol{r})=\varepsilon_0(\omega^2\ |(\boldsymbol{r}\times\nabla)g_l(r)Y_{lm}(\theta,\varphi)|^2+c^2|\nabla\times(\boldsymbol{r}\times\nabla)g_l(r)Y_{lm}\ (\theta,\varphi)^2| \tag{27}$$

该式对 TE 场和 TM 场均适用。对于 TE 场，式(27)的第一项表示电场对能量的贡献，而在 TM 场中，该项为 TM 场中磁场的贡献。将式(24)和(26)的结果代入式(3)中，可得角动量密度。在对时间取平均后，得到

$$\boldsymbol{j}(\boldsymbol{r})=-\mathrm{i}\omega\varepsilon_0 l(l+1)\ |g_l|^2Y_{lm}^*(\boldsymbol{r}\times\nabla)Y_{lm}+\mathrm{c.c.} \tag{28}$$

同样的，它适用于 TE 及 TM 场。角动量密度的 z 分量具有简单的表达式：

$$j_z(\boldsymbol{r})=2\omega\varepsilon_0 l(l+1)m\ |g_l|^2\ |Y_{lm}|^2 \tag{29}$$

最简单的情况是，比值 j_z/w 和比值 m/ω 相同，这意味着对于每个光子，其在 z 方向的角动量为 $\hbar m$。虽然式中的能流密度和角动量密度有相似之处，局域的比值并不完全相同。另一方面，在远场区，$kr\gg1$，对于位于原点的辐射多极子发出的电场而言，角动量和能量的比值由各自的球壳获得[1]。对于一个半径为 r 的球体，在对角动量密度(式(28))进行球面积分时，我们得到：

$$\frac{\mathrm{d}\boldsymbol{J}}{\mathrm{d}r}\equiv\int\mathrm{d}\Omega\boldsymbol{j}(\boldsymbol{r})=2\omega\varepsilon_0 l(l+1)m\ |g_l|^2\mathbf{e}_z \tag{30}$$

类似地，在式(27)中代入球面坐标和球面单位向量，并且对球面角度进行积分，我们可得半径为 r 的球的能量密度。

$$\nabla\times(\boldsymbol{r}\times\nabla)g_lY_{lm}=\left[\left(\frac{1}{r}+\frac{\mathrm{d}}{\mathrm{d}r}\right)g_l\right][\mathbf{e}_r\times(\boldsymbol{r}\times\nabla)Y_{lm}]+\frac{\mathrm{i}}{r}\mathbf{e}_r l(l+1)g_lY_{lm} \tag{31}$$

由于式(31) 中两个矢量是正交的,故这一结果易于得到。结果表明,$\mathrm{d}J_z/\mathrm{d}r$ 和 $\mathrm{d}w/\mathrm{d}r \equiv \int \mathrm{d}\Omega w(\boldsymbol{r})$ 的比值与 r 相关。

同样的,式(31)还可被用来研究多极场在原点处的相位或偏振的奇异性。当多极场是由原点的电多极子发射时,它的形式为 TM 场,g_l 与向外的球形 Hankel 函数 $h_l^+(kr)$ 成比例。在原点的磁多极子激发的是 TE 场,由相同的函数 h_l^+[1]确定。对于无源场,函数g_l 正比于球形 Bessel 函数 $j_l(kr)$。该函数在原点正则,且正比于 r^l。这确定了圆心在原点的微小球体表面场的相位和偏振。原点处场消失,且其相位和偏振是不确定的。因此,球形多极场在原点处具有相位和偏振的三维涡旋结构。原点附近的电场向量描述如下式(24):

$$\boldsymbol{E}_{lm}^{\mathrm{TE}}(\boldsymbol{r},t) \propto r^l(\boldsymbol{r}\times\nabla)Y_{lm}\mathrm{e}^{-\mathrm{i}\omega t}+\mathrm{c.c.} \tag{32}$$

它的偏振方向在任何地方都与 r 正交,故它与球体正切。式(26)中 TM 电场的偏振性质可用式(31)中的性质来分析。可知电场的正比关系(33):

$$\boldsymbol{E}_{lm}^{\mathrm{TM}}(\boldsymbol{r},t) \propto r^{l-1}(\mathbf{e}_r\times(\boldsymbol{r}\times\nabla)Y_{lm}+\mathrm{i}\mathbf{e}_r lY_{lm})\mathrm{e}^{-\mathrm{i}\omega t}+\mathrm{c.c.} \tag{33}$$

右边的第一项是切向的,最后一项是径向的。(前面有提到算子 $\boldsymbol{r}\times\nabla$在球坐标系中只与角 θ 和 φ 有关。)对于较小的 l 值来说,这些三维涡旋结构相对简单,当 l 值增大时,它们会变得较为复杂,将包含相位奇异点的组合。对于二维涡旋来说,情况会更清晰。下面的部分将会涉及它们。

2.4.2 圆柱形多极场

大多数普通光束的圆柱状性质比球状性质明显。圆柱状多极场是亥姆霍兹方程在柱坐标系下的标量解分解式:

$$\psi_{mk}(\boldsymbol{r})=G_{mK}(R)\mathrm{e}^{\mathrm{i}kz}\mathrm{e}^{\mathrm{i}m\varphi} \tag{34}$$

其中 R 是圆柱半径变量$\sqrt{x^2+y^2}$,K 是波矢 z 分量。整数 m 为方位角指数。径向波动方程如下:

$$\left(\frac{\mathrm{d}^2}{\mathrm{d}R^2}+\frac{1}{r}\frac{\mathrm{d}}{\mathrm{d}R}+K^2-\frac{m^2}{R^2}\right)G_{mK}(R)=0 \tag{35}$$

波频率 ω 由 $\omega^2=c^2(\kappa^2+K^2)$决定,$K$ 是波向量的横向(xy)部分。

类比式(23)和式(25)中球形多级场的矢势,圆柱形场描述如下:

$$\begin{aligned}\boldsymbol{A}_{m\kappa}^{\mathrm{TE}}(\boldsymbol{r},t)&=(\mathbf{e}_z\times\nabla)\psi_{m\kappa}\mathrm{e}^{-\mathrm{i}\omega t}+\mathrm{c.c.}\\ \boldsymbol{A}_{m\kappa}^{\mathrm{TM}}(\boldsymbol{r},t)&=-\mathrm{i}\frac{c}{\omega}\nabla\times(\mathbf{e}_z\times\nabla)\psi_{m\kappa}\mathrm{e}^{-\mathrm{i}\omega t}+\mathrm{c.c.}\end{aligned} \tag{36}$$

这也决定了这两种情况下的电场和磁场。采用柱坐标系及单位向量为 $\mathbf{e}_R$,$\mathbf{e}_\varphi$ 和 $\mathbf{e}_z$,对于 TE 场可表达为:

$$\begin{aligned}\boldsymbol{E}_{m\kappa}^{\mathrm{TE}}&=\left(\mathbf{e}_R\frac{\omega m}{R}G_{m\kappa}+\mathrm{i}\omega\mathbf{e}_\varphi\frac{\mathrm{d}G_{mK}}{\mathrm{d}R}\right)\mathrm{e}^{\mathrm{i}\kappa z}\mathrm{e}^{\mathrm{i}m\varphi}\mathrm{e}^{-\mathrm{i}\omega t}+\mathrm{c.c.}\\ \boldsymbol{B}_{m\kappa}^{\mathrm{TE}}&=\left(-\mathrm{i}\kappa\mathbf{e}_R\frac{\mathrm{d}G_{mK}}{\mathrm{d}R}+\mathbf{e}_\varphi\frac{\kappa m}{R}G_{m\kappa}-\mathbf{e}_zK^2G_{mK}\right)\mathrm{e}^{\mathrm{i}\kappa z}\mathrm{e}^{\mathrm{i}m\varphi}\mathrm{e}^{-\mathrm{i}\omega t}+\mathrm{c.c.}\end{aligned} \tag{37}$$

注意电场 $\boldsymbol{E}_{m\kappa}^{\mathrm{TE}}$ 限制在 xy 平面，这决定了这些场的名称。TM 场可由如下对偶变换式得到：$\boldsymbol{E}_{m\kappa}^{\mathrm{TM}}=c\boldsymbol{B}_{m\kappa}^{\mathrm{TE}}$，$\boldsymbol{B}_{m\kappa}^{\mathrm{TM}}=-\boldsymbol{E}_{m\kappa}^{\mathrm{TE}}/c$。

将这些结果代入式(3)后，易得到这些场的时间平均能流密度和动量。且 TE 和 TM 场的结果相同。由于圆柱对称性，能量密度唯一取决于离轴距离 R。这对于沿圆柱单位向量的动量密度而言也是正确的。运用式(1)，可得角动量 AM 在 z 方向的分量如下：

$$j_z(\boldsymbol{r})=R_{\boldsymbol{P}}\cdot\mathbf{e}_\varphi=2\omega\varepsilon_0K^2m\,|G_{mK}(R)|^2 \tag{38}$$

式(37) 中场的表达式能够显示出在轴上 $R=0$ 处的奇异点。对于一个无源场，径向函数 $G_{m\kappa}(R)$ 在原点处必须是正则的，因而它正比于贝塞尔函数(Bessel function) $J_m(KR)$。相应的贝塞尔光束(Bessel beams) 具有无衍射的特性[16,17]，必要条件是光束通过横截面的功率无限大。在轴附近，贝塞尔函数 $J_m(KR)$ 与 $R^{|m|}$ 成正比。由式(37)，可得在轴附近的 TE 和 TM 电场的形式，可以通过代入$(\mathbf{e}_R+\mathrm{i}\mathbf{e}_\varphi)\mathrm{e}^{\mathrm{i}\varphi}=\mathbf{e}_x+\mathbf{e}_y$ 和 $R\exp(\mathrm{i}\varphi)=x+\mathrm{i}y$，将方程可化为迪卡儿坐标形式。当 $m\geqslant1$ 时有

$$\begin{aligned}\boldsymbol{E}_{m\kappa}^{\mathrm{TE}}(\boldsymbol{r},t)&\propto(\mathbf{e}_x+\mathrm{i}\mathbf{e}_y)(x+\mathrm{i}y)^{m-1}\mathrm{e}^{\mathrm{i}\kappa z}\mathrm{e}^{-\mathrm{i}\omega t}+\mathrm{c.c.}\\ \boldsymbol{E}_{m\kappa}^{\mathrm{TM}}(\boldsymbol{r},t)&\propto(\mathrm{i}\kappa m(\mathbf{e}_x+\mathrm{i}\mathbf{e}_y)(x+\mathrm{i}y)^{m-1}+K^2\mathbf{e}_z(x+\mathrm{i}y)^m)\mathrm{e}^{\mathrm{i}\kappa z}\mathrm{e}^{-\mathrm{i}\omega t}+\mathrm{c.c.}\end{aligned} \tag{39}$$

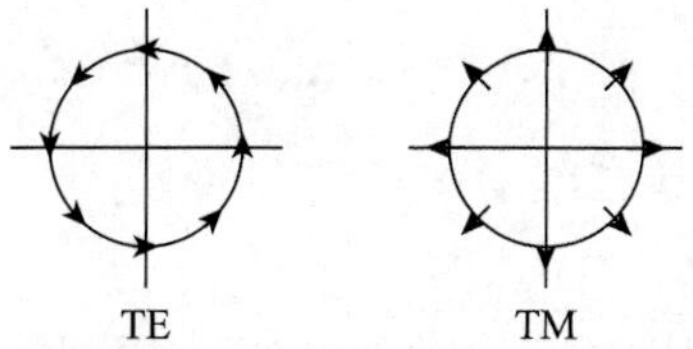

图 2.1　$m=0$ 时圆柱形 TE 和 TM 模式在横截面上线性偏振概略图。箭头表示线性偏振的方向。

这些场有 m 阶的旋转对称性。对于相应的负值 $m\leqslant-1$ 时，电场形式为

$$\begin{aligned}\boldsymbol{E}_{0\kappa}^{\mathrm{TE}}(\boldsymbol{r},t)&\propto(\mathbf{e}_x-\mathrm{i}\mathbf{e}_y)(x-\mathrm{i}y)^{|m|-1}\mathrm{e}^{\mathrm{i}\kappa z}\mathrm{e}^{-\mathrm{i}\omega t}+\mathrm{c.c.}\\ \boldsymbol{E}_{m\kappa}^{\mathrm{TM}}(\boldsymbol{r},t)&\propto(-\mathrm{i}\kappa m(\mathbf{e}_x-\mathrm{i}\mathbf{e}_y)(x-\mathrm{i}y)^{|m|-1}+K^2\mathbf{e}_z(x-\mathrm{i}y)^{|m|})\mathrm{e}^{\mathrm{i}\kappa z}\mathrm{e}^{-\mathrm{i}\omega t}+\mathrm{c.c.}\end{aligned} \tag{40}$$

TE 场在原点处是圆偏振，同时对于正数 m，有拓扑荷为 $m-1$ 的相位涡旋，对于负数 m，则 $-|m|+1=m+1$。(对于一个拓扑荷为 m 的相位涡旋，相位沿一包含原点的封闭轮廓以 $2\pi m$ 的值增长。)这意味着 $m=\pm1$ 的 TE 场在原点处没有相位涡旋。TM 场也是同样的结构，但是在 z 方向上有一个附加的线性偏振分量，且有一个拓扑荷为 m 的相位涡旋。需要特别注意 $m=0$ 的各向同性情况，在此情况下，同样需要得到贝塞尔函数 J_0 幂指数展开式的第二项，以获得场的最低非零阶。我们用近似代替 $J_0(KR)\approx1-(KR)^2/4$，得到在迪卡儿体系下 $m=0$ 时电场的表达式：

$$\begin{aligned}\boldsymbol{E}_{0\kappa}^{\mathrm{TE}}(\boldsymbol{r},t)&\propto(-\mathbf{e}_xy+\mathbf{e}_yx)\mathrm{e}^{\mathrm{i}\kappa z}\mathrm{e}^{-\mathrm{i}\omega t}+\mathrm{c.c.}\\ \boldsymbol{E}_{0\kappa}^{\mathrm{TE}}(\boldsymbol{r},t)&\propto(\mathrm{i}\kappa(\mathbf{e}_xx+\mathbf{e}_yy)-\mathbf{e}_z)\mathrm{e}^{\mathrm{i}\kappa z}\mathrm{e}^{-\mathrm{i}\omega t}+\mathrm{c.c.}\end{aligned} \tag{41}$$

靠近原点的 TE 场在方位角 $\mathbf{e}_\varphi$ 是线性偏振的，所以它有一个偏振涡旋。在原点处，偏振态无定义，场消失。TM 场在原点处有一个有限的 z 分量，同时横向分量有一个偏

振涡旋，且在原点处有径向偏振。过轴横截面的偏振见图 2.1。

球形和圆柱形多极场都是麦克斯韦方程组的准确解。换言之，就像平面波动场一样，它们所包含的能量是无限的，且贝塞尔光束(Bessel beams)的密度是无限的。这使得用贝塞尔光束代表实际光束是不真实的。下一节，我们将讨论不受此限制的光束的角动量和涡旋特性。

2.5 单色傍轴光束的角动量

通常用一个复合场 $\boldsymbol{f}(\boldsymbol{r},t)$ 来描述真空中的光场，电场由 $\boldsymbol{E}=\boldsymbol{f}+\boldsymbol{f}^*$ 给出。由麦克斯韦方程组，$\boldsymbol{f}$ 的散度为零且遵循波动方程，所以

$$c^2\nabla^2\boldsymbol{f}=\frac{\partial^2\boldsymbol{f}}{\partial t^2},\nabla\cdot f=0 \tag{42}$$

2.5.1 傍轴近似

当某一辐射场的波矢限制在张角狭小的圆锥中时，则采用傍轴近似去描述该辐射场。激光产生的光束就属于这一情况。广角光场在经过小孔径之后也会产生傍轴场。用标准的复数表达式来描述在真空中沿正 z 方向传播、频率为 ω 的单色光束的电场时，可表达成一个平面波和一个缓慢变化包络的乘积

$$\boldsymbol{f}(\boldsymbol{r},t)=\boldsymbol{u}(\boldsymbol{R},z)\mathrm{e}^{\mathrm{i}(kz-\omega t)} \tag{43}$$

其中 $\omega=ck$，这里 $\boldsymbol{R}=(x,y)$ 是二维横向位置矢量，且 $\boldsymbol{r}=(\boldsymbol{R},z)$ 是三维空间中的位置矢量。

$\boldsymbol{u}$ 的传播方程服从式(42)中 $\boldsymbol{f}$ 的条件。当 $|\partial u/\partial\boldsymbol{R}|/(ku)\ll 1$ 时即可看作是傍轴近似，在此情况下，$\boldsymbol{u}$ 的横向分量只随 z 缓慢变化，因此关于 z 的二阶导数可忽略。傍轴近似方程[18,19]充分地描述了此类光束的传播：

$$\left(\frac{\partial^2}{\partial\boldsymbol{R}^2}+2\mathrm{i}k\frac{\partial}{\partial z}\right)\boldsymbol{u}(\boldsymbol{R},z)=0 \tag{44}$$

向量场 $\boldsymbol{u}$ 位于横向(xy)平面。可将傍轴近似视为在小傍轴参数 $\delta=1/(k\gamma_0)$ 展开式的最低阶项，其中 γ_0 是束腰尺寸[18]。对于单色场，复矢势及复磁场仅由电场(式(43))所决定。展开式的最低阶为

$$\boldsymbol{a}(\boldsymbol{r},t)=\frac{\mathbf{1}}{\mathrm{i}\omega}\boldsymbol{f}(\boldsymbol{R},z),\boldsymbol{b}(\boldsymbol{r},t)=\frac{\mathbf{1}}{c}\mathbf{e}_z\times\boldsymbol{f}(\boldsymbol{R},z) \tag{45}$$

注意在零阶时，按照麦克斯韦方程组，这些场遵循关系 $\boldsymbol{f}=-\dot{\boldsymbol{a}}$ 以及 $\dot{\boldsymbol{b}}+\nabla\times\boldsymbol{f}=0$。式(45)表明，在横向平面上，复矢势 $\boldsymbol{a}$ 和复磁场 $\boldsymbol{b}$ 的分量有着相同的电场图样。矢势的相位比电场提前 1/4，而磁场的偏振矢量图样相当于将电场偏振矢量沿正方向(逆时针)旋转 $\pi/2$。

真实物理横向电场 $\boldsymbol{E}$、矢势 $\boldsymbol{A}$、在横向 xy 平面的磁场强度 $\boldsymbol{B}$，分别被记为 $\boldsymbol{E}_t$、$\boldsymbol{A}_t$ 和 $\boldsymbol{B}_t$。这些组成通过下式来决定：

$$\begin{aligned}&\boldsymbol{E}_t(\boldsymbol{r},t)=\boldsymbol{f}(\boldsymbol{r},t)+\text{c.c.},\boldsymbol{A}_t(\boldsymbol{r},t)=\boldsymbol{a}(\boldsymbol{r},t)+\text{c.c.}\\&\boldsymbol{B}_t(\boldsymbol{r},t)=\boldsymbol{b}(\boldsymbol{r},t)+\text{c.c.}\end{aligned} \tag{46}$$

相应的复值场为 $\boldsymbol{f}, \boldsymbol{a}, \boldsymbol{b}$。场 $\boldsymbol{E}, \boldsymbol{A}, \boldsymbol{B}$ 的 z 分量在更高的阶数均非零。由于这些场都是无散的，它们的第一阶项与 $\boldsymbol{f}, \boldsymbol{a}, \boldsymbol{b}$ 的横向散度成比例，且发现

$$E_z = \frac{\mathrm{i}}{k}\frac{\partial}{\partial \boldsymbol{R}} \cdot \boldsymbol{f} + \text{c.c.}, A_z = \frac{\mathrm{i}}{k}\frac{\partial}{\partial \boldsymbol{R}} \cdot \boldsymbol{a} + \text{c.c.}$$
$$B_z = \frac{\mathrm{i}}{k}\frac{\partial}{\partial \boldsymbol{R}} \cdot \boldsymbol{b} + \text{c.c.} \tag{47}$$

2.5.2　单色光的角动量

动量密度第一项 $\varepsilon_0 \boldsymbol{E}_t \times \boldsymbol{B}_t$，它指向 z 方向。使用式(46)，并通过在几个光学周期上进行平均消除快速振荡后，动量密度的零阶成分为

$$p_z(\boldsymbol{R}, \boldsymbol{z}) = \frac{2\varepsilon_0}{c}\boldsymbol{u}^* \cdot \boldsymbol{u} \tag{48}$$

易于证明，坡印亭矢量 $\boldsymbol{S}=\boldsymbol{E}\times\boldsymbol{H}$ 中的首项和其 z 向分量 $S_z = c^2 p_z = c\omega$ 一致，其中

$$\omega(\boldsymbol{R}, \boldsymbol{z}) = \varepsilon_0(\boldsymbol{E}_t^2 + c^2\boldsymbol{B}_t^2)/2 = 2\varepsilon_0 \boldsymbol{u}^* \cdot \boldsymbol{u} \tag{49}$$

是光束的能量密度。单位长度的能量可定义为

$$\frac{\mathrm{d}W}{\mathrm{d}z} = \int \mathrm{d}\boldsymbol{R}\omega(\boldsymbol{R}, z) = 2\varepsilon_0 \int \mathrm{d}\boldsymbol{R}\boldsymbol{u}^* \cdot \boldsymbol{u} \tag{50}$$

当我们用光子能量 $\hbar\omega$ 作为一能量量子，那么光子密度为 $n = w/(\hbar\omega)$，则动量密度总计(式(48))为 $n\hbar k$，对应的每光子具有一份 $\hbar k$。

但是，我们对光子动量沿轴产生的角动量并不感兴趣，只是对角动量密度在传播方向的j_z 分量感兴趣。根据式(3)为 xy 平面内和沿 z 方向上 $\boldsymbol{E}$ 和 $\boldsymbol{B}$ 的组合可得

$$j_z = \boldsymbol{R} \times \boldsymbol{p}_t \tag{51}$$

z-分量是由传播平面(xy)中的动量密度分量产生，(因为 $\boldsymbol{R}$ 和 $\boldsymbol{p}_t$ 都是 xy 平面上的矢量，它们的向量积指向 z 方向，我们可将它看作标量)。对于一阶 δ，动量密度的横向分量是

$$\boldsymbol{p}_t = \varepsilon_0[E_z(\mathbf{e}_z \times \boldsymbol{B}_t) + B_z(\boldsymbol{E}_t \times \mathbf{e}_z)] \tag{52}$$

代入式(46) 和式(47) 且对一个光学周期取平均后，经几次变换，可将 j_z 化成以下和式：$j_z = l + s$，其中 l 和 s 在圆柱形坐标系的表达式为

$$l(\boldsymbol{R}, z, t) = \varepsilon_0 \boldsymbol{f}^* \cdot \frac{\partial}{\partial \varphi}\boldsymbol{a} + \text{c.c.}, s(\boldsymbol{R}, z, t) = -\varepsilon_0 \boldsymbol{f}^* \times R\frac{\partial}{\partial R}\boldsymbol{a} + \text{c.c.} \tag{53}$$

对于任意的辐射场而言，轨道角动量和自旋角动量密度的表达式与式(15)中的被积函数有着惊人的相似性。它们都包含电场和(一个空间导数)矢势的乘积。它们主要的不同在于，对于傍轴光束，本征密度可划分为 l 和 s。但是对于任意的辐射场而言，这一结论并不正确。

在单色场的特殊情况中，$\boldsymbol{f}$ 和 $\boldsymbol{a}$ 由式(43)和式(45)给出，得到(式(53))分离的形式

$$l(\boldsymbol{R}, z) = \frac{\varepsilon_0}{\mathrm{i}\omega}\boldsymbol{u}^* \cdot \frac{\partial}{\partial \varphi}\boldsymbol{u} + \text{c.c.}, s(\boldsymbol{R}, z) = -\frac{\varepsilon_0}{\mathrm{i}\omega}R\frac{\partial}{\partial R}(\boldsymbol{u}^* \times \boldsymbol{u}) \tag{54}$$

分量 l 由在两个方位角方向上 $\boldsymbol{u}$ 的相位梯度所决定。当我们将它与初等量子力学中粒子轨道角动量在 z 方向上分量的表达式相比时，这一表述类似于轨道角动量密度。另一方面，将 j_z 分成 l 和 s 两部分同样适用于角动量密度。s 由横模振幅的叉积 $\boldsymbol{u}^* \times \boldsymbol{u}/\mathrm{i}$ 的径向梯度得到。我们回想一下，对于任意辐射场，将 $\boldsymbol{J}$ 分成 $\boldsymbol{L}$ 和 $\boldsymbol{S}$ 部分（式(14)）只适用于在整个空间的积分的总角动量情况下。显然，对于傍轴光束，对空间中每个点，j_z 均可划分为 $l+s$。尽管如此，仅当 $\boldsymbol{A}$ 和 $\boldsymbol{E}_\perp$ 用傍轴近似形式(46)来表示时，l 的表示式(54)与式(15)中 $\boldsymbol{L}_{\mathrm{rad}}$ 的被积函数相同。

每单位光束长度的旋转的积分形式为 $\sum \equiv \int \mathrm{d}\boldsymbol{R} s(\boldsymbol{R},z)$，每单位长度的轨道角动量为 $\Lambda \equiv \int \mathrm{d}\boldsymbol{R} l(\boldsymbol{R},z)$。我们对 Λ 关于 φ 进行偏积分，对 $\sum$ 关于 R 进行偏积分，得到

$$\Lambda = \frac{2\varepsilon_0}{\omega}\int \mathrm{d}\boldsymbol{R}\boldsymbol{u}^* \cdot \frac{1}{\mathrm{i}}\frac{\partial}{\partial\varphi}\boldsymbol{u},\ \sum = \frac{2\varepsilon_0}{\omega}\int \mathrm{d}\boldsymbol{R}(\boldsymbol{u}^* \times \boldsymbol{u})/\mathrm{i} \tag{55}$$

易知 $\sum$ 和 Λ 在自由传播条件下是恒定的[20]。易证此 $\sum$ 的被积函数式与式(15)里 $\boldsymbol{S}_{\mathrm{rad}}$ 的 z 分量的被积函数一致。这同样是很重要的一点，因为式(55)中的被积函数只是在横向平面上，而不是整个空间里。

我们把复矢量场 $\boldsymbol{u}(\boldsymbol{R},z)$ 分解成 $\boldsymbol{u}=u\mathbf{e}$，其中 $\mathbf{e}$ 是归一化的复局域偏振矢量，$u=|\boldsymbol{u}|$ 是局域场强，得出密度 $2\varepsilon_0(\boldsymbol{u}^* \times \boldsymbol{u})/\mathrm{i}=\sigma w$，其中向量积 $\sigma=(\mathbf{e}^* \times \mathbf{e})/\mathrm{i}$ 是光束的局域螺旋度。螺旋度 σ 是一个实数，也即线偏振为零，圆偏振 $\mathbf{e}_\pm=(\mathbf{e}_x \pm \mathrm{i}\mathbf{e}_y)/\sqrt{2}$ 的值为 ± 1。式(54)中的旋转密度在乘积 $\sigma\omega$ 的径向梯度区域中是定域的。然而，关于 $\sum$ 的方程(55)可看成 $n\hbar\sigma$ 的积分，它是光子密度 $n=w/(\hbar\omega)$ 和光子自旋 $\hbar\sigma$ 的乘积，它们都与横向位置 $\boldsymbol{R}$ 有关。

2.5.3 均一的轨道角动量和自旋角动量

式(54)和式(55)概括了均匀偏振的单色光束的结果。在此情况下有 $\boldsymbol{u}(\boldsymbol{R},z)=\mathbf{e}u(\boldsymbol{R},z)$，这里偏振矢量 $\mathbf{e}$ 与位置无关。光束截面的螺旋度 σ 是均一的，我们代入式(54)得到表达式[5]

$$l(\boldsymbol{R},z)=\frac{\varepsilon_0}{\mathrm{i}\omega}u^* \frac{\partial}{\partial\varphi}u+\mathrm{c.c.},\ s(\boldsymbol{R},z)=-\frac{\sigma}{2\omega}R\frac{\partial}{\partial R}w(\boldsymbol{R},z) \tag{56}$$

这表明旋转密度由能量密度的径向导数所决定。正如预期那样，积分后的旋转动量服从关系式 $\sum=\sigma W/\omega$，对应于每个光子的自旋动量为 $\hbar\sigma$[3]。然而，自旋被定域在能量密度梯度的区域中，这样它在均一强度的区域中会消失。另一方面，当一部分光被颗粒吸收或者被孔径切分时，$\sum=\sigma W/\omega$ 对该部分仍然适用。在此意义上，可以说有均匀螺旋度 σ 的光，每个光子带有 $\hbar\sigma$ 的自旋[2]。

满足以下形式的模式尤其让人感兴趣：

$$u(R,\varphi,z)=F_m(R,z)\exp(\mathrm{i}m\varphi) \tag{57}$$

这里与 φ 相关的量由因子 $\exp(\mathrm{i}m\varphi)$ 给出。为了使模式连续，m 必须是整数。轨道角动

量密度等于 $l=mw/\omega=n\hbar m$，且每个光子的轨道角动量为 $\hbar m$。这些模式在原点有相位奇点，这和具有 m 个涡旋电荷一致。它们是微分算子 $\partial/\partial\varphi$ 的本征模式。但是，说它们是轨道角动量的本征模式可能很难理解。在我们讨论的经典背景下，轨道角动量只是一个经典量，而不是一个运算符。对于任意经典光束，轨道角动量总量是具有明确定义的特殊值，对于自旋角动量同样如此。这些模式的特别之处在于轨道角动量密度与能量密度成比例。这时，轨道角动量在整个光束截面是均匀的。式(57) 模式中的轨道角动量可量化为每光子 $\hbar m$。由于傍轴波方程 (44) 是各向同性的，这一与 φ 有关的量在自由传播时守恒。径向模式函数 F_m 遵循径向傍轴波方程

$$\left(\frac{\partial^2}{\partial R^2}+\frac{1}{R}\frac{\partial}{\partial R}-\frac{m^2}{R^2}+2ik\frac{\partial}{\partial z}\right)F_m(R,z)=0 \tag{58}$$

一个著名的例子是拉盖尔—高斯(Laguerre-Gaussian)模式[5,21]。该模式中，径向模式函数表示为 $F_{mp}(R,z)$，这里 p 是径向模数。函数 F_{mp} 可由 Gaussian 函数、$R^{|m|}$ 因子以及拉盖尔多项式的乘积得到，其中，拉盖尔多项式只与绝对值 $|m|$ 相关[21]。该模式函数共有的特性是，其径向分量在自由传播时形状不变，只有比例因子的变化。与 z 相关的比例因子是径向轮廓的宽度。在光轴附近，根据 m 的符号，此类光束的幅度与 $R^{|m|}\exp(\mathrm{i}m\varphi)=(x\pm\mathrm{i}y)^{|m|}$ 成比例。这表明这些光束有一个与拓扑荷 m 有关的相位奇点。

2.5.4　非均匀偏振

当一个非均匀偏振光穿过偏振片时，出来的光束的模式轮廓由偏振片的安装位置决定。这意味着模式函数 $\boldsymbol{u}$ 不能因式分解成有固定偏振向量的 $\mathbf{e}u(\boldsymbol{R},z)$。在量子层面上，这意味着对于光束中的每一个光子，其偏振和平移自由度是紧密相关的。目前，非均匀线性偏振和轴对称的光束被广泛研究。这类光束可由液晶转换器产生[22]，也可由基于空间变化的介质光栅技术产生[23,24]。

举个例子，我们考虑两束相位模式数相反($\pm m$)的拉盖尔—高斯圆偏振光的叠加。我们考虑具有以下模式的单色光

$$\boldsymbol{u}(R,\varphi,z)=F_{mp}\left[\mathbf{e}_+\,\mathrm{e}^{-\mathrm{i}m\varphi}+\mathbf{e}_-\,\mathrm{e}^{\mathrm{i}m\varphi}\right]/\sqrt{2} \tag{59}$$

式(59) 中的模式函数是实函数，它是轨道角动量 $\mp m\hbar$(每光子) 和自旋角动量 $\pm\hbar$(每光子) 的叠加。式(59) 的向量乘法中，F_{mp} 是一个与 φ 相关的线性偏振矢量 $\mathbf{e}(\varphi)=\mathbf{e}_x\cos(m\varphi)+\mathbf{e}_y\sin(m\varphi)$。$\varphi=0$ 时偏振矢量在 x 方向，且偏振方向沿着光轴附近的一个圆正方向旋转 m 圈。φ 函数的线性偏振方向如图 2.2 中黑色箭头所示。线性偏振光场的相位均沿着这样一个圆振荡。对于负值的 m，偏振方向沿着圆的负方向旋转。

在 $m=1$ 的特殊情况下，旋转圈数为 1，且旋转后图样不变。角动量密度 $j_z=l+s$ 对于式(59)每个分量而言均为零，并且沿旋转轴的光束保持不变。偏振方向总是沿径向方向。当用 $\varphi-\varphi_0$ 代替式(59)右边的 φ 时，图样依旧是各向同性的，且偏振方向相对径向有一个 φ_0 偏角。

式(59)中模式的轨道和自旋角动量密度可用式(54)进行计算，可得两者均为零。事实上，这一模式是每个光子轨道角动量 $\mp\hbar m$ 和自旋 $\pm\hbar$ 的叠加。能量密度为

$$w(R,z)=2\varepsilon_0\,|F_{mp}(R,z)|^2 \tag{60}$$

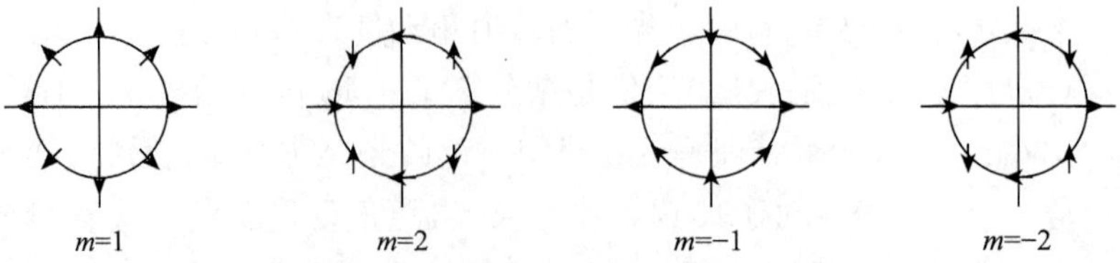

图 2.2　式(59)中与位置相关的模式的线性偏振示意图。箭头表示线性偏振的方向。

相应的，在轴附近，相位和偏振的情形由如下表达式给出：

$$\boldsymbol{u}(x,y) \propto (\mathbf{e}_x + \mathrm{i}\mathbf{e}_y)(x - \mathrm{i}y)^m + (\mathbf{e}_x + \mathrm{i}\mathbf{e}_y)(x + \mathrm{i}y)^m \tag{61}$$

这描述了带有混合拓扑荷的相位和偏振奇点。

类似的一个有趣的一般情形是相反的圆偏振、具有任意两个 m 值的 φ 相关的相位的模式叠加。这种情形可以由单个横向平面中的横模函数给出，

$$\boldsymbol{u}(R,\varphi) = F(R)[\mathbf{e}_+ \mathrm{e}^{\mathrm{i}m'\varphi} + \mathbf{e}_- \mathrm{e}^{\mathrm{i}m\varphi}]/\sqrt{2} \tag{62}$$

其中，方位角模式数为任意整数 m 和 m'：我们省去了模式的 z 分量，因为在通常情况下这两者会经过不同的衍射，所以对于不同的横平面而言，径向模式函数不再相同。当我们提取出相位因子 $\exp(\mathrm{i}(m+m')\varphi/2)$ 时，剩下的偏振矢量是 $\mathbf{e}(\varphi) = \mathbf{e}_x \cos((m-m')\varphi/2) + \mathbf{e}_y \sin((m-m')\varphi/2)$。沿光轴附近某一圆的偏振矢量旋转数就是 $(m-m')/2$。当 $m-m'$ 是奇数时，它是半整数。$m-m' = \pm 1$ 时偏振模式如图 2.3 所示。整体相位因子 $\exp(\mathrm{i}(m+m')\varphi/2)$ 是偏振光场随圆周变化时的相位。

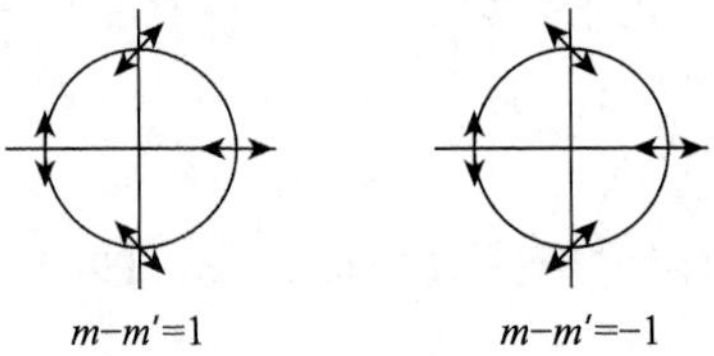

图 2.3　式(62)中所描述的与位置相关的线偏振模式概略图。箭头表示线偏振方向。

2.6　傍轴光束的量子描述

2.6.1　傍轴场的量子运算符

式(17) 所描述的横电场与矢势的量子算符在近轴近似时同样适用。当仅考虑傍轴光束中的光子时，这一结果将十分有用。从拉格朗日密度(Lagrangian density) 开始，通过应用规范量子化过程，推导出傍轴形式[25]。采用横向电场与矢势，并且限制波矢 $\boldsymbol{k}$ 的值在 z 轴的傍轴范围内时，对式(17) 中的一般情形做傍轴近似将会更为简单，这意味着在 xy 平面的 $\boldsymbol{k}$ 值与 z 平面的 $k_z \approx k = \omega/c$ 值相比较小。我们可采取任何模式的标准正交基。由于角动量的傍轴算符同样重要，因此我们采用圆偏振的拉盖尔—高斯模式。这些模式可表示为：

$$\boldsymbol{u}_{mps}(\boldsymbol{R},z\,|\,\omega) = \mathbf{e}_s \mathrm{e}^{\mathrm{i}m\varphi} F_{mp}(R,z\,|\,\omega) \tag{63}$$

其中 s 的正负取值表示两种圆偏振，F_{mp} 表示拉盖尔—高斯模式在频率 ω 的径向分量，m

和 p 是方位角模量和径向模量。不同的模式由离散的参数 m、p、s 和连续变化的 ω 区分,其归一化表示方式如下：

$$2\pi\int R\mathrm{d}RF_{mp}^{*}(R,z\mid\omega)F_{mp'}(R,z\mid\omega)=\delta_{pp'} \tag{64}$$

根据对量定则$[\hat{\alpha}_{m'p's'}(\omega'),\hat{\alpha}_{mps}^{\dagger}(\omega)]=\delta_{mm'}\delta_{pp'}\delta_{ss'}\delta(\omega-\omega')$,光子的湮没算符在这些模式下被表示为$\hat{\alpha}_{mps}(\omega)$。

用 ω 取代变量k_z,可将平面波项沿 xy 方向扩展成横模式(式(63)),该横向电场与矢势的算符形式可由式(17)得到。此时,在 xy 平面的电场和矢势的算符为$\hat{\boldsymbol{E}}_t=\hat{\boldsymbol{f}}+\hat{\boldsymbol{f}}^{\dagger}$,$\hat{\boldsymbol{A}}_t=\hat{\boldsymbol{a}}+\hat{\boldsymbol{a}}^{\dagger}$,其中 $\hat{\boldsymbol{f}}$ 和 $\hat{\boldsymbol{a}}$ 的运算符为：

$$\begin{aligned}\hat{\boldsymbol{f}}(\boldsymbol{r})&=\mathrm{i}\sum_{mps}\int\mathrm{d}\omega\sqrt{\frac{\hbar\omega}{4\pi\varepsilon_0 c}}\boldsymbol{u}_{mps}(\boldsymbol{R},z\mid\omega)\mathrm{e}^{\mathrm{i}\omega z/c}\,\hat{a}_{mps}(\omega)\\ \hat{\boldsymbol{a}}(\boldsymbol{r})&=\sum_{mps}\int\mathrm{d}\omega\sqrt{\frac{\hbar}{4\pi\varepsilon_0\omega c}}\boldsymbol{u}_{mps}(\boldsymbol{R},z\mid\omega)\mathrm{e}^{\mathrm{i}\omega z/c}\,\hat{a}_{mps}(\omega)\end{aligned} \tag{65}$$

通过对式(73)进行空间积分,得到哈密顿函数(Hamiltonian)

$$\hat{H}=\sum_{mps}\int\mathrm{d}\omega\hbar\omega\,\hat{a}_{mps}{}^{\dagger}(\omega)\,\hat{a}_{mps}(\omega) \tag{66}$$

在海森堡(Heisenberg)图像的场算符中生成正确的时间演化：

$$\hat{a}_{mps}(\omega,t)=\exp(\mathrm{i}\hat{H}t/\hbar)\,\hat{a}_{mps}(\omega)\exp(-\mathrm{i}\hat{H}t/\hbar)=\mathrm{e}^{-\mathrm{i}\omega t}\,\hat{a}_{mps}(\omega,0) \tag{67}$$

场 $\hat{\boldsymbol{f}}(\boldsymbol{r},t)$ 和 $\hat{\boldsymbol{a}}(\boldsymbol{r},t)$ 的海森堡(Heisenberg)运算符可根据式(65)展开得出,用 $\exp(-\mathrm{i}\omega(t-z/c))$ 替代指数部分。

2.6.2　自旋和轨道角动量的量子运算符

根据式(53)所述,在傍轴限制下自旋角动量的密度可用复场 $\boldsymbol{f}$ 和 $\boldsymbol{a}$ 表示。将式(65)代入(53)并且在空间进行积分,能够得到在传播方向上 $\boldsymbol{L}$ 和 $\boldsymbol{S}$ 的量子算符：

$$\begin{aligned}\hat{S}_z&=\sum_{mps}\int\mathrm{d}\omega\hbar s\hat{a}_{mps}^{\dagger}(\omega)\,\hat{a}_{mps}(\omega)\\ \hat{L}_z&=\sum_{mps}\int\mathrm{d}\omega\hbar m\hat{a}_{mps}^{\dagger}(\omega)\,\hat{a}_{mps}(\omega)\end{aligned} \tag{68}$$

这两个算符是可互易的,并与(66)哈密顿函数(Hamiltonian)也可互易,总的角动量表达式可表述为$\hat{J}_z=\hat{S}_z+\hat{L}_z$。

$\hat{S}_z$ 算符产生偏振的旋转,$\hat{L}_z$ 产生模式图样的转变。这可通过如下变换表示：

$$\begin{aligned}\mathrm{e}^{\mathrm{i}\alpha\hat{S}_z/\hbar}\hat{a}_{mps}(\omega)\mathrm{e}^{-\mathrm{i}\alpha\hat{S}_z/\hbar}&=\mathrm{e}^{-\mathrm{i}\alpha s}\,\hat{a}_{mps}(\omega)\\ \mathrm{e}^{\mathrm{i}\alpha\hat{L}_z/\hbar}\hat{a}_{mps}(\omega)\mathrm{e}^{-\mathrm{i}\alpha\hat{L}_z/\hbar}&=\mathrm{e}^{-\mathrm{i}\alpha m}\,\hat{a}_{mps}(\omega)\end{aligned} \tag{69}$$

在对于傍轴场的旋转态 $\exp(-\mathrm{i}\alpha\hat{S}_z/\hbar)|\Psi\rangle$,其电场运算符 $\hat{\boldsymbol{f}}$ 的期望值与$|\Psi\rangle$态时的偏振相比旋转了一个角度α。在旋转态为$\exp(-\mathrm{i}\alpha\hat{L}_z/h)|\Psi\rangle$时,它是旋转角度$\alpha$ 的模式图样,并且偏振保持不变。

2.7 非单色傍轴光束

2.7.1 非单色光束的角动量

我们假设有一非单色光束，其频率的离散集为 ω_n。作为通式(43)，多色光束的横向电场可写为式(46)，其中

$$f(\boldsymbol{R},z,t)=\sum_n \boldsymbol{u}_n(\boldsymbol{R},z)\mathrm{e}^{-\mathrm{i}\omega_n(t-z/c)} \tag{70}$$

用 ω_n 替代频率ω，模式方程 $\boldsymbol{u}_n(\boldsymbol{R},z)$是傍轴波函数(44)的解。这是由模式频率相关的衍射所造成的。电场也决定了复矢势 $\boldsymbol{a}$ 和磁场 $\boldsymbol{b}$，表达式为

$$\begin{aligned}\boldsymbol{a}(\boldsymbol{R},z,t)&=\sum_n \frac{1}{\mathrm{i}\omega_n}\boldsymbol{u}_n(\boldsymbol{R},z)\mathrm{e}^{-\mathrm{i}\omega_n(t-z/c)}\\ \boldsymbol{b}(\boldsymbol{r},t)&=\frac{1}{c}\mathbf{e}_z\times \boldsymbol{f}(\boldsymbol{R},z)\end{aligned} \tag{71}$$

真实物理场在横向面上的分量是由式(46)决定的。

在脉冲光束条件下得到这些结论较为繁琐。将式(70)和式(71)中的方程用对一段频率的连续积分形式代替，则有

$$\begin{aligned}\boldsymbol{f}(\boldsymbol{R},z,t)&=\int \mathrm{d}\omega\boldsymbol{u}(\boldsymbol{R},z|\omega)\mathrm{e}^{-\mathrm{i}\omega(t-z/c)}\\ \boldsymbol{a}(\boldsymbol{R},z,t)&=\int \mathrm{d}\omega\frac{1}{\mathrm{i}\omega}\boldsymbol{u}(\boldsymbol{R},z|\omega)\mathrm{e}^{-\mathrm{i}\omega(t-z/c)}\end{aligned} \tag{72}$$

其中，式(71)当中关于复磁场 $\boldsymbol{b}$ 的表述依然有效。

对多色光束的零极 δ 而言，电场和磁场对能量密度产生的作用是等效的。能量密度可用复场 $\boldsymbol{f}$ 表示。我们假设频率之间的差异相对较小，并对频率为 $\omega_n+\omega_{n'}$ 的快速振荡项取平均得到能量。另一方面，我们考虑在拍频 $\omega_n-\omega_{n'}$ 的震荡项，则能量密度可通过下式表达

$$w(\boldsymbol{R},z,t)=2\varepsilon_0\boldsymbol{f}^*\cdot\boldsymbol{f} \tag{73}$$

该式是两个关于 n 和 n' 和式的乘积，由于拍频项 $n\neq n'$，该结果明显与时间相关。

在 δ 第一项里在 z 方向上的角动量密度可由式(51)得到，它的横向动量由式(52)表示。场的 z 分量与式(47)的横向部分有关。在目前非单色光束的情况及式(70)和(71)的复电场和复横向矢势下，式(53)中将角动量密度划分为 $j_z=l+s$ 仍旧是有效的。对于非单色光束的一般情况，横向光束的形式与时间有关，能量密度 ω 与角动量密度 j 也是如此。这种时间依赖性来源于两次关于频率求和式中的 $n\neq n'$ 的项。

2.7.2 旋转偏振的自旋

线性偏振矢量完成一个角频率为 Ω 的旋转后的式为[26]：

$$\mathbf{e}(z,t)=\frac{1}{\sqrt{2}}(\mathbf{e}_+\mathrm{e}^{-\mathrm{i}\Omega(t-z/c)}+\mathbf{e}_-\mathrm{e}^{\mathrm{i}\Omega(t-z/c)}) \tag{74}$$

作为与时间相关的方程，在横向平面正方向上，偏振旋转的角频率为 Ω。作为与传播坐

标 z 相关的方程，偏振向负方向旋转，间距为 $2\pi c/\Omega$。偏振矢量被看作是代表绕轴的螺旋式阶梯的台阶方向。具有均匀旋转偏振的光束可用复电场表述：

$$\boldsymbol{f}(\boldsymbol{r},t)=\mathbf{e}(z,t)u(\boldsymbol{R},z)\mathrm{e}^{-\mathrm{i}\omega(t-z/c)} \tag{75}$$

其中，$u(\boldsymbol{R},z)$是傍轴波函数(44)的解。该场描述了频率为 $\omega\pm\Omega$ 两个光场的叠加。严格来说，这两个频率分量的模式服从不同波数下的傍轴波函数(44)，所以它们的衍射略微不同。因此，在一个横向平面中的这两个模式相同时，在不同的平面里它们会有一些差异。在 $\Omega\ll\omega$ 的实际情况下，光束的衍射长度量级的差距使得这些差异可被忽略。

为了评估角动量密度，我们还需要在双色场情况下表示复矢势 $\boldsymbol{a}$ 的表达式。这一矢势的形式为：

$$\boldsymbol{a}(\boldsymbol{R},z,t)=\frac{1}{\sqrt{2}}u(\boldsymbol{R},z)\mathrm{e}^{-\mathrm{i}\omega(t-z/c)}\times\left(\mathbf{e}_{+}\frac{1}{\mathrm{i}(\omega+\Omega)}\mathrm{e}^{-\mathrm{i}\Omega(t-z/c)}+\mathbf{e}_{-}\frac{1}{\mathrm{i}(\omega-\Omega)}\mathrm{e}^{\mathrm{i}\Omega(t-z/c)}\right) \tag{76}$$

旋转的效果是正圆偏振对角动量密度的作用略微减少，而负圆偏振的作用增强。因此，两个圆偏振分量关于自旋密度 s 部分并不能完全相互抵消。由式(53)可发现

$$s(\boldsymbol{R},z)=\varepsilon_0\frac{\Omega}{\omega^2-\Omega^2}R\frac{\partial}{\partial R}(u^*u) \tag{77}$$

每单位长度自旋 $\sum$ 形式为：

$$\sum=-W\frac{\Omega}{\omega^2-\Omega^2} \tag{78}$$

其中 $W=2\varepsilon_0\int\mathrm{d}\boldsymbol{R}u^*u$ 是每单位长度的能量。

值得注意的是，在正方向上旋转导致了自旋角动量的负值。这可能与直觉相背。不过可以理解的是，在此情况下，该正圆偏振和负圆偏振分量对光强的作用是等效的。由于正圆偏振具有较高的频率，它比反向偏振态有更少的光子。因为圆偏振的光子带有 ±1的自旋，这就解释了式(78)。

2.7.3　旋转模式图样的轨道角动量

当展开 $\exp(\mathrm{i}m\varphi)$并用 $\varphi-\Omega t$ 代替 φ 时，会产生一个旋转的模式图样。每个含有方位角模数 m 的项都会有一个 $m\Omega$ 的频移。旋转模式图样最简单的一个例子就是具有相反模数$\pm m$ 的拉盖尔—高斯(Laguerre-Gaussian)模式之间的线性组合，其中复电场为

$$\boldsymbol{f}(R,\varphi,z,t)=\sqrt{2}\,\mathbf{e}F_{mp}(R,z)\cos[m(\varphi-\Omega(t-z/c))]\mathrm{e}^{-\mathrm{i}\omega(t-z/c)} \tag{79}$$

作为关于方位角 φ 的函数，它有环形驻波的形式。式(71)中矢势的表达式为：

$$\boldsymbol{a}(R,\varphi,z,t)=\frac{1}{\sqrt{2}}\mathbf{e}F_{mp}(R,z)\left[\frac{1}{\mathrm{i}(\omega+m\Omega)}\mathrm{e}^{\mathrm{i}m\varphi}\mathrm{e}^{-\mathrm{i}m\Omega(t-z/c)}+\frac{1}{\mathrm{i}(\omega-m\Omega)}\mathrm{e}^{-\mathrm{i}m\varphi}\mathrm{e}^{\mathrm{i}m\Omega(t-z/c)}\right] \tag{80}$$

这一旋转模式图样的能量密度为

$$w(R,\varphi,z,t)=4\varepsilon_0 \mid F_{mp}(R,z)\mid^2 \cos^2[m(\varphi-\Omega(t-z/c))] \tag{81}$$

轨道角动量密度有

$$l(\rho,\varphi,z,t)=-\frac{m^2\Omega}{\omega^2-m^2\Omega^2}w(\rho,\varphi,z,t) \tag{82}$$

所以在这种圆形驻波的特殊情况下，轨道角动量密度与能量密度成比例。这是之前在 $m=1$ 的特殊情况下获得的结果的推广[11]，即两个拉盖尔—高斯模式的叠加仅产生一个旋转的一阶厄米特—高斯光束。该能量形式与$\cos^2(\varphi-\Omega t)$成比例，如图 2.4 所示。灰色曲线指在旋转周期里比黑色曲线晚一点的情况。对于每个方位角 φ，曲线切割半径测量光束作为关于 φ 的函数的能量密度。

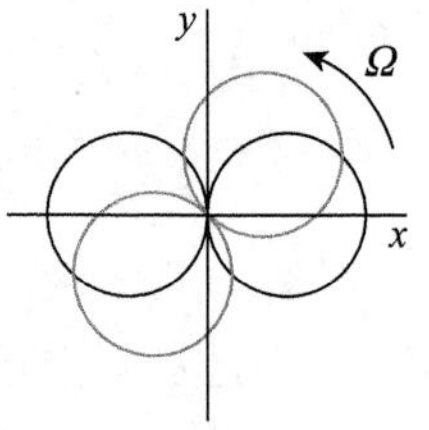

图 2.4　以角速度 Ω 在一固定横平面中旋转的厄米特—高斯光束的剖面。这与 $m=1$ 情况下的能量密度（式(81)）一致。黑圆代表某一时刻剖面的位置，灰圆代表 $\pi/4\Omega$ 之后的位置。

每单位长度的轨道角动量 Λ 和能量 W 之间的关系为：

$$\Lambda=-\frac{m^2\Omega}{\omega^2-m^2\Omega^2}W \tag{83}$$

注意，对于一个沿正方向旋转的强度图样，其轨道角动量是负的。这一公式似乎表明一束光具有负的转动惯量。然而，正如文献[11]中所讨论的，一束光不能被视为刚体。式(83)的结果可被理解为把旋转的光束设想为两束具有相同能量且频率为 $\omega\pm m\Omega$ 光的叠加，其中高频率的光子的轨道角动量为 $m\hbar$ 且能量为 $\hbar(\omega+m\Omega)$，低频率的光子的轨道角动量为 $-m\hbar$ 且能量为 $\hbar(\omega-m\Omega)$。由于功率相同，低频率的光束比高频率带有更多光子，净轨道角动量的表现形式由更多的低频光子决定。这一结论精确地给出了轨道角动量和能量间的负值比率。

2.7.4　非均匀偏振旋转的角动量

以非均匀偏振的旋转为例，我们从图 2.4 的图样开始。当式(59)中的模函数的两个分量有相反的两个频移 $\pm\Omega$ 时，与位置相关的线性偏振被设定成与角速度 Ω 相关。电场由以下形式给出：

$$f(R,\varphi,z,t)=\frac{1}{\sqrt{2}}F_m(R,z)[\mathbf{e}_+ \mathrm{e}^{-\mathrm{i}m\varphi}\mathrm{e}^{-\mathrm{i}\Omega(t-z/c)}+\mathbf{e}_- \mathrm{e}^{\mathrm{i}m\varphi}\mathrm{e}^{\mathrm{i}\Omega(t-z/c)}]\mathrm{e}^{-\mathrm{i}\omega(t-z/c)} \tag{84}$$

方括号里的表达式说明偏振是时间 t、方位角 φ 和传播坐标 z 的函数。角速度为 Ω 的偏振的旋转等同于角速度为 $-\Omega/m$ 的模式图样的旋转。如图 2.5 所示。

相应的矢势为

$$\boldsymbol{a}(R,\varphi,z,t)=\sqrt{2}F_m(R,z)\left[\mathbf{e}_+\frac{1}{\mathrm{i}(\omega+\Omega)}\mathrm{e}^{-\mathrm{i}m\varphi}\mathrm{e}^{-\mathrm{i}\Omega(t-z/c)}+\mathbf{e}_-\frac{1}{\mathrm{i}(\omega-\Omega)}\mathrm{e}^{\mathrm{i}m\varphi}\mathrm{e}^{\mathrm{i}\Omega(t-z/c)}\right]\mathrm{e}^{-\mathrm{i}\omega(t-z/c)} \tag{85}$$

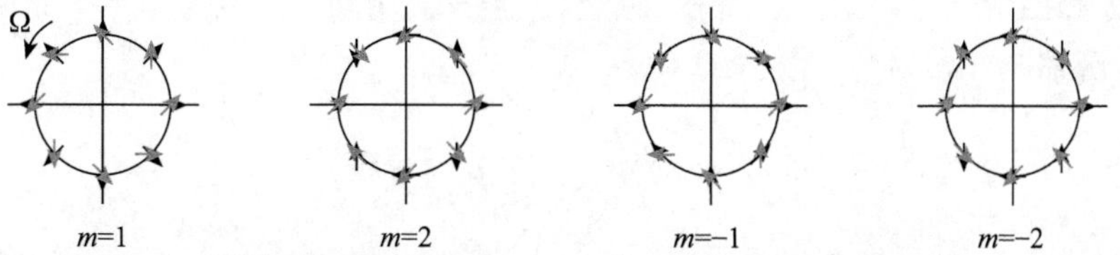

图 2.5　式(84)所描述的与位置相关的旋转线性偏振图样。深色箭头代表某一时刻线性偏振方向；灰色箭头代表 $\pi/4\Omega$ 之后的线性偏振。

这种旋转光束情况下能量密度仍由式(60)给出，能量密度是平稳的，并同时具有旋转不变性。

光束的角动量密度非常简单。这是因为模式是两个偏振($\mathbf{e}_\pm$)和两个振幅模式为 $\exp(\mp \mathrm{i}m\varphi)$ 的双正交之和。从量子力学的角度，在此模式下光子的偏振和横向自由度最大程度地融合在一起。由式(53)可得角动量密度的表达式：

$$l(R,z)=\frac{m\Omega}{\omega^2-\Omega^2}w(R,z),s(R,z)=\frac{1}{2}\frac{\Omega}{\omega^2-\Omega^2}R\frac{\partial}{\partial R}w(R,z) \tag{86}$$

l 和 s 均与角速度 Ω 成比例。正如能量密度是对称的，该情况下的轨道和自旋角动量密度也都是轴对称的。横向平面积分得到 Λ、$\sum$ 和 W 的关系为

$$\Lambda=\frac{m\Omega}{\omega^2-\Omega^2}W,\sum=-\frac{\Omega}{\omega^2-\Omega^2}W \tag{87}$$

式(87) 的 $\sum$ 等同于式(78)。这易于理解，因为两种情况都是指旋转角速度为 Ω 时的线偏振。当用 $-\Omega/m$ 代替 Ω 时，关于式(87) 的 Λ 遵从式(83)，这正是由于模式图样的角速度的作用。根据式(87)，每单位长度的总角动量为 $\Lambda+\sum=(m-1)\Omega W/(\omega^2-\Omega^2)$。在 $m=1$ 的特殊情况下，总角动量似乎与光束绕轴旋转不变的情况(式(59)) 相一致。

令人迷惑的是，旋转与位置相关的线偏振与圆偏振的拉盖尔—高斯光场的情况是相似的。该情况下，电场矢量的分布如图 2.5 所示，在正方向旋转。同时，场是单色的，偏振是一致的，电场矢量在光频 ω 处旋转。在文献[27]中已经分析了这种唯一确定角动量情况下的旋转频移。相反，在本节所讨论的情况下，光束是双色的，而偏振总是线性的。这种线偏振的方向是非均匀的，且在更小的频率 Ω 下旋转。

2.8　经典傍轴光束的运算符描述

2.8.1　傍轴光束的 Dirac 符号

众所周知，对于一个单色光束的傍轴波方程(44)在数学上等同于二维自由量子粒子的薛定谔方程，其中用传播坐标 z 代替时间。如此类推，把在一横向平面里的模式函数 $\boldsymbol{u}$ 表示成关于 $\boldsymbol{R}$ 的函数，以此作为狄拉克(Dirac)符号里的状态矢量 $|\boldsymbol{u}(z)\rangle$[28]。两个状态

矢量的内积为

$$\langle \boldsymbol{v} \mid \boldsymbol{u} \rangle = \int \mathrm{d}\boldsymbol{R}\boldsymbol{v}^*(\boldsymbol{R}) \cdot \boldsymbol{u}(\boldsymbol{R}) \tag{88}$$

是横向坐标和两个矢量函数的标量积的积分。当我们用动量运算符 $\hat{\boldsymbol{p}} = -\mathrm{i}\partial/\partial\boldsymbol{R}$ 引入横向导数时，傍轴波方程(44) 形式为

$$\frac{\partial}{\partial z} \mid \boldsymbol{u}(z)\rangle = -\frac{\mathrm{i}}{2k}\hat{\boldsymbol{p}}^2 \mid \boldsymbol{u}(z)\rangle \tag{89}$$

其中 $k=\omega/c$。在这种表述中，单色光束每单位长度的轨道角动量 Λ 如式(55)所示，为

$$\Lambda = \frac{2\varepsilon_0}{\omega}\langle \boldsymbol{u} \mid \hat{\boldsymbol{R}} \times \hat{\boldsymbol{p}} \mid \boldsymbol{u} \rangle \tag{90}$$

这使我们联想到一个二维量子粒子的轨道角动量式。每光子的轨道角动量是 $\Lambda\hbar\omega/W$。

从式(89)中傍轴波方程的形式可看出，距离为 z 的自由传播的状态矢量的作用可由以下运算符描述：

$$\hat{U}(z) = \exp\left(-\frac{\mathrm{i}}{2k}\hat{\boldsymbol{p}}^2 z\right) \tag{91}$$

类似的，一个理想的焦距为 f 的薄透镜，模式状态矢量由运算符 $\exp(-\mathrm{i}k\hat{\boldsymbol{R}}^2/(2f))$ 给出。用这种方法，任何光学透镜系统都可由棱镜和自由传播运算符的乘积来描述[21]。两个正交轴有不同焦距的散光透镜可直接纳入描述。用 $\hat{\boldsymbol{R}} \cdot f^{-1} \cdot \hat{\boldsymbol{R}}$ 代替$\hat{\boldsymbol{R}}^2/f$，其中 f 是一个有两个棱镜焦距作为特征值的真正的对称矩阵。

需强调的是，尽管算子符号是由量子力学中借用过来的，此处是应用于经典的傍轴光学中。

2.8.2 傍轴光束和量子谐振子

众所周知，傍轴波方程有一套完整的解，其形式是高斯函数和厄米多项式相乘[21,29]。这些厄米特—高斯模式函数传播时，除了比例因子之外，图样保持不变。它们类似于二维量子谐振子(HO)的特征函数。事实上，可将厄米特—高斯模式函数写为[30]

$$u_{n_x n_y}(\boldsymbol{r}) = \frac{1}{\gamma}\psi_{n_x}\left(\frac{x}{\gamma}\right)\psi_{n_y}\left(\frac{y}{\gamma}\right)\exp\left(\frac{\mathrm{i}kR^2}{2\rho} - \mathrm{i}\chi(n_x+n_y+1)\right) \tag{92}$$

这里 $n=0,1,\cdots$的函数 $\psi_n(\xi)$是一维量子谐振子无量纲时实归一化能量的特征函数。因此，它们是以下哈密顿算子的特征函数

$$\hat{H}_\xi = \frac{1}{2}\left(-\frac{\partial^2}{\partial\xi^2} + \xi^2\right) \tag{93}$$

其中特征值为 $n+1/2$。归一化特征函数的显式为

$$\psi_n(\xi) = \frac{1}{\sqrt{2^n n!\sqrt{\pi}}}\mathrm{e}^{-\xi^2/2}H_n(\xi) \tag{94}$$

这是用厄米多项式 H_n 和特征值$n_x+1/2$ 表示的。模式函数$u_{n_x n_y}(\boldsymbol{r})$是由与传播坐标 z

相关的三模式参数所决定的。宽度 γ 决定了光斑尺寸，ρ 是波前的曲率半径，χ 是决定了光束聚焦相位延迟的古伊(Gouy)相位。当横向平面 $z=0$ 与焦平面一致时，这些与 z 相关的参数由以下表达式决定：

$$\frac{1}{\gamma^2}-\frac{\mathrm{i}k}{\rho}=\frac{k}{b+\mathrm{i}z},\tan\chi=\frac{z}{b} \tag{95}$$

这里 b 是光束的衍射长度(或瑞利范围)。从 $z=-\infty$ 到 $z=\infty$ 变化时，古伊相位(Gouy Phase) 增加 π。式(92) 中的模式函数是傍轴波方程(44) 准确的归一化解。焦点处的光斑尺寸为 $\gamma_0=\gamma(0)=\sqrt{b/k}$ 。

值得注意的是厄米特—高斯模式(式(92))中的古伊相位与二维量子谐振子的特征值 n_x+n_y+1 成比例。如果用古伊相位 χ 来代替时间，就可将任一傍轴波方程的解表示成谐振子薛定谔方程的时间相关解。在无量纲符号时，这一方程形式为

$$\frac{\partial}{\partial\chi}\psi(\xi,\eta,\chi)=-\mathrm{i}(\hat{H}_\xi+\hat{H}_\eta)\psi(\xi,\eta,\chi) \tag{96}$$

显然，波函数 $\psi_{n_x}(\xi)\psi_{ny}(\eta)\exp(-\mathrm{i}(n_x+n_y+1)\chi)$ 是该薛定谔方程的解，且通过这些线性组合，我们可得到最普遍的解 $\psi(\xi,\eta,\chi)$。另一方面，傍轴波方程的任一解均是 HG 模式(式(92))的线性组合。因此，可从方程(96) 的任一解 $\psi(\xi,\eta,\chi)$ 得到方程(44) 的任一解 $u(\boldsymbol{r})$，标识如下[31]：

$$u(\boldsymbol{r})=\frac{1}{\gamma}\psi(\xi,\eta,\chi)\exp\left(\frac{ikR^2}{2\rho}\right) \tag{97}$$

其中 $\xi=x/\gamma$，$\eta=y/\gamma$，且参数 γ,ρ,χ 由 z 的函数式(95) 指定。两个模式的重叠部分和相应的两个波函数的重叠部分完全相同，或者用狄拉克(Dirac) 符号表示为 $\langle v(z)\mid u(z)\rangle=\langle\varphi(\chi)\mid\psi(\chi)\rangle$，其中 ψ 代表 u，φ 代表 v。特别的，归一化模式与归一化波函数一致。

这种标识(式(97)) 是准确的，有以下两种理解方式：一个二维谐振子的时间相关态与某一单色傍轴光束之间存在一一对应的关系。对于给定的谐振子波函数，通过选择作为自由参数的衍射长度 b(用来衡量焦点区域尺寸的大小)，可以得到一个模式函数。另外，量子谐振子的解在时移后仍是该谐振子的解。如果在式(97) 中用 $\psi(\xi,\eta,\chi-\chi_0)$ 代替 $\psi(\xi,\eta,\chi)$，通常可得到一个不同的傍轴光束。当 ψ 是谐振子平稳态时，这种时移就不会产生一个不同的傍轴光束，且在传播过程中，除了缩放比例宽度 γ 之外，相应的模式图样保持形状不变。对于一个任意的模式，相移 $\chi_0=\pi/2$ 导致了焦点处和远场的图形互换。由于古伊相位增加了 π，所以模式函数 u 从 $z=-\infty$ 到 ∞ 对应于谐振子的半个周期。

在此标识下，未考虑到傍轴光束的偏振情况。由于偏振的存在，可将傍轴波函数的矢量解 $\boldsymbol{u}(\boldsymbol{r})$ 分解为两个标量解 $u_\pm(\boldsymbol{r})$，这两个标量解代表着两个不同的圆偏振态 $\mathbf{e}_\pm$。它们可用两个相应的谐振子波函数 $\psi_\pm(\xi,\eta,\chi)$ 表示。

傍轴光束的轨道角动量和谐振子的轨道角动量之间存在一个简单的对应关系。这便于使用归一化的模式方程，所以有

$$\langle u\mid u\rangle=\langle\psi\mid\psi\rangle=1 \tag{98}$$

每个光子的轨道角动量为

$$\frac{\hbar\omega\Lambda}{W}=\left\langle u\left|\frac{\hbar}{\mathrm{i}}\frac{\partial}{\partial\varphi}\right|u\right\rangle=\left\langle\psi\left|\frac{\hbar}{\mathrm{i}}\frac{\partial}{\partial\varphi}\right|\psi\right\rangle \tag{99}$$

这里在 xy 平面里用方位角 φ 是与 $\xi\eta$ 平面一样的。

总之，自由传播的傍轴光束的表达形式和二维量子谐振子在半周期内的时间相关波函数之间存在一一对应的关系。

2.8.3 模式的升降算符

谐振子波函数和傍轴模式间的对应关系说明，可类比谐振子能量特征值耦合中的阶梯运算符，同样存在提升或降低模式指数 n_x 和 n_y 的阶梯运算符。对于函数 $\psi_{n_x}(\xi)$，这些运算符有以下形式

$$\hat{a}_\xi=\frac{1}{\sqrt{2}}\left(\xi+\frac{\partial}{\partial\xi}\right),\hat{a}_\xi^\dagger=\frac{1}{\sqrt{2}}\left(\xi-\frac{\partial}{\partial\xi}\right) \tag{100}$$

阶梯运算符 $\hat{a}_\eta$ 和 $\hat{a}_\eta^\dagger$ 具有相似的形式，并遵循玻色子变换规则$[\hat{a}_\xi,\hat{a}_\xi^\dagger]=[\hat{a}_\eta,\hat{a}_\eta^\dagger]=1$。式(97) 中谐振子状态和模式间的对应可得到 HG 模式的 z 相关上升算子[30]。同样的，LG 模式对应于谐振子的圆形特征模式，分别是哈密顿和角动量运算符的特征状态。HG 模式 $|u_{n_xn_y}\rangle$ 对应于谐振子的 HO 特征状态

$$|\psi_{n_xn_y}\rangle=\frac{1}{\sqrt{n_x!n_y!}}(\hat{a}_\xi^\dagger)^{nx}(\hat{a}_\eta^\dagger)^{ny}|\psi_{00}\rangle \tag{101}$$

圆形特征状态是通过将圆形上升算子作用于基态得到的：

$$\hat{a}_\pm^\dagger=\frac{1}{\sqrt{2}}(\hat{a}_\xi^\dagger\pm\mathrm{i}\hat{a}_\eta^\dagger) \tag{102}$$

LG 模式 u_{mp}对应于 HO 的特征状态

$$|\psi_{mp}\rangle=\frac{1}{\sqrt{n_+!n_-!}}(\hat{a}_+^\dagger)^{n+}(\hat{a}_-^\dagger)^{n-}|\psi_{00}\rangle \tag{103}$$

方位角量子数 m 及径向模式数 p 与圆形上升数 n_+ 和 n_- 有关，关系式为 $m=n_+-n_-,p=\min(n_+,n_-)$。这些状态是哈密顿函数 $\hat{H}_\xi+\hat{H}_\eta$ 的特征状态，其中特征值为 $n_++n_-+1=2p+|m|+1$，角动量运算符

$$\frac{1}{\mathrm{i}}\frac{\partial}{\partial\varphi}=\hat{a}_+^\dagger\hat{a}_+-\hat{a}_-^\dagger\hat{a}_- \tag{104}$$

其中特征值 $n_+-n_-=m$。这证实了拉盖尔—高斯模式是特征值为 m 的方程(104)里运算符的特征模式，所以与方位角有关的量由因子 $\exp(\mathrm{i}m\varphi)$ 给出。因此(式(99))每一光子的轨道角动量在这些模式中为 $\hbar m$。

阶梯运算符形式的符号展示了二维谐振子的能量特征函数集和高斯傍轴模式基集完全的类似。厄米特 — 高斯模式类似于笛卡儿特征函数集，它只是一维谐振子在 x 和 y 方向的特征函数之积。它们的角动量为零。拉盖尔 — 高斯模式类似于能量和轨道角动

量的谐振子特征函数。这些函数在极坐标下可因式分解，与方位角指数 $\exp(im\varphi)$ 相关。对于模式和谐振子特征函数而言，两个基集之间的转换是相同的。这是基于式(102)中圆形阶梯算符和笛卡儿算符间的关联。特别的，用圆形上升算符式(102)代入拉盖尔—高斯模式的式(103)，直接给出这些模式的厄米特—高斯模式展开。在此展开式中，只存在、总模式指数为 $n_x+n_y=n_++n_-$ 的展开项。这一模式转换的代数方法可方便地替代分析方法[32]。

本节中的阶梯运算符($\hat{a}_x,\hat{a}_y,\hat{a}_+,\hat{a}_-$)不应该与 2.6 节中的量子湮没算符 $\hat{a}_{mps}(\omega)$ 混淆。本节的描述是完全经典的，且运算符将一种模式函数转换成另一个模式函数。

2.8.4 轨道角动量和 Hermite-Laguerre 球体

圆形上升算子和笛卡儿上升算子的关系(式(102))明显与圆偏振矢量和线偏振矢量之间的关系相同。事实上，众所周知光偏振可由斯托克斯(Stokes)参数表征[33]，半径为 1 的球形上一点表示一个偏振态。这被称为庞加莱球体。与自旋为 1/2 的布洛赫(Bloch)球体相类似，球上的每个点确定了自旋矢量的期望值 $2\langle \boldsymbol{S}\rangle$ 的方向，这唯一确定了自旋状态。这一类比是由于圆形偏振矢量 $\mathbf{e}_{\pm}$ 的状态类似于上下自旋的状态。由球面角 θ 和 φ 所定义的庞加莱球体上的点，来表示偏振矢量如下：

$$\mathbf{e}(\theta,\varphi)=\mathbf{e}_{+}\,\mathrm{e}^{-\mathrm{i}\varphi/2}\cos\frac{\theta}{2}+\mathbf{e}_{-}\,\mathrm{e}^{\mathrm{i}\varphi/2}\sin\frac{\theta}{2} \tag{105}$$

需要注意的是，两个一阶厄米特—高斯(Hermite-Gaussian)模式 $|u_{10}\rangle$ 和 $|u_{01}\rangle$ 可以构成标准基，这两个标准基的线性叠加同样代表球体上的点[34]。用大圆上的点表示关于旋转轴的厄米特—高斯(Hermite-Gaussian)模式，同时两极代表两个拉盖尔—高斯(Laguerre-Gaussian)模式：$p=0$ 且 $m=\pm1$ 时的 $|u_{mp}\rangle$。

鉴于式(102)中的变换，很自然地将庞加莱球体表示法概括为上升算子，而不是模式函数本身。因此，对于球体上每个由 θ 和 φ 定义的点，我们引入谐振子上升算子

$$\hat{a}^{\dagger}(\theta,\varphi)=\hat{a}_{+}^{\dagger}\,\mathrm{e}^{-\mathrm{i}\varphi/2}\cos\frac{\theta}{2}+\hat{a}_{-}^{\dagger}\,\mathrm{e}^{\mathrm{i}\varphi/2}\sin\frac{\theta}{2} \tag{106}$$

球体上相反位置的点代表互补的上升运算符 $\hat{b}^{\dagger}$：

$$\hat{b}^{\dagger}(\theta,\varphi)=-\hat{a}_{+}^{\dagger}\,\mathrm{e}^{-\mathrm{i}\varphi/2}\sin\frac{\theta}{2}+\hat{a}_{-}^{\dagger}\,\mathrm{e}^{\mathrm{i}\varphi/2}\cos\frac{\theta}{2} \tag{107}$$

这对运算符遵循玻色子变换规律 $[\hat{a},\hat{a}^{\dagger}]=1,[\hat{a},\hat{b}^{\dagger}]=0$。对于这样一对上升运算符，我们得到谐振子能量标准态的一个完全标准正交基，定义为

$$|\psi_{n_a n_b}\rangle=\frac{1}{\sqrt{n_a!n_b!}}(\hat{a}^{\dagger})^{n_a}(\hat{b}^{\dagger})^{n_b}|\psi_{00}\rangle \tag{108}$$

与式(97)一致，模式 $|u_{n_a n_b}(z)\rangle$ 相当于每一个谐振子的特征状态。在两极($\theta=0$ 或 π)，拉盖尔—高斯模式得到重现。在大圆上($\theta=\pi/2$)，上升算子 $\hat{a}^{\dagger}$ 和 $\hat{b}^{\dagger}$ 是等强度 $\hat{a}_{\pm}^{\dagger}$ 的线性组合，并且可得厄米特—高斯模式的旋转形式。在大圆和两极之间的部分，这些基集形成厄米特—高斯模式和拉盖尔—高斯模式间的连续转换。基本模式 $|u_{00}\rangle$ 在所有基集里

都相同。式(108)再次定义了这些基集和拉盖尔—高斯(或厄米特—高斯)模式间的变换。用这种方法,球上的每个点代表模式的一个基集。自然就称这个球为厄米特—拉盖尔(Hermite-Laguerre)球体。

大圆上($\theta=\pi/2$) 上的点对应的模式集不包含相位奇异点,但是包含强度为零、分隔反相相位区域的正交直节线图样。不在大圆的点会出现相位奇异点。例如,$\varphi=0$ 时,靠近轴的 $n_a=1,n_b=0$ 的模式与$(x+\mathrm{i}y)\cos(\theta/2)+(x-\mathrm{i}y)\sin(\theta/2)$ 成比例。在北半球($\theta<\pi/2$),这是一个拓扑荷为 1 的涡旋。然而,靠近轴的强度相同的曲线不是圆,而是椭圆。这种椭圆被称为非正则的[35]。最低阶模式的强度和相位图样如图 2.6 所示。

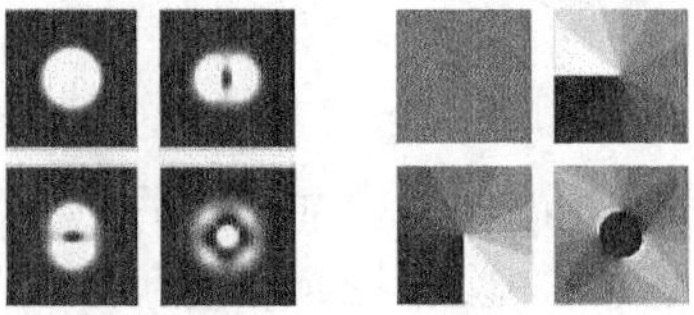

图 2.6　$\theta=\pi/3,\varphi=0$ 的中间模式。(a)强度分布。(b)相位分布。相位由离散灰色调表示,相位越大,色调越明亮。

易于得到我们现在定义的模式下每一光子的轨道角动量。反演方程(106)和(107)有

$$\hat{a}_+=\left(\hat{a}\cos\frac{\theta}{2}-\hat{b}\sin\frac{\theta}{2}\right)\mathrm{e}^{\mathrm{i}\varphi/2},\hat{a}_-=\left(\hat{a}\sin\frac{\theta}{2}+\hat{b}\cos\frac{\theta}{2}\right)\mathrm{e}^{-\mathrm{i}\varphi/2} \tag{109}$$

当我们将上述式子代入式(104)并且用方程(99),我们得到模式(108)中每一光子的轨道角动量

$$\left\langle u_{n_a n_b}\left|\frac{\hbar}{\mathrm{i}}\frac{\partial}{\partial\varphi}\right|u_{n_a n_b}\right\rangle=\hbar(n_a-n_b)\cos\theta \tag{110}$$

从厄米特 — 拉盖尔球体上得到的极角因子 $\cos\theta$ 同样出现在表达式中,用来描述庞加莱球体上偏振态为(θ,φ) 的每一光子的螺旋度 $\hbar\sigma=\hbar\cos\theta$。

2.9　光学涡旋动力学

本节,我们将推导傍轴光束中涡旋动力学的一般特性。式(97)中光束 $u(R,z)$和谐振子波函数 $\psi(\xi,\eta,\chi)$之间的关系表明,我们只需要推导出谐振子波函数中涡旋的特性。事实上,由于谐振子在时间平移之后是不变的,所以谐振子的单个解产生完整的傍轴光束簇,这是因为我们可令光束的焦平面对应于振荡周期内的任何瞬间。本节,在分析模式图样传播特性时,将展示出将谐振子类比于傍轴模式的优点。考虑两种简单的情况,首先简单地研究带有稳定涡旋的结构,然后研究两个带有相反拓扑荷(可产生和泯灭)的涡旋。

2.9.1　不变的模式图样

谐振子的稳态与在传播过程中横场图案不变的模式相一致。在每个横向平面中,模式图样有相同的形状,只有尺寸随宽度 $\gamma(z)$变化。最常见的稳态是有同样激发数 $N=$

n_a+n_b 的状态叠加，在其中一个改变厄米特—拉盖尔球体上的状态基时，它仍守恒。人们也许会问模式集(或谐振子状态)除了旋转外，是否还保持其形状。由于旋转是由算子(104)产生的，并且以拉盖尔—高斯模式指数 $m=n_+-n_-$ 为特征值，这些状态最好采用拉盖尔—高斯模式 $|u_{n+n-}\rangle$(或是相应的圆形谐振子特征态 $|\psi_{n+n-}\rangle$)描述。在轴向为 n_+ 和 n_- 的坐标图中，这些模式可被安排在一个方格里。

考虑这一方格里在同一条线上指数对的集合。那么在 n_+ 和 n_- 之间有一个线性关系，或者说相当于是 N 和 m 之间的线性关系。这种关系可表示为

$$AN=Bm+C \text{ 或 } (A-B)n_+ + (A+B)n_- = C \tag{111}$$

谐振子状态的演变是 χ 的函数，这种演变产生于本征值为 $N+1$ 的每一稳态的相位因子 $\exp(-i\chi(N+1))$。对于服从方程(111)、指数为 n_+ 和 n_- 状态的叠加，这一相位因子则为整体的相位因子乘以与 m 相关的项 $\exp(-i\chi mB/A)$。这一相位因子相当于图案旋转了 $\chi B/A$ 角度。

这给出了一个相当简单的结论。若指数满足关系如方程(111)，该谐振子状态 $|\psi_{n+n-}\rangle$ 任意叠加会产生一个旋转角速度是振荡频率 B/A 倍的波函数。对于相应的模式，模式图样在焦平面和远场之间有一个角度为 $\pi B/2A$ 的旋转。如图2.7 的例子所示，图示中直线上的所有状态 $|\psi_{n+n-}\rangle$(或者说是拉盖尔—高斯模式 $|u_{n+n-}\rangle$)所有的状态遵循式(111)中的关系，此时 $A=1$，$B=3$，$C=4$。该直线上状态的任意叠加将产生角度为 $3\Delta\chi$ 的旋转，此处 $\Delta\chi$ 是相位 χ 的增加量。

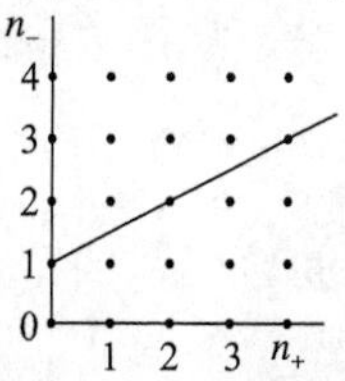

图 2.7　模式 $|u_{n+n-}\rangle$ 的图表。直线上模式的叠加会产生旋转，同时古伊(Gouy)相位 χ 会增加 3χ 角度。

这一结果是科研人员最近分析拉盖尔—高斯模式的功能时，根据模式指数 p 和 m 发现的[36]。目前，这些结论展示了谐振子类比的重要作用，以及使用模式指数 n_+ 和 n_- 作为拉盖尔—高斯模式标识的优势。

2.9.2　同方向涡旋的旋转图样

在高斯背景下，一个描述涡旋的简单方法是和一个涡旋因子相乘。例如，当谐振子基态波函数乘以 $(\xi-\xi_0)+i(\eta-\eta_0)$ 时，在位置 $\xi=\xi_0$，$\eta=\eta_0$ 处产生拓扑荷为 1 的涡旋。若乘以共轭复数因子，则产生了拓扑荷为 -1 的涡旋。在相同位置重复几次这样的乘法之后，将产生一个更高拓扑荷的涡旋。假设基态波函数与这一类的因子相乘，则都是正拓扑荷。为了将波函数展开成基态 $|\psi_{n+n-}\rangle$ 的函数形式，用式(102)中的阶梯运算符表示这个因数将会较为简便：

$$(\xi-\xi_0)+i(\eta-\eta_0)=\hat{a}_- + \hat{a}_+^\dagger - \xi_0 - i\eta_0 \tag{112}$$

基态波函数在不同位置与该类型的因子多次相乘，相当于下降算子 $\hat{a}_-$ 和 $\hat{a}_+^\dagger$ 的作用。下降算子与基态相作用时，结果为零。用模式的语言来说，结论是最终的模式(在正拓扑荷上施加涡旋后)为拉盖尔—高斯模式 $|u_{n+0}\rangle$ 的线性组合，且 $n_-=0$。在模式图表中，这些模式位于直线 $N=m$ 上，这等同于式(111)中 $A=B$，$C=0$。

该小节的结论是涡旋的图样将在焦点和远场之间旋转 $\pi/2$ 角度。这一结论先前已由分析的方法得到[37]。

2.9.3 涡旋的产生和湮灭

两个相反拓扑荷的涡旋在谐振子波函数中能够自发地产生或湮灭，因此也可在傍轴光束中产生与泯灭。科研人员已经利用分析的方法研究了位于傍轴光束焦点处两个带有相反拓扑荷的涡旋问题。这里我们将展示谐振子图像中代数方法处理的优势，利用这一方法可直接转化为傍轴光束的情况。

以高斯基态背景，处于$(\xi,\eta)=(\pm\xi_0,0)$位置处拓扑荷为±1的一对涡旋可被描述成式(112)中算子及其基态厄米特共轭的形式。状态$|\psi_{n+n-}\rangle$的展开式为(非归一化的结果)

$$\begin{aligned}|\psi(0)\rangle&=(\hat{a}_++\hat{a}_-^\dagger+\xi_0)(\hat{a}_-+\hat{a}_+^\dagger-\xi_0)|\psi_{00}\rangle\\&=(1-\xi_0^2)|\psi_{00}\rangle+\xi_0(|\psi_{10}\rangle-|\psi_{01}\rangle)+|\psi_{11}\rangle\end{aligned}\tag{113}$$

这一状态是关于χ的函数，并给出了每部分的相位因子$\exp(-\chi(N+1))$。每个波函数的形式均为基态波函数乘以一个简单多项式。波函数经计算后，可得

$$\psi(\chi)=[(1-\xi_0^2)e^{-i\chi}+2i\xi_0\eta e^{-2i\chi}+(\xi^2+\eta^2-1)e^{-3i\chi}]\psi_{00}\tag{114}$$

涡旋的位置是该函数的零点。在乘以$\exp(2i\chi)$后，也即

$$(1-\xi_0^2)e^{i\chi}+2i\xi_0\eta+(\xi^2+\eta^2-1)e^{-i\chi}=0\tag{115}$$

该方程的实部满足

$$\xi^2+\eta^2=\xi_0^2\tag{116}$$

这意味着两个涡旋位于半径为ξ_0的圆上。该方程的虚部给出了涡旋位置的η分量

$$\eta=\frac{\xi_0^2-1}{\xi_0}\sin\chi\tag{117}$$

这意味着两个涡旋有相同的η值和相反的ξ值。作为关于χ的函数，在$\xi_0>1$时，它们向上朝正η值移动，在$\xi_0<1$时，它们向下移动，并仍然位于半径为ξ_0的圆上。

对于较大的$\xi_0\gg1$值，有$\eta\approx\xi_0\sin\chi$，两个涡旋均沿圆的反方向旋转χ角度，就好像另一个涡旋并不存在。当$(\xi_0^2-1)/\xi_0$小于$-\xi_0$时(或者$\xi_0<1/\sqrt{2}$)，涡旋在点$\xi=0,\eta=-\xi_0$处相遇并消失。将湮灭的χ值表示为χ_1，那么

$$\chi_1=\arcsin\frac{\xi_0^2}{1-\xi_0^2}\tag{118}$$

这意味着涡旋对在谐振子周期的某一部分存在。涡旋对在$\chi=-\chi_1$、位置$\xi=0,\eta=\xi_0$处产生，然后向下移动到圆的对面，在$\chi=\chi_1$时达到湮灭点。涡旋对从产生位置向下到其湮灭点的移动如图 2.8 所示。

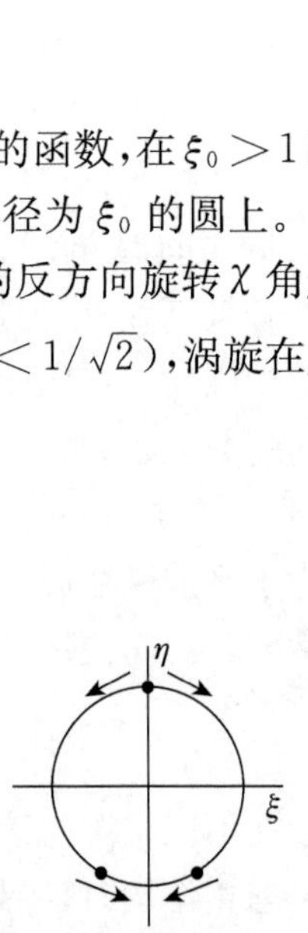

图 2.8 在 $\xi\eta$ 平面涡旋对沿圆的运动路径。这对在圆顶部产生，然后向下移动到对边达到其最低处的湮灭点。

由式(113)可知，相应的(非归一化)傍轴模式表示成拉盖尔—高斯模式$|u_{n+n-}\rangle$的和式，

为

$$|u\rangle=(1-\xi_0^2)\,|u_{00}\rangle+\xi_0(|u_{10}\rangle-|u_{01}\rangle)+|u_{11}\rangle \tag{119}$$

这一模式在焦平面位置为 $x=\pm\xi_0\gamma_0, y=0$ 处有两个涡旋。当涡旋间的距离小于 $\gamma_0\sqrt{2}$ 时,它们在 $z=\pm\infty$ 的远场中已经消失了。但是,我们可自由地选择模式的焦平面来与谐振子周期中任意的位置相一致。于是可得在焦平面中没有涡旋的模式。这一模式与式(113) 中谐振子状态一致,但其焦平面位于谐振子相位为 χ_0 的位置:

$$|u\rangle=(1-\xi_0^2)e^{i\chi_0}\,|u_{00}\rangle+\xi_0e^{2i\chi_0}(|u_{10}\rangle-|u_{01}\rangle)+e^{3i\chi_0}\,|u_{11}\rangle \tag{120}$$

当古伊(Gouy)相位移动 $\chi_0=\pi/2$ 时,模式在沿 ξ 轴的远场 $z=\pm\infty$ 处有一涡旋对。这对涡旋移动到更低的半平面($y<0$)且在到达聚焦前湮灭。在聚焦后,它们在在圆顶较高的半平面出现,然后沿着 ξ 轴向远场 $z=\infty$,向下移动到圆对面的位置。

本节的例子表明将二维谐振子与傍轴光束相类比的重要作用。

2.10　总结

角动量是光的一个重要且精妙的参数。它可由循环相位梯度和场旋转的矢量性产生。这就喻示着光的角动量可划分为不同类型,较好的一种划分包括轨道和自旋角动量。我们已经讨论了光的经典和量子描述中,这种划分的可能性和局限性。对任意的麦克斯韦场,均可以这样划分,并且分成的部分有着明确的意义且可进行变换。但是,它们并不具有角动量的全部特性。在一些特殊的光模式中,角动量的意义相当明显,比如包含相位或偏振奇异点的涡旋场。作为举例,我们讨论了麦克斯韦方程组准确为球形或圆柱形结构的多极场。对于这类光场,光场的偏振及相位对角动量的贡献是不可分割的。对于这类多极场,角动量的 z 分量每一光子具有明确的值,且对于球形多极场,同样的说法也适用于总的角动量。对于傍轴光束,在传播方向的角动量可被自然地划分成轨道和偏振部分。这一结论不仅适用于整个空间上积分的角动量,而且适用于自旋角动量密度和轨道角动量密度。同样,对于非单色光而言仍然适用。我们讨论了平稳光束和光图样旋转光束角动量的情况。

我们指出,单色傍轴光束和二维各向同性谐振子的解之间存在一一对应的关系。并举了几个简单的例子,将这一类比应用于傍轴光束涡旋动力学的描述中。但是,需强调的是,轨道角动量并不需要光束具有涡旋。一个反例就是像散光束,其每个横向平面的椭圆波前与椭圆强度图样相比,有不同的方向[38]。在此情况下,传播中椭圆图样的旋转可产生角动量[39,40]。

参考文献

[1] J.D. Jackson, Classical Electrodynamics, Wiley, New York, 1975.

[2] J. W. Simmons, M. J. Guttmann, States, Waves and Particles, Addison-Wesley, Reading, MA, 1970.

[3] J.M. Jauch, F. Rohrlich, The Theory of Photons and Electrons, Springer, Berlin, 1976.

[4] C. Cohen-Tannoudji, J. Dupont-Roc, G. Grynberg, Photons et Atomes, InterEditions, Paris, 1987.

[5] L. Allen, M.W. Beijersbergen, R.J.C. Spreeuw, J.P. Woerdman, Orbital angular momentum of light and the transformation of Laguerre-Gaussian laser modes, *Phys. Rev. A 45* (1992) 8185.

[6] L. Allen, M.J. Padgett, M. Babiker, The orbital angular momentum of light, in: E. Wolf (Ed.), *Prog. Opt. 39* (1999) 291.

[7] J. F. Nye, M. V. Berry, Dislocations in wave trains, *Proc. R. Soc. London, Ser. A 336* (1974) 165.

[8] M. Soskin, M.V. Vasnetsov, Singular optics, in: E. Wolf (Ed.), *Prog. Opt. 42* (2001) 219.

[9] I. Bialynicki-Birula, Z. Bialynicka-Birula, C. Sliwa, Motion of vortex lines in quantum mechanics, *Phys. Rev. A 61* (2000) 032110

[10] M.R. Dennis, Polarization singularities in paraxial vector fields: morphology and statistics, *Opt. Commun. 213* (2002) 201.

[11] A.Y. Bekshaev, M.S. Soskin, M.V. Vasnetsov, Angular momentum of a rotating light beam, *Opt. Commun. 249* (2005) 367.

[12] S.J. van Enk, G. Nienhuis, Commutation rules and eigenvalues of spin and orbital angular momentum of radiation fields, *J. Mod. Opt. 41* (1994) 963.

[13] J.J. Sakurai, Modern Quantum Mechanics, Addison-Wesley, Reading, MA, 1994.

[14] D. Lenstra, L. Mandel, Radially and azimuthally polarized beams generated by space-variant dielectric subwavelength gratings, *Phys. Rev. A 26* (1982) 3428.

[15] S.J. van Enk, G. Nienhuis, Spin and orbital angular momentum of photons, *Europhys. Lett. 25* (1994) 497.

[16] J. Durnin, Exact solutions for nondiffracting beams. I. The scalar theory, *J. Opt. Soc. Am. A 4* (1987) 651.

[17] J. Durnin, J.J. Miceli, J.H. Eberly, Diffraction-free beams, *Phys. Rev. Lett. 58* (1987) 1499.

[18] M. Lax, W.H. Louisell, W.B. McKnight, From Maxwell to paraxial wave optics, *Phys. Rev. A 11* (1975) 1365.

[19] H.A. Haus, Waves and Fields in Optoelectronics, Prentice Hall, Englewood Cliffs, NJ, 1984.

[20] S.J. van Enk, G. Nienhuis, Eigenfunction description of laser beams and orbital angular momentum of light, *Opt. Commun. 94* (1992) 147.

[21] A.E. Siegman, Lasers, University Science Books, Mill Valley, CA, 1986.

[22] M. Stalder, M. Schadt, Linearly polarized light with axial symmetry generated by liquid crystal polarization converters, *Opt. Lett. 21* (1996) 1948.

[23] Z. Bomzon, G. Biener, V. Kleiner, E. Hasman, Radially and azimuthally polarized beams generated by space-variant dielectric subwavelength gratings, *Opt. Lett. 27* (2002) 285.

[24] A. Niv, G. Biener, V. Kleiner, E. Hasman, Formation of linearly polarized light with axial symmetry by use of space-variant subwavelength gratings, *Opt. Lett. 28* (2003) 510.

[25] I.H. Deutsch, J. Garrison, Paraxial quantum propagation, *Phys. Rev. A 43* (1991) 2498.

[26] G. Nienhuis, Polychromatic and rotating beams of light, *J. Phys. B 39* (2006) 529.

[27] J. Courtial, D.A. Robertson, K. Dholakia, L. Allen, M.J. Padgett, Rotational frequency shift of a light beam, *Phys. Rev. Lett. 81* (1998) 4828.

[28] D. Stoler, Operator methods in physical optics, *J. Opt. Soc. Am. 71* (1981) 334.

[29] H. Kogelnik，T. Li，Laser beams and resonators，*Appl. Opt.* 5 (1966) 1550.

[30] G. Nienhuis，L. Allen，Paraxial wave optics and harmonic oscillators，*Phys. Rev. A 48* (1993) 656.

[31] G. Nienhuis，J. Visser，Angular momentum and vortices in paraxial beams，*J. Opt. A：Pure Appl. Opt.* 6 (2004) S248.

[32] E. Abramochkin，V. Volostnikov，Beam transformations and nontransformed beams，*Opt. Commun.* 83 (1991) 123.

[33] M. Born，E. Wolf，Principles of Optics，Pergamon，New York，1980.

[34] M.J. Padgett，J. Courtial，Poincaré sphere equivalent for light beams containing orbital angular momentum，*Opt. Lett.* 24 (1999) 430.

[35] F.S. Roux，Coupling of noncanonical optical vortices，*J. Opt. Soc. Am. B 21* (2004) 664.

[36] F.S. Roux，The symmetry properties of stable polynomial Gaussian beam，*Opt. Commun.* 268 (2006) 196.

[37] G. Indebetouw，Optical vortices and their propagation，*J. Mod. Opt.* 40 (1993) 73.

[38] J.A. Arnaud，H. Kogelnik，Gaussian light beams with general astigmatism，Appl. Opt. 8 (1969) 1687.

[39] J. Visser，G. Nienhuis，Orbital angular momentum of general astigmatic modes，*Phys. Rev. A 70* (2004) 013809.

[40] S.J.M. Habraken，G. Nienhuis，Modes of a twisted optical cavity，*Phys. Rev. A 75* (2007) 033819.

第三章　奇点光学及其相位特性

Enrique J. Galvez
Colgate University, USA

飓风、龙卷风和水龙卷令人称奇，不仅因其规模宏大，还因其具有回转运动的特征。"风暴之眼"(即涡旋)尤其神秘莫测。它代表了一个有空洞的空间，或是某些独特事物的核心，亦或是一条可以带你去往未知领域的通道。

小型的涡旋同样不容忽视。常见的例子是：湍流或者气流中的小涡旋可在飞机的翼梢后产生尾迹。此类旋转现象给学者们留下了深刻的印象。磁涡旋、DNA 以及其他一些自然旋转现象都是永恒的研究课题。因此，不难理解为什么从二三十年前发现光涡旋至今，研究者们一直对此领域兴趣浓厚。与气体涡旋相比，光涡旋的壮观程度毫不逊色。光场中光涡旋所携带的角动量也令人惊异。即便是转瞬即逝的光也可令物体旋转，令人目瞪口呆。涡旋是奇点光学研究的重要课题，也是本章的讨论重点。如同许多有关复杂介质的物理课题，光涡旋的研究已揭示了一些新颖而有趣的结果。这些研究成果是实现诸如对物体进行操控以及在光场中存储信息等重要应用的关键之所在。

光学奇点囊括了多种现象。本章的讨论不涉及振幅的奇点(射线光学理论预测奇点振幅无限大)，即焦散线(caustics)[1]。由于波动场具有衍射特性，焦散线永远不可实现。但是焦散线仍对一些自然界中极其珍贵的光学现象起到重要作用，如彩虹。例如，在泳池底部，阴影(相位奇点)和阳光的焦散线共存，仿佛永恒地荡漾。相位奇点处，光场的相位相互叠加，导致振幅相消。这种形式的奇点分为两种：(刃形位错)由场和涡旋的振幅的符号改变变化处相位跃变 π；(螺旋位错)相位多重定义，相位沿环绕其奇点的封闭路径超前 2π 的整数倍。"奇点是异常的"这种观念非常错误。恰恰相反，奇点很常见。只是由于我们的感知方式简单，而且奇点的表现形式极其复杂，因此它们被掩盖了。我们对奇点的探索才刚刚开始。进一步来说，泳池底部飘荡着的阳光图案只是三维连续曲面的一系列二维切面投影。涡旋(三维的连续曲面)的路径(即"阴影的螺纹")相互混合，经久不衰。

本章将讨论相位奇点以及光涡旋的一些基本性质。鉴于已有著作系统地介绍奇点光学[2]，我们将尽量避免对此展开全面论述，而将内容范围限定在我们在科尔盖特大学(Colgate University)的实验室中所得到的一些简单案例。基模光束作为一种入门的形式，将在本章中进行介绍。我们首先强调这些课题值得写入光学教科书。接下来讨论光场中存在多个涡旋的情况。随后讨论多涡旋的一个重要特例——光场中非整数的涡旋。这种情况是波动方程基本解中涡旋的错综度(complexity)的简单且可控的演变。第四节简单介绍了一个刚刚兴起并有待研究的课题：传播光束中的涡旋动力学。我们将不涉及偏振奇点这一重要且热门的课题。

3.1　基本相位奇点

很自然地，描述相位奇点要从产生它的光束开始。这种光束最简单的形式就是拉盖尔—高斯(Laguerre-Gaussian)光束。此类光束可由柱坐标系中傍轴波动方程求解得到。光束中，光的振幅与三项有关：

$$E(r) \propto r^l \exp\left(\frac{r^2}{w^2}\right) L_p^l\left(\frac{2r^2}{w^2}\right) \tag{1}$$

其中，指数项代表半高宽为 w 的窄光束中光的振幅的高斯衰减。最后一项是横向坐标 r 的广义拉盖尔多项式，具有 p 个轴向模式分布数。因此，拉盖尔 — 高斯光束投射到屏上的图像包含一系列同心圆环。值得注意的是 $L_0^l(2r^2/w^2)=1$。因此，当 $p=0$ 时，光束呈现出其典型形状 —— 半径正比于$\sqrt{l}$ 的单环。对于一束沿 z 轴传播的光，柱坐标系中光场的相位表示为：

$$\varphi(r,\theta,z)=kz+\frac{kr^2}{2R(z)}+l\theta-\psi(z) \tag{2}$$

其中 k 是波数；$R=\sqrt{(z+z_R^2/z)}$ 是波前的曲率半径；$\psi(z)$ 是古依相位(Gouy phase)，其表达式为：

$$\psi(z)=(2p+|l|+1)\arctan\left(\frac{z}{z_R}\right) \tag{3}$$

式中 z_R 是瑞利长度(Raleigh range)。式(2)中的第三项包含光学奇点，即一个与角坐标 θ 有关的相位。当 $z=0$ 时，光束的相位由 $l\theta$ 简单表示。将径向拓扑值为 p，角向拓扑值为 l 的模式的场记为 LG_p^l。

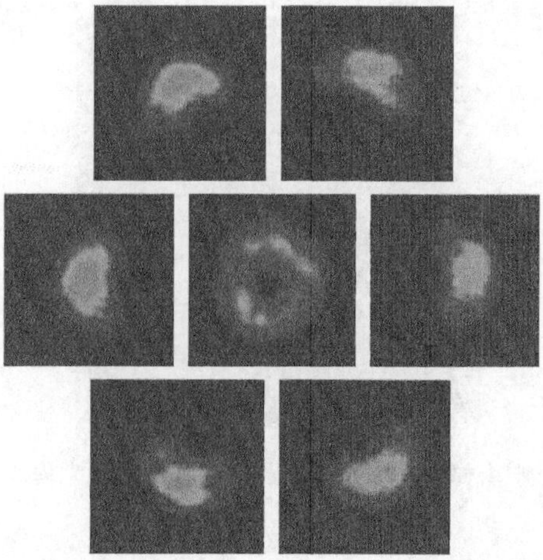

图 3.1　两共轴的光束干涉的假彩色图样：$l=1$ 的拉盖尔—高斯光束和 0 阶光束(中心插图)。环绕的插图对应于相位差以步长为 $\pi/3$ 变化所产生的干涉图样。见彩色插图。

LG_0^l 模光束和基模 LG_0^0 模光束的干涉图样包含一个离轴的“斑点”(“blob”)。当两干涉光束间相位差变化时,其位置围绕光轴旋转。此类干涉图样可由马赫—增德尔干涉仪方便地得到,如图 3.1 所示[4]。将具有基模形式的入射光束引入干涉仪一臂,穿过此臂中的光学元件把入射光束的基模转变成高阶模(图中是 LG_0^l 模)后与从另一条臂中传出的 LG_0^0 模干涉,在输出端形成图样。由于光程不同,图 3.1 中的附加相位不同于传统意义上的动态相位(dynamic phase)。它是由环路中光模式转变引入的几何相位。我们将在以后对此进行详细讨论[5]。

当 z 较小时,波前(即相同相位的点的轨迹组成的面)有着 l 阶交织螺旋面(intertwined helical surfaces)的形式,如图 3.2(b)和 3.2(c)。这与图 3.2(a)中 $l=0$ 所对应的基模高斯光束形成鲜明对比。在基模高斯光束中,$z=0$ 处的波前由相互平行的平面组成。而当 $l\neq0$ 时,波前沿方位角方向倾斜,沿波前梯度方向的曲线是螺旋线。在此类模式中,坡印廷矢量有一沿方位角方向的横向分量。坡印廷矢量的这一局部分布,赋予波以轨道角动量,其角动量大小与 l 成正比[6,7]。

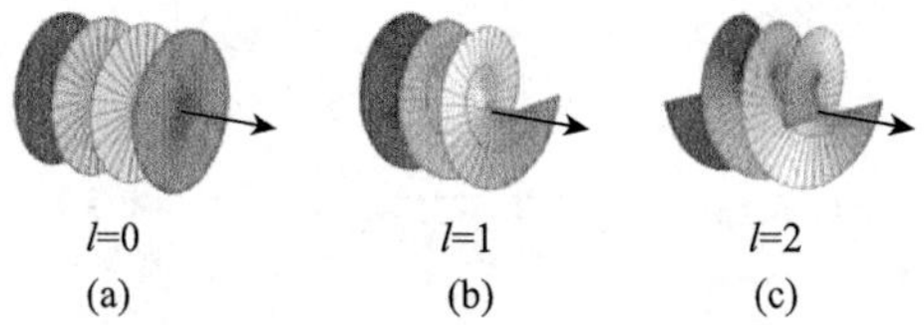

图 3.2　$p=0$ 对应的前三阶拉盖尔—高斯模式波前示意图

可通过观测不同曲率半径时 $l\neq0$ 的拉盖尔—高斯模式和基模产生的干涉图样,更进一步得到关于相位与角度相关的证据。在此,具有固定相位差的点构成螺旋线。图 3.3 是典型的螺旋形干涉图样。可用共轴干涉的两种形式判别光模式的相位特性。对于密集的涡旋,共轴干涉图样无法分辨,从而失去作用。此时,非共轴干涉更为有效。非共轴干涉时,用扩展的 0 阶光束与想要分析的光束进行干涉。光涡旋在干涉图样中表现为叉状条纹。此叉状条纹代表相位错位。条纹分叉的数目等于 l(即涡旋的拓扑荷数)减 1[8]。

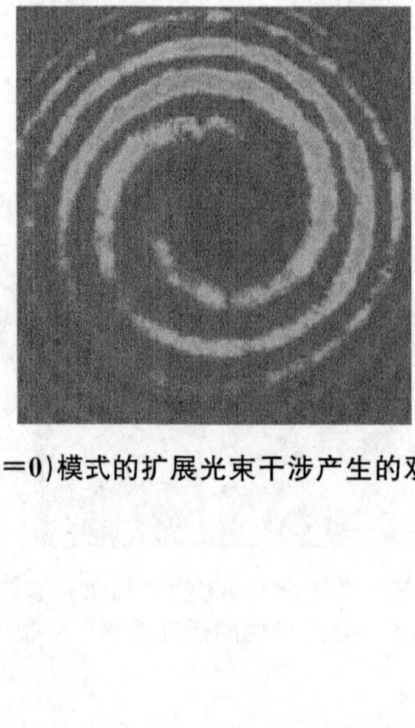

图 3.3　由 $l=2$ 和 0 阶(即 $l=0$)模式的扩展光束干涉产生的双螺旋干涉图样的假彩色图。见彩色插图。

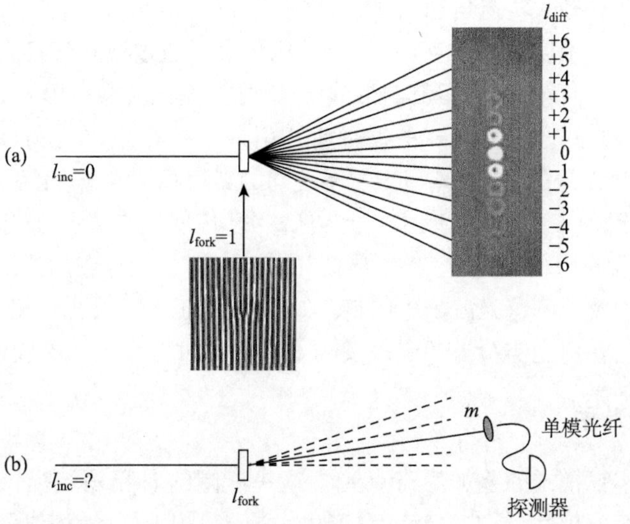

图 3.4　(a) 利用计算机生成 $l=1$ 的二进制光栅产生带有光涡旋的光束的方法。(b) 分析单光子态的 l 分量的方法。

利用计算机生成分叉图样全息图[9-11]是产生衍射级中带有光涡旋的光束的常用方法,如图 3.4 所示。根据文献[8,12],通常第 m 级衍射 l_{diff} 的值与入射光的拓扑荷 l_{inc} 和分叉光栅的拓扑荷 l_{fork} 有关,表达式为:

$$l_{\text{diff}}=l_{\text{inc}}+ml_{\text{fork}} \tag{4}$$

另一种产生涡旋光束的常用方法是采用螺旋相位片[13]。当 l_{inc} 的光入射到 $2\pi l_{\text{plate}}$ 的螺旋形相位错位板上时,将带有 l_{trans} 的拓扑荷,表达式为:

$$l_{\text{trans}}=l_{\text{inc}}+l_{\text{plate}} \tag{5}$$

以上两个关系式描述的是输出光的拓扑荷特性。

图 3.4(a)中的分叉光栅是一种振幅光栅。这种光栅可将入射光能量色散成大量的衍射能级。因此,这种光栅不适合产生某一特定模式。要想产生单模光束,需要更为有效的方法。其中一种方法是利用相位闪耀光栅。该方法可通过利用漂白的全息图[14]或空间光调制器实现。后者通过适当地偏转像素化的液晶产生相位光栅[15,16]。

总之,通过光栅或相位板产生的光束可能不是纯拉盖尔—高斯模式的本征态,而是具有相同 l 和不同 p 的模式的叠加态[17]。更高纯度的模式可通过调节输入光束的强度[18],或通过调节闪耀光栅的效率[19]获得。

上述衍射方法可拓展,用于在其他类型的光束(例如马修型光束(Mathieu beams),一种带有轨道角动量的贝塞尔光束(Bessel beam))中产生光涡旋[20]。

对于处于轨道角动量本征态的叠加态上的单光子,可利用方程(4)检测其 l 分量的振幅[21]。此方法中,用单模光纤仅能探测到 $l=0$ 的态。因此,通过选取合适的 l_{fork} 值并调节该光纤的位置,以探测偏离第 m 阶衍射级的光,可检测到 $l_{\text{diff}}=0$ 分量光的振幅。即输入模式为 $l_{\text{inc}}=-ml_{\text{fork}}$。此方法的原理图如图 3.4(b) 所示。

正如之前讨论的那样,拉盖尔 — 高斯光束的光场携带有大小正比于 l 的轨道角动

量[7]。每个光子都具有的轨道角动量，仅是维度为 $N=2p+|l|$ 的空间中的高阶模式所表现出的特征之一。维度更高的空间，拓扑结构更大。通过模式转换在模式空间中伴随封闭路径[22]产生一种新的几何相位的形式[23]。此类模式转换中，输入模式的波前被拆分并重组成不同的模式。这种模式的循环重塑引入了拓扑相位。实验测量得到的此种几何相位的存在[5]及缺失[24]同光与光学系统间的转换相位——角动量保持一致。

光涡旋并非仅存在于线性光束中。此类研究已拓展到与光孤子有关的非线性介质中[25]。最新的相位奇点的研究涵盖了“涡核”的特性，即相位奇点的亚波长环境[26]。

以上我们仅论及了单色光波场中的奇点。由于奇点与光的波长相关，所以其具有色散特性。这一点已在白光实验[16,17,28]以及相干超短脉冲实验[29-31]中验证。

3.2 复合涡旋光束

轨道角动量本征模式的叠加为奇点光学这一广阔的研究领域提供了切入点。当叠加的分量光束带有涡旋后，新的涡旋就会产生。这些涡旋的数量和位置由叠加的细节决定。当分量光束共轴时，可得到形如图 3.5 的图样。它是通过混合两束 $p=0$ 的拉盖尔—高斯模式得到的。其中一个模式为 $l_1=+2$，另一个模式为 $l_2=-1$。当两束光以几乎相等的振幅组合时，产生的图样的相位和强度的计算结果分别如图 3.5(a) 和(b) 所示。

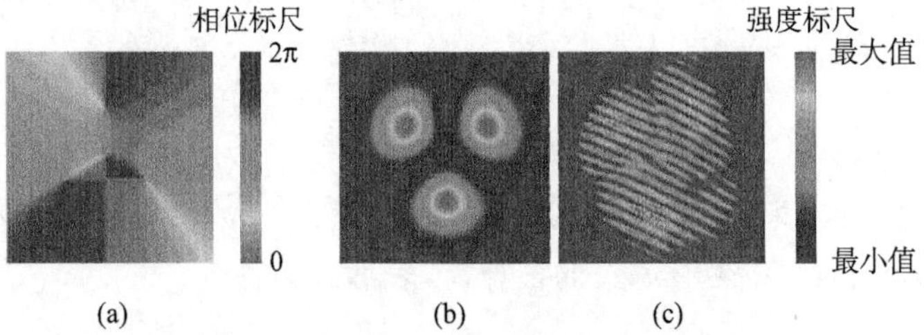

图 3.5　以振幅比 $A_{l=+2}/A_{l=-1}=0.84$ 叠加 $l=+2$ 和 $l=-1$ 的两束拉盖尔—高斯光束所产生的复合涡旋光束。图(a) 和(b) 分别是复合光束的相位和强度的计算结果。图(c) 是参考平面波与复合光束干涉的实测图样。见彩色插图。

根据对一般情况的分析[32]，分量光束为 l_1 和 l_2（假设 $|l_2|>|l_1|$）时，涡旋的角坐标 φ 的表达式为：

$$\varphi=\frac{\delta+n\pi}{l_2-l_1} \tag{6}$$

其中 δ 是分量光束间的相位差；n 是奇数。等式(6)预测的间隔为 $2\pi/3$ 的三个角坐标如图 3.5 所示。如果 δ 改变，图样将关于其中心旋转。对于中心拓扑荷为 l_1 的涡旋，其径向坐标为 $r=0$；对于拓扑荷为 $|l_2-l_1|$，并且周围环绕有拓扑荷为 $l_2/|l_2|$ 的涡旋，其径向坐标为：

$$r=\frac{w}{\sqrt{2}}\left(\sqrt{\frac{|l_2|!}{|l_1|!}\frac{A_1}{A_2}}\right)^{1/(|l_2|-|l_1|)} \tag{7}$$

其中 w 是光束的宽度或者光斑直径；A_1/A_2 是两种模式的振幅比。该例中，$A_1/A_2=0.84$，涡旋距中心的径向距离为 $0.84w$。实验室的测量与预测结果相吻合[32]。图 3.5 中的(c) 是复合光束和参考平面波的干涉图样。该图是非共线干涉图样，其中涡旋在图中形状像叉子。图 3.5(c) 中，在波瓣间有三个尖端指向左上角的分叉。它们分别对应于预测到的三个 $l=+1$ 的涡旋。该光束中心有一个分叉结构，叉尖分别指向相反方向。这是由带相反拓扑荷的中心涡旋(即，其 $l=-1$) 导致的。这些数据是由图 3.6(a) 中嵌套的干涉仪收集的。内置的马赫 — 增德尔干涉仪用于产生复合光束。光的振幅通过其偏振来调节[32]。复合光束和基模的拓展光束在被 CCD 成像之前产生非共线干涉。

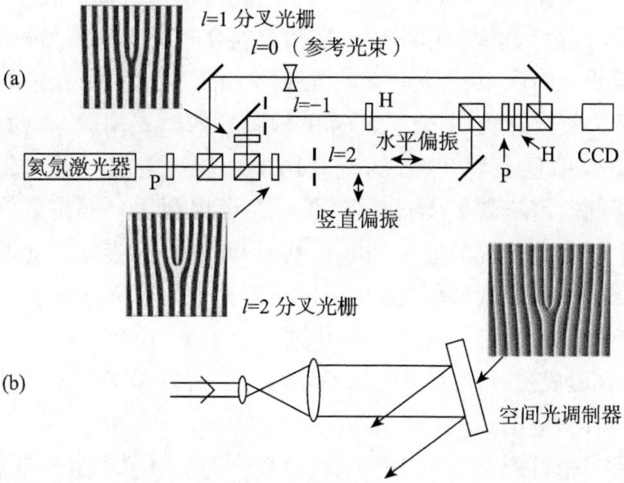

图 3.6　产生具有多涡旋光束的实验步骤示意图。(a)由二进制光栅产生的模式通过干涉仪被物理地组合在一起。光束间的相对权重用半波片(H)和偏振片(P)控制。(b)利用空间光调制器编写出所需光束的相位全息图。

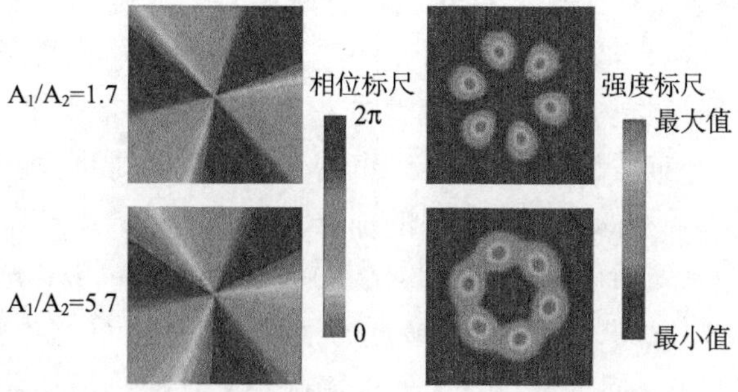

图 3.7　$l_1=+3, l_2=-3$ 时，不同相对振幅 A_1 和 A_2 的复合光束示意图。见彩色插图。

上述情况存在例外，即两束同阶共轴光束叠加的情况。当 $l_1=-l_2$ 时，复合光束外围(periphery)没有涡旋。反而可以得到振幅最大光束的拓扑荷(l_1 或者 l_2)的中心涡旋。在其外围，场重新分裂成 $2|l_1|$ 个对称波瓣。类似于拉盖尔—高斯模式，中心奇点周围的相位随方位角变化的方式不是线性的，而是当角度处于这些波瓣之间时增加较快。此位置相位改变的速率随着两个振幅的比率趋近 1 而增加。比率为 1 的点，相位发生 π 突变(即变成切变奇点)。图 3.7 是该情况下的两个特例，分别对应了不同的振幅比。当 $A_1/A_2=1.7$(上一行)时，径向强度节点上相位极快地改变，临近的波瓣相位差大概为 π。当 $A_1/A_2=5.7$(下一行)时，其中一个模式占主导地位，相位随着方位角线性变化。这种复

合涡旋非常有趣，因为它表现出两种标量奇点：涡旋和切变。

众所周知，拉盖尔—高斯光束的倾斜波前中携带有轨道角动量。从而吸引物体沿该光束的剖面受力。在复合光束中，这种力可调节。例如，图 3.6 中的光束，波前的螺距在波瓣之间增加得更快。陷入束剖面中的物体，受到沿束剖面非均匀的作用力。这种力的作用效果类似于施加给物体一个“踢”的力，而不是稳定的推力。

当光束相互平行但有一定距离时，其复合光束强度更强。此时，两分量涡旋之间的距离为系统增加了一个新的自由度[33]，而复合光束则不再对称。在这种情况下，通过调整相对振幅、相位及分量光束之间的距离，来调节复合光束的振幅和相位。

上述方法包含研究由两束完整定义的光束叠加产生的复合光束的情况。另一个方法是将涡旋“编程”进复合光束中，然后研究编程图样的模式构成。这种想法是通过涡旋的方式在光束中编码信息[34,35]。在此，可利用多功能的空间光调制器调节束剖面[35]。利用空间光调制器的典型步骤如图 3.6(b)所示。设想利用光涡旋的恢复性(resilience)将其保持在光束中以实现传统的通信功能。然而，此过程涡旋必须能够通过这些光涡旋对扰动的灵敏度调节。当受到外场扰动时，拓扑荷为 l 的涡旋分裂成 $|l|$ 个，其中每个涡旋的拓扑荷数为 $l/|l|$。例如之前讨论的共轴复合涡旋，由拓扑荷为 $l_1 \neq 0$ 和拓扑荷为 $l_2 = 0$ 的两束光组合形成。这两束光的组合产生 $|l_1|$ 个分布在束心周围的涡旋，涡旋的位置可由方程(6)和(7)得出。

这种方法的另一个目的是在单光子中产生复合光束以编码量子信息[34]，并使光的量子态处于轨道角动量本征态的叠加态上。这种体系可用于量子信息[36]。

3.3　非整数涡旋光束

光束被编入非整数相移的情况存在一种特殊的复合涡旋。光束很容易被编码。使用被动式或主动式全息图产生的光束时，光的拓扑荷可作为输入参量。如果该参量是非整数值，输出光束就称为非整数涡旋光束。非整数涡旋光束带来了一些有趣的问题，例如这种光束中涡旋的分布是怎样的，以及光束的轨道角动量是多少？两个问题都被近期的研究解决了，并且答案不像我们想象中的那样直观。非整数涡旋不存在。一束编有非整数相移的光具有一系列明确表征和测量的涡旋[37-40]。如果相移被设为非整数 q(q 不是半整数)，则光束中涡旋的数目是距 q 最近的整数。当 q 恰好是半整数时，在束剖面中有 p 个涡旋。其中 p 由 q 向下取整后加上正负符号交替的单拓扑荷涡旋组成的无穷阵列(infinite array)得到[38]。有两种方法[8,39]可以测量该图样(图样见图 3.8)。非整数光束光强的典型图样如同断了的戒指一样。一组具有正负交替符号的涡旋从断裂的地方开始以近乎线性的形式向外延续。

非整数特征被编码到了整个场中是非整数涡旋光束最显著的特性。如果我们组合两束具有互补拓扑荷的非整数光，则产生的复合光束遵循和之前一样的规则[32,40]。用非整数拓扑荷的分叉光栅衍射整数涡旋，如果方程(4)中的光栅拓扑荷和衍射级产生出整数值[8]，则输出的衍射光束为整数。

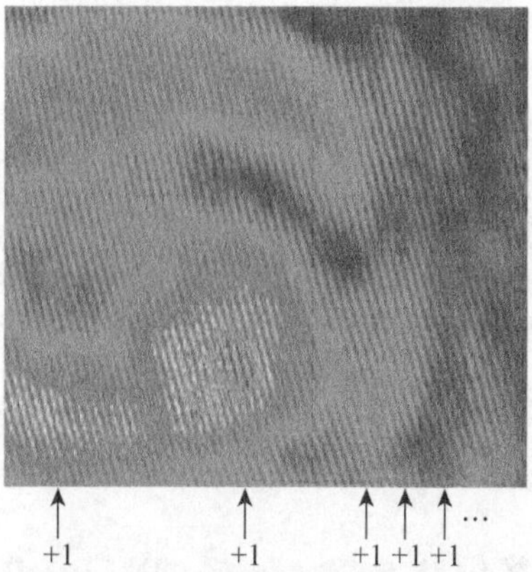

图 3.8　扩展基模同 $q=1.5$ 的半整数涡旋光束光场的非共轴干涉图样的假彩色图。箭头逐一指出具有拓扑荷的涡旋的水平位置。涡旋在干涉图样中以分叉的形式表示。叉尖的方向表示拓扑荷的符号。见彩色插图。

有趣的是，非整数模式问题在量子层面已被更加深入地研究过了。参量下转换产生的光子对可以通过它们共同的总轨道角动量相互纠缠。分别使光子对中的光子穿过旋转的非整数螺旋相位片后，测量每对光子的一致性，可以发现，两个光子间的相关性与非整数涡旋相关程度有关[41]。

最后，非整数光束的轨道角动量不与相移的非整数值成绝对的线性关系。这是因为相移的非整数值中有一个非轴向的角动量分量[39]。

3.4　传播动力学

到目前为止我们已讨论了一些静态情况下的涡旋，其中涡旋出现在光轴的横向平面。而当我们考虑在三维空间中的涡旋分布时，会发现更有趣的现象。复合光束中的光涡旋在传播过程中可改变自身的位置[42]。例如，前一节中提到的复合光束的涡旋的角坐标与分量光束间的相位差 δ（见方程(6)）有关。由方程(3)得出的古伊相位会导致相位差变化[43]。假设一束复合光由两束拉盖尔—高斯光束叠加态形成。其中，两束拉盖尔—高斯光束分别带有 l_1 和 l_2 拓扑荷的涡旋。当该复合光从 z_a 传到 z_b 时，其古伊相移为：

$$\Delta\psi=(|l_1|-|l_2|)\left[\arctan\left(\frac{z_b}{z_R}\right)-\arctan\left(\frac{z_a}{z_R}\right)\right] \tag{8}$$

此相移随着复合涡旋的转动逐渐表现出来。例如，$l_1=-1$ 和 $l_2=+2$ 模式经透镜聚焦组成一束复合光。当该复合光从 $z_a=-z_R$ 传到 $z_b=+z_R$ 时，其复合图像旋转了 $\pi/6$。

其他更为复杂的情形则可通过合适的高阶模式的叠加构建。这些复杂情况可能是缠绕在光轴周围的环形回路[44,45]。此回路是横向环绕光轴的涡旋。其中，光轴可包含轴向涡旋。对于合适大小的扰动场，可使环和轴向涡旋连接，形成“涡旋结”。此类情况已在实验室中通过采用适当的模式组合编程空间光调制器实现[19,46]。

3.5　总结

从本章可知，光波场中相位的分布可使其具有一些有趣的结构。当此相位沿横截面上的点循环时，能够得到丰富的光波场涡旋图样。这些图样具有鲁棒性，因为涡旋是傍轴波动方程的稳定解的一部分。这些场的叠加态产生的有趣现象不仅具有学术价值，也可应用于操纵微粒或是编码信息。

这些奇点现象在现代光学技术中具有很多应用，因此受到了广泛关注。然而，鉴于其涉及波动场的特性，所以这些现象不仅局限在光学领域中，在其他类型的波动场中也应存在尚待发现的有趣应用及现象。最后，波动方程的傍轴近似形式与二维薛定谔方程的形式一样，意味着光波场的涡旋动力学现象可能对应于两维情况下量子波的某种未被发现的有趣动力学现象。

致谢

感谢本章数据和图片的提供者：S. Baumann, P. Crawford, N. Fernandes, P.J. Haglin, V.Matos, L. MacMillan, M.J. Pysher, N. Smiley, 和 H.I. Sztul

参考文献

[1] J. F. Nye, Natural Focusing and Fine Structure of Light, Institute of Physics Publishing, Bristol, 1999.

[2] M.S. Soskin, M.V. Vasnetsov, Singular optics, in: E. Wolf (Ed.), *Progress in Optics*, vol. 42, Elsevier, 2001, pp. 219-276.

[3] I. Freund, Polarization flowers, *Opt. Commun. 199* (2001) 47-63.

[4] E.J. Galvez, Gaussian beams in the optics course, *Am. J. Phys. 74* (2006) 355-361.

[5] E.J. Galvez, P.R. Crawford, H.I. Sztul, M.J. Pysher, P.J. Haglin, R.E. Williams, Geometric phase associated with mode transformations of optical beams bearing orbital angular momentum, *Phys. Rev. Lett. 90* (2003) 2039011-2039014.

[6] L. Allen, M.W. Beijersbergen, R.J.C. Spreeuw, J.P. Woerdman, Orbital angularmomentum of light and the transformation of Laguerre-Gaussian laser modes, *Phys. Rev. A 45* (1992) 8185-8189.

[7] L. Allen, M.J. Padgett, The Poynting vector in Laguerre-Gaussian beams and the interpretation of their angular momentum density, *Opt. Commun. 184* (2000) 67-71.

[8] S. Baumann, E.J. Galvez, Non-integral vortex structures in diffracted light beams, *Proc. SPIE 6483* (2007) 64830T.

[9] V.Yu. Bazhenov, M.V. Vasnetsov, M.S. Soskin, Laser beams with screw dislocations in their wavefronts, *JETP Lett. 52* (1990) 429-431.

[10] N.R. Heckenberg, R. McDuff, C.P. Smith, A.G. White, Generation of optical phase singularities by computer-generated holograms, *Opt. Lett. 17* (1992) 221-223.

[11] N.R. Heckenberg, R. McDuff, C.P. Smith, H. Rubinsztein-Dunlop, M.J. Wegener, Laser beams with phase singularities, *Opt. Quantum Electron. 24* (1992) S951-S962.

[12] G.F. Brand, Phase singularities in beams, *Am. J. Phys. 67* (1999) 55-60.

[13] G.A. Turnbull, D.A. Robertson, G.M. Smith, L. Allen, M.J. Padgett, The generation of freespace Laguerre-Gaussian modes at millimeter-wave frequencies by use of a spiral phaseplate, *Opt. Commun. 127* (1996) 183-188.

[14] H. He, N.R. Heckenberg, H. Rubinztein-Dunlop, Optical particle trapping with higher-order

doughnut beams produced using high efficiency computer generated holograms, *J. Mod. Opt.* *42* (1995) 217-223.

[15] J.E. Curtis, D.E. Grier, Structure of optical vortices, *Phys. Rev. Lett.* *90* (2003) 1339011-1339014.

[16] J. Leach, M.J. Padgett, Observation of chromatic effects near a white-light vortex, *New J. Phys.* *5* (2003) 154.1-154.7.

[17] M.W. Beijersbergen, R.P.C. Coerwinkel, M. Kristensen, J.P. Woerdman, Helical-wavefront laser beams produced with a spiral phaseplate, *Opt. Commun.* *112* (1994) 321-327.

[18] G. Machavariani, N. Davidson, E. Hasman, S. Blit, A.A. Ishaaya, A.A. Friesem, Efficient conversion of a Gaussian beam to a high purity helical beam, *Opt. Commun.* *209* (2002) 265-271.

[19] J. Leach, M.R. Dennis, J. Courtial, M.J. Padgett, Vortex knots of light, *New J. Phys.* *7* (2005) 55-66.

[20] S. Chavez-Cerda, M.J. Padgett, I. Allison, G.H.C. New, J.C. Gutierrez-Vega, A.T. O'Neil, I. MacVicar, J. Courtial, Holographic generation and orbital angular momentum of high-order Mathieu beams, *J. Opt. B* *4* (2002) S52-S57.

[21] A.Mair, A. Vaziri, G.Welhs, A. Zeilinger, Entanglement of the orbital angular momentum states of photons, *Nature* *412* (2001) 313-316.

[22] M.W. Beijersbergen, L. Allen, H.E.L.O. van der Veen, J.P. Woerdman, Astigmatic laser mode converters and transfer of orbital angular momentum, *Opt. Commun.* *96* (1993) 123-132.

[23] S.J. van Enk, Geometric phase, transformations of Gaussian light beams and angular momentum transfer, *Opt. Commun.* *102* (1993) 59-64.

[24] E.J. Galvez, M. O'Connell, Existence and absence of geometric phases due to mode transformations of high-order modes, *Proc. SPIE* *5736* (2005) 166-172.

[25] A.S. Desyatnikov, Y.S. Kivshar, L. Torner, Optical vortices and vortex solitons, in: E.Wolf (Ed.), *Progress in Optics*, vol. 47, Elsevier, 2005, pp. 291-391.

[26] M.V. Berry, M.R. Dennis, Quantum cores of optical phase singularities, *J. Opt. A* *6* (2004) S178-S180.

[27] M.V. Berry, Coloured phase singularities, *New J. Phys.* *4* (2002) 66.1-66.14.

[28] M.V. Berry, Exploring the colours of dark light, *New J. Phys.* *4* (2002) 74.1-74.14.

[29] I. Mariyenko, J. Strohaber, C. Uiterwaal, Creation of optical vortices in femtosecond pulses, *Opt. Exp.* *13* (2005) 7599-7608.

[30] I. Zeylikovich, H.I. Sztul, V. Kartazaev, T. Le, R.R. Alfano, Ultrashort Laguerre-Gaussian pulses with angular and group velocity dispersion compensation, *Opt. Lett.* *32* (2007) 2025-2027.

[31] K. Bezuhanov, A. Dreischuh, G.G. Paulus, M.G. Schätzel, H. Walther, D. Neshev, W. Królikowski, Y. Kivshar, Spatial phase dislocations in femtosecond laser pulses, *J. Opt. Soc. Am. B* *23* (2006) 26-35.

[32] E.J. Galvez, N. Smiley, N. Fernandes, Composite optical vortices formed by collinear Laguerre-Gauss beams, *Proc. SPIE* *6131* (2006) 19-26.

[33] I.D. Maleev, G.A. Swartzlander Jr., Composite optical vortices, *J. Opt. Soc. Am. B* *20* (2003) 1169-1176.

[34] G. Molina-Terriza, J.P. Torres, L. Torner, Management of the angular momentum of light: Preparation of photons in multidimensional vector states of angular momentum, *Phys. Rev. Lett.* *88* (2002) 0136011-0136014.

[35] G. Gibson, J. Courtial, M.J. Padgett, M. Vasnetsov, V. Pas'ko, S.M. Barnett, S. Franke-Arnold, Free-space information transfer using light beams carrying orbital angular momentum, *Opt. Exp.* *12* (2004) 5448-5456.

[36] G. Molina-Terriza, J.P. Torres, L. Torner, Twisted photons, *Nature Phys.* *3* (2007) 305-310.

[37] I.V. Basistiy, M.S. Soskin, M.V. Vasnetsov, Optical warefront dislocations and their properties, *Opt. Commun.* *119* (1995) 604-612.

[38] M.V. Berry, Optical vortices evolving from helicoidal integer fractional phase steps, *J. Opt. A* *6* (2004) 259-268.

[39] J. Leach, E. Yao, M.J. Padgett, Observation of vortex structure of a noninteger vortex beam, *New J. Phys.* *6* (2004) 71-78.

[40] E.J. Galvez, S.M. Baumann, Composite vortex patterns formed by component light beams with non-integral topological charge, *Proc. SPIE* *6905* (2008) 69050D.

[41] S.S.R. Oemrawsingh, A. Aiello, E.R. Eliel, G. Nienhuis, J.P. Woerdman, How to observe high-dimensional two-photon entanglement with only two detectors, *Phys. Rev. Lett.* *92* (2004) 2179011-2179014.

[42] I.V. Basistiy, V. Yu Bazhenov, M.S. Soskin, M.V. Vasnetsov, Optics of light beams with screw dislocations, *Opt. Commun.* *103* (1993) 422-428.

[43] J. Courtial, Self-imaging beams and the Gouy effect, *Opt. Commun.* *151* (1998) 1-4.

[44] M.V. Berry, M.R. Dennis, Knotted and linked phase singularities in monochromatic waves, *Proc. R. Soc. London A* *457* (2001) 2251-2263.

[45] M.V. Berry, M.R. Dennis, Knotting and unknotting of phase singularities: Helmholtz waves, paraxial waves in 2+1 spacetime, *J. Phys. A: Math. Gen.* *34* (2001) 8877-8888.

[46] J. Leach, M.R. Dennis, J. Courtial, M.J. Padgett, Knotted threads of darkness, *Nature* *432* (2004) 165.

第四章　纳米光学:粒子间作用力

Luciana C. Davila Romero and David L. Andrews
University of East Anglia, UK

4.1　简介

就本质和种类而言,光力(optical forces)对原子、分子、纳米或微米尺度粒子的作用和那些涉及光与较大尺度粒子间的相互作用大体类似。然而,与后者相比,微观粒子的一个显著的特点是更易于克服重力,也正是这一特点推动了诸如微米、纳米粒子构成的悬浮液或表面层等体系的研究。尽管纳米尺度的粒子在克服重力上有独特优势,但此时热运动影响更为显著,此问题在原子尺度的粒子上尤为凸显。为解决这一问题,通常采用冷原子光阱和光学粘胶装置,通过吸收和发射出光子的方式进行动量交换,从而实现原子冷却。在这类方法中,作用在单个物质粒子上的光力(optomechanical forces)通常被称为光镊,可用麦克斯韦—巴尔托利(Maxwell-Bartoli)机制解释,相关机理已经很清楚。进而,可根据不同的材料组成来划分粒子的光力作用,例如,凸(salient)响应函数可由反映原子、分子、电介质或金属组成的项计算得出。另一个例子,由等离激元效应引起的独特的复折射率为调控(弥散的)光力带来了新机遇。

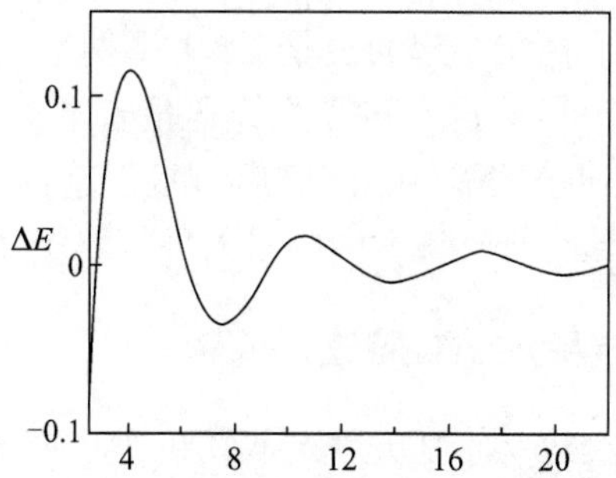

图 4.1　一对相距 R 的粒子之间的光诱导势能。横坐标以 kR 的形式给出,其中 $k=2\pi/\lambda$,λ 为激光波长。入射电场与粒子间的轴线相平行,能量稳定最小值的位置取决于颗粒的色散特性(见下文)。在参考文献[2,8]中也能够找到类似的图像,是光力研究中最受关注的问题之一。

后来,一种颠覆传统的光力作用——纳米级间距颗粒系统上的光力发现及证实,引起了新一轮研究热潮。虽然这一发现最早的理论依据在三十年前就由 Thirunamachandran 提出——高强度的激光可调控粒子间相互作用的势能面[1],但是当时实验上达不到所需激光强度。距离这一理论预测的提出不到 10 年，Burns 等人[2]发表了一篇具有里程碑意义的论文，从实验上证实了该效应。这一工作还首次展示了两个相同的球形粒子之间的间距与其光诱导势能的关系图像(图 4.1)，这也是最简单的实例。图 4.1 中展示了在最大势能与最小势能间起伏波动的势能曲线。随后，科研人员很快意识到这一发现巨大的应用潜力，随即将这一发现评价为：能够深刻地影响未来化学的发展[3]。后续研究表明，光诱导粒子间作用力具有众多独特的特征，可应用于物质的光学操纵。在此类作用力的研究中，光结合和光学物质等术语已经获得了广泛采用。研究表明，光诱导粒子间的作用力能够与化学键、分散力等作用力发生强烈的相互作用。随着诸如此类相互作用研究的深入，研究人员已从理论和实验两方面证实了构造光学有序物质的可能性[4-11]。

至此，理论研究虽朝着多个前沿方向发展，但大部分研究的本质都基于辐射场的经典描述。其中最有挑战性的研究，也或许是最需要实验验证的问题是：是否能够采用非共振激光与 Bose-Einstein 凝聚体相互作用获得“超级化学物质”，例如实现原子、分子的相干操纵和组装[12,13]。在一些研究中，人们已经利用傍轴波动方程描述反向传输光束下的微观球形粒子间的光学结合力[14,15]，并采用球体和周围介质的相对折射率参数分析了相关结果。此类研究结果在米氏尺寸的体系下有效，即要求球体直径大于光的波长，并且入射光场可傍轴近似。Chaumet 等人[8]推导了只有球形粒子时和球形粒子靠近某个表面时两种情况下的光诱导粒子间作用力。他们发现，对于单个球体，粒子间作用力主要取决于入射光的偏振和波长，且与粒子的尺寸相关。此外，Ng 和 Chan[16]研究了当粒子排列方向与入射波矢平行时的情形，确定了均匀分布的粒子阵列的平衡位置。Grzegorczyk 等人开展了圆柱形颗粒光学俘获和光结合研究[17,18]，进一步拓展了应用范围。

得益于量子电动力学(Quantum Electrodynamics, QED)[19,20]的系统性理论，人们正在不断发现相关应用领域的新机遇。例如，基于该理论，有关碳纳米管的计算已证明了作用在碳纳米管上的光力与碳纳米管中的粒子的朝向相关。这一研究表明有望实现纳米管薄膜形貌光学调控[21]，此外，光学涡旋场中介电纳米粒子也被证明具有光学图样化和光学聚集的可能性[22]。最近期的工作成果建立在其他更加奇特的效应上，例如范德瓦耳斯二聚体(由微弱氢键结合在一起的分子对)中平衡键长的光诱导变化和分子固体中的光力变形[23]。在接下来的部分中，将首先详述量子电动力学理论的现状，并将不同形式的描述统一在同一理论框架下。在此基础上，接下来的部分将利用相关公式，对相关应用进行细致地综述。最后，将对该方向的未来进行展望，作为本章的总结。

4.2　光诱导对力的量子电动力学描述

正如常见粒子间的耦合力一样，在光诱导(作用力对)的微扰推论中，计算通常建立在一个特定的体系中。在这个体系中，每一个粒子均处于稳态，且能量最低。随着量子电动力学理论的发展，对体系状态必须有更加准确的描述，例如，体系中粒子和辐射场都处于基态。体系状态会伴随着一些其他的暂态，在这些暂态中，电磁场的一个或多个辐射模式具有非零的占有数。色散作用，通常指的是诱导偶极矩的相互耦合，可通过基于两个虚光子交换的四阶微扰计算得到，其中，每个虚光子产生一个粒子并湮灭于另一个粒子。当这两个虚量子在两个粒子单元间传播时，可以同时产生，也可以不同时产生。利用这些关系可以推导 Casimir-Polder 公式。此公式对所有间距情况均适用，并且正确地解释了阻滞特性，其中，阻滞特性使得光力在粒子间距 R 处于长程时，渐近相关于 R^{-7}[24-30]。对虚光子的解释也为物理学领域提供了新的观点，包括人们更为熟知范德瓦耳斯力（大约为 R^{-6} 量级），范德瓦耳斯作用力也是 Lennard-Jones 电势研究中最受科研人员关注的方向，这一相互作用是短程力，也是凝聚相物质的内聚力[31]。

色散作用的光子学理论强有力地说明：只有在强光下，其他的效应才可能显现出来，基态（至少有一个光子模式的占有数不为零的状态）的计算就是一个例子。实际上，四阶微扰理论给出了相同结果：占据态辐射模式中一个光子的湮灭和产生在 Casimir-Polder 计算中被一个虚光子（共有 2 个虚光子）的产生和湮灭行为所取代。显然，光生能量对的任一计算结果均与占据模式光子数的线性相关。依据实验结果，此线性关系会显现能移 ΔE_{ind}，能移 ΔE_{ind} 与产生辐射量的辐照度呈一定比例关系。相应的激光诱导耦合作用力可由势能对空间求导数确定。

4.2.1　量子学基础

首先，在假定无对称的情况下，考虑到两粒子间的耦合，其激光诱导相互作用包括：其中一个粒子吸收一个实光子以及另一个粒子的受激发射出一个实光子，其间一个虚光子在两个粒子之间传递信息。在此状态下，总的辐射通量没有改变。遵循 Power-Zienau-Woolley 方法[32-35]，做电偶极子近似处理后，可以得到真空中电磁场和粒子 ξ 的作用关系，相互作用的哈密顿算符为：

$$H_{\text{int}}^{\xi} = -\varepsilon_0^{-1} \sum_{\xi} \mu(\xi) \cdot \boldsymbol{d}^{\perp}(\boldsymbol{R}_{\xi}) \tag{1}$$

其中 $\mu(\xi)$ 和 $\boldsymbol{R}_{\xi}$ 分别描述了电偶极距算子和 ξ 标示的电介质纳米粒子的位置向量。算符 $\boldsymbol{d}^{\perp}(\boldsymbol{R}_{\xi})$ 代表了横向电位移场，可用如下的一般项展开式表示：

$$\boldsymbol{d}^{\perp}(\boldsymbol{R}_{\xi}) = \mathrm{i}\sum_{\boldsymbol{k},\lambda}\left(\frac{\hbar c k \varepsilon_0}{2V}\right)^{1/2}\left[\mathbf{e}^{(\lambda)}(\boldsymbol{k})a^{(\lambda)}(\boldsymbol{k})\exp(\mathrm{i}\boldsymbol{k}\cdot\boldsymbol{R}_{\xi}) - \bar{\mathbf{e}}^{(\lambda)}(\boldsymbol{k})a^{\dagger(\lambda)}(\boldsymbol{k})\exp(-\mathrm{i}\boldsymbol{k}\cdot\boldsymbol{R}_{\xi})\right] \tag{2}$$

在方程式(2)中，V 是量子化体积，对以波矢 $\boldsymbol{k}$ 和偏振 λ 标注的模式进行求和。a 和 $a^{\dagger}$ 分别是湮灭和产生算符，$\mathbf{e}$ 代表了电场单位矢量，$\bar{\mathbf{e}}$ 是其复共轭。就目前来说，如果只考虑与实验相一致的平面极化情况，$\mathbf{e}$ 和 $\bar{\mathbf{e}}$ 的区别可以忽略不计。由于激光诱导耦合包含四项物质-光子的相互作用，这里需要应用到四阶扰动理论（在电偶极子近似下），精确的能量表达式为：

$$\Delta E_{\text{ind}} = \mathrm{Re}\left[\sum_{t,s,r}\frac{\langle \mathrm{i} \mid H_{\text{int}} \mid t\rangle\langle t \mid H_{\text{int}} \mid s\rangle\langle s \mid H_{\text{int}} \mid r\rangle\langle r \mid H_{\text{int}} \mid \mathrm{i}\rangle}{(E_{\mathrm{i}}-E_t)(E_{\mathrm{i}}-E_s)(E_{\mathrm{i}}-E_r)}\right] \tag{3}$$

通常情况下，这里任意一个右矢 $|\varepsilon\rangle$ 指的是未扰动哈密顿算符的基态之一，因此有

$$|s\rangle = |\text{mol}\rangle_s \otimes |\text{rad}\rangle_s = |\text{mol}_s;\text{rad}\rangle \tag{4}$$

此处 $|\text{mol}\rangle_s$ 和 $|\text{rad}\rangle_s$ 分别定义了所有粒子状态和其中的辐射状态。特别的，$|\mathrm{i}\rangle$ 是未扰动的体系状态，右矢 $|r\rangle$，$|t\rangle$，$|s\rangle$ 处于虚态。

从方程式(1)和(2)可得，方程式(3)中每个狄拉克算符都对应着一个光子的产生与湮灭，具体的细节取决于应用的体系。这里考虑两个化学上完全相同的粒子 A 和 B，B

和 A 的位移是矢量 $\boldsymbol{R}$。假设两个粒子都有可变的电偶极距，很容易看出每个粒子必然经历两次偶极跃迁，产生 48 种不同的情况，每种情况都能够对能量变化产生动态的贡献。为辅助计算，这些贡献会以非相对论性的费曼图来表示，如图 4.2 所示。在完全集内，24 个激光光子被粒子 A 吸收，另外 24 个光子被 B 吸收。后者可以通过前者的镜像推导得出，也就是将 A 与 B 交换，并且改变 $\boldsymbol{R}$ 的符号。相应地，将 $\Delta E_{\text{ind}}^{A\to B}$ 定义为 A 吸收激光 B 产生受激发射时的能移，$\Delta E_{\text{ind}}^{B\to A}$ 表示逆向过程。需要注意的是，上标表示的方向指的并不是虚光子传播的方向。举例来说，在 $\Delta E_{\text{ind}}^{A\to B}$ 过程中，一半虚光子朝向 B 运动，另一半朝向 A 运动。

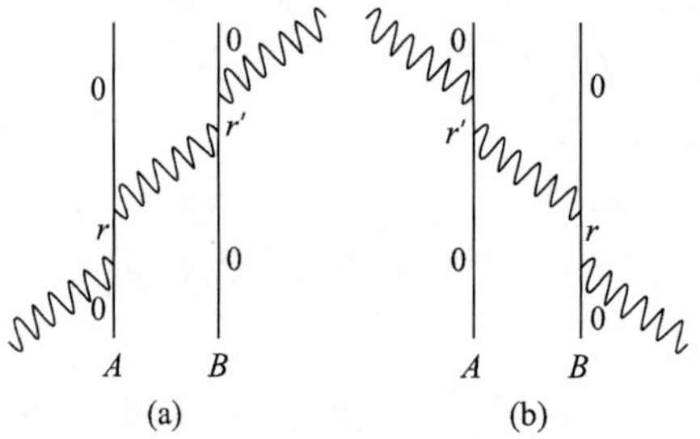

图 4.2　两个典型的费曼图(每个图有着 23 个进一步的排列方式)可以用来计算对激光引起的相互作用能量的动态贡献。垂直线描述的是两个粒子之间的的世界线，垂直线之外的波浪线描述的是实(激光)光子，之内的波浪线描述虚光子，时间线向上行进。改编自参考文献[19]。

因此，用以下的式子来表达总的诱导能移 ΔE_{ind}

$$\begin{aligned}\Delta E_{\text{ind}} &= \Delta E_{\text{ind}}^{A\to B} + \Delta E_{\text{ind}}^{B\to A} = \Delta E_{\text{ind}}^{A\to B}(\boldsymbol{R}) + \Delta E_{\text{ind}}^{A\to B}(-\boldsymbol{R}) \\ &= \Delta E_{\text{ind}}^{A\to B}(\boldsymbol{R})\big|_{\text{even}} + \Delta E_{\text{ind}}^{A\to B}(\boldsymbol{R})\big|_{\text{odd}} + \Delta E_{\text{ind}}^{A\to B}(\boldsymbol{R})\big|_{\text{even}} - \Delta E_{\text{ind}}^{A\to B}(\boldsymbol{R})\big|_{\text{odd}} \\ &= 2\Delta E_{\text{ind}}^{A\to B}(\boldsymbol{R})\big|_{\text{even}}\end{aligned} \tag{5}$$

此处 even 和 odd 代表 $\boldsymbol{R}$ 的函数 $\Delta E_{\text{ind}}^{A\to B}(\boldsymbol{R})$ 中对应的部分。使用表达式(3)并完成一系列计算步骤(详见参考文献[19])后，诱导能移 $\Delta E_{\text{ind}}^{A\to B}$ 按照下式计算得到(按照惯例使用重复下标(Cartesian)指数的隐式求和)

$$\Delta E_{\text{ind}}^{A\to B}(k,\boldsymbol{R}) = \left(\frac{n\hbar ck}{\varepsilon_0 V}\right)\text{Re}\left[\text{e}_\text{i}^{(\lambda)}\alpha_{\text{ij}}^{A}(k)V_{jk}^{\pm}(k,\boldsymbol{R})\alpha_{kl}^{B}(k)\text{e}_\text{i}^{(\lambda)}\exp(-\text{i}\boldsymbol{k}\cdot\boldsymbol{R})\right] \tag{6}$$

此处 n 是量子化体积 V 内的激光光子数，我们引入常见的动态极化张量 α_{ij}^{ξ} 以及完全迟滞共振的偶极-偶极作用张量通式：

$$V_{jk}^{\pm}(k,\boldsymbol{R}) = \frac{\exp[\mp\text{i}kR]}{4\pi\varepsilon_0 R^3}\{(1\pm\text{i}kR)(\delta_{jk}-3\hat{R}_j\hat{R}_k)-(kR)^2(\delta_{jk}-\hat{R}_j\hat{R}_k)\} \tag{7}$$

考虑到符号的选择没有物理意义上的影响[36]，我们今后将采用负号(之前的工作也通常默认采用)，并且将正负的表达方式从记号法中剔除，也就是说 $V_{jk}^{-}(k,\boldsymbol{R}) \equiv V_{jk}(k,\boldsymbol{R})$。

4.2.2　几何结构的定义

作为对各类几何结构和转动自由度探索的起点，我们首先研究不具备对称性的两个固定粒子之间的耦合。粒子对的几何结构描述如下：粒子 A 位于原点($\boldsymbol{R}_A=0$)，粒子 B 位于 z 轴上($\boldsymbol{R}_B=R\hat{z}$)，即两个粒子之间的位移为 $\boldsymbol{R}\equiv\boldsymbol{R}_B-\boldsymbol{R}_A=R\hat{z}$。角度 φ 和 θ 表示

光偏振方向矢量与 $\boldsymbol{R}$ 之间的夹角,如图 4.3 所示。图像描述了两粒子具有相同取向的情形,然而在更为普遍的情形中,这一条件并不是必要的。

为了充分描述这个体系,需要适当考虑粒子内部的自由度,因此,选取适当参考系是很必要的:

(a) 一个固定的坐标系(或实验室参考系),用($\hat{x}$,$\hat{y}$,$\hat{z}$)表示,如图 4.3 所示。

(b) 令 $\xi=A$ 和 B,对于每个粒子,选取一个根据粒子参考系,主要原则依据粒子的对称性选取,使得相应的极化张量可对角化成三个非零分量($\hat{x}'^{\xi}$,$\hat{y}'^{\xi}$,$\hat{z}'^{\xi}$)。

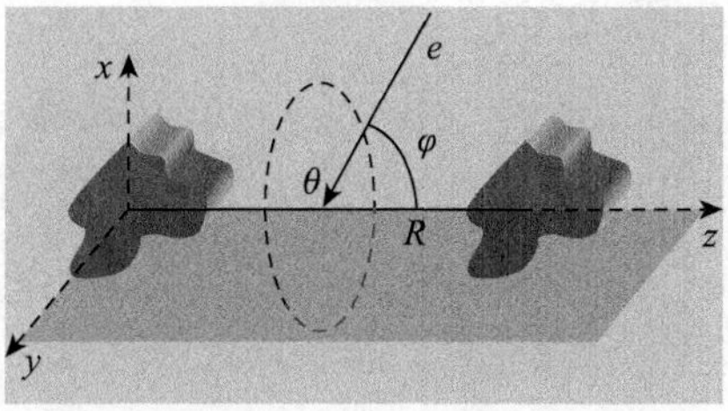

图 4.3 粒子对的几何结构和电磁场的偏振方向矢量 e。为了简化,两个粒子都显示为相同的取向。在电偶极子近似中,光的传播矢量是无关的,仅作为对 e 的可能取向的约束

后一个坐标系在后面的部分使用,目前,所有的矢量和张量都适用于固定坐标系。因此,例如对于方程式(7)

张量 $V_{jk}(k,\boldsymbol{R})$ 的分量的表达式为:

$$V_{jk}(k,\boldsymbol{R})=\begin{cases}\dfrac{\exp[\mathrm{i}kR]}{4\pi\varepsilon_0R^3}\{(1-\mathrm{i}kR)-(kR)^2\} & 当(jk)=\{xx,yy\}\\ -\dfrac{\exp[\mathrm{i}kR]}{4\pi\varepsilon_0R^3}(1-\mathrm{i}kR) & 当(jk)=\{zz\}\\ 0 & 其他情形\end{cases}\tag{8}$$

根据方程式(6)和(8),对激光辐照度 I 采用 $I=n\hbar c^2k/V$ 的关系式,可以得到

$$\Delta E_{\mathrm{ind}}^{A\to B}(k,\boldsymbol{R})=\left(\frac{I}{4\pi\varepsilon_0^2c}\right)\mathrm{Re}\Big[\big[\mathrm{e}_{\mathrm{i}}^{(\lambda)}\boldsymbol{Z}_{\mathrm{i}l}^{(1)}\mathrm{e}_l^{(\lambda)}(1-\mathrm{i}kR)-\mathrm{e}_{\mathrm{i}}^{(\lambda)}\boldsymbol{Z}_{\mathrm{i}l}^{(2)}\mathrm{e}_l^{(\lambda)}(k\boldsymbol{R})^2\big]\times\frac{\exp(\mathrm{i}kR)\exp(-\mathrm{i}\boldsymbol{k}\cdot\boldsymbol{R})}{R^3}\Big]\tag{9}$$

在此引入了两对响应张量,$Z_{\mathrm{i}l}^{(1)}$ 和 $Z_{\mathrm{i}l}^{(2)}$。后者在粒子对—固定参考系(pair-fixed frame)中被定义为

$$\begin{aligned}\boldsymbol{Z}_{\mathrm{i}l}^{(1)}&=\boldsymbol{Z}_{\mathrm{i}l}^{(2)}-2\alpha_{\mathrm{i}z}^{A}\alpha_{zl}^{B}\\ \boldsymbol{Z}_{\mathrm{i}l}^{(2)}&=\alpha_{\mathrm{i}x}^{A}\alpha_{xl}^{B}+\alpha_{\mathrm{i}y}^{A}\alpha_{yl}^{B}\end{aligned}\tag{10}$$

当代入表达式(9)中方括号的实部,诱导能移可以被表示为:

$$\Delta E_{\mathrm{ind}}^{A\to B}(k,\boldsymbol{R})=\left(\frac{1}{4\pi\varepsilon_0^2cR^3}\right)\{\mathrm{e}_{\mathrm{i}}^{(\lambda)}\boldsymbol{Z}_{\mathrm{i}l}^{(2)}\mathrm{e}_l^{(\lambda)}\times[\cos(kR-\boldsymbol{k}\cdot\boldsymbol{R})+kR\sin(kR-\boldsymbol{k}\cdot\boldsymbol{R})-(kR)^2\cos(kR-\boldsymbol{k}\cdot\boldsymbol{R})-2\mathrm{e}_{\mathrm{i}}^{(\lambda)}\alpha_{\mathrm{i}z}^{A}\alpha_{zl}^{B}\mathrm{e}_l^{(\lambda)}[\cos(kR-\boldsymbol{k}\cdot\boldsymbol{R})+kR\sin(kR-\boldsymbol{k}\cdot\boldsymbol{R})]]\}\tag{11}$$

为保证结果,由表达式(5),显然诱导能移由下式给出:

$$\Delta E_{\text{ind}}(k,\boldsymbol{R})=\left(\frac{I}{2\pi\varepsilon_0^2 cR^3}\right)\{[\mathrm{e}_{\mathrm{i}}^{(\lambda)}\boldsymbol{Z}_{il}^{(2)}\mathrm{e}_l^{(\lambda)}-2\mathrm{e}_{\mathrm{i}}^{(\lambda)}\alpha_{\mathrm{i}z}^{A}\alpha_{zl}^{B}\mathrm{e}_l^{(\lambda)}][\cos(kR)+kR\sin(kR)]-\mathrm{e}_{\mathrm{i}}^{(\lambda)}\boldsymbol{Z}_{il}^{(2)}\mathrm{e}_l^{(\lambda)}k^2\cos(kR)\}\cos(\boldsymbol{k}\cdot\boldsymbol{R}) \tag{12}$$

粒子间作用力可以通过将能移对粒子间距求导而很容易地得到。

$$\boldsymbol{F}_{\text{ind}}=-\frac{\partial\Delta E_{\text{ind}}}{\partial\boldsymbol{R}}=\left(\frac{I}{2\pi\varepsilon_0^2 cR^4}\right)\left\{\begin{aligned}&[\mathrm{e}_{\mathrm{i}}^{(\lambda)}\boldsymbol{Z}_{il}^{(2)}\mathrm{e}_l^{(\lambda)}-2\mathrm{e}_{\mathrm{i}}^{(\lambda)}\alpha_{\mathrm{i}z}^{A}\alpha_{zl}^{B}\mathrm{e}_l^{(\lambda)}]\\&\times\left\{\begin{aligned}&[3\cos(kR)+3kR\sin(kR)-k^2R^2\cos(kR)]\cos(\boldsymbol{k}\cdot\boldsymbol{R})\\&+[k_zR\cos(kR)+k_zkR^2\sin(kR)]\sin(\boldsymbol{k}\cdot\boldsymbol{R})\end{aligned}\right\}\\&-\mathrm{e}_{\mathrm{i}}^{(\lambda)}\boldsymbol{Z}_{il}^{(2)}\mathrm{e}_l^{(\lambda)}\left\{\begin{aligned}&[k^2R^2\cos(kR)+k^3R^3\sin(kR)]\cos(\boldsymbol{k}\cdot\boldsymbol{R})\\&+k_zk^2R^3\cos(kR)\sin(\boldsymbol{k}\cdot\boldsymbol{R})\end{aligned}\right\}\end{aligned}\right\} \tag{13}$$

我们现在通过分析上述特定的情况,推导得到其他具有物理意义系统的结果。我们将假定具有圆柱对称性的粒子,这比球对称更具普遍性,并得出了适用于纳米管和其他各向异性的纳米粒子的结果。

4.2.3 斜圆柱对

首先处理一个二元体系,在这个体系中,两个粒子在入射光下自由旋转,并且每个粒子相对于对方的位移和方向不变。在这一情况下,不仅要定义这一对粒子与偏振矢量方向的夹角(如图 4.3 所示);也需要引入三个能确定两粒子相对取向的角度。如图 4.4 所示,这些内角被定义为(γ_A,γ_B,ψ);γ_A 是粒子 A 和 z 轴的夹角(假设 $\hat{z}'^A$ 位于 xz 平面上);γ_B 是 z 轴和分子主轴 $\hat{z}'^B$(不一定位于 xz 平面)之间的夹角;而角 ψ 是 $\hat{z}'^A$ 和 $\hat{z}'^B$ 轴在 xy 平面上投影的夹角。

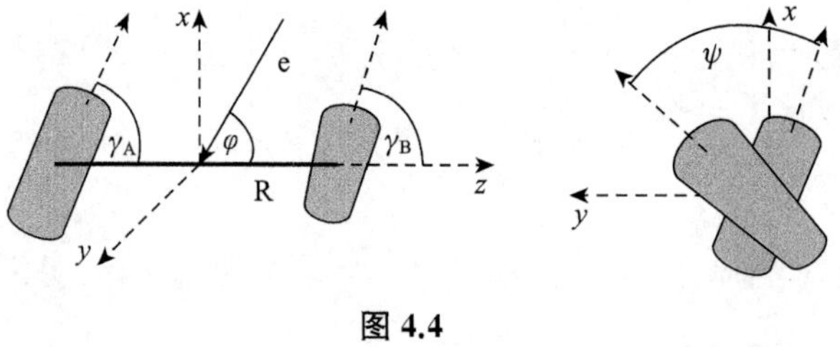

图 4.4

正如之前所提到的,我们认为入射光和出射光都是线性偏振的。为表示实验室参考系中的偏振方向,通常有

$$\mathbf{e}_{\mathrm{i}}^{(\lambda)}=\sin\varphi\cos\theta\hat{\boldsymbol{x}}+\sin\varphi\sin\theta\hat{\boldsymbol{y}}+\cos\varphi\hat{\boldsymbol{z}} \tag{14}$$

在斜圆柱对的情况下,当在对应的粒子参考系表示时,粒子的电极化张量通常呈对角矩阵形式:

$$\alpha^{\xi}=\begin{pmatrix}\alpha_{\perp}^{\xi} & 0 & 0\\ 0 & \alpha_{\perp}^{\xi} & 0\\ 0 & 0 & \alpha_{\parallel}^{\xi}\end{pmatrix}\tag{15}$$

但是,该坐标系绕着斜圆柱对旋转。因此,更为合适的方式是将能量通式(6)中所有的矢量和张量分量放在实验室固定参考系,实验室固定参考系中极化分量是不变的,为实现这个目的,实验室固定坐标系中每个粒子的电极化强度必须重新计算。通过适当的酉变换,可计算得到粒子 A 和 B 有如下关系:

$$\alpha^{A}\Big|_{\substack{\text{Fixed}\\ \text{frame}}}=\alpha_{\parallel}^{A}\begin{pmatrix}1-\eta^{A}\cos^{2}\gamma_{A} & 0 & \eta^{A}\cos\gamma_{A}\sin\gamma_{A}\\ 0 & 1-\eta^{A} & 0\\ \eta^{A}\cos\gamma_{A}\sin\gamma_{A} & 0 & 1-\eta^{A}\sin^{2}\gamma_{A}\end{pmatrix}\tag{16a}$$

和

$$\alpha_{ij}^{B}\Big|_{\substack{\text{Fixed}\\ \text{frame}}}=\alpha_{\parallel}^{B}\begin{pmatrix}(1-\eta^{B}\cos^{2}\gamma_{B})\cos^{2}\psi+(1-\eta^{B})\sin^{2}\psi & \eta^{B}\sin^{2}\gamma_{B}\cos\psi\sin\psi & \eta^{B}\cos\gamma_{B}\sin\gamma_{B}\cos\psi\\ \eta^{B}\sin^{2}\gamma_{B}\sin\psi\cos\psi & (1-\eta^{B}\cos^{2}\gamma_{B})\sin^{2}\psi+(1-\eta^{B})\cos^{2}\psi & \eta^{B}\cos\gamma_{B}\sin\gamma_{B}\cos\psi\\ \eta^{B}\cos\gamma_{B}\sin\gamma_{B}\cos\psi & \eta^{B}\cos\gamma_{B}\sin\gamma_{B}\sin\psi & (1-\eta^{B}\sin^{2}\gamma_{B})\end{pmatrix}\tag{16b}$$

这里引入各向异性因子 $\eta^{\xi}\equiv(\alpha_{\parallel}^{\xi}-\alpha_{\perp}^{\xi})/\alpha_{\parallel}^{\xi}$ 来简化表达式。考虑导出公式的复杂度,我们将仅考虑各向同性的入射光情况,计算采用相位平均法[37]。在此情形下,诱导可由下式得到,其中 j_{m} 是球面贝塞尔函数:

$$\langle\Delta E_{\text{ind}}\rangle=\frac{I}{\varepsilon_{0}c}\text{Re}\left[\begin{array}{l}\left\{\frac{1}{3}j_{0}(kR)-\frac{1}{6}j_{2}(kR)\right\}\left\{\begin{array}{l}V_{xx}(\alpha_{xx}^{A}\alpha_{xx}^{B}+\alpha_{yy}^{A}\alpha_{yy}^{B}+\alpha_{zx}^{A}\alpha_{xz}^{B})\\ +V_{zz}(\alpha_{xz}^{A}\alpha_{zx}^{B}+\alpha_{zz}^{A}\alpha_{zz}^{B})\end{array}\right\}\\ +\frac{1}{2}j_{2}(kR)\{V_{xx}\alpha_{zx}^{A}\alpha_{xz}^{B}+V_{zz}\alpha_{zz}^{A}\alpha_{zz}^{B}\}\end{array}\right]\tag{17}$$

此处用 $\alpha_{ij}^{\xi}\Big|_{\substack{\text{Fixed}\\ \text{frame}}}\equiv\alpha_{ij}^{\xi}$ 来简化符号,同时方程式(2.16)定义了每个粒子的分量。得到的表达式可以利用方程(8)计算出来,有

$$\langle\Delta E_{\text{ind}}\rangle=\frac{I}{4\pi\varepsilon_{0}^{2}cR^{3}}$$

$$\times\left[\begin{array}{l}\left[\left(-kR+\frac{3}{kR}-\frac{1}{k^{3}R^{3}}\right)\frac{1}{4}\sin 2kR-\left(1-\frac{1}{k^{2}R^{2}}\right)\frac{1}{2}\cos 2kR\right]\\ \times(\alpha_{xx}^{A}\alpha_{xx}^{B}+\alpha_{yy}^{A}\alpha_{yy}^{B})\\ +\left[-\left(\frac{2}{kR}-\frac{1}{k^{3}R^{3}}\right)\frac{1}{2}\sin 2kR+\left(1-\frac{1}{k^{2}R^{2}}\right)\cos 2kR+\sin^{2}kR\right]\alpha_{zx}^{A}\alpha_{xz}^{B}\\ +\left[-\left(\frac{2}{kR}-\frac{1}{k^{3}R^{3}}\right)\frac{1}{2}\sin 2kR+\left(1-\frac{1}{k^{2}R^{2}}\right)\cos 2kR-\cos^{2}kR\right]\alpha_{xz}^{A}\alpha_{zx}^{B}\\ +\left[\left(\frac{1}{kR}-\frac{1}{k^{3}R^{3}}\right)\sin 2kR+\frac{2}{k^{2}R^{2}}\cos 2kR\right]\alpha_{zz}^{A}\alpha_{zz}^{B}\end{array}\right]\tag{18}$$

对应的激光诱导作用力可直接从该表达式中推导得出，详见原始文献[19,21]。

4.2.4 共线对

在这一情形下，我们将考虑两个共线的圆柱形对称粒子，也就是说，它们的主轴具有对称一致性，将其定义为 z 轴，如图 4.5 所示。由于体系的对称性，很容易看出诱导能移与图 4.3 中的角度 θ 无关。因此，偏振矢量现在可以简化为

$$\mathbf{e}=\sin\varphi\hat{\boldsymbol{x}}+\cos\varphi\hat{\boldsymbol{z}} \tag{19}$$

在该情况下，每个粒子的极化张量如下：

$$\alpha_{ij}^{(\xi)}=\begin{pmatrix}\alpha_{\perp}^{(\xi)} & 0 & 0\\ 0 & \alpha_{\perp}^{(\xi)} & 0\\ 0 & 0 & \alpha_{\parallel}^{(\xi)}\end{pmatrix} \tag{20}$$

此处选取分子坐标系，使得 $(x,y,z)\equiv(x_A,y_A,z_A)\equiv(x_B,y_B,z_B)$。从方程(19)和(20)可得，诱导能移可被表达为

$$\Delta E_{\text{ind}}(k,\boldsymbol{R})=\left(\frac{I}{2\pi\varepsilon_0^2cR^3}\right)\begin{Bmatrix}[\alpha_{\perp}^{A}\alpha_{\perp}^{B}\sin^2\varphi-2\alpha_{\parallel}^{A}\alpha_{\parallel}^{B}\cos^2\varphi][\cos(kR)+kR\sin(kR)]\\ -\alpha_{\perp}^{A}\alpha_{\perp}^{B}\sin^2\varphi k^2R^2\cos(kR)\end{Bmatrix}\cos(\boldsymbol{k}\cdot\boldsymbol{R}) \tag{21}$$

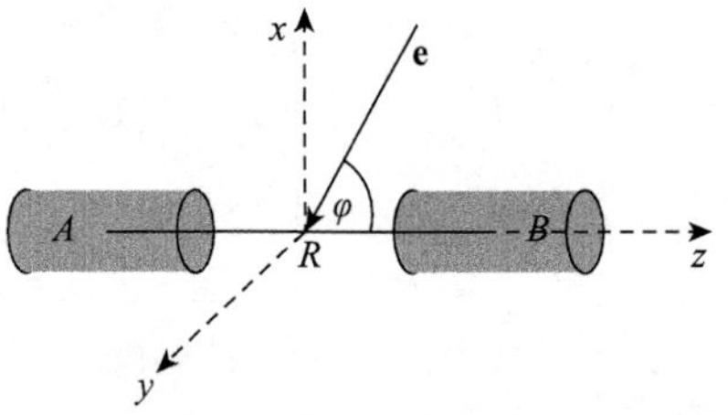

图 4.5 一对共线且具有圆柱对称性的粒子的几何结构

而诱导力被表示为

$$\boldsymbol{F}_{\text{ind}}=-\frac{\partial\Delta E_{\text{ind}}}{\partial\boldsymbol{R}}=-\frac{\partial\Delta E_{\text{ind}}}{\partial R}\hat{\boldsymbol{z}}$$
$$=\left(\frac{I}{2\pi\varepsilon_0^2cR^4}\right)\begin{Bmatrix}(\alpha_{\perp}^{A}\alpha_{\perp}^{B}\sin^2\varphi-2\alpha_{\parallel}^{A}\alpha_{\parallel}^{B}\cos^2\varphi)\times\begin{bmatrix}(3\cos kR+3kR\sin kR\\ -k^2R^2\sin kR)\cos(\boldsymbol{k}\cdot\boldsymbol{R})\\ +(k_zR\cos kR\\ +k_zkR^2\sin kR)\sin(\boldsymbol{k}\cdot\boldsymbol{R})\end{bmatrix}\\ -\alpha_{\perp}^{A}\alpha_{\perp}^{B}\sin^2\varphi\begin{bmatrix}(k^2R^2\cos kR+k^3R^3\sin kR)\cos(\boldsymbol{k}\cdot\boldsymbol{R})\\ +k_zk^2R^3\cos kR\sin(\boldsymbol{k}\cdot\boldsymbol{R})\end{bmatrix}\end{Bmatrix} \tag{22}$$

如果粒子间具有球面对称性，那么 $\alpha_{\perp}^{\xi}=\alpha_{\parallel}^{\xi}=\alpha_0^{\xi}$，且诱导能移和诱导力可被化简为

$$\Delta E_{\text{ind}}^{\text{symm}}(k,\boldsymbol{R})=\left(\frac{I}{2\pi\varepsilon_0^2 cR^3}\right)\alpha_0^A\alpha_0^B \times\left\{\begin{array}{l}[\sin^2\varphi-2\cos^2\varphi][\cos(kR)+kR\sin(kR)] \\ -\sin^2\varphi k^2R^2\cos(kR)\end{array}\right\}\cos(\boldsymbol{k}\cdot\boldsymbol{R}) \tag{23a}$$

$$\boldsymbol{F}_{\text{ind}}^{\text{symm}}=\left(\frac{I}{2\pi\varepsilon_0^2 cR^4}\right)\alpha_0^A\alpha_0^B\left\{\begin{array}{l}(\sin^2\varphi-2\cos^2\varphi) \\ \times\left[\begin{array}{l}(3\cos kR+3kR\sin kR \\ -k^2R^2\sin kR)\cos(\boldsymbol{k}\cdot\boldsymbol{R}) \\ +(k_zR\cos kR+k_zkR\sin kR)\sin(\boldsymbol{k}\cdot\boldsymbol{R})\end{array}\right] \\ -\sin^2\varphi\left[\begin{array}{l}(k^2R^2\cos kR+k^3R^3\sin kR)\cos(\boldsymbol{k}\cdot\boldsymbol{R}) \\ +k_zk^2R^3\cos kR\sin(\boldsymbol{k}\cdot\boldsymbol{R})\end{array}\right]\end{array}\right\} \tag{23b}$$

在该情形下,如果做$kR=1$的近似,那么$\cos(kR)\approx1$,$\cos kR\approx1$,$\sin kR\approx kR$,表达式可简化为

$$\Delta E_{\text{ind}}^{0}(k,\boldsymbol{R})=\left(\frac{I}{2\pi\varepsilon_0^2 cR^3}\right)[\alpha_\perp^A\ \alpha_\perp^B\ \sin^2\varphi-2\alpha_\parallel^A\alpha_\parallel^B\cos^2\varphi] \tag{24a}$$

$$\boldsymbol{F}_{\text{ind}}^{0}=\left(\frac{3I}{2\pi\varepsilon_0^2 cR^4}\right)[\alpha_\perp^A\ \alpha_\perp^B\ \sin^2\varphi-2\alpha_\parallel^A\alpha_\parallel^B\cos^2\varphi] \tag{24b}$$

上式在球面对称的情况下可以被进一步简化为

$$\Delta E_{\text{ind}}^{0,\text{symm}}=\frac{I}{2\pi\varepsilon_0^2 cR^3}\alpha_0^A\alpha_0^B(3\sin^2\varphi-2) \tag{25a}$$

$$\boldsymbol{F}_{\text{ind}}^{0,\text{symm}}=\frac{3I}{2\pi\varepsilon_0^2 cR^4}\alpha_0^A\alpha_0^B(3\sin^2\varphi-2) \tag{25b}$$

最后,考虑能自由转动的粒子对,且保持粒子固定的共线取向。那么,通过取所有可能的辐射方向的平均值,可得

$$\langle\Delta E_{\text{ind}}\rangle=\frac{I}{3\pi\varepsilon_0^2 cR^3}\left\{\begin{array}{l}[\alpha_\perp^A\ \alpha_\perp^B-\alpha_\parallel^A\alpha_\parallel^B][\cos(kR)+kR\sin(kR)] \\ -\alpha_\perp^A\ \alpha_\perp^B\ k^2R^2\cos(kR)\end{array}\right\}\cos(\boldsymbol{k}\cdot\boldsymbol{R}) \tag{26}$$

且在短距离范围内有

$$\langle\Delta E_{\text{ind}}^{0}\rangle=\left(\frac{I}{3\pi\varepsilon_0^2 cR^3}\right)\times[\alpha_\perp^A\ \alpha_\perp^B-\alpha_\parallel^A\alpha_\parallel^B] \tag{27}$$

激光诱导力可以通过类似的方式进行计算。很明显,在球面情况下,$\alpha_\perp^\xi=\alpha_\parallel^\xi$,此时,能移和力都消失了。然而,该短程渐近情况并不能描述长程时观测到的复杂的能量与力的图形。这种近程以外的行为本身就十分有趣,这也正是在之后章节中将要详细探究的主题。

4.2.5 圆柱体平行对

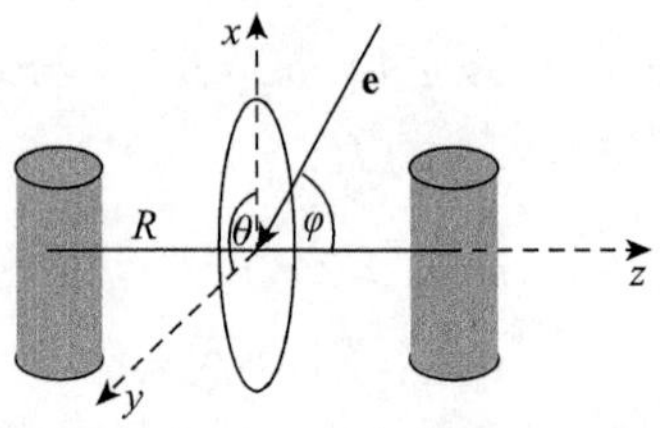

图 4.6 一对平行且圆柱形对称粒子的几何结构图

另一个有趣的情形如图 4.6 所示，当两圆柱形对称粒子相互平行，且垂直于它们之间的相对位移向量 $\boldsymbol{R}$。在该情形下，考虑到体系的对称性，必须要保持方程(14)中的角自由度 φ 和 θ 不变。此系统的极化度由下式给出：

$$\alpha_{ij}^{(\xi)}=\begin{bmatrix}\alpha_{\parallel}^{(\xi)} & a_{12} & 0\\ 0 & \alpha_{\perp}^{(\xi)} & 0\\ 0 & 0 & \alpha_{\perp}^{(\xi)}\end{bmatrix} \tag{28}$$

需要注意的是此时与之前方程式(20)中情形的差别，这是由粒子在 xz 平面上有效旋转导致的(根据滚动粒子对部分对分子角的定义，可以看出，在该情形下，$\gamma_A=\gamma_B=\pi/2$，$\psi=0$ 处的极化度可由表达式(16a)和(16b)得出)。诱导能移 $\Delta E_{\text{ind}}(k,\boldsymbol{R})$ 由下式给出：

$$\begin{aligned}&\Delta E_{\text{ind}}(k,\boldsymbol{R})\\&=\left(\frac{I}{2\pi\varepsilon_0^2cR^3}\right)\left\{\begin{aligned}&\left[\alpha_{\parallel}^{A}\alpha_{\parallel}^{B}\sin^2\varphi\cos^2\theta+\alpha_{\perp}^{A}\alpha_{\perp}^{B}\sin^2\varphi\sin^2\theta-2\alpha_{\perp}^{A}\alpha_{\perp}^{B}\cos^2\varphi\right]\\&\times\left[\cos(kR)+kR\sin(kR)\right]\\&-\left[\alpha_{\parallel}^{A}\alpha_{\parallel}^{B}\sin^2\varphi\cos^2\theta+\alpha_{\perp}^{A}\alpha_{\perp}^{B}\sin^2\varphi\sin^2\theta\right]k^2R^2\cos(kR)\end{aligned}\right\}\cos(\boldsymbol{k}\cdot\boldsymbol{R})\end{aligned} \tag{29}$$

诱导力为

$$\begin{aligned}&\boldsymbol{F}_{\text{ind}}=-\frac{\partial\Delta E_{\text{ind}}}{\partial\boldsymbol{R}}\\&=\left(\frac{I}{2\pi\varepsilon_0^2cR^4}\right)\left\{\begin{aligned}&\left\{\begin{aligned}&\left[\alpha_{\parallel}^{A}\alpha_{\parallel}^{B}\sin^2\varphi\cos^2\theta+\alpha_{\perp}^{A}\alpha_{\perp}^{B}\sin^2\varphi\sin^2\theta-2\alpha_{\perp}^{A}\alpha_{\perp}^{B}\cos^2\varphi\right]\\&\times\left[3\cos(kR)+3kR\sin(kR)-k^2R^2\cos(kR)\right]\\&-\left[\alpha_{\parallel}^{A}\alpha_{\parallel}^{B}\sin^2\varphi\cos^2\theta+\alpha_{\perp}^{A}\alpha_{\perp}^{B}\sin^2\varphi\sin^2\theta\right]\\&\times\left[k^2R^2\cos(kR)+k^3R^3\sin(kR)\right]\end{aligned}\right\}\cos(\boldsymbol{k}\cdot\boldsymbol{R})\\&+\left\{\begin{aligned}&\left[\alpha_{\parallel}^{A}\alpha_{\parallel}^{B}\sin^2\varphi\cos^2\theta+\alpha_{\perp}^{A}\alpha_{\perp}^{B}\sin^2\varphi\sin^2\theta-2\alpha_{\perp}^{A}\alpha_{\perp}^{B}\cos^2\varphi\right]\\&\times\left[k_zR\cos(kR)+k_zkR^2\sin(kR)\right]\\&-\left[\alpha_{\parallel}^{A}\alpha_{\parallel}^{B}\sin^2\varphi\cos^2\theta+\alpha_{\perp}^{A}\alpha_{\perp}^{B}\sin^2\varphi\sin^2\theta\right]\\&\times\left[k_zk^2R^3\cos(kR)\right]\end{aligned}\right\}\sin(\boldsymbol{k}\cdot\boldsymbol{R})\end{aligned}\right\}\end{aligned} \tag{30}$$

在短程近似($kR\ll1$)中,其对应的表达式为

$$\Delta E_{\text{ind}}^{0}=\left(\frac{I}{2\pi\varepsilon_{0}^{2}cR^{3}}\right)\{[\alpha_{\parallel}^{A}\alpha_{\parallel}^{B}\cos^{2}\theta+\alpha_{\perp}^{A}\alpha_{\perp}^{B}\sin^{2}\theta]\sin^{2}\varphi-2\alpha_{\perp}^{A}\alpha_{\perp}^{B}\cos^{2}\varphi\} \quad (31a)$$

$$\Delta E_{z,\text{ind}}^{0}=\left(\frac{3I}{2\pi\varepsilon_{0}^{2}cR^{4}}\right)(\alpha_{\perp}^{A}\alpha_{\perp}^{B}(\sin^{2}\varphi(2+\sin^{2}\theta)-2)+\alpha_{\parallel}^{A}\alpha_{\parallel}^{B}\sin^{2}\varphi\cos^{2}\theta) \quad (31b)$$

此外,如果这对平行粒子相对于电磁场作自由滚动,就必须考虑各向同性的平均情况,因此从方程(27)中可以得出:

$$\langle\Delta E_{\text{ind}}^{0}\rangle=\frac{I}{6\pi\varepsilon_{0}^{2}cR^{3}}[\alpha_{\parallel}^{A}\alpha_{\parallel}^{B}-\alpha_{\perp}^{A}\alpha_{\perp}^{B}] \quad (32)$$

$$\langle F_{z,\text{ind}}^{0}\rangle=\left(\frac{I}{2\pi\varepsilon_{0}^{2}cR^{4}}\right)\times[\alpha_{\parallel}^{A}\alpha_{\parallel}^{B}-\alpha_{\perp}^{A}\alpha_{\perp}^{B}] \quad (33)$$

在粒子具有球面对称性的条件下,很容易证实以上的结果可以简化为前面小节中给出的具有此限定的表达式。

上述不同结构的圆柱形粒子的结果已经被用于单壁碳纳米管中。人们之所以对这些粒子感兴趣,不仅仅是因为它们内在的性质及应用,也因为它们是一种具有强极化性的粒子,可以充分利用力的方程中特征极化度的平方关系。假设$\alpha_{\perp}$和$\alpha_{\parallel}$的数值与对应的静态极化度一致,那么当纳米管长度为 200 nm,半径为 0.4 nm,间距 $R=2$ nm,入射强度 $I=1\times10^{16}$ W·m^{-2}时,根据几何学,结果表明力的范围在 $10^{-12}\sim10^{-5}$N 之间。重要的是,这整个范围内的力的值与原子力显微镜的实际测量值相一致。更重要的结果是:当在更广的范围内取值时,最大值的量级表明,实际上有望用激光控制光力作用,实现对碳纳米管的纳米操纵。

4.2.6　球形粒子

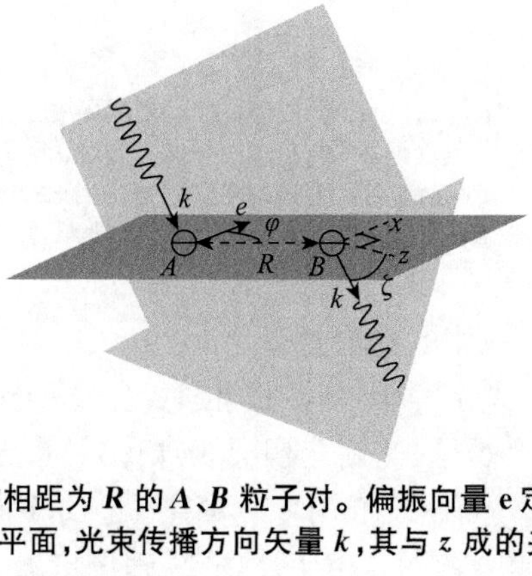

图 4.7　由偏振光束俘获的相距为 R 的 A、B 粒子对。偏振向量 e 定义了 x 轴的方向,与 R 成一角度 φ。这些向量一起定义了 xz 平面,光束传播方向矢量 k,其与 z 成的夹角为 ζ。

对于球形粒子,令方程(21)和(29)中 $\alpha_{0}^{\xi}=\alpha_{\parallel}^{\zeta}=\alpha_{\perp}^{\xi}$,可以得到能移的值。此时,能移可以表示为图 4.7 中几何参数的函数:

$$\Delta E(\boldsymbol{k},\boldsymbol{R})=\left(\frac{2I}{\varepsilon_{0}c}\right)\text{Re}\{\alpha_{0}^{A}V_{xx}(\boldsymbol{k},\boldsymbol{R})\alpha_{0}^{B}\}\cos(kR\sin\varphi\cos\zeta) \quad (34)$$

可以得到由方程(34)确定的能面等值线图,并获得体系稳定点的详细信息,如图 4.8 所

示。即便在这里展示的(简单)例子中[38,39],也产生了许多有趣的特性。在每一幅能量图中,局部极小值显示出光结合结构的特性。等值线与横坐标正交,反映了其与每个角变量的一致的关系。处于$(\pi/2,\pi/2)$范围的变化,理论上是通过对距离轴的展开实现。物理意义是,一个(kR,ζ,φ)结构中$\varphi=0$或$\zeta=0$(但不是处于局部最小值)的体系经常受到一个力的影响,在不改变取向的情况下被拽向临近的最小值。同样的原因,在$\varphi=\pi/2$或$\zeta=\pi/2$时也没有扭矩。但是,一般而言,体系通常会同时承受趋向力和扭矩。例如,图4.8显示,当一对处于$(6.0,\pi/4,0)$的结构的粒子受到一个扭矩,使φ增加到$\pi/2$,随着力的变化,轨迹会遵循先增大再减小R的方式改变。当然,涉及ζ的变化的相关细节可以由方程(34)的全导数得以确定。其他的特性同样可由图4.8(a)中的例子看出,比如说离轴区域的稳定性,可在$(10,\pi/10,0)$位置处找到相关特征。一般来说,光诱导对电势为大量粒子的光组装提供了典型的模板,使得用光学的手段构造由分子、纳米粒子、微观粒子和胶粒组成结构成为可能。

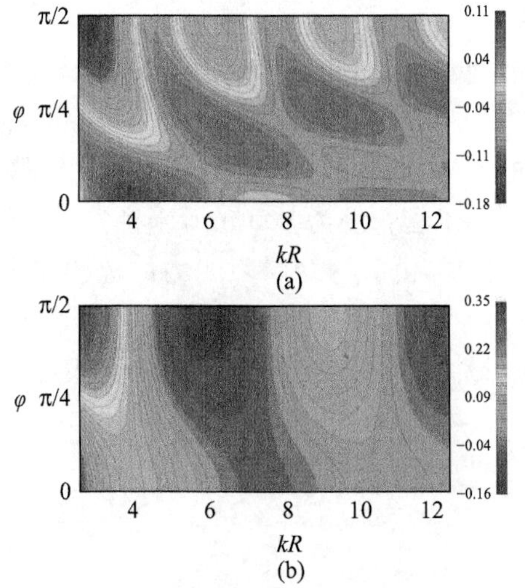

图4.8　光诱导粒子对能量的等位线图

ΔE的等位线作为φ和kR的函数:(a)$\zeta=0$;(b)$\zeta=\pi/2$。$\varphi=0$时,ΔE随kR沿横坐标变化,在kR为4.0,10.5处有最大值;在$kR=7.5$(与图4.1比较)时取得第一个最小值(非临近值)。根据k的数值(见文中),水平比例尺跨越几百纳米的特定距离R。比色刻度尺单位是$\alpha_0^{(A)}\alpha_0^{(B)}2lk^3/(4\pi\varepsilon_0^2c)$。改编自文献[38,39]。见彩色插图。

4.2.7　拉盖尔—高斯光束中的球形粒子

光学漩涡中粒子之间的光诱导力的本质和形式具有特殊的研究意义。此处考虑两种可能性,其一是两个或多个粒子(为简化假设为球体)被束缚在拉盖尔—高斯光束的情况,其二是两束此类光束反向传播以抵消麦克斯韦—巴尔托利力的情况。首先,考虑粒子A和B被束缚在拉盖尔—高斯光束中的环形高强度区域,也即一个径向波节点位于光束中心的光学漩涡,其中,参数l为任意值,$p=0$。为产生明显的作用力,粒子间的间距R通常小到可以与光阱的半径相比拟。此外,将能量和力的方程以A和B之间的角位移$\Delta\psi$的形式计算会更为简便,见图4.9(a)。一般结果(任意p)为

$$\Delta E_{\mathrm{ind}}=\left(\frac{If_{lp}^2\alpha_0^2}{4\pi\varepsilon_0^2cA_{lp}R^3}\right)\left\{\begin{matrix}\cos^2\varphi(\cos kR+kR\sin kR-k^2R^2\cos kR)\\-2\sin^2\varphi(\cos kR+kR\sin kR)\end{matrix}\right\}\cos(l\Delta\psi)\tag{35}$$

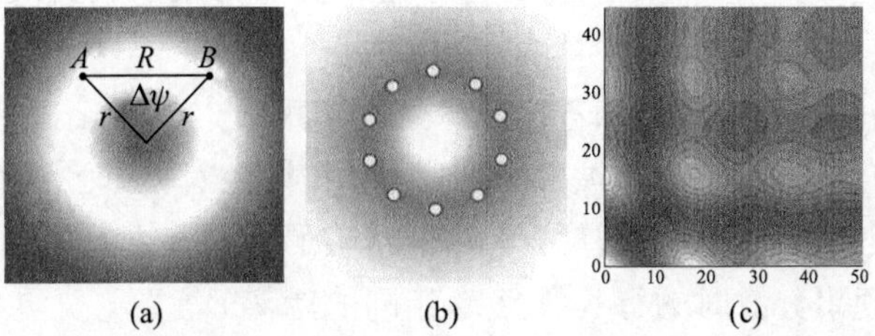

图 4.9 (a)拉盖尔—高斯光束($p=0$)中一粒子对的几何图像;(b)拉盖尔—高斯光束中纳米颗粒的聚集(c)$l=20$ 时,拉盖尔—高斯光束中三个粒子的 ΔE^0_{ABC} 与 $\Delta\psi_1$(x 轴),和 $\Delta\psi_2$(y 轴)形成的等位线图;较亮的阴影部分表示 ΔE^0_{ABC} 值较高。改编自文献[22,40,41]

此处 f_{lp} 和 A_{lp} 为第一章中定义的标准拉盖尔—高斯光束函数;通常 α_0 是一个球形纳米粒子的电极化强度(对 A 和 B 来说是相同的);$\hbar ck$ 表示输入的光子能量,φ 是输入辐射的极化度和 $\boldsymbol{R}$ 之间的夹角,$\Delta\psi=\psi_B-\psi_A$ 是方位角的位移角度。在近程区域($kR=1$)内,方程(1)的首项由关于 $\sin(kR)$ 和 $\cos(kR)$ 的泰勒级数展开式决定。通过三角函数简化,结果 ΔE_{ind} 可以被表达为文献[22,40,41]中的形式:

$$\Delta E^0_{\mathrm{ind}}=\left[\frac{If^2_{lp}\alpha^2_0(1-3\sin^2\varphi)}{8\sqrt{2}\,\pi\varepsilon^2_0r^3cA_{lp}}\right]\frac{\cos(l\Delta\psi)}{(\eta-\cos\Delta\psi)^{3/2}} \tag{36}$$

此处,η 为阻尼系数,用来代替三角函数化简中的单位 1,其中,排除了 $\Delta\Psi=0$ 处的奇点。

这一结果有着众多有趣的特性。第一个是 $l=0$ 的位置,也就是对应于传统的厄米特—高斯激光束,能量最小值只出现在 $\Delta\psi=180°$ 处。正如所预料的,在光束的截面中,粒子能量的最佳位置是当粒子的径向相对的时候。其次,当 l 取奇数数值时($l>1$),这个结构只有一个区域极小值(不是最佳能量点)。第三,当 l 取偶数数值时,区域极大值出现在 180°处。第四,对于 $l\neq0$,有 l 个角度最小值和 $l-1$ 个最大值。另外,其他特性会随着 l 值的增加而表现出来。第五,随着光的角度朝径向方向变化,相互俘获粒子对的位置数量增加,但体系能量增加。第六,随着 $\Delta\psi$ 值的减小,出现最小值,物理上表明粒子发生聚集的过程。

如图 4.9(b)所示,证明了存在稳定形成两个粒子以上的可能性,双粒子体系可以很容易地被扩展为三粒子(或多粒子)体系。在该情况下,通过对三个粒子之间成对的激光诱导相互作用力求和,采用变量 $\Delta\psi_1$ 和 $\Delta\psi_2$ 分别作为粒子 A 和 B,B 和 C 之间的方位角位移,可以得到 ΔE^0_{ABC}。一个典型的 ΔE^0_{ABC} 关于 $\Delta\psi_1$ 和 $\Delta\psi_2$ 的等值线图示于图 4.9(c)。这一结果丰富了理论和实验研究的方向。

4.3 应用综述

光结合及相关领域的应用正在快速发展中。在本节,我们将部分总结该领域中由不同小组开展的最新研究工作。绝大部分实验是将光结合应用于物质结构的组织和操纵,其中,结构的尺度可与光的波长相比拟。在这样的背景下,光学结合力将显著影响多粒子的光学操纵技术的结果[42]。使用全息光阱[43]实现光学结构组装就是一个典型的例子;同样的,基于光阱和光结合的综合效应[44],相向传播光束下的粒子会发生二维组装。尽管采用的体系和实验装置的设计有着很大的区别,但这类研究有着相同的目标——理解电磁场存在情况下结合力的本质,进而开发微米或亚微米纳米结构物质的非接触式控制手段。

光结合最常见的体系是由聚苯乙烯微球悬浮液构成。由 Burns 等人[2,4]在两篇文章中首先报道。他们注意到,当微球被放置于光阱中时,一对聚苯乙烯球的相对位置会互相影响。当球体在光阱中充分分散时,其沿着光阱的运动显示出随机性;但是当它们互相接近时,不再表现出分散时的行为,(移动相同的距离)需要花费更多的时间。粒子对的相对运动可通过研究散射场的衍射图样得到。值得注意的是,这些报道表明,在粒子间存在间隔的区域,更可能发现更多的粒子,并可推测出,相邻的能量极小值的位置之间的距离近似等于光波长。

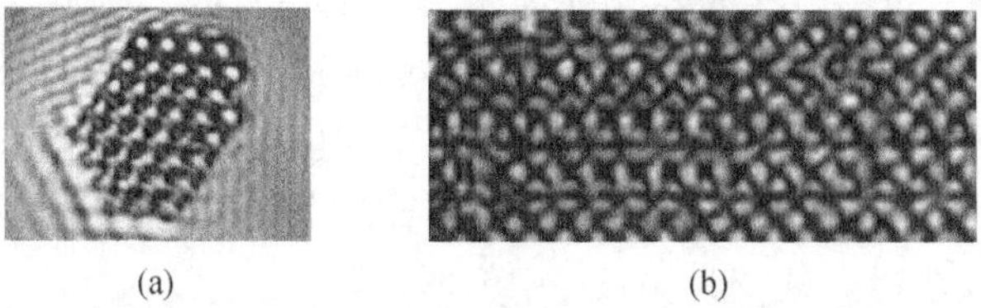

图 4.10 (a) 单束激光生成的 30 μm 的高斯陷阱中,通过自组装形成的二维"光学晶体"。聚苯乙烯小球(3 μm)的多个相干散射通过其与陷阱的干涉会产生正弦条纹。改编自文献[45];(b) 两平面波干涉产生的条纹中形成的一维光学晶体,3 μm 的聚苯乙烯小球沿着每个陷阱进行自组装,光键合力促进形成了一个规律、等距的排布。改编自文献[46]。

在后来的工作中[45,46],Fournier 等人用实验论证,光结合力对于光阱中间距低于几个波长的粒子的自组装至少起到部分作用。如图 4.10 所示,从一些已报道的案例可以看出,光结合力可以控制体系中(光镊)梯度俘获力,此体系中大量的粒子会按光阱模板排列。当自由粒子靠近已形成的结构时,就会受到由多体光干涉形成的势能作用,新增的球体逐渐被整体容纳(整个体系接下来会进行重组,直到达到新的能量最低的状态)。需要重点强调的是,由于大部分实验中梯度力和散射力的存在,对光力的清晰理解是极为困难的。同时,这些例子中"光学晶体"通常产生于这两类作用力共同作用,如图 4.11 所示。

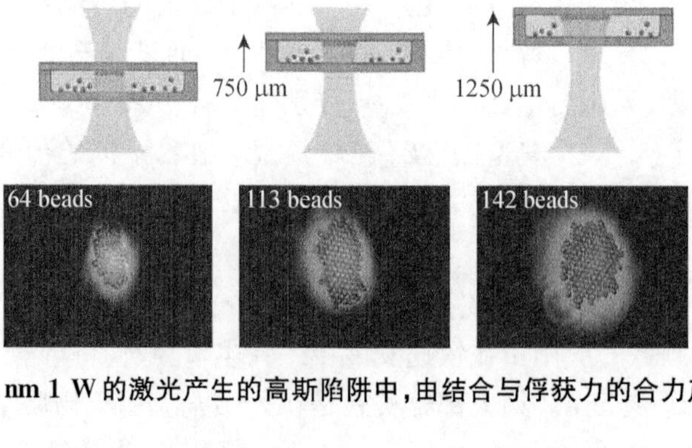

图 4.11 在 532 nm 1 W 的激光产生的高斯陷阱中,由结合与俘获力的合力产生的二维光学晶体。改编自文献[46]。

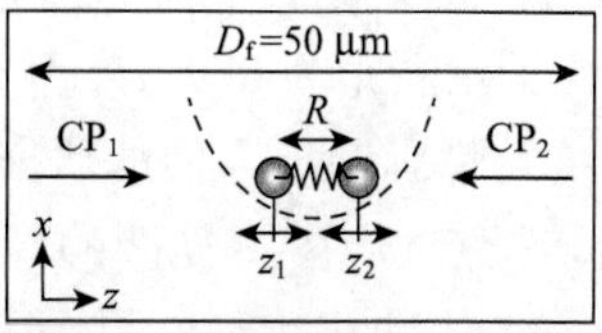

图 4.12　相向传播的光场(CP1 和 CP2：1 070 纳米)由相距为 D_f 的光纤进行传输。在两根光纤之间的空隙处形成了一对阵列，R 是球体中心之间的平衡距离，z_1，z_2 表示球体沿 R 方向轴线上的微小位移。阵列的对称中心与光纤分离的一半位置处相重合。这对束缚在一起的粒子有两种标准般模式：虚线表示以双球体系整体运动中心为参考点的电势；两球体之间的锯齿线表示光诱导粒子对势能，决定了体系内的相对运动。改编自文献[51]。

值得注意的是，本节中介绍的研究结果使用的实验模型常被称为横向光结合模型[47]，也就是说，这里的电磁场波矢方向是垂直于二维光学晶体的平面，或者说垂直于一维光学链的轴线。如图 4.11 所示，该模型利用容器单元来限制光学晶体。尽管如此，这样的结构中仍然存在的容器散射的可能，因此很难去分析光结合力的贡献。另一个方法是采用纵向的光结合[48-51]，如图 4.12 所示，在系统中施加两束相向传输(非相干)的光束。

此外，同样有关于纳米金属粒子在电磁场[52-55]中的光结合研究。实际上，在十多年前，就有报道首次探测到了 10 nm 金团簇的光诱导团聚现象[52]。在那个时候，这种团聚现象主要被归因于互相靠近的团簇及粒子之间的类范德瓦耳斯力。后续理论研究[53]表明，粒子间相互作用能是关于粒子尺寸的敏感函数。更新的理论工作表明此类光结合力比传统的范德瓦耳斯力要强得多，所以利用光诱导力实现非接触式新型金属结构的组装，如文献[55]中报道的金属链式结构，是具有现实可能性的。

4.4　讨论

在这一领域中，将理论和实验建立联系通常更加困难，但这一挑战有望为物质的纳米操纵领域带来丰富的技术成果。部分难题是关于探索产生某种效应的合适条件——特定的单元或者光阱的必要性，而这两者都会引起一定的附加的、与光结合作用呈竞争关系的光学效应。另外的难题是众多现有的光结合机制的描述都很模糊，而且常常不清楚不同的描述间到底是相同的还是矛盾的。为了使这个领域研究变得更清晰和准确，本章提出的研究光诱导颗粒间的相互作用理论方法和结果都是基于健全的量子电动力学分析而得出的。在该理论框架中，粒子间的激光诱导作用力和力矩是由成对的受激光子散射过程产生的。相关分析阐明了量子相互作用与辐射通量间的基本联系，同样也解释了粒子间电磁耦合的形式。并进一步表明，光涡旋中会引起附加的扭矩特性。

在把这些结论应用到诸如聚苯乙烯微球等纳米粒子体系中时(其电子特性与大分子和发色团聚合物都不同)，已给出公式中的体现分子特性参数应被转化为块体材料的参数，例如极化度应被转化为线性极化率。此外，还必须对粒子所处的媒介的光学性质进行说明。在前面几小节的众多实验讨论中，粒子与介质间的相对光折射率会对光结合现象有显著的影响，进而影响粒子位置的稳定性。事实上，通过局域场效应理论来进行配准的方法也是很明确的，并且已明确了公式(7)中的推迟势会如何被影响[56]。引入洛伦兹场形系数，推迟势由 kR 的相关变为与 $n(ck)kR$ 相关，其中的乘数是复折射率。举例来说，在 800 nm 辐射光照亮的液体中，该波长下的光折射率是 1.40，图 4.1 中记录的 kR 约为 7.5 处的势能最小值，表明粒子对间距为 670 nm 而不是 960 nm。

最近，光结合引起力场的角度特性引起了人们的研究兴趣。多维度势能面已经被推导出来，并且表现出意料之外的转折点，产生了复杂的局域作用力和力矩模式。通过以上的成果，可以得出局域势能的最小值和最大值，并能得出利于形成环状结构的稳定区域[38,39]。目前，尚待解决的最主要难题是要解释粒子数量的作用，也就是指当涉及两个以上的分立的粒子时，可能产生的附加特性。这一问题有三个不同的方面。第一，最简单的方面是，需要明确由光调制相对作用势叠加而造成的显著影响。第二，需要充分分析受激散射的多粒子过程带来的影响，包括两个以上粒子的纠缠近场相互作用。最后，因为受激散射会发射的辐射大体不变，有必要考虑受激散射的多重过程以合理地解释实验中已被很好展示的一维阵列和二维光学晶体结构。有理由相信，这些挑战在未来很快就能孕育出相关成果，在理论和实验之间建立更好、更清晰的纽带。

致谢

我们十分感谢 EPSRC 赞助提供的来自东安格利亚大学的有关 QED 的所有工作。也非常感激关于这些工作中有益的讨论，尤其是与来自东安格利亚大学的 DB 和 JR，还有来自圣安德鲁斯大学的 KD 的讨论。

参考文献

[1] T. Thirunamachandran, Intermolecular interactions in the presence of an intense radiation-field, *Mol. Phys.* *40* (1980) 393.

[2] M. M. Burns, J.-M. Fournier, J. A. Golovchenko, Optical binding, *Phys. Rev. Lett.* *63* (1989) 1233.

[3] G. Whitesides, What will chemistry do in the next twenty years?, *Angew. Chem. Int. Ed. Engl.* *29* (1990) 1209.

[4] M.M. Burns, J.-M. Fournier, J.A. Golovchenko, Optical matter—crystallization and binding in intense optical-fields, *Science 249* (1990) 749.

[5] P.W. Milonni, M.L. Shih, Source theory of the Casimir force, *Phys. Rev. A 45* (1992) 4241.

[6] F. Depasse, J.-M. Vigoureux, Optical binding between two Rayleigh particles, *J. Phys. D: Appl. Phys.* *27* (1994) 914.

[7] P.W. Milonni, A. Smith, Van der Waals dispersion forces in electromagnetic fields, *Phys. Rev. A* *53* (1996) 3484.

[8] P.C. Chaumet, M. Nieto-Vesperinas, Optical binding of particles with or without the presence of a flat dielectric surface, *Phys. Rev. B 64* (2001) 035422.

[9] M. Nieto-Vesperinas, P.C. Chaumet, A. Rahmani, Near-field photonic forces, *Philos. Trans. R. Soc. London A 362* (2004) 719.

[10] S.K. Mohanty, J.T. Andrews, P.K. Gupta, Optical binding between dielectric particles, *Opt. Exp.* *12* (2004) 2746.

[11] D. McGloin, A.E. Carruthers, K. Dholakia, E.M. Wright, Optically bound microscopic particles in

one dimension, *Phys. Rev. E 69* (2004) 021403.

[12] D.H.J. O'Dell, S. Giovanazzi, G. Kurizki, V.M. Akulin, Bose-Einstein condensates with 1/r inter-atomic attraction: Electromagnetically induced "gravity", *Phys. Rev. Lett. 84* (2000) 5687.

[13] F. Dimer de Oliveira, M.K. Olsen, Mean field dynamics of Bose-Einstein superchemistry, *Opt. Commun. 234* (2004) 235.

[14] N.K. Metzger, E.M. Wright, K. Dholakia, Theory and simulation of the bistable behaviour of optically bound particles in the Mie size regime, *New J. Phys. 8* (2006) 139.

[15] V. Karásek, K. Dholakia, P. Zemánek, Analysis of optical binding in one dimension, *Appl. Phys. B 84* (2006) 149.

[16] J. Ng, C.T. Chan, Localized vibrational modes in optically bound structures, *Opt. Lett. 31* (2006) 2583.

[17] T.M. Grzegorczyk, B.A. Kemp, J.A. Kong, Trapping and binding of an arbitrary number of cylindrical particles in an in-plane electromagnetic field, *J. Opt. Soc. Am. A 23* (2006) 2324.

[18] T.M. Grzegorczyk, B.A. Kemp, J.A. Kong, Stable optical trapping based on optical binding forces, *Phys. Rev. Lett. 96* (2006) 113903.

[19] x D.S. Bradshaw, D.L. Andrews, Optically induced forces and torques: Interactions between nanoparticles in a laser beam, *Phys. Rev. A 72* (2005) 033816, *Phys. Rev. A 73* (2006) 039903, Corrigendum.

[20] A. Salam, On the effect of a radiation field in modifying the intermolecular interaction between two chiral molecules, *J. Chem. Phys. 124* (2006) 014302.

[21] D.L. Andrews, D.S. Bradshaw, Laser-induced forces between carbon nanotubes, *Opt. Lett. 30* (2005) 783.

[22] D.S. Bradshaw, D.L. Andrews, Interactions between spherical nanoparticles optically trapped in Laguerre-Gaussian modes, *Opt. Lett. 30* (2005) 3039.

[23] D.L. Andrews, R.G. Crisp, D.S. Bradshaw, Optically induced inter-particle forces: from the bonding of dimers to optical electrostriction in molecular solids, *J. Phys. B: At. Mol. Opt. Phys. 39* (2006) S637.

[24] H.B.G. Casimir, D. Polder, The influence of retardation on the London-van der Waals forces, *Phys. Rev. 73* (1948) 360.

[25] P.W. Milonni, The Quantum Vacuum: An Introduction to Quantum Electrodynamics, Academic Press, San Diego, CA, 1994, p. 54.

[26] D.L. Andrews, L.C. Dávila Romero, Conceptualization of the Casimir effect, *Eur. J. Phys. 22* (2001) 447.

[27] E.A. Power, Casimir-Polder potential from first principles, *Eur. J. Phys. 22* (2001) 453.

[28] G.J. Maclay, H. Fearn, P.W. Milonni, Of some theoretical significance: Implications of Casimir effects, *Eur. J. Phys. 22* (2001) 463.

[29] B.W. Alligood, A. Salam, On the application of state sequence diagrams to the calculation of the Casimir-Polder potential, *Mol. Phys. 105* (2007) 395.

[30] F. Capasso, J.N. Munday, D. Iannuzzi, H.B. Chan, Casimir forces and torques: physics and applications to nanomechanics, *IEEE J. Select. Topics Quantum Electron. 13* (2007) 400.

[31] A. Altland, B. Simons, Condensed Matter Field Theory, University Press College, Cambridge, 2006, p. 29.

[32] E.A. Power, S. Zienau, Coulomb gauge in nonrelativistic quantum electrodynamics and the shape of spectral lines, *Philos. Trans. R. Soc. A 251* (1959) 427.

[33] R.G. Woolley, Molecular quantum electrodynamics, *Proc. R. Soc. A 321* (1971) 557.

[34] E.A. Power, T. Thirunamachandran, Nature of Hamiltonian for interaction of radiation with atoms and molecules (e/mc)p.A, $-(\mu E)$ and all that, *Am. J. Phys. 46* (1978) 370.

[35] R.G.Woolley, Charged particles, gauge invariance, and molecular electrodynamics, *Int. J. Quantum Chem. 74* (1999) 531.

[36] R.D. Jenkins, G.J. Daniels, D.L. Andrews, Quantum pathways for resonanceenergy transfer, *J. Chem. Phys. 120* (2004) 11442.

[37] D.L. Andrews, M.J. Harlow, Phased and Boltzmann-weighted rotational averages, *Phys. Rev. A 29* (1984) 2796.

[38] J. Rodríguez, L.C. Dávila Romero, D.L. Andrews, Optically induced potential energy landscapes, *J. Nanophotonics 1* (2007) 019503.

[39] L.C. Dávila Romero, J. Rodríguez, D.L. Andrews, Electrodynamic mechanism and array stability in optical binding, *Opt. Commun. 281* (2008) 865.

[40] D.S. Bradshaw, D.L. Andrews, Optical forces between dielectric nanoparticles in an optical vortex, in: D. L. Andrews (Ed.), *Nanomanipulation with Light*, in: *SPIE Proceedings*, vol. 5736, 2005, p. 87.

[41] D.S. Bradshaw, D.L. Andrews, Optical ordering of nanoparticles trapped by Laguerre-Gaussian laser modes, in: D.L. Andrews (Ed.), *Nanomanipulation with Light II*, in: *SPIE Proceedings*, vol. 6131, 2006, p. 61310G.

[42] D.G. Grier, A revolution in optical manipulation, *Nature 424* (2003) 810.

[43] D.G. Grier, S.-H. Lee, Y. Roichman, Y. Roichman, Assembling mesoscopic systems with holographic optical traps, in: D.L. Andrews (Ed.), *Complex Light and Optical Forces*, in: *SPIE Proceedings*, vol. 6483, 2007, p. 64830D.

[44] C.D. Mellor, T.A. Fennerty, C.D. Bain, Polarization effects in optically bound particle arrays, *Opt. Exp. 14* (2006) 10079.

[45] J.-M. Fournier, G. Boer, G. Delacrétaz, P. Jacquot, J. Rohmer, R.P. Salathé, Building optical matter with binding and trapping forces, in: K. Dholakia, G.C. Spalding (Eds.), *Optical Trapping and Optical Micromanipulation*, in: *SPIE Proceedings*, vol. 5514, 2004, p. 309.

[46] J.-M. Fournier, J. Rohmer, G. Boer, P. Jacquot, R. Johann, S. Mias, R.P. Salathé, Assembling mesoscopic particles by various optical schemes, in: K. Dholakia, G.C. Spalding (Eds.), *Optical Trapping and Optical Micromanipulation II*, in: *SPIE Proceedings*, vol. 5930, 2005, p. 59300Y.

[47] M. Guillon, Field enhancement in a chain of optically bound dipoles, *Opt. Exp. 14* (2006) 3045.

[48] M. Guillon, Optical trapping in rarefied media: towards laser-trapped space telescopes, in: K. Dholakia, G.C. Spalding (Eds.), *Optical Trapping and Optical Micromanipulation II*, in: *SPIE Proceedings*, vol. 5930, 2005, p. 59301T.

[49] W. Singer, M. Frick, S. Bernet, M. Ritsch-Marte, Self-organized array of regularly spaced microbeads in a fiber-optical trap, *J. Opt. Soc. Am. B 20* (2003) 1568.

[50] N.K. Metzger, E.M. Wright, W. Sibbett, K. Dholakia, Visualization of optical binding of microparticles using a femtosecond fiber optical trap, *Opt. Exp. 14* (2006) 3677.

[51] N.K. Metzger, R.F. Marchington, M. Mazilu, R.L. Smith, K. Dholakia, E.M. Wright, Measurement of the restoring forces acting on two optically bound particles from normal mode correlations, *Phys. Rev. Lett.* *98* (2007) 068102.

[52] H. Eckstein, U. Kreibig, Light-induced aggregation of metal-clusters, *Z. Phys. D 26* (1993) 239.

[53] K. Kimura, Photoenhanced van der Waals attractive force of small metallicparticles, *J. Phys. Chem.* *98* (1994) 11997.

[54] A.J. Hallock, P.L. Redmond, L.E. Brus, Optical forces between metallic particles, *Proc. Natl. Acad. Sci.* *102* (2005) 1280.

[55] G. Ramakrishna, Q. Dai, J. Zou, Q. Huo, Th. Goodson III, Interparticle electromagnetic coupling in assembled gold-necklace nanoparticles, *J. Am. Chem. Soc.* *129* (2007) 1848.

[56] G. Juzeliūnas, D.L. Andrews, Quantum electrodynamics of resonance energy transfer, *Adv. Chem. Phys.* *112* (2000) 357.

第五章　近场光学微操纵

Kishan Dholakia and Peter J. Reece
University of St. Andrews, UK

5.1　引言

在当今的光子学研究中，关于近场光学领域的话题无疑是活跃和丰富的。近场光学领域与倏逝波概念、新型混合结构联系紧密，并且由于能够克服光的衍射极限，该领域已开始受到研究者们的关注。光的衍射极限是所有类型光学应用的瓶颈，因为在基底介质中光束不能聚焦到任意小的光斑尺寸，而是被限制在光的大约半波长大小。研究近场光学是为了实现新一代的光学系统，使其不再受限于衍射极限。光学显微镜和成像这两个领域因近场的发展而受益，扫描近场光学显微镜等新的近场成像形式已经实现。然而，近场不仅影响成像，也影响着其他无数光学领域。

本章将重点介绍近场光学微操纵这一新兴主题，详述该领域的主要实验进展。如前所述，使用倏逝场的微操纵具有一些潜在的优势：倏逝波的性质意味着被操控的粒子需要组织在邻近界面处，适合于被测物质必须贴近衬底表面的研究。这涉及如表面增强拉曼光谱、在生长和分化中的细胞黏附、细胞信号传导，胶体团聚等诸多领域。近场不受聚焦限制，这使光场图案化成为可能，人们可构建更大区域的亚波长周期的光学势能图。倏逝波的快速衰减，有助于构建小范围俘获区域和接近界面的俘获物体的高度局域化。实现上述引导和俘获的几何结构不仅方便观察，而且方便从入射俘获光场中分离待观测。本章的目的是针对微操控这一即将来临的主题为读者提供一些参考，并且重点对未来几年该领域的发展进行展望。

5.1.1　什么是近场?

一般来说，近场光学总是与涉及倏逝光场的相互作用及现象联系在一起。掌控近场光学的理论意义重大，这需要充分考虑麦克斯韦方程组，从而准确阐明该区域的特性。倏逝波是含指数衰减成分的电磁波，其普遍存在于从光波引导至近场光学显微镜的诸多领域。在处理由微米或纳米尺度物体引起的电磁辐射的散射和衍射，或物体的长度尺度与光的波长 λ 相似时，倏逝波变得至关重要。下面举两个不同的例子来阐明倏逝波的性质。首先理解什么是倏逝波。考虑入射到光阑的一束理想平面电磁波的衍射，该电磁波沿 z 方向传播，波矢为 $\boldsymbol{k}$，光阑宽度为 a。远离光阑时，光场可表示为平面波的叠加，每个平面波都满足色散关系：

$$k_z = \sqrt{\left(\frac{2\pi}{\lambda}\right)^2 - (k_x^2 + k_y^2)}$$

其中 k_x 和 k_y 分别表示波矢的面内分量。从波矢和空间坐标之间的傅里叶变换关系，可得知 $\Delta x \Delta k_x \simeq 2\pi$[1]。如果光阑宽比入射光的波长更小($a < \lambda$)，一些平面波成分将会包含面内波矢，这会使 k_z 完全变为虚数，该区域的波表示为 $e^{-|k_z|z}$[2]。这表明在 z 方向上波呈指数迅速衰减，因此这些波无法传播到远场。反之，这就意味着它们只存在于近场。由于菲涅尔方程组和全反射条件，也需要考虑倏逝波的作用[3]。从本质上讲，当调节光波从高密度(高折射率)介质向低密度(低折射率)介质传输的角度时，光会被限制在高折射率材料中，这被称为全反射。然而，为了发生全反射，倏逝波需要存在于两种材料界面附近的极小范围内，其波矢 $\boldsymbol{k}$ 平行于该界面。如上所述，倏逝波只存在于表面附近，并从界面向外迅速衰减。

5.1.2　用于近场和引导(初步研究)的光学几何结构

近场激光俘获是指利用倏逝波产生的光作用力操纵微粒。倏逝波的强度与产生倏逝波的边界的垂直距离有关，随之迅速衰减。Kawata 和 Sugiura 在近表面的光操纵研究中第一次使用了该概念[4]。如图 5.1 所示，在波长为 1 064 nm 的激光照射下，满足全反射条件时两种介质的界面处产生倏逝波，该倏逝波产生操纵所需的辐射压力。沿着界面微粒被成功地引导[4]。这将在沿着掩埋式波导结构的引导中得到进一步论证[5]。

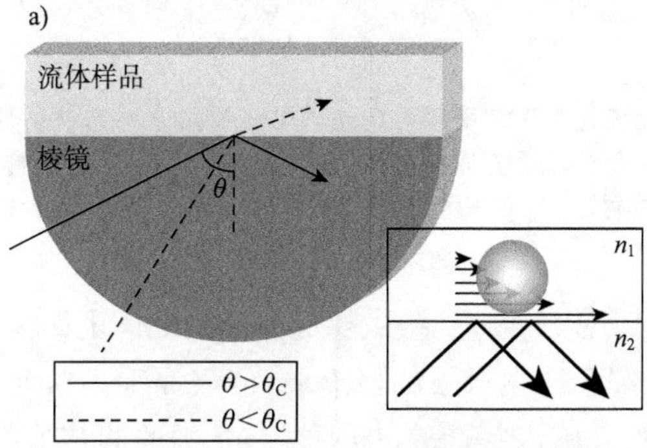

图 5.1　采用 Kretschmann 几何结构，在折射率为 n_2 的棱镜和相邻较低折射率为 n_1 的介质的界面处倏逝波的激励。入射光以大于临界角的角度入射并在界面处发生全反射，在相邻的介质中产生指数性衰减的倏逝场(内插图)。由于倏逝场的存在，表面附近的微粒将受到光力，该作用力沿着传播方向朝向棱镜表面。

首次演示近场光学微操纵时，Kawata 等人发现，在产生倏逝波的水/玻璃界面附近，微米尺寸的胶体在倏逝场波矢和远离表面的方向上受到净光引导力(optical guiding force)作用[4]。若入射角度接近临界角，能加深操纵程度，这使大约粒子尺度的深度贯穿的倏逝场应用成为可能。2002 年 Oetama 和 Walz 进一步研究了这种操纵[6]，采用射线光学模型尝试匹配理论与实验。他们预测了表面附近微粒的平移，朝向表面的微粒的牵引，甚至是平行于表面的轴的旋转。使用波长为 514 nm 的氩离子激光器在棱镜表面形成的直径为 80 μm 的光束，直径为 5 μm 的球体被引导(平移)以大约 1 μm/s 的速度穿过表面。尽管受外界因素影响，观察到的实验结果随功率表现出了一些非线性现象，射线光学模型仍为实验数据提供了较好的定性评估。

在这些研究之后,研究者们提出一些方案尝试推动近场发展俘获结构,相比于微米粒子重点研究了纳米粒子的俘获。根据表面等离激元效应,激光束照射金属尖端可产生局域倏逝场,该倏逝场能俘获在水[7]或空气[8]中悬浮的几纳米大小的粒子。数值计算表明,来自光散射的强场增强构建了足够强的俘获势,可克服粒子的布朗运动和实现约束。Okamoto 和 Kawata 研究了一项相关技术,利用亚波长光阑附近的倏逝场将亚波长球体束缚在水中[9]。当然从实验角度看,由于小的粒子存在布朗运动、装填光阱及不利的辐射压力和热效应等问题,这种技术有一定的挑战性。Chaumet 等人进一步发展了俘获系统,如图 5.2 所示,他们用无孔径的近场显微镜探针在空气或真空中俘获和控制单颗粒[8]。尽管布朗运动被抑制,系统中没有任何对粒子具有阻尼作用的样品介质。

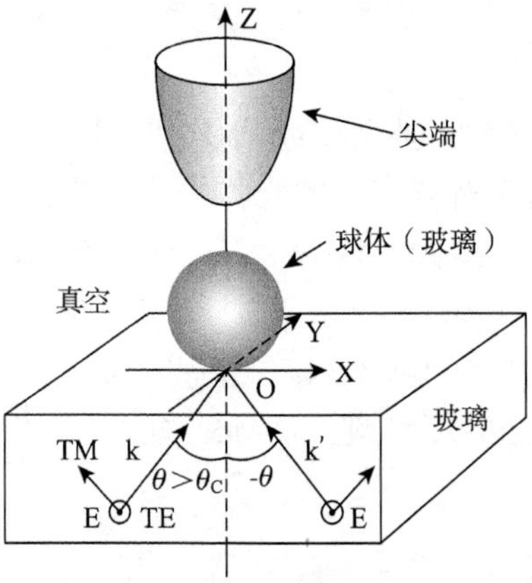

图 5.2　无孔径扫描近场光学显微镜是近场光学俘获的另一种方法,可提供被俘获物体的附加成分信息。俘获装置如图所示。光从下方入射衬底,在全反射条件下相邻的样品介质中产生倏逝波。靠近表面的金属探针会产生散射场,从而在金属探针尖端附近构建光阱。经许可转载[8]。美国物理学会版权所有。

在这种结构中,由于照射的倏逝特性,探针和样品之间的距离在数十纳米的范围内,难以控制。虽然金属尖端会产生增强的倏逝场,但表面等离激元产热将导致热作用力,从而降低光阱的稳定性。也需要考虑近场尖端或光阑的非常低的光通量。为了在界面处进行光学俘获和微操纵,已采用了为实现全反射而特殊设计的 Kretchsmann 结构和显微镜物,这在本章后面部分将会介绍。此外,一些成功的倏逝波俘获实验也采用了波导结构。这些将稍后介绍,首先从理论分析近场中的光阱力。

5.2　近场俘获的理论考量

如何理论模拟作用于俘获粒子上的光力一直是研究者们关心的课题。虽然研究者们已经开发了许多模型,这些模型可用于解释瑞利和几何光学领域中作用于俘获粒子上的光力的原理,但大多数的光学俘获实验是在理论分析更困难的洛伦兹—德拜领域(Lorenz-Mie-Debye region)中实现的,该领域中俘获粒子的大小是俘获光束的波长量级[10,11]。由于解析解很难得到,这些问题通常需要利用麦克斯韦方程组的严格角平极大的计算量。在梯度力光镊中可能存在两类更加复杂的问题:如果使用高数值孔径物镜,紧聚焦光的描述问题;包含所有吸收或共振的材料的光学性质问题。

光力的计算一般分为两部分:(1) 存在俘获粒子时光场的计算;(2) 这种光场分布下光力的计算。特定几何结构中电磁场的计算是光子学通类问题,因此有许多方法可供使用,当然每种方法都有其优缺点。采用米氏理论、广义洛伦兹—米氏理论或矢量衍射理论计算任意场中小粒子散射场,一些更常用的方法被提出。这些方法包括多重多极子法(multiple-multipole method)[7]、耦合偶极子法(coupled-dipole method)[12]、积分法(integral method)[13]和有限元法(finite element methods)[9]。光力的计算通常遵循麦克斯韦应力张量(Maxwell stress tensor)[14]或分布式洛伦兹力法(distributed Lorentz force approach)[15],两者在理论上等价[16]。

由于倏逝场的复杂性质、俘获粒子与介质界面极其贴近,建立近场中光场的理论模型变得更加困难。在 Kawata 和 Sugiura 初始的实验基础上[4],Almaas 和 Brevik 用任意光束理论(Arbitrary Beam Theory, ABT)试图解释实验的主要结果,如垂直于表面的斥力和与偏振相关的引导速度[17]。他们发现理论和实验之间存在许多矛盾,理论上预测的是法向力朝向表面,并且 p 偏振会产生更大的引导速度。Walz 用几何光学参数证明了上述实验结果,预测了从表面穿过球体的射线的出射方向以及粒子上的动量交换、合力和扭矩[18]。这些模型在研究的参数范围内定性地一致,但是 Walz 也指出对于较大的粒子,在 s 偏振产生较强引导力的位置会有一个交叉。他们也预测在较大粒子中存在扭矩。应当注意的是,这两种理论均未考虑粒子和界面之间的多重反射。

Almaas 等人拓展了他们的理论,他们研究了倏逝场中作用于微米尺寸的吸收介质球上的辐射力[19]。他们考虑到如复折射率等的吸收情况,进一步拓展了之前的研究,并且建立了在这种情况下垂直作用力的一般表达式。在 Kawata 的实验中,垂直作用力的排斥不能被描述,然而在该约束条件下水平作用力(平行于界面,是引导和俘获的关键)可被很好的解释。实验结论是,观测到的效应是由于表面活性剂的存在,该表面活性剂可使球体的表面部分传导。有趣的是,Lester 和 Nieto-Vesperinas 发现衬底中的杂质会显著影响最后生成的力[20],并且最近 Jaising 和 Helleso 在分析沿波导引导的米氏粒子时,也发现与形貌相关的共振可能会显著影响这些力的大小和方向[21]。这两种效应都可能引起来自表面的斥力。另外,Arias-Gonzales 和 Nieto-Vesperinas 发现对于金属纳米微粒,垂直于表面的力既可是引力也可是斥力,这取决于和入射光的波长和偏振有关的粒子尺寸[22]。他们还研究了这些系统中等离激元共振的作用。Gaugiran 等人实验证明了在氮化硅波导上引导金纳米粒子[23]。

为了利用局域场,科学家们在理论上研究了许多不同的近场几何结构,并且俘获纳米粒子成了一些研究的重点。Novotny 等人用多重多极子法计算了在发光的金属尖端附近作用于纳米尺度粒子上的局域场和力[7]。Okamata 和 Kawata 采用有限时域差分法估算了作用于纳米孔旁边的粒子上的力[9]。Chaume 等人采用耦合偶极子法计算了他们提出的图 5.2 所示的俘获系统中的光力[8]。在该结构中,金属尖端被放置在极其贴近表面的地方,该表面支持两相向传输的倏逝波。金属尖端与倏逝场的相互作用会产生接近尖端并垂直于表面的光力,该力是引力还是斥力取决于倏逝波的偏振;平行于表面的力会被相向传输波平衡。耦合偶极子方法(CDM)的优点在于其可以合并物体与衬底间的光程差和多重散射。Gance 等人采用矢量衍射法计算了全反射显微物镜的近场俘获结构中的光力[24]。Quidant 等人采用格林并矢法(Green dyadic methods)计算了作用在印有共振金纳米结构图案的表面上的粒子的光力[25]。

5.3　近场中粒子引导和俘获实验

在本节中，我们将回顾在近场中已进行的重要实验，并讨论获得的一些实验结果。正如我们将要看到的，并不是所有关于微粒行为的观察都可完全理解或者与现有的理论相关。

5.3.1　近场表面引导和俘获

在传统梯度力光阱或光镊中，折射率高于周围的粒子会被吸引，并被限制在单高度聚焦光束的中心[26]。利用声光偏转器或空间光调制器等技术，可能会生成多重光阱[27]。典型地，一个单俘获点至少需要 1 mW 的功率，那么产生大型俘获阵列需要的功率过大。倏逝波俘获为大规模组织微米粒子提供了一种可行的方法，尤其是该俘获可同时生成和操纵界面附近的大型二维粒子阵列。采用类似双光束光纤光阱的相向传播几何结构，可产生倏逝波光阱[28]。沿 EW 波 $\boldsymbol{k}$ 矢量方向的辐射压力会推动表面附近的粒子移至入射区域的中心，在该区域中相向光束的辐射压力已被平衡。梯度力吸引粒子到表面，同时由于光束的聚焦，粒子也被吸引到横向方向上。这些研究采用 Kretschmann 结构，如图 5.1 所示。特别地，与传统的光学微操纵方法相比，由于近场光学不受自由空间衍射极限的限制，局域化的程度会增强。另外，与标准的“远场”光学俘获或光镊相比，倏逝场光学微操纵并不需要高数值孔径显微物镜，而是需要更弱聚焦的光场，就此提出了“无透镜光学俘获”(lensless optical trapping, LOT)的概念[29]。

在早期研究中 Kretschmann 几何结构仅用于引导或推动物体，Garces-Chavez 等人进一步拓展，将此结构用于表面上稳定粒子的俘获[29]。他们尝试用这种方法实现表面的阵列俘获。实验系统基于 Kretschmann 结构，并采用直角 BK－7 棱镜。俘获激光为 1 070 nm连续波镱光纤激光器，以大于临界角的角度入射到玻璃和水的界面，实现全反射(total internal reflection, TIR)。观察引导过程，当采用两束相同的相向光束时，沿表面的光学辐射压力被大部分平衡，生成线形光阱。由于光场范围较大，因此梯度力较弱，不能被特别地局域化。因此，他们将朗奇刻线(每英寸 500 线对)放置在界面处，使棱镜上生成线性条纹图案。整体目标是生成相向传播的表面波，从而在表面上构建所谓的势能图谱(potential energy landscape)。

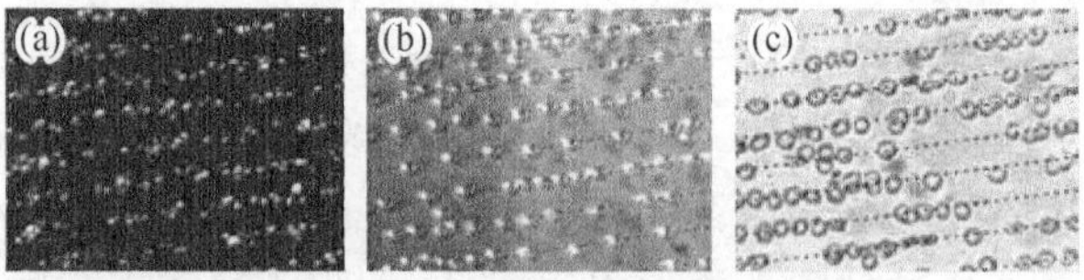

图 5.3　无透镜光学俘获(LOT)：用图案化的倏逝波同时操纵大量粒子。(a) 1 μm 粒子的浓悬浮液的光散射；(b) 5 μm 聚苯乙烯球的明场图像；(c) 红细胞。在只有一束光的情况下，微观物体组装成光学定义的通道，并沿着该通道传输。这些线表明每一条光学条纹的位置。图像的宽度为 150 μm。经许可转载[29]。美国物理学会版权所有。

通过在每一光路引入朗奇刻线产生线性条纹，在表面形成周期性的势能图谱。实验结果是线性势阱以 12 mm 为周期，在样品平面重叠。它们展示了在大约 1 mm^2 范围内粒子的引导和传输，这只是入射区域的一小部分，如图 5.3 所示。对于引导，正如预测胶体的速度随功率线性增加。需要注意的是，为使速度达到 1 mm/s 需要使用高功率(大约几百毫瓦)。正如所预料的，微粒沿刻线相同的轨迹排列。刻线为物体构建横向光阱。从生物学视角，研究者们进一步展示了红细胞的引导和俘获，典型的双面凹圆盘(7 mm 大小)，沿在倏逝场中构建的边缘结构悬浮在磷酸盐缓冲液(phosphate buffered saline, PBS)中。有趣的是，由于光束缚作用的存在，在相似结构的后续研究中观察到胶状粒子运动有明显偏差。Mellor 和 Bain[30] 观察到有趣现象，粒子之间的相互作用会导致二维六角形或其他形状晶格的构成，这将在以后详细介绍。

5.3.1.1　表面光学俘获的增强

上述实验表明在表面倏逝光阱中实现大区域微操纵和引导的可能性，如前所述，倏逝场很弱：较高功率时，观察到的典型速度很慢(～1 μm/s)。因此在保留 Kretschman 结构优点的基础上对倏逝场增强的技术成为最近几年的关注点。倏逝场增强有两个关键方法：采用表面等离激元增强及采用介质谐振器。这些方法已应用在光学增强的其他领域，如传感器科学或原子物理学。但是它们对于介观对象的近场微操纵来说仍然较新。下面我们将简要介绍这两种方法。

5.3.1.2　表面等离激元

类似于金属中的自由电子集体振荡，在金属—介质界面也可能存在共振电磁模式。这些振荡被称为表面等离极化激元(surface plasmon polariton, SPP)，由于其具有有趣的光学特性，能推动近场研究，已经成为深入研究的课题。这些研究包括分辨率可与电子束光刻相比的无孔径光学纳米光刻[31]，亚波长尺度高集成光学/电学纳米结构(等离激元学)[32]，利用表面增强拉曼散射(Surface Enhanced Raman Scattering, SERS)的单分子探测[33]，亚衍射成像的超透镜效应[34]和超材料[35]。

SPP 模式存在相应的电场增强，因此有利于近场光学微操纵。我们之前介绍的任何倏逝场俘获的增强会生成一个系统，该系统中光力可在更大的表面区域更强烈地俘获局域化粒子。在最简单的几何结构中，用衰减全反射的方式将光耦合进覆盖在棱镜(Kretschmann)上表面的薄金属层(～40 nm)，可以激发传输 SPP 模式。这种方法与现有的近场引导和俘获方法兼容。增强的程度主要取决于支持模式的结构类型。局域模式是在金属纳米结构衬底上激励，其增强的光场可能比入射光大几个数量级[36]。另外，多重俘获应用中使用图案化衬底可能会使俘获布置更灵活。Quidant 等人从理论上证实了这一点，他们发现共振金纳米结构的周期性图案衬底会在金结构的个别俘获点形成光学势图[25]。采用 SPP 模式可能会在未来实现近场光学俘获与 SPP 的其他应用的结合[37]。值得注意的是 SPP 在原子光学中的应用已被提出。用基于 SPP 的原子镜可以观察到偶极作用使原子束偏转的现象。

Volpe 等人发现使用光子力显微镜传输 SPP 模式可产生辐射力[38]。该实验中，支持 SPP 激发的金属—液体界面处有一光学俘获的介质球(光镊)，该球的扰动可用来探测局域光力。他们发现，当被俘获的对象被带到接近界面时，它会受到朝向表面的力的作用，同作用在 SPP 模式传播方向的引导力一样。重要的是，由于存在 SPP，当最大光力和入射光最佳耦合效率匹配时，这些力会被增强。

SPP 模式除了增强光场之外，在金属层中也不断损耗，传到周围材料中的能量会产生局域化加热。光致热效应可在介质中局域地控制力，该效应或许是微观尺度操纵粒子的有效工具[40,41]。举一个表面等离激元诱导热梯度的例子，用马朗戈尼效应使穿过水滴的表面张力产生偏差，表面的液滴可能会被移动[42]。一般来说，忽略热源（origin），微观尺度的热梯度可诱导对流和热迁移[43]。由于热梯度的存在，胶体以热扩散的方式向更冷区域迁移（热迁移）。热迁移效应至今还未研究清楚，有时我们称其为 Ludwig-Soret 效应。对流是更为人所知的热梯度的主要机理。为了向周围介质传热，对流使流体在一定体积内循环，腔内的胶体朝更热区域移动。该系统的几何结构可能会相对影响这些现象。相关研究表明对流和热迁移效应可通过两者的互作用不断积累并俘获胶体和大分子[43]。

Garces-Chavez 等人研究了 SPP 存在下大量微米尺寸粒子的动力学[39]。该实验装置和前面的研究相似，如图 5.1 所示。不过在这种情况下，表面被一层薄（40 nm）金层覆盖。在临界角附近调节入射俘获光的角度，当调到某一角度反射减少时，就说明表面等离激元成功被激发。观察结果初步表明在“厚”样品腔中，SPP 的损耗会生热，从而产生对流效应。可有效利用这点：当两束光入射棱镜表面上时，只需 50 mW 的功率即可在该系统的椭圆区域中积累数千粒子，如图 5.4 所示。分析粒子位置可显示拟液固（liquid-solid-like）行为。他们通过减少样品腔深度抑制对流效应，并且发现倏逝场的光力占主导地位；此时，观察到三种因素中的其中一种被增强。仍然是在薄腔内缓慢增加功率，热迁移行为跟随粒子从热中心区域向光束边缘迁移。有趣的是，在光力占主导的条件下，可以观察到粒子的有序线性阵列，其排序与光学相互作用有关，这点将在本章稍后讨论。

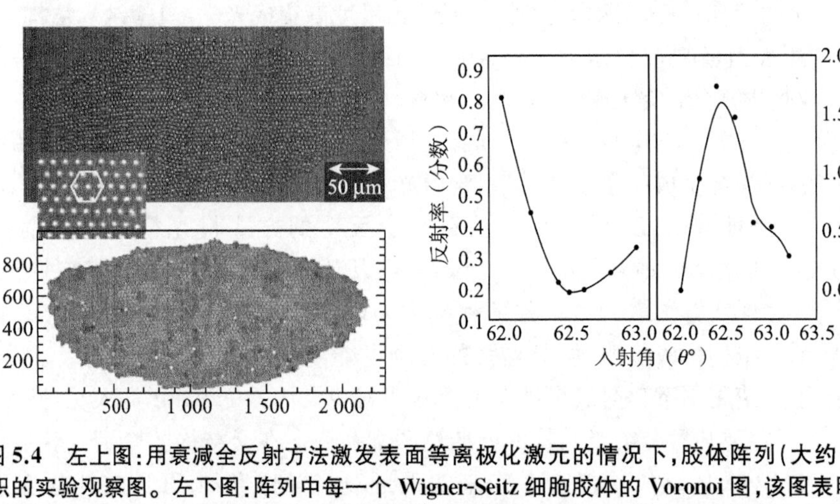

图 5.4　左上图：用衰减全反射方法激发表面等离极化激元的情况下，胶体阵列（大约 2 800 个粒子）累积的实验观察图。左下图：阵列中每一个 Wigner-Seitz 细胞胶体的 Voronoi 图，该图表明中心存在密集晶体分布（六边形）。相比之下，处于边缘粒子的排列并不稳定，且没有首选的排布方式。右图：入射角分别与入射光的反射率、粒子平均速度的关系图。美国物理学会 2006 版权所有[39]。见彩色插图。

Righini 等人将两种表面等离激元诱导的光力结合，联系热作用力构建了一种新型近场光学分拣几何结构（如图 5.5a 所示）[44]。通过对金属薄膜图案化，他们可在预先确定的位置局域激发 SPP，使光学势能图影响胶体动态流。在金结构上的光学俘获强烈依赖尺寸，利用这点可有选择地过滤胶体中的多分散混合物。与等离激元光阱强烈作用的粒子被约束在光阱中，而弱相互作用粒子被光学诱导对流力传输出光阱，如图 5.5b 所示。

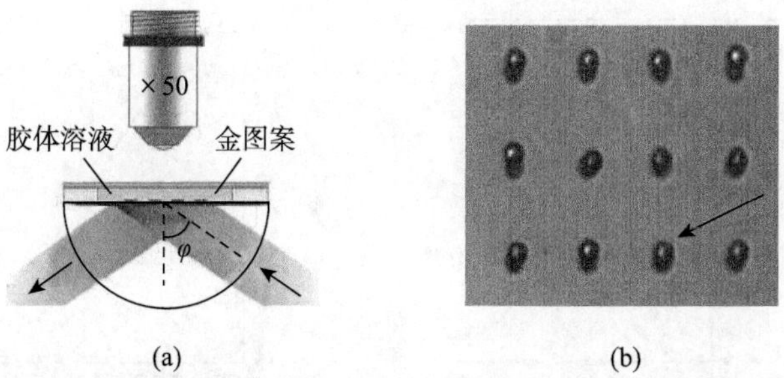

图 5.5　局域表面等离激元模式在周期性图案化金薄膜上产生，可用来获得更好的场增强和更局域化的俘获空间。(a) 采用与传输表面等离激元相似的结构可能会实现模式的激励。(b) 在图案化衬底上平行俘获 4.88 μm 聚苯乙烯球阵列的示意图。经麦克米伦出版公司同意转载：Nature Physics[44]，2007 版权所有。

5.3.1.3　表面俘获的腔增强

利用传输和局域化表面等离激元有希望实现倏逝场增强；然而，等离激元模式尚未解决的热耗散及产生的热效应问题可能会限制它们的潜在应用。在 Kretschmann 结构中实现场增强的一种可替代方法是使用介质谐振器来避免产热问题。Labeyrie 等人首次将这种方法作为倏逝波原子反射镜应用于原子光学中[45]。俘获方面应用的想法已被提出[46]，并且 Reece 等人在实验上实现了[47]拓展区域(extended-area)微操纵胶体聚团。

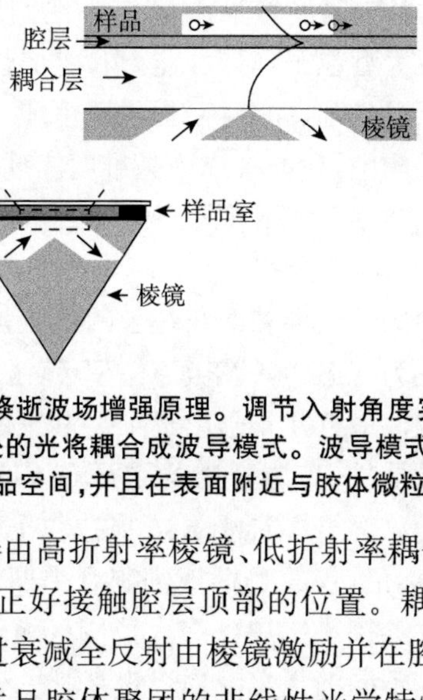

图 5.6　在谐振介质波导中的倏逝波场增强原理。调节入射角度实现谐振，在谐振条件下通过衰减全反射，入射到棱镜耦合层界面处的光将耦合成波导模式。波导模式的场增强取决于耦合层的厚度以及波导损失。波导模式扩展到样品空间，并且在表面附近与胶体微粒相互作用。

如图 5.6 所示，介质谐振器由高折射率棱镜、低折射率耦合层和高折射率腔层构成。含样品溶液的微流体室被置于正好接触腔层顶部的位置。耦合层和胶态分散体作为波导模式的包层，波导模式可通过衰减全反射由棱镜激励并在腔层中传输。该装置在结构上类似于棱镜耦合平板波导，并且胶体聚团的非线性光学特性研究也采用了该装置，这将在本章后面介绍。介质谐振器适合于光学微操纵的关键设计特点是：① 电场增强由结构的光学特性决定，而不是材料属性；② 导模被腔层弱限制，并且含有能扩展到样品介质的大倏逝波成分，这或许能用于光学微操纵。

采用与入射激光束的谐振耦合的方法，可获得样品表面的场增强，该方法广泛应用于光子学中的谐振模式激发。为了简单易懂，考虑类似法布里—珀罗光学谐振腔的结构(例如激光腔)，其中耦合层相当于输入/输出耦合器，导波模式相当于空腔谐振模式。倏逝场增强仅仅与谐振器的精度有关，并且比入射场大好几个数量级(如图 5.7(a)所示)。

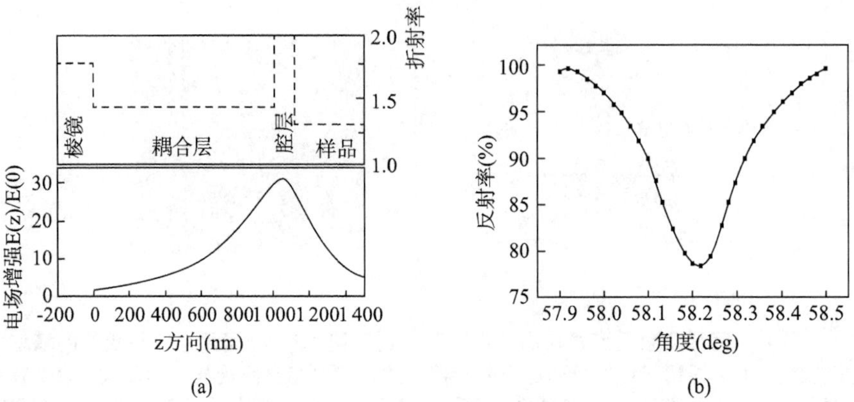

图 5.7 (a) Reece 等人采用的介质谐振结构[47]的折射率分布图(上图)和计算的谐振波导模式(下图)。电场增强是按在样品腔层界面和入射光的电场比率计算。(b) 实验测定的在耦合角周围依赖角度的反射率显示了谐振结构的有限可接受角度。

重要地,对于表面等离激元来说,介质波导的超低光学损耗意味着胶体粒子的非散射光将从波导模式辐射到棱镜,而不是吸收。一般地,限制场增强的因素是样品和波导层的光学损耗(例如界面散射、吸收)。然而,当谐振耦合可接受的角度随精度增加而减小时,特定光束腰的增强度会受到实际限制。

采用介质谐振器方法,相比于全反射下生成的倏逝波,Reece 等人在谐振耦合波导模式存在下证明 5 μm 粒子的引导速度增加十倍[47]。他们也表示可以实现大量粒子的拓展区域俘获。组织扩展区域大型粒子阵列的能力和腔增强降低对功率需求,为实现微米粒子(例如细胞)的大规模并行处理(如分拣)提供了可能。最后,这里介绍的谐振耦合方法易应用于其它谐振光学结构中,在一维或更高维度实现更大程度的倏逝场增强。这些结构可能采用了晶体光学点缺陷[48]、环形谐振器[49]或微球谐振腔[50]。

5.3.1.4 在表面光阱中的粒子分拣

除了普遍存在和众所周知的引导和俘获粒子的现象,目标的分离和分拣概念也成为光学微操纵的显著特点。更为普遍的紧凑微流体型荧光激活细胞分拣器的发展需求,推动了目标的分离和分拣发展。最近几年已出现了大量采用光力进行分拣的设备和系统。明显它们被归为有源或无源器件:有源分拣器需要输入信号(例如来自合适标记细胞的荧光)来触发系统的光开关,该光开关能引导或拖拉粒子到合适储藏区。无源方式也可实现分拣,这种方式不需要标记,仅靠目标或细胞到周期性光图案的不同亲和度来实现分拣。不需要标记就意味着分拣易扩展到在大范围区域,因此无源方式颇具吸引力[51]。然而,无源分拣细胞很困难,不同细胞类型之间的差别并不足够保证分离。

正如下面介绍的例子,在倏逝波或近场俘获区域可实现一些分拣。关于这部分,考虑 Kretschmann 结构中棱镜表面干涉图样上的粒子运动。Cizmar 等人用干涉光阱研究该结构中粒子动力学[52]。在他们的研究中,干涉图样是相向传输倏逝场相干而形成,并且两场的相对强度产生倾斜的搓衣板状的势[53]。他们观察根据粒子尺寸进行选择性俘获的过程,与干涉条纹弱相互作用的粒子将倾斜势自由地向下移,而留下的受限在条纹(和强相互作用粒子)中的强相互作用粒子会向上移动倾斜势,如图 5.8 所示。他们的研究也介绍了在扩展干涉图案区域内确定粒子位置的新方法。

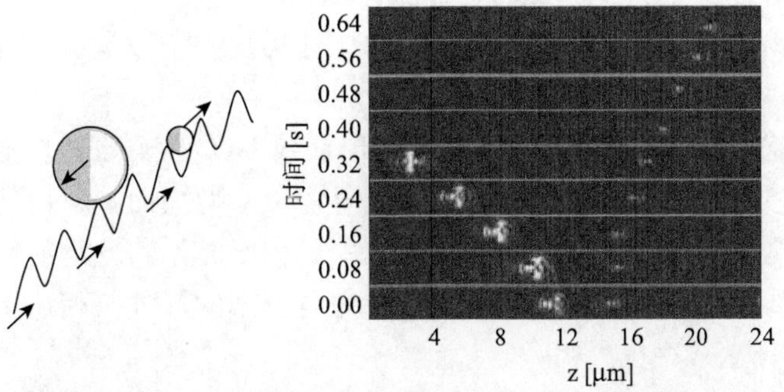

图 5.8　基于干涉倏逝波的光学分拣。在棱镜的顶部表面，两个相向传播光线的干涉将产生带有干涉条纹图案的倏逝波；条纹的位置与光束的相关相位有关。光束强度的失配可产生倾斜的光学势(左图)。由于辐射压力的不匹配，与条纹弱相互作用的微粒会减少势能。而强相互作用的微粒受条纹束缚局域化，扫描条纹可使微粒提高势能。实验上已实现 750 nm 和 350 nm 的聚苯乙烯胶体的分拣(右图)。美国物理学会 2006 版权所有[52]。

5.3.2　使用全反射物镜进行俘获

最近 Gu 等人提出并论证一种采用聚焦倏逝波照明的新型近场俘获和光镊几何结构[54]。该方法使用了高数值孔径的全反射荧光(total internal reflection fluorescence，TRIF)显微镜物镜，并在它的后孔径处放置圆形障碍物，只有全反射条件下到达样品平面的光才能透过物镜。与前面讨论的几何结构相比，这种结构的优势在于它不仅用聚焦倏逝波实现了局域化近场光阱，同时金属部分没有不利的产热。

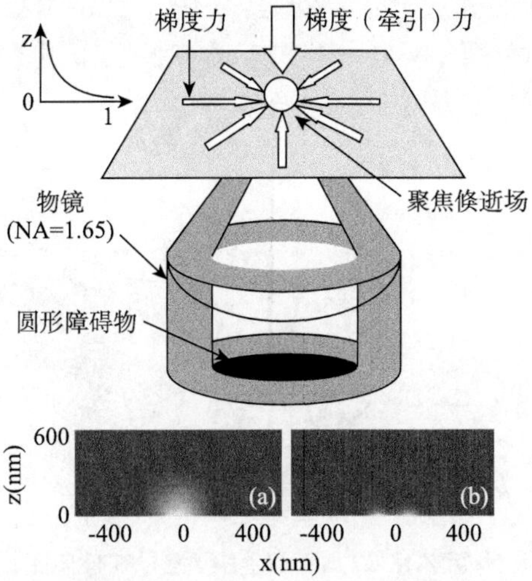

图 5.9　使用全反射荧光显微镜(TIRF)物镜实现近场光学俘获。入射到 TIRF 物镜后孔径的扩束光被障碍物阻碍，只有全反射条件下到达样品平面的光才能通过。结果是产生由聚焦倏逝波形成的单光束梯度力光阱；相关的力参见图示。比较焦平面上(a)无障碍物和(b)有障碍物时的电场，可看到轴向俘获空间的变化。经许可转载[54]。美国物理学会 2004 版权所有。

图 5.9 说明了这种俘获的原理：圆形障碍物产生的环形光束进入高 NA 物镜(NA=1.65)，光束聚焦到样品平面。光束在俘获平面内形成了一个高度聚焦的圆对称点，并在轴线方向上呈指数衰减。采用矢量衍射理论对在这些俘获条件下的光场进行了模拟[24]。图 5.9(a)和图 5.9(b)分别是无障碍物和有障碍物的场，表示了在倏逝波和传输波下的俘

获情况。显然,场的轴向分量大幅衰减,俘获体积的轴向尺寸(定义为强度降到界面处强度 50%的位置)减少到大约 60 nm[6]——大约比远场短一个数量级。有趣的是,倏逝波光阱的横截面有两个峰值。

Gu 等人研究了圆形障碍物不同尺寸下的俘获效率(Q 值),证实倏逝波俘获的存在。他们表明在轴向分量的情况下,俘获效率随障碍物尺寸增加而减小,直到不能发生轴向位移,并将这种现象归结于光束传输部分的减少。在面内俘获分量的情况下,所有的障碍物尺寸都能实现俘获,包括传输射线被光阱完全遮挡的尺寸。相比于无障碍物,纯粹的倏逝波光阱的俘获效率也大幅降低。

Gu 等人最近改进了这些实验,探索近场光阱在拉伸、折叠、旋转红细胞方面的应用[55]。实验采用功率为 2 W 的 1 064 nm 近红外光。他们用有限时域差分和麦克斯韦应力张量法数值模拟血红细胞上的压力,为实验观察到的现象提供依据。在功率低于 20 mW 旋转率为 1.5 rpm 的条件下,实验观察到血红细胞的旋转。血红细胞的旋转是由入射光束极化下的细胞排列诱发。俘获几何结构允许光阱产生近场光学拉伸,使细胞产生 23%的变形。更高激光功率(>18 mW)下观察到被俘获的细胞折叠。该技术促进了细胞力学特性阐述的研究。近场操纵为量化薄膜弹性、粘弹性和细胞变形提供了一种新方法。

5.3.3 采用光波导的微操纵

集成光学和通信的关键特点是用光波导传输信号。光波导具有折射率差,要以特定模式在波导中传播。光模式耦合是一个问题,当然光被限制在更高折射率的区域,并且容易泄露到(周围)更稀薄的介质。重要的是,采用光波导为粒子传输、限制和分拣提供了新的几何结构;用现代微米纳米制作工艺来调节相互作用,同时将观察的现象应用于实际器件。本节我们将回顾实验中采用的光波导结构。

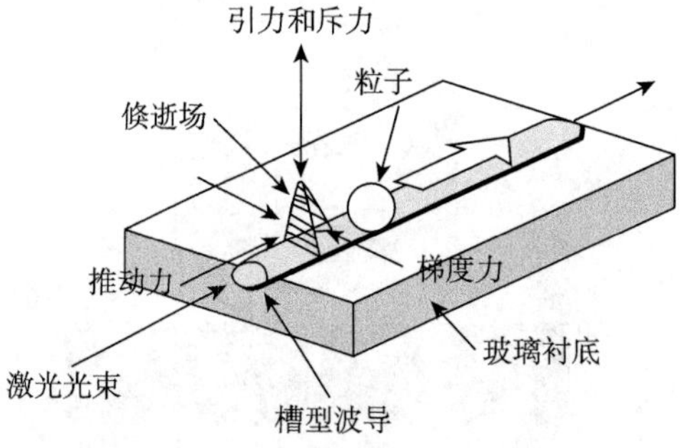

图 5.10 由于波导模式限制,流体包层(顶部)的槽型波导在横向平面内产生附加梯度力。波导模式引起的光力表明,由于辐射压力存在,波导附近的微粒将被限制在波导顶部,并且沿传播方向被引导。经[5]许可转载。美国光学学会版权所有。

1996 年 Kawata 和 Tani 开始研究沿波导推动和俘获微粒,他们在米氏尺寸范围沿槽型波导推动微粒,如图 5.10 所示。实验展示了在倏逝波的存在下,直径 1 μm 到 5 μm 的聚苯乙烯球体沿波导表面传播的过程。梯度力将微粒横向局限在波导区域。用功率超过 2 W 的 1 047 nm 激光可推动微粒沿波导以 14 μm/s 的速度移动。金属微粒(直径约 500 nm)同样被沿波导推动,它们受到横向限制可能是由于表面电流和近场溅射。

如前所述,金纳米粒子具有可高度极化的特性,并且应用广泛,其中很多利用了等离激元共振。Hole 等人研究了金纳米微粒(250 nm)在波导上的行为[56]。金是复折射率材料,需考虑吸收问题。在这些实验中铯离子交换波导被用作系统。在钠钙玻璃衬底上光刻直沟道(宽度 2.5 μm 至 11 μm),并在衬底表面蒸镀铝膜,进行高温处理。样本室由波导表面的聚二甲硅氧烷(PDMS)模形成。微粒被 1 066 nm 光场推动,但耦合在波导后端的单模光纤传输处。

由于微粒的吸收和更常见的溅射,微粒受轴向推进力作用沿波导快速移动。实验数据中有几个关键点。首先,微粒显示了速度分布,该速度分布由波导的三维位置决定。对数据进行分析,在双模波导的表面追踪到模式拍频图案。用光束传输分析,波导的倏逝场电传输模式功率的峰值强度估计是 9 GW · m^{-2} 每瓦特。实验观察到光波导的倏逝场中大量金纳米微粒的俘获和推动,但微粒并未匀速移动,速度分布较宽并与倏逝场强度分布对应。实验记录了系统中最优波导的高移动速度:140 nW 的模式功率能实现 500 μm/s的速度。

在有关表面光阱的研究中已介绍过微粒分离(分拣),其中在标准 Kretschmann 几何结构的研究中观测到不同尺寸的亚微米物体的双向运动。波导系统中能进行和观察到分拣,这也成了近场光学分拣系统的另一种形式。Grujic 等人用 Y 分支光波导来进行微粒分拣[57].他们利用光波导的倏逝场引导的聚苯乙烯微粒,可将这些颗粒引导至光强相对较强的分支输出端,(而不是光强较弱的输出端)。用于引导和分拣的倏逝光是波长为 1 066 nm 的光纤激光,它直接耦合进波导。值得一提的是该分拣形式相对于前述的无源分拣,更类似于有源分拣。其实验装置如图 5.11 所示。

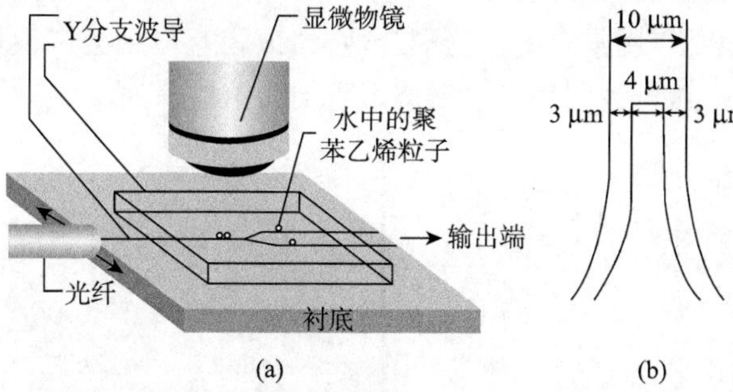

图 5.11　用光学电路可实现如分拣和路由的附加功能。插图证明 Y 分支波导上的聚苯乙烯球体的光学分拣。通过控制耦合光束进入波导,粒子可在 Y 分支波导的上下分支之间交换。经许可转载[57]。美国光学学会 2005 版权所有。

两种输出分支的功率分布由光纤与波导输入端面的相对位置决定。改变多模输入场分布,微球能有效分拣到两个波导分支中。这为适当条件下成功分拣微粒提供了一种简单方法。此分拣技术若应用于生物领域,则需要生物材料相对于缓冲溶液具有足够高的折射率差,以产生足够局域化粒子的梯度力。当考虑生物大分子时,为了在 Y 分拣器中进一步选择,这些大分子依附于功能化乳胶球体。该方法未来易发展为其他微粒操纵技术或者成像模式。

Grujic 和 Helleso 也研究了铯离子交换波导中电解质物体链的形成与推动[58]。粒子链在相向传输光的几何结构中组装。观察到粒子链以更快的速度被引导,比放置在波导上的单粒子速度快大约 15%(对于 7 μm 直径的球体)。在这种行为中流体力和微球间的耦合起着重要作用。从流体力学的观点来看，被其中一个球体取代的流体将带走另一个球体。光学结合(binding)类型的相互作用同样也存在。研究表明了在该波导几何结构中如何制备长的一维粒子链。

最近 Gaugiran 等人在银离子和硅氮化物波导表面引导金纳米粒子，并研究了作用在金纳米粒子上的辐射力的偏振和该力对粒子尺寸的依赖[23]。他们尤其关注如何确定表面法向力成为斥力——Ariaz-Gonzalez 等人之前理论预测了该效应[22]。实验上，Gaugiran 等人发现 TM 和 TE 偏振对 600 nm 金微粒的引导速度差很多。他们发现 TM 偏振下的引导速度要明显大于 TE 模式。由于理论预测两者引导速度应相近，他们认为是 TE 和 TM 中的斥力和引力导致与实验结果不符。有限元计算结果验证了他们的研究，表明在实验中对于不同的偏振，力的符号可能相反。

5.4　亟需研究的近场课题

从前面的讨论可看出，在光学俘获大环境下近场光学微操纵必定是一个重大课题。在许多方面，近场都处于发展的初期阶段，并为微流体提供了新的理论和应用，为研究胶体的自组装机制提供了新视角。本节将介绍一些近场中亟需研究的课题。

5.4.1　近场中光力诱导的微粒自组装

用合适的光学器件产生外调制的光学势，这些光学势通常被用于产生多光俘获点。尽管光学图谱法能灵活产生任意的俘获布置，预先确定的俘获光阱的位置精度仍受限于光学器件的分辨率，而且大阵列需要高功率并存在光阱装载问题。在近场光学俘获布置中已观察到两种类型的光力诱导自组装，这为解决上述部分问题提供了可能。同时，驱动该自组装过程的相互作用具有内在的耦合性质，该相互作用会产生如双稳性和调制不稳定性等非线性效应，这可被用来产生动态可重构微结构阵列。

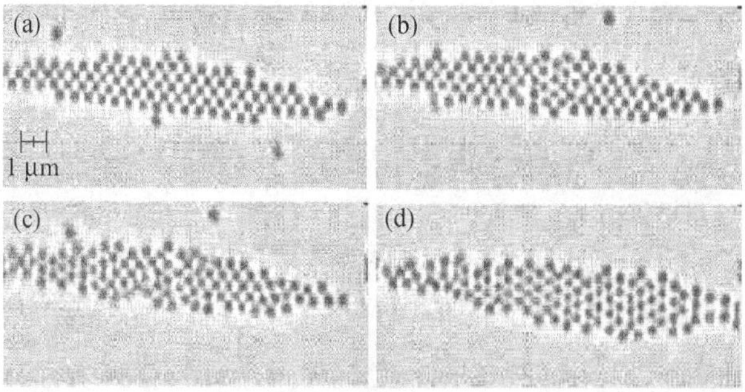

图 5.12　光力诱导下胶体聚集的自组装过程控制。(a)～(d)连续的图像帧显示了当光阱极化从 *s* 到 *p* 极化转变时，二维光束缚晶格的重取向；可看到晶格从正方形晶格变为六边形晶格。经许可转载[59]。美国光学学会 2006 版权所有。

2005 年 Mellor 和 Bain[30] 发现大量胶体粒子阵列在相向传输倏逝波光阱中积聚，形成亚微米精度的高度有序阵列。其中，晶格特性由光阱的偏振(如图 5.12 所示)、干涉图案和被俘获粒子的尺寸所决定。通过转换光阱的偏振态，他们观察到棋盘形晶格图案和六角形晶格图案之间的实时转换[59]。他们将排序机制和光束缚相互作用联系在一起。当光学俘获的粒子通过再聚焦和/或散射局域地重新分配俘获场时，产生光束缚，为邻近粒子占有构造稳定的俘获位置。在合适的条件下，它们造成了相互作用光束缚态（interacting optically bound states）的有序排列，从而自组装进程不需要入射俘获场外调制也可实现。Golovchenko 等人首次提出光学束缚的概念[60]，进一步提出光束缚物质的概念，在光束缚物质中光力支持大晶体粒子。至今光学束缚概念已解释了大量相关现象，包括两个独立的半导体波导之间的引力/斥力，拉盖尔—高斯光束中的纳米粒子排列和沿光阱的传输轴（纵向束缚）排列的米氏粒子之间的相互作用。

Reece 等人[61]展示了在谐振腔的非图案化相向传输波导模式存在下胶体阵列的光诱导自组装过程。高浓度（纯度>0.1%）的亚微米直径的胶体在光阱的中心积聚，沿入射 EW 波矢方向形成横向距离间隔为几个微米的规则排列的线性阵列。观察到图案形成时必须存在大量粒子。实验证明，沿激光传输轴方向形成的胶体阵列与进入空间光孤子的入射场的分解有关，阵列的横向间距与软凝聚态物质系统的调制不稳定性有关。空间光孤子（OSS）是非线性光学介质中空间局域化的非衍射模式。它们是衍射和自相位调制相平衡的结果，在强照明下这会导致自聚焦。对于平面波入射场，小波前扰动导致光学场分解为空间光孤子的周期阵列或者更复杂图形，即所谓的调制不稳定性（MI）。

OSS 和 MI 的存在意味着在胶体分散系中存在光学非线性。事实上，胶体分散系一直被当作人工光学非线性 Kerr 材料的可能考虑。在许多非线性光学实验（如自聚焦，光学双稳态和四波混频）中，Ashkin 等人展示了胶体悬浮液作为人工 Kerr 媒介的可能。这些材料非线性特性的原理是电伸缩效应，该效应由电解质微粒所引起的光学梯度力导致，其中电解质微粒在高强度区域中积聚，从而局域地增加折射率同时导致自相位调制。在 Reece 等人的实验中[61]，介质谐振腔被当作双棱镜非线性波导，胶体分散系作为有局域化非线性响应（连续近似）的人工 Kerr 媒介。这充分预测了主要的实验观察结果：形成阵列的初期存在阈值功率，横向阵列的间距大小和其对功率的依赖性，如图 5.13 所示。为了更好地理解胶体分散系的光学非线性及其所造成的效应，必须考虑粒子的具体性质，例如非局域响应。Conti 等人[62]利用静态结构因素建立了乳胶（包括胶体分散系）非线性光学响应的非局部理论模型，用于解释微粒与微粒间的相互作用。然而，这只是描述非线性过程中具体的动力学（机理）的若干模型之一。

5.4.2　基于先进光子架构的近场俘获

近期的研究提出将光子晶体结构用于近场俘获纳米微粒。光子晶体与可控传输和光子限制联系紧密。光子晶体的几何结构可为光子的引导和俘获创造合适的环境。光子限制与嵌入平板波导的光子晶体结构十分相关。这种结构对光的（强）限制能力也产生大的场强度梯度力，因此这种结构也成为构建具有内在强力的光学图谱的理想结构。这不只局限于微米或纳米粒子，即本章的主题，甚至可延伸到原子类的俘获。Rahmani 和 Chaumet 研究了在 $n=1.33$ 液体（典型地，水）中，$n=3.4$ 的光子晶体平板的近场（特性）[63]。平板是三角形的孔洞晶格。在平板中引入缺陷或局域态（用忽略其中一个孔洞的方法）能实现光子的局域化。虽然这样形成的微腔相当粗糙，其 Q 值仅为 100，比最先进的水平低了几个数量级，但这种容易实验的系统有助于展示该方法的原理。

用耦合偶极子法计算 Rayleigh 区域（$\ll l$）内微粒的力的大小。计算结果说明光照中的不对称偏振造成俘获的不对称性。超过 kT 的势深阱被实现，并且构建更详尽的光学图谱的想法被提出。该种多重“纳米光阱”可通过耦合腔系统或利用能带间隙图（无缺陷

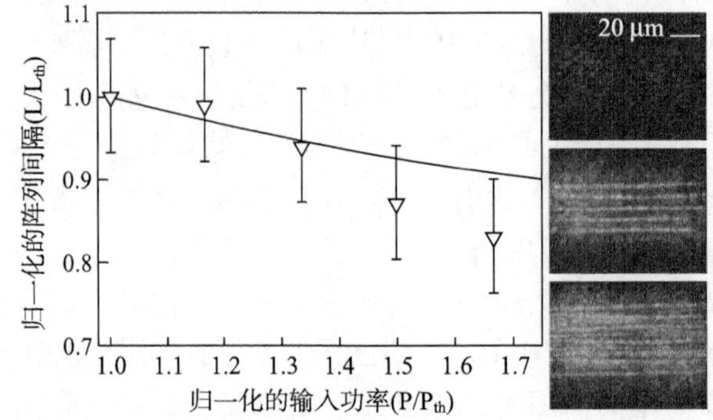

图 5.13　在介质谐振腔表面形成的胶体线性阵列的动力学。右边三个图展示了不同照射强度下阵列的形成。当低于阈值，甚至延长照射时间，未观察到 OSS(顶部)；当强度刚超过阈值时，就形成 OSS 的稳定阵列。左图表示阵列间隔周期和超过阈值的输入功率之间的关系。周期(L)是关于阈值周期(L_{th})的归一化，并且输入耦合功率(P)是阈值功率(P_{th})的归一化。实线是连续体模型预测的变化。美国物理学会 2007 版权所有[61]。

的 PCS)中的临界点来实现。不仅光子晶体可在近场中构建新型俘获系统，采用负折射或采用透过亚波长孔径的光的超强透射也能实现该目标。金属薄膜中的孔洞的优势在于表面等离激元增强有助于纳米粒子的俘获。

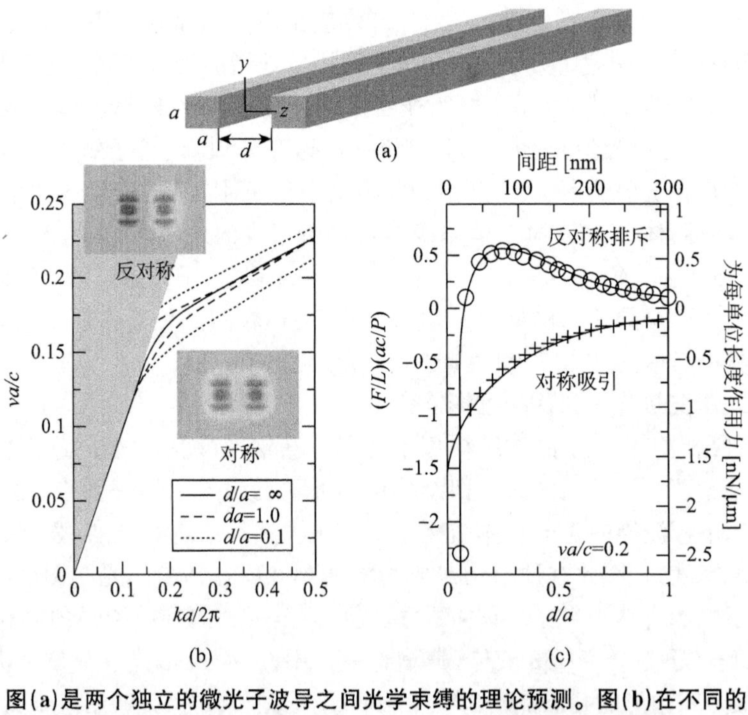

图 5.14　图(a)是两个独立的微光子波导之间光学束缚的理论预测。图(b)在不同的波导间隔下计算作用于波导的不同引导模式的单位长度作用力。图(c) 当反对称模式产生排斥力时，对称模式在波导之间产生引力。经许可转载[64]。美国光学学会 2005 版权所有。见彩色插图。

考虑沿微米光波导的光引导，在这种结构中的引导波之间的重叠，可能会在两波之间产生力，如图 5.14 所示。这是倏逝波束缚的一种形式。该力可能是引力也可能是斥力，这由光场的相对输入相位决定。Povinelli 等人[64]研究了两个高折射率的平行硅条形波导之间的作用力(见图 5.14)。实验能观察到这些作用力产生的位移,并且 Povinelli 等人讨论了当力随着光的群速度呈反比例变化时慢光增强的应用。最近人们越来越关注倏逝波在两纳米线间的耦合,可以探测纳米线中导致耦合比改变的相对移动[65]。

5.5　结论

近场微操纵的时代正在来临。包括显微镜物镜和所谓的 Kretschmann 结构棱镜在内的全反射结构中已有令人瞩目的进展。光波导也在微粒的快速推进和分拣中发挥巨大作用。同时也涌现出很多惊喜(发现):光束缚和图形化已被观测到,胶体系统中的非线性研究刚开始。随着我们对近场光的传播过程的探索,等离激元和超材料领域的发展,光学微操纵的未来一片光明。

致谢

作者感谢英国工程和自然科学研究委员会的资金支持。Kishan Dholakia 同时感谢 Min Gu 提出的保贵建议。

参考文献

[1] F. de Fornel, Evanescent waves from Newtonian optics to atomic optics, in: W.T. Rhodes (Ed.), *Springer Series in Optical Sciences*, vol. 73, Springer-Verlag, Berlin/Heidelberg, 2001, p. 31.

[2] J.W. Goodman, Introduction to Fourier Optics, 2nd ed., McGraw-Hill, New York, 1995.

[3] E. Hecht, Optics Fourth Edition, Addison-Wesley, San Francisco, 2002.

[4] S. Kawata, T. Sugiura, Movement of micrometer-sized particles in the evanescent field of a laser-beam, *Opt. Lett. 17* (1992) 772-774.

[5] S. Kawata, T. Tani, Optically driven Mie particles in an evanescentfield along a channeled waveguide, *Opt. Lett. 21* (1996) 1768-1770.

[6] R.J. Oetama, J.Y. Walz, Translation of colloidal particles next to aflat plate using evanescent waves, *Colloids Surf. A: Physicochem. Eng. Aspects 211* (2002) 179-195.

[7] L. Novotny, R.X. Bian, X.S. Xie, Theory of nanometric optical tweezers, *Phys. Rev. Lett. 79* (1997) 645-648.

[8] P.C. Chaumet, A. Rahmani, M. Nieto-Vesperinas, Optical trapping and manipulation of nanoobjects with an apertureless probe, *Phys. Rev. Lett. 88* (2002) 123601.

[9] K. Okamoto, S. Kawata, Radiation force exerted on subwavelength particles near a nanoaperture, *Phys. Rev. Lett. 83* (1999) 4534-4537.

[10] K. Svoboda, S.M. Block, Optical trapping of metallic rayleigh particles, *Opt. Lett. 19* (1994) 930-932.

[11] A. Ashkin, Forces of a single-beam gradient laser trap on a dielectric sphere in the ray optics regime, *Biophys. J. 61* (1992) 569-582.

[12] P.C. Chaumet, M. Nieto-Vesperinas, Coupled dipole method determination of the electromagnetic force on a particle over a flat dielectric substrate, *Phys. Rev. B 61* (2000) 14119-14127.

[13] M. Lester, J.R. Arias-Gonzalez, M. Nieto-Vesperinas, Fundamentals and model of photonic-force microscopy, *Opt. Lett. 26* (2001) 707-709.

[14] J.D. Jackson, Classical Electrodynamics, third ed., John Wiley and Sons, 1998.

[15] M. Mansuripur, Radiation pressure and the linear momentum of the electromagnetic field, *Opt. Exp. 12* (2004) 5375-5401.

[16] B.A. Kemp, T.M. Grzegorczyk, J.A. Kong, Ab initio study of the radiation pressure on dielectric and magnetic media, *Opt. Exp. 13* (2005) 9280-9291.

[17] E. Almaas, I. Brevik, Radiation forces on a micrometer-sized sphere in an evanescent field, *J. Opt. Soc. Am. B: Opt. Phys. 12* (1995) 2429-2438.

[18] J.Y. Walz, Ray optics calculation of the radiation forces exerted on a dielectric sphere in an evanescent field, Appl. *Opt. 38* (1999) 5319-5330.

[19] I. Brevik, T.A. Sivertsen, E. Almaas, Radiation forces on an absorbing micrometer-sized sphere in an evanescent field, *J. Opt. Soc. Am. B: Opt. Phys. 20* (2003) 1739-1749.

[20] M. Lester, M. Nieto-Vesperinas, Optical forces on microparticles in an evanescent laser field, *Opt. Lett. 24* (1999) 936-938.

[21] H.Y. Jaising, O.G. Helleso, Radiation forces on aMie particle in the evanescent field of an optical waveguide, *Opt. Commun. 246* (2005) 373-383.

[22] J.R. Arias-Gonzalez, M. Nieto-Vesperinas, Radiation pressure over dielectric and metallic nanocylinders on surfaces: Polarization dependence and plasmon resonance conditions, *Opt. Lett. 27* (2002) 2149-2151.

[23] S. Gaugiran, S. Getin, J.M. Fedeli, J. Derouard, Polarization and particle size dependence of radiative forces on small metallic particles in evanescent optical fields. Evidence for either repulsive of attractive gradient forces, *Opt. Exp. 15* (2007) 8146-8156.

[24] D. Ganic, X.S. Gan, M. Gu, Trapping force and optical lifting under focused evanescent wave illumination, *Opt. Exp. 12* (2004) 5533-5538.

[25] R. Quidant, D. Petrov, G. Badenes, Radiation forces on a Rayleigh dielectric sphere in a patterned optical near field, *Opt. Lett. 30* (2005) 1009-1011.

[26] A. Ashkin, J.M. Dziedzic, J.E. Bjorkholm, S. Chu, Observation of a single-beam gradient force optical trap for dielectric particles, *Opt. Lett. 11* (1986) 288-290.

[27] H. Melville, G.F. Milne, G.C. Spalding, W. Sibbett, K. Dholakia, D. McGloin, Optical trapping of three-dimensional structures using dynamic holograms, *Opt. Exp. 11* (2003) 3562-3567.

[28] A. Constable, J. Kim, J. Mervis, F. Zarinetchi, M. Prentiss, Demonstration of a fiberoptic light-force trap, *Opt. Lett. 18* (1993) 1867-1869.

[29] V. Garces-Chavez, K. Dholakia, G.C. Spalding, Extended-area optically induced organization of microparticles on a surface, *Appl. Phys. Lett. 86* (2005) 031106.

[30] C.D. Mellor, C.D. Bain, Array formation in evanescent waves, *Chemphyschem. 7* (2006) 329-332.

[31] S. Sun, G.J. Leggett, Matching the resolution of electron beam lithography by scanning near-field photolithography, *Nano Lett. 4* (2004) 1381-1384.

[32] S.A. Maier, M.L. Brongersma, P.G. Kik, S. Meltzer, A.A.G. Requicha, H.A. Atwater, Plasmonics—A route to nanoscale optical devices, *Adv. Mater. 13* (2001) 1501.

[33] K. Kneipp, H. Kneipp, I. Itzkan, R.R. Dasari, M.S. Feld, Surface-enhanced Raman scattering and biophysics, *J. Phys.: Condens. Matter 14* (2002) R597-R624.

[34] N. Fang, H. Lee, C. Sun, X. Zhang, Sub-diffraction-limited optical imaging with a silver superlens, *Science 308* (2005) 534-537.

[35] D.R. Smith, J.B. Pendry, M.C.K. Wiltshire, Metamaterials and negative refractive index, *Science 305* (2004) 788-792.

[36] W.L. Barnes, A. Dereux, T.W. Ebbesen, Surface plasmon subwavelength optics, *Nature 424* (2003) 824-830.

[37] T. Esslinger, M. Weidemuller, A. Hemmerich, T.W. Hansch, Surface-plasmon mirror for atoms, *Opt. Lett. 18* (1993) 450-452.

[38] G. Volpe, R. Quidant, G. Badenes, D. Petrov, Surface plasmon radiation forces, *Phys. Rev. Lett. 96* (2006) 238101.

[39] V. Garces-Chavez, R. Quidant, P.J. Reece, G. Badenes, L. Torner, K. Dholakia, Extended organization of colloidal microparticles by surface plasmon polariton excitation, *Phys. Rev. B 73* (2006)085417.

[40] H.B.Mao, J.R. Arias-Gonzalez, S.B. Smith, I. Tinoco, C. Bustamante, Temperature controlmethods in a laser tweezers system, *Biophys. J. 89* (2005) 1308-1316.

[41] S. Masuo, H. Yoshikawa, H.G. Nothofer, A.C. Grimsdale, U. Scherf, K. Mullen, H. Masuhara, Assembling and orientation of polyfluorenes in solution controlled by a focused near-infrared laser beam, *J. Phys. Chem. B 109* (2005) 6917-6921.

[42] R.H. Farahi, A. Passian, T.L. Ferrell, T. Thundat, Marangoni forces created by surface plasmon decay, *Opt. Lett. 30* (2005) 616-618.

[43] D. Braun, A. Libchaber, Trapping of DNA by thermophoretic depletion and convection, *Phys.Rev. Lett. 89* (2002) 188103.

[44] M. Righini, A.S. Zelenina, C. Girard, R. Quidant, Parallel and selective trapping in a patterned plasmonic landscape, *Nature Phys. 3* (2007) 477-480.

[45] G. Labeyrie, A. Landragin, J. Von Zanthier, R. Kaiser, N. Vansteenkiste, C. Westbrook, A. Aspect, Detailed study of a high-finesse planar waveguide for evanescent wave atomic mirrors, Quantum Semiclass. *Opt. 8* (1996) 603-627.

[46] P.C. Ke, M. Gu, Effect of the sample condition on the enhanced evanescent wave used for laser-trapping near-field microscopy, *Optik 109* (1998) 104-108.

[47] P.J. Reece, V. Garces-Chavez, K. Dholakia, Near-field optical micromanipulation with cavity enhanced evanescent waves, *Appl. Phys. Lett. 88* (2006) 221116.

[48] M.L. Povinelli, M. Loncar, E.J. Smythe, M. Ibanescu, S.G. Johnson, F. Capasso, J.D. Joannopoulos, Enhancement mechanisms for optical forces in integrated optics, in: K. Dholakia, G.C. Spalding(Eds.), Optical Trapping and Optical Micromanipulation, vol. 6326, 2006, pp. U71-U78.

[49] T.J. Kippenberg, H. Rokhsari, T. Carmon, A. Scherer, K.J. Vahala, Analysis of radiation-pressure induced mechanical oscillation of an optical microcavity, *Phys. Rev. Lett. 95* (2005) 033901.

[50] M.L. Povinelli, S.G. Johnson,M. Loncar,M. Ibanescu, E.J. Smythe, F. Capasso, J.D. Joannopoulos, High-Q enhancement of attractive and repulsive optical forces between coupled whisperinggallery-mode resonators, *Opt. Exp. 13* (2005) 8286-8295.

[51] M.P. MacDonald, G.C. Spalding, K. Dholakia, Microfluidic sorting in an optical lattice, *Nature 426* (2003) 421-424.

[52] T. Cizmar, M. Siler, M. Sery, P. Zemanek, V. Garces-Chavez, K. Dholakia, Optical sorting and detection of submicrometer objects in a motional standing wave, *Phys. Rev. B 74* (2006) 035105.

[53] S.A. Tatarkova, W. Sibbett, K. Dholakia, Brownian particle in an optical potential of the wash-

board type, *Phys. Rev. Lett.* 91 (2003) 038101.

[54] M. Gu, J.B. Haumonte, Y. Micheau, J.W.M. Chon, X.S. Gan, Laser trapping and manipulation under focused evanescent wave illumination, *Appl. Phys. Lett.* 84 (2004) 4236-4238.

[55] M. Gu, S. Kuriakose, X.S. Gan, A single beam near-field laser trap for optical stretching, folding and rotation of erythrocytes, *Opt. Exp.* 15 (2007) 1369-1375.

[56] J.P. Hole, J.S. Wilkinson, K. Grujic, O.G. Helleso, Velocity distribution of Gold nanoparticles trapped on an optical waveguide, *Opt. Exp.* 13 (2005) 3896-3901.

[57] K. Grujic, O.G. Helleso, J.P. Hole, J.S. Wilkinson, Sorting of polystyrene microspheres using a Y-branched optical waveguide, *Opt. Exp.* 13 (2005) 1-7.

[58] K. Grujic, O.G. Helleso, Dielectric microsphere manipulation and chain assembly by counterpropagating waves in a channel waveguide, *Opt. Exp.* 15 (2007) 6470-6477.

[59] C.D. Mellor, T.A. Fennerty, C.D. Bain, Polarization effects in optically bound particle arrays, *Opt. Exp.* 14 (2006) 10079-10088.

[60] M.M. Burns, J.M. Fournier, J.A. Golovchenko, Optical matter—crystallization and binding in intense optical-fields, *Science* 249 (1990) 749-754.

[61] P.J. Reece, E.M. Wright, K. Dholakia, Experimental observation of modulation instability and optical spatial soliton arrays in soft condensed matter, *Phys. Rev. Lett.* 98 (2007) 203902.

[62] C. Conti, G. Ruocco, S. Trillo, Optical spatial solitons in soft matter, *Phys. Rev. Lett.* 95 (2005) 183902.

[63] A. Rahmani, P.C. Chaumet, Optical trapping near a photonic crystal, *Opt. Exp.* 14 (2006) 6353-6358.

[64] M.L. Povinelli, M. Loncar, M. Ibanescu, E.J. Smythe, S.G. Johnson, F. Capasso, J.D. Joannopoulos, Evanescent-wave bonding between optical waveguides, *Opt. Lett.* 30 (2005) 3042-3044.

[65] I. De Vlaminck, J. Roels, D. Taillaert, D. Van Thourhout, R. Baets, L. Lagae, G. Borghs, Detection of nanomechanical motion by evanescent light wave coupling, *Appl. Phys. Lett.* 90 (2007) 233116.

第六章　全息光镊

Gabriel C. Spalding[1], Johannes Courtial[2], Roberto Di Leonardo[3]
[1]Illinois Wesleyan University, Bloomington, IL, USA
[2]University of Glasgow, United Kingdom
[3]Università di Roma, Italy

6.1　简介

来自世界各地的模型爱好者和收藏者们都对能够制作或拥有微小的模型而感到自豪。这些精致的模型包括带有清晰小窗和车厢座位的小火车模型，也可制造出带有转动门和内部结构的微小建筑物。显而易见，当尺寸大幅度缩小，制作模型会变得越来越困难，而获得的成品也更令人赞誉。我们最终发现当模型尺度减小到微观时，机械装置的组装和制造，甚至是最简单静态结构的构建，都不能再使用宏观尺度的方法，**而需要全新的技术**。

幸运的是，根据牛顿第二定律，当减小物体的质量时(如压缩组件的尺寸)，为维持恒定的加速度所需施加的力也随之减小。因此，虽然我们不能用“光”来组装火车的引擎，但能用光力来安装基本的微机械装置。不仅如此，复杂系统的集成也能通过排列光场来实现(远比排列磁场简单)。实际上，在显著的约束条件下，光学为微观世界提供了天然接口，可用于成像、解调和控制。

毫无疑问，这些技术都相当强大。先前的研究已可利用光力标定小至 25 fN[1] 的力，而最近的研究也同样拓展了光扭矩(optical torque)校准的范围[2]。通过研究基于微尺度元件[3-6]的光扭矩，我们能更加清楚地理解以光波为基础的自旋和轨道角动量(两者都是光学的[7,8]，通过延展和类推，原子中电子的量子力学角动量)。显然，这项工作应在物理课程的标准规范中占有一席之地。斯坦福 Steven Block 课题组围绕光压的应用开展了大量工作。他们搭建的实验设备(使用 1064 nm 光)可以达到玻尔半径(!!)量级的分辨率。运用这种高度成熟的技术，他们直接观测了 DNA 中 RNA 的转录[9]中错误纠正过程的细节——这是一个真正**漂亮的工作**。伯克利 Carlos Bustamante 课题组也开展了早期的研究，他们实验证明了新**扰动定理**允许 RNA 折叠自由能的恢复[10,11]——这是一个壮举。他们的研究说明了该机制存在于非平衡态下生物分子的转移过程中，并且存在显著的滞后效应，这种滞后效应也可排除从实验数据中提取平衡信息的可能。实际上，现阶段有关扰动定理的研究成果(从理论和实验两方面)是最近 20 年统计力学中最重要的成果之一。这些定理非常重要，它们将热力学第二定律拓展到微型机械和生物分子领域。显然，这些工作为我们提供了探索新知识的广泛途径。

6.2 举例构建光阱扩展阵列的基本原理

研究者们已经开始使用一次操纵一两个微观物体的基本光学技术,但本章的焦点则在于近来逐步兴起的构建光阱阵列的技术手段。前面章节介绍过的实验统计特性(包括处于扩散极限、布朗运动显著的样品)表明,从实验角度来看,构建光阱的独立集并同时引导一组光阱实验,有可能产生显著的效果。

同时,对于这组实验能否被**独立**看待的问题,也向着全然不同的方向发展:其目的在于探测或利用耦合空间上分立组件包含的广泛物理机制。举例来说,在细胞—细胞信号传递变化特性的生物研究中,处理的不是一对从其他细胞中分离出的细胞,而是一个整体,因为这改变了群体感应所需的条件。在这种情况下,使用光阱阵列能确保对系统研究的可控性和可重复性。举一个具体的例子:在利用多种细菌诱变菌株研究生物膜形成早期阶段的实验中,个别与生物膜相关的基因被删除[12],而光阱阵列可用来确保从整体到整体的几何一致性。事实上,种类繁多的多体问题也可使用光阱阵列进行研究[13-19]。

应当补充的是,光阱阵列不仅决定组装的平衡结构,而且决定粒子穿过光学晶格的动力学过程[20-23]:在周期光阱阵列(经常被称为**光学晶格**)中,光力引导着受其影响最大的那些粒子沿晶向流动。在这样的晶格中,光力的大小是关于粒子大小的振荡函数[24]。这意味着可通过调谐晶格常数,使得任意给定粒子与光强相互作用或本质上不相互作用[25]。因此,生物/胶体悬浮液和乳剂的全光分拣有可能实现[24]。这同时也对与这一分离技术相关的尺寸选择性提出了更高要求[26]。在任何情况下,该方法都能大规模地并行处理待分拣粒子,因此效率会比 Applegate 等人展示的活性微流体分拣技术高得多[27]。活性微流体分拣的原理是将粒子逐一分析,然后根据反馈进行偏转控制。此外,尽管传输到光学晶格的激光总功率可能很大,但施加在每个生物细胞上的强度却仅相当于传统光镊强度的一小部分。因此全光分拣在提取出的细胞上施加的压力相对较小[28]。对穿过静态和动态光学晶格的胶体运输过程的研究仍存在许多未知之处[29,30]。同时,将光阱阵列应用于微流体芯片实验室(lab-on-a-chip)技术亦蕴含着巨大的潜力。

虽然光阱阵列已经在微流体中得到一定的应用(比如多点微尺度速度测量[31]),但最终(能够利用)的光力仍相对较弱。因此出于某种目的,可以将光力(允许组件的复杂、集成组装)与其他驱动力结合使用。也就是说,可以考虑使用光力构造简单微机械结构:组件可能被分开或组合在一起,甚至允许瓶中船(ship-in-a-bottle-type)类型的组装(例如,微流体室中的无轴(axel-less)的微齿轮[32]),以及定向(例如对于部件的密钥组装)甚至驱动。

这里,我们只提到了研究者们对构建扩展光阱阵列感兴趣的部分原因。显然,该领域会在未来几年出现许多新的应用。我们的下一个部分将详述产生(和三维动态重构)光阱阵列的一些技术。

需要注意的是下面介绍的全息技术并不局限于构建阵列。人们利用全息技术在三维中形成光场的能力,例如创造一束空心光束[33,34]甚至空心光束的阵列[35],同样能够更好地控制单个光阱。空心光束类似于光的气泡(a bubble of light)(被一层高强度场完全封闭的空间暗区),可用来捕获冷原子云("就像原子汽车旅馆……原子可登记入住但是他们不能退房离开!")。

6.3　实验细节

6.3.1　标准的光学系统

大多数关于光阱的实验都采用单光束梯度力光阱几何结构[36]（简称**光镊**），所以我们将重点介绍这种特殊装置。前面已经对实现光镊实验最重要的细节进行过讨论，例如Neuman 和 Block 的讨论[37]。但我们应当充分认识到：光镊中的激光是高度聚焦的，因此焦点周围区域的光场中会产生强梯度力，并且该区域的极化介质上也会产生一个相关的偶极力。该偶极力通常被称为**梯度力**。对于通常采用这种方法研究的样品，该偶极力会主导辐射压。

下面介绍几种可供选择的实现捕获的几何结构。对于金纳米粒子或折射率比周围介质**高得多**的透射粒子，辐射压显著。在这些例子中，相向传输光束光阱要优于光镊[38,39]。虽然辐射压试图将粒子冲撞出光镊，但实际上辐射压在相向传输光束光阱和悬浮光阱中都起到积极作用[40]，两者都能在文献中找到。

图 6.1 是标准的**全息光镊**（holographic optical tweezers，HOT）装置的示意图。从激光光源开始，首先是一个扩束望远镜，它的作用是使光束覆盖全息元件。全息元件既可以是可编程的反射式**空间光调制器**（spatial light modulator，SLM），也可以替换成任何（反射式或透射式）衍射光学元件（diffractive optical element，DOE）。入射高斯光束的直径对功率效率和分辨率都会产生影响，但二者间存在矛盾：一方面，光束越粗，对空间光调制器区域的利用越好，这也就意味着在捕获平面产生的光图案的分辨率越高。另一方面，如果入射到空间光调制器的高斯光束太粗，一部分入射光将无法进入空间光调制器的活跃区域，因此这部分入射光不是损失就是进入零级。标准的折中方法是将光束直径大致与空间光调制器的直径相匹配。这种匹配并不只是为了提高效率：当使用空间光调制器时，必须将显著的入射光功率分散开，防止有源液晶元件"沸腾"，永久性破坏装置。在空间光调制器后，是第二个望远镜。该望远镜可确保光束直径与光镊中透镜（通常是标准的显微物镜）的后孔径直径相匹配。

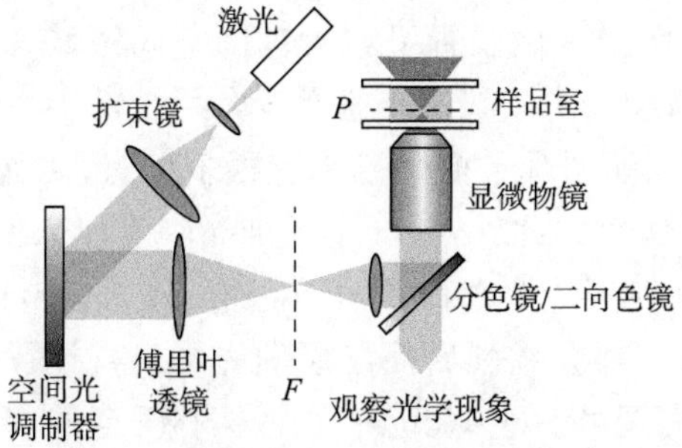

图 6.1　简化的标准全息光镊（HOT）装置。激光光束经扩束望远镜扩束之后，照射到空间光调制器（SLM）上。傅里叶透镜收集一级衍射光束；因为空间光调制器在傅里叶透镜的前焦面，所以后焦面 F 的复振幅是空间光调制器平面复振幅的傅里叶变换。之后的透镜组合，通常包括一个显微物镜，使傅里叶平面内的光束在中央捕获面 P 成像，P 通常是位于充满液体的样品室。

在实际中，第二个望远镜由两个透镜组成，两透镜之间的距离为两者焦距和；空间光调制器位于该望远镜的第一个透镜 —— 傅里叶透镜的焦距处，物镜后孔径位于该望远镜中的第二个透镜的焦距处。这样,实际上第二个望远镜有四种不同的作用。首先,它能调整光束的直径,使光束覆盖物镜的入射光瞳(例如,背孔)。第二,由于空间光调制器的放置和传统光镊中转向镜的放置相同,所以望远镜将全息图投影到物镜的背孔上,从而保证光束不会偏离物镜的入射光瞳。第三,全息图和物镜的背孔是共轭像面,这使得全息图输出端的光束和焦平面 P 上的光束之间存在一个简单的关系:捕获平面光束的复振幅是空间光调制器平面光束复振幅的傅里叶变换。第四,由于使用的是开普勒式望远镜,不是伽俐略式的,所以占据的实际空间较大,但它的优点是可在图 6.1 所示的平面 F 实现空间滤波。平面 F 与焦平面 P 是共轭的,所以在平面 F 处也会有一个捕获放大图案,该图案可被操纵[41]。(通常,在平面 F 引入一个点障碍(spot block),可移除未偏转的零级点。或者在全息图上添加一个闪耀光栅,所有的光学元件沿一级光束质心路径排列,将要输出的图案阵列从零级移开。)

在光镊中,沿传输方向的强场梯度力是由强聚焦光束的外围射线产生,并不是由沿光轴的射线产生。因此为了使外围射线有足够的功率,需要采用高数值孔径(NA)的光镊透镜。通常用简单的望远镜来匹配高数值孔径显微物镜入射光瞳(背孔)的光束直径。对于外围射线强度较弱的高斯光束,需要用望远镜稍覆盖物镜的背孔。(如果过度覆盖的话,会浪费掉有助于实现所需力学效应的光能量,并会在每一个光阱点周围产生不希望得到的艾里斑。)

应注意的是,在全息方法研究光学捕获的初期,并不需要衍射光学元件投影到光镊透镜的后焦面。Fournier 等人[42,43]用准平面波照射一个二元相全息图,通过菲涅耳衍射,在面内产生光栅的自成像,这些自成像沿传播方向周期性排列(这种现象被称为**塔尔博特效应**)。早在 1995 年,科学家们就在这些塔尔博特面上观察到了 3 μm 球体的捕获过程,并讨论了构建各种晶格的方法。在 Fournier 等人 1998 年的论文里,他们也指出采用可编程的“空间光调制器可以获得随时间变化的光学势,且此光学势易于观察。”如今,菲涅耳全息光学捕获再次运用在产生大周期阵列结构的全息光学捕获中[44]。在用衍射光学元件首次实现光学晶格上的分拣[24]的实验中,衍射光学元件是与像平面共轭,而不是与傅里叶平面共轭。由于该共轭条件,使用输出衍射光学元件会导致捕获空间内多光束的会聚,同时形成干涉图样。该装置可在大范围空间区域产生高质量的三维光阱阵列,其晶格常数、晶格包络和光阱点间的连通度等均可调节[45]。也就是说,同菲涅耳全息光学捕获相比,这里介绍的菲涅耳平面全息术有很多优点,比如能够限制捕获平面内光束形成的面积,提高分辨率[46]。此外,同产生三维光阱阵列来偏转穿过的粒子流(例如,光学分拣)的方法相比,填充三维光阱阵列来构建静态结构难度更大。因为对于后者来说,每一层填充光阱的粒子都会扰乱后面各层的光场。直接操纵光束的傅里叶空间特性,可以在捕获空间创建光场。这些光场可在多个任意选择的方向自修复(或自重构)[47],这也是产生的许多类型的三维填充阵列的显著特征。傅里叶平面全息光镊的主要优点在于其产生广义阵列时对于对称性没有任何要求,并且能实现灵活、高精度的单光阱定位[48]。

同样在 1995 年,昆士兰大学 Heckenberg 和 Rubinsztein-Dunlop 课题组制成了相位调制全息图,实现传统光镊进入光阱的模式转换,使光阱能传输光学角动量[3]。他们利用了拉盖尔—高斯模式,由于该模式是亥姆霍兹方程的结构稳定解,所以衍射光学元件或空间光调制器不需要放在特定平面。因此，澳大利亚的这项与傅里叶平面全息捕获相兼容的研究(与苏格兰的研究[5]一起)，催生了产生携带光学角动量光阱的技术。这一技术使用至今。

将全息图投影到显微物镜后焦面的基本光学装置如图 6.1 所示，该光学装置(包含一个商用衍射光学元件)于 1998 年[49]被首次提出，之后在 2001 年[50]和 2002 年[51]，研究者们又提出了产生特定全息图的最常用算法用于光学捕获。在这些研究和之后大量的研究中，都假定相位调制全息图会按我们所描述的放置，这样可以使衍射光学元件/空间光调制器平面的复振幅和在中心捕获平面的复振幅形成傅里叶变换对。这种关系建立之后，某一平面上的复振幅分布就可通过另一平面的快速傅里叶变换非常有效地计算[52]。

基于这种简单的关系，不需要再讨论算法：给出显微物镜焦平面所需的强度分布，只需取反傅里叶变换来决定合适的全息图。然而，这样的简单操作将产生入射光**相位和振幅**调制的全息图。振幅调制会造成光束能量损耗，在一些情况下极其影响效率。如果为了效率而限制全息图**仅相位**调制，那么通常在捕获平面内能产生所需强度分布的解析解不存在。

显而易见，需要进行一些相位调制。最简单的衍射光学元件是闪耀衍射光栅和菲涅耳透镜，它们分别是棱镜和透镜的衍射光学元件等价物。使用这些基本元件，我们可将光阱移到一边(用闪耀衍射光栅)或进出焦平面(用菲涅耳透镜)。通过叠加这样的光栅和透镜，能产生可移动的“**多重**”焦点，如果引入进一步的相位调制，“多重”焦点甚至可独立“**形成**”[51]。

显然，我们并不受限于光栅和透镜的叠加。因为标准全息光镊装置可全息控制捕获平面的光场，不仅可形成光场的强度，也可形成光场的相位。举例来说，有些非常简单的全息图可将单光阱变为光学涡旋。也就是说，在环的周围有相位梯度的明亮环。因为光会排斥比周围介质折射率低的粒子，因此全息产生的涡旋光束阵列可用于捕获和产生低折射率粒子的有序阵列[53]。还有其他简单的全息图可产生无衍射和自修复(在有限范围)的贝塞尔光束[54,55](虽然贝塞尔光束的全息产生并不与衍射光学元件的傅里叶平面布置兼容)。尽管如此，在上述的所有情况下，可猜想到衍射光学元件所需的相位分布还是比较理想的。

虽然直观上相位调制会形成扩展周期结构[56]，但如果考虑到粒子的任意排列，问题会变得更加复杂。正如下一节将介绍的，最简单的猜测并不总是产生最好的结果。幸运的是，正如下面将要详述的，通过选择优化的迭代算法，可大大提高光阱阵列的质量。尽管在特定的实验环境中，对算法的优化可能涉及效率和计算速度方面的权衡。

6.3.1.1　衍射光学元件或空间光调制器

在本节，我们将讨论用于产生光阱的衍射光学元件的物理范式。这种衍射光学元件不仅可以是静态的原件(刻蚀在玻璃上或者更廉价地印在塑料上)，也可以是可重构图样的相位空间光调制器(实时计算机控制下的相位全息图)。

Dufresne 等人讨论光刻技术制造衍射光学元件的问题，例如产生的相位阶数的影响和产生的光阱阵列其表面粗糙度的影响[50]。注意到，对于包含 10×10 的阵列的二元衍射光学元件(考虑到计算它们的特定算法)，每个点的光强预计将变化±10%。但实际的实验结果却将变化±23%。另外，将相位调制分布刻蚀入玻璃的过程中会引入制造缺陷，这些缺陷会导致变化增加[57]。相位阶增加，光刻难度也会增大(即使小心校准，N 步刻蚀可产生 2^N 相位阶)。阵列扩展越大，光阱强度的均匀性越容易导致制造误差。

虽然将全息图刻蚀入玻璃会产生静态图像，但仍然可以在这样的铺瓦式全息图阵列之间快速光栅化激光，从而产生动态全息图。该全息图的刷新率只受光栅化速度限制。然而，由于可编程衍射光学元件具有实时重构和优化的优势，下面将重点详述。

空间光调制器(SLM)有各种类型[58]：举例来说，可根据调制的光线不同、调制的机理不同或者工作在反射还是入射对它们进行分类。大部分全息光镊采用纯相位、液晶(liquid-crystal, LC)、反射式空间光调制器：采用纯相位是由于前面提到的效率优势；采用液晶是因为廉价和该技术的成熟；采用反射式是因为速度(和效率)优势(转换时间取决于液晶层的厚度，对于反射式来说液晶层厚度可减半)。

全息光镊中采用的大部分空间光调制器，它们的液晶特征决定了它们的很多特性。这里将讨论其中的一部分；更加详细的讨论可参考文献[59]。在覆盖液晶层的一些区域上施加特定的局部电压，可以使空间光调制器工作。在电压的作用下，液晶分子重新排列，它们的光学特性会发生改变。例如，在平行排列的向列相液晶中，液晶分子相对于衬底倾斜[59]。在校正液晶空间光调制器的厚度不均匀性后，这种空间光调制器首次用于全息图[60]。如今，市面上可购买到许多不同类型的器件，例如 Boulder Nonlinear Systems[61]，Holoeye Photonics AG[62]和 Hamamatsu[63]。

基于液晶的空间光调制器采用向列相或铁电液晶。向列相空间光调制器能提供大量的相位阶数(典型值 256，尽管这些系统中的一些 S 型灰度—相位阶(grayscale-to-phase-level)函数压缩了有效阶数，使其远低于额定值)，但响应速度慢(实际上，近红外使用的向列相空间光调制器，更新率通常是 20 Hz 或者更小)。铁电空间光调制器只有两个相位阶(相移 0 和 π)，这限制了对计算全息图案和衍射效率(常常构建一个与正一级具有相同亮度的对称负一级)的算法选择[64]。另一方面，铁电空间光调制器的更新率一般可达几十千赫，响应速度明显更快。虽然通常会选择向列相空间光调制器，但铁电空间光调制器[65,66]也可用于全息光镊[64,67]。

液晶空间光调制器可引入的最大相位延迟随液晶层厚度增加而增加。根据液晶层的厚度，液晶空间光调制器存在最大波长，该波长下能实现完整 2π 相位延迟；这通常被认为是空间光调制器规定的波长工作范围的上限。另一方面，响应时间和液晶层厚度的平方成正比[68]。在反射式空间光调制器中，光会穿过液晶层两次，因此液晶层厚度应减半。

由于缺乏表面平坦度，相比于透射式空间光调制器，反射式空间光调制器会更偏离光束。就像物镜引入的球面像差，这会降低光阱质量并限制光阱捕获范围[37]。在空间光调制器上，显示合适的相位全息图，可校正空间光调制器的平坦度像差[69-72]。这并不奇怪，因为空间光调制器也可用于其他自适应光学系统[73,69]。

商用液晶空间光调制器有光寻址(Hamamatsu)和电寻址(Boulder, Holoeye)两种。电寻址空间光调制器包含(正方形或矩形)像素点和像素点间的小间隙——相关的死区。卷积定理指出，在空间光调制器傅里叶平面(捕获平面)的场是每个像素点中的相干点光源的场的傅里叶变换(像素点中的相位和强度)乘以每个中心像素点的场的傅里叶变换。

第一项在 x 和 y 方向上是周期性的(点光源的傅里叶变换)。复制的中心场在本质上是点光源形成的光栅的衍射级。第二项(单像素点的傅里叶变换)通常在 x 和 y 方向上接近 sinc 函数(即像素点越窄,sinc 函数越宽,反之亦然),这意味着在 sinc 函数的节点,傅里叶平面的场强度下降到零。这限制了消耗在更高衍射级的功率。通过优化像素形状,可大幅度减小更高光栅衍射级的功率。这也是 Hamamatsu 光寻址空间光调制器中的情况,将像素化液晶显示投影到光导层,从而产生一个"写入光"图案。如果投影图案稍未对准焦,图像会由平滑边缘的像素点组成。光导层通过控制穿过液晶层的电压,从而调制穿过液晶层"读出光"的相位。产生的相位调制几乎可完全抑制进入更高光栅级的衍射。

需要再次注意的是,光束功率过大会导致液晶沸腾,进而毁坏液晶空间光调制器。这限制了基于液晶空间光调制器的傅里叶平面全息光镊实现的光阱数约等于 200[74]。如果想要克服这种限制,可以采用制冷型空间光调制器(较大区域分布光功率的空间光调制器)或其他类型的空间光调制器如变形反射镜[75]。

6.4　全息光阱的算法

全息光镊通常用来单独捕获或操控三维空间中的小物体集合。这些应用所需的光强分布是由暗背景上一系列高强度、受衍射限制的点构成。为了实现这种特殊工作,研究者们对许多实现全息图而发展的算法进行了改编和优化。其他如遗传算法等的方法,已经应用于全息光刻[76],也可对这里讨论的工作进行补充。我们列出了一些算法,这些算法很重要,因为它们速度快,特别适用于交互使用(例如参考文献[77]中所述的方法)。当需要**更高程度**地控制光阱强度(例如需要均匀(或者精确控制)势阱深度的一组陷阱),或希望避免鬼陷阱(ghost trap)时(比如它们会阻止预期捕获点填充),必须在实验前计算全息图,使用能实现高质量陷阱所需的更高迭代算法。参考和拓展参考文献[78]中的论述,我们将回顾目前适用于上一节提到的标准光学系统进行光学捕获的算法,接着将讨论它们为什么能工作和怎样工作。

假设均匀的平面波照射像素化的空间光调制器,并且称 $u_j=|u|\exp(\mathrm{i}\varphi_j)$ 为第 j 个像素向外反射的电场的复振幅,其中 φ_j 是对应的相移。经过空间光调制器的总时均能量流可表示为 $W_0=c\varepsilon_0 N|u|^2d^2/2$,其中 N 是总像素数,d^2 是像素的表面积。采用标量衍射理论,在像空间将复合电场从第 j 个像素表面传播到第 m 个光阱位置[79]。总结所有 N 个像素的贡献,可得在光阱 m 处的电场复振幅 v_m:

$$v_m=\frac{\mathrm{e}^{\mathrm{i}2\pi(2f+m)/\lambda}}{\mathrm{i}}\frac{d^2}{\lambda f}\sum_{j=1}^{N}|u|\,\mathrm{e}^{\mathrm{i}(\varphi_j-\Delta_j^m)} \tag{1}$$

其中

$$\Delta_j^m=\frac{\pi_m}{\lambda f^2}(x_j^2+y_j^2)+\frac{2\pi}{\lambda f}(x_jx_m+y_jy_m) \tag{2}$$

x_j,y_j 是第 j 个空间光调制器像素的坐标(投影在物镜的后焦面),x_m,y_m,z_m 是第 m 个光阱关于傅里叶平面的坐标,如图 6.2 所示。易推广 Δ_j^m,在捕获光束中引入轨道角动量[51]。为了简化符号，引入无量纲变量 V_m：

$$V_m = \sum_{j=1}^{N} \frac{1}{N} e^{i(\varphi_j - \Delta_j^m)} \tag{3}$$

其物理意义可理解为，$I_m = |V_m|^2$ 测量经过第 m 个光阱点中心区域 $f^2\lambda^2/(Nd)$（衍射极限点面积）的能量流（以 W_0 为单位）。对于 $z_m = 0$，V_m 对应在空间频率（$x_m/\lambda f, y_m/\lambda f$）计算的 $e^{i\varphi_j}$ 的离散傅里叶变换。

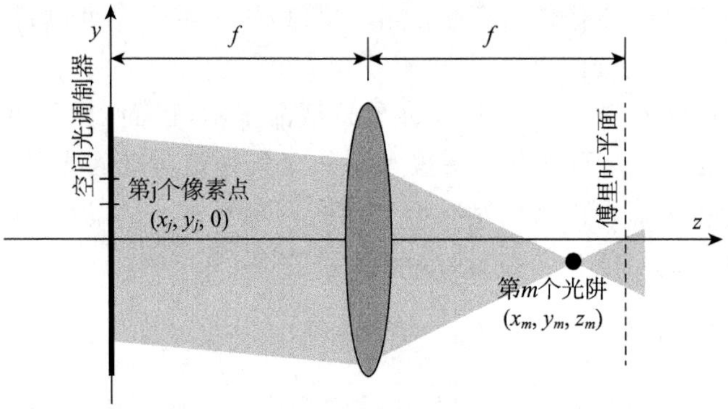

图 6.2　像素点和光阱位置相对于（有效）傅里叶透镜焦平面的几何结构示意图。在空间光调制器平面，第 j 个像素点的横向位置是（x_j, y_j）；相对于傅里叶平面，第 m 个光阱的位置是（x_m, y_m, z_m），x 和 y 是两横坐标；z 是纵坐标。

对于给出的一组 Δ_j^m，我们的任务是寻找 φ_j 的最佳值，使所有光阱的 V_m 的系数取最大值。作为基准，我们以一个在 10×10 的正方形晶格傅里叶（$z_m = 0$）平面上，产生 $M=100$ 光阱的 $N=768\times768$，8 位全息图为例，进行计算。不同方法的性能由三个参数量化：效率（e），一致性（u），百分比标准差（σ）：

$$e = \sum_m I_m, u = 1 - \frac{\max[I_m] - \min[I_m]}{\max[I_m] + \min[I_m]}, \sigma = \sqrt{\langle (I - \langle I \rangle)^2 \rangle} / \langle I \rangle \tag{4}$$

在上述公式中，⟨…⟩ 表示所有陷阱指数的平均值 m。

对于只有一个光阱 $M=1$ 的简单情况，最佳选择是设置 $\varphi_j = \Delta_j^1$，使公式(3)中的实部之和等于 $1/N$ 且 $|V_1|^2 = 1$。在下一节，我们将把阵列 Δ_j^m 看作第 m 个单光阱全息图。

6.4.1　随机掩模编码

对于多重光阱，$M > 1$，我们必须在 M 个能转移所有能量到光阱 m 的不同选择 $\varphi_j = \Delta_j^m$（对于每个 m 值有一种选择）中寻找一个折中。其中一种最快的方法就是随机掩模编码技术（random mask encoding technique，RM）[80]。

该折中可通过设置下列公式获得：

$$\varphi_j = \Delta_j^{m_j} \tag{5}$$

其中 m_j 是对于每个 j，在 1 和 M 之间的随机选择的数。该技术非常快速，并且运行和一致性都非常好。然而，当 M 数值大时，其整体效率会非常低。事实上，平均而言，对于每个 m，只有 N/M 的像素会产生有效的干涉，其他的将消逝。因此，当 M 数值大时，$|V_m|^2 \simeq 1/M^2$ 和 $e \simeq 1/M$ 会比 1 小很多。在这个例子中，当 $M=100$ 时，$u=0.58$，但是 $e=0.01$

$=1/M$。不过，RM算法能在复杂光结构的顶部快速构建一个或多个附加的光阱，其中复杂光结构是由预先计算好的全息图产生。该“辅助光镊(helper tweezers)”能有效填充预先计算好的光阱阵列，它允许实验人员交互捕获、牵引自由粒子，或将自由粒子落入理想位置。如果想要达成这些目的，可随机选择空间光调制器的部分像素，并临时用这些像素来显示“服务陷阱(service-trap)”全息图。

6.4.2　叠加算法

在叠加算法中，选择每一个像素的相位作为分立、单阱全息图的复杂和式(complex sum)的参数。虽然我们完全忽略了复杂和式的振幅，但由此生成的全息图仍会产生有效光阱阵列。在数量 V_m 方面，叠加全息图对复平面固定轴上的全部 V_m 的投影之和取最大值。

为说明这一点，我们尝试对关于 φ_j 的 $\sum\limits_m V_m$ 实部取最大值。利用消逝梯度的条件，易得稳定点：

$$\frac{\partial}{\partial\varphi_j}\sum_m \mathrm{Re}\{V_m\}=\mathrm{Re}\left\{\frac{\mathrm{ie}^{\mathrm{i}\varphi_j}}{N}\sum_m \mathrm{e}^{-\mathrm{i}\Delta_j^m}\right\}=0 \tag{6}$$

其解由下式给出：

$$\bar{\varphi}_j=\arg\left[\sum_m \mathrm{e}^{\mathrm{i}\Delta_j^m}\right]+n_j\pi,\quad n_j=0,1 \tag{7}$$

为了使稳定点达到局部最大值，相应的 Hessian 矩阵必须是负定的。在目前情况下，Hessian 矩阵是完全对角线的，并且在稳定点的计算为：

$$\frac{\partial^2}{\partial\varphi_j\partial\varphi_k}\sum_m \mathrm{Re}\{V_m\}\mid_{\varphi_j=\bar{\varphi}_j}=-\delta_{jk}\,(-1)^{n_j}\left|\frac{1}{N}\sum_m \mathrm{e}^{-\mathrm{i}\Delta_j^m}\right| \tag{8}$$

当所有的 n_j 都为零时，得到最大值，因此

$$\varphi_j=\arg\left[\sum_m \mathrm{e}^{\mathrm{i}\Delta_j^m}\right] \tag{9}$$

这可看作是单阱全息图总和的相位。我们称这种算法为“棱镜和透镜的叠加(superposition of prisms and lenses)”(S)[81,82]。S 算法虽然比RM算法慢(因为还需额外计算 N 自变量函数)，但 S 算法有1级效率，不过一致性很差。实际上，在基准的例子中，虽然一致性只有 $u=0.01$，但效率已达到 $\mathrm{e}=0.29$。此外，如果追求如正方形晶格等高度对称光阱结构，能量的一致性部分会转移到鬼陷阱中[83]。

若对投影在复平面随机选择方向上的 V_m 的振幅总和取最大值，可以会得到更好的折中。也就是说，寻找 $\sum_m \mathrm{Re}\{V_m\exp(-\mathrm{i}\theta_m)\}$ 的最大值，其中 θ_m 是均匀分布在$[0,2\pi]$上的随机数。在这种情况下，可得单位模数和随机相位系数单阱全息图的线性叠加相位

$$\varphi_j=\arg\left[\sum_m \mathrm{e}^{\mathrm{i}\Delta_j^m+\theta_m}\right] \tag{10}$$

这种选择通常被称为**随机叠加**(Random Superposition, SR)[84]，其和S算法有相同的计算成本。虽然光阱强度仍变化显著(在基准的例子中，$\mathrm{e}=0.69$，$u=0.01$)，但比S算法效率

更高。

要强调的是，在处理低对称几何结构时，SR 算法也有良好的均匀性，不需要进一步地完善。正如 Curtis 等人所证明的[83]，如果精确定位光阱不再是一个问题，那么在光阱位置上增加少量随机位移，可降低图案对称性。

SR 算法虽然比 RM 算法慢，但其计算速度仍允许交互操作。由于整个全息图不断重新计算，对于需要整个捕获图案动态变形的交互式应用来说，SR 算法优于 RM 算法。

6.4.3 Gerchberg-Saxton 算法

考虑到两个平面的强度分布，晶体学家 Ralph Gerchberg 和 Owen Saxton 发展了 GS 算法[84-89]，用于推断在横截面上的电子束相位分布。该算法也可应用于光，寻找相位分布，将到达全息图平面（空间光调制器）的给定入射强度分布转变为捕获平面所需的强度分布。在 GS 算法中，复振幅在两个平面之间来回传播，每一步都使目标强度取代捕获面上的强度，激光实际强度分布取代空间光调制器平面上的强度。

将该算法扩展到三维光阱几何。在三维光阱几何中，多平面进行正向传播。结合目标平面上校正的反向传播场的复杂和式，可得反向传播场。对于交互使用，目前全三维整形[90,91]的推广还是太慢（计算所需相位调制需几天时间）。

在实现这些 GS 算法时，正向和反向传播采用 FFT 变换。然而，当目标强度是点光阱阵列时，计算点的场复振幅是没有意义的，因为振幅在反向传播之前就已变为 0。FFT 也存在缺点，它会以 Nyquist 空间频率为单位，离散光阱横截面坐标。只计算在光阱位置上的场，可更快更通用地实现用于全息光镊的 GS 算法。

在 V_m 方面，GS 算法收敛于相位全息图，该相位全息图对未投影到复平面内任何空间方向（S 的实轴或 SR 随机选择的方向）的 V_m 的振幅之和取最大值。此外，对 ϕ_j 求导，可得稳定点：

$$\frac{\partial}{\partial \varphi_j}\sum_m |V_m| = \mathrm{Re}\left\{\frac{\mathrm{i}\mathrm{e}^{\mathrm{i}\varphi_j}}{N}\sum_m \mathrm{e}^{-\mathrm{i}\Delta_j^m}\ \frac{V_m^*}{|V_m|}\right\} = 0 \tag{11}$$

$$\bar{\varphi}_j = \arg\left[\sum_m \mathrm{e}^{\mathrm{i}\Delta_j^m} V_m / |V_m|\right] + n_j \pi, n_j = 0,1 \tag{12}$$

在稳定点上，Hessian 计算的时间并不是完全对角线的：

$$\frac{\partial^2}{\partial \varphi_j \partial \varphi_k}\sum_m |V_m|\,|_{\varphi_j=\bar{\varphi}_j} = -\delta_{jk}\ (-1)^{n_j}\left|\frac{1}{N}\sum_m \mathrm{e}^{-\mathrm{i}\Delta_j^m}\ \frac{V_m^*}{|V_m|}\right| + O\left(\frac{1}{N^2}\right) \tag{13}$$

然而，非对角项比对角项要小 $1/N$。所以，这样的扰动最多只会影响一个特征值的符号[92]。当 N 很大时，可忽略这种可能性，并且称稳定点：

$$\varphi_j = \arg\left[\sum_m \mathrm{e}^{\mathrm{i}\Delta_j^m}\ \frac{V_m}{|V_m|}\right] \tag{14}$$

为最大值。在这种情况下，结合单位模数和 V_m 相位给出的相位系数下，单阱全息图的相位线性叠加，也就是光阱点 m 处 φ_j 自身产生的场，可得 φ_j。鉴于 φ_j 中 V_m 的隐式关系，不可能将 φ_j 写成显式的形式。一种可能的求解方法是，先假定一个 φ_j（比如从 SR 获得的 φ_j），然后利用方程式(14) 进行迭代。我们称这种迭代过程为 Gerchberg-Saxton(GS)[93,94]，经过几十次迭代后收敛。特别的，在基准的例子中，经过三十次迭代，可得 $\mathrm{e}=0.94$，$u=$

0.60。

如果注意到这些算法仅仅对 V_m 振幅总和取最大值，不偏重于一致性，就可理解为什么讨论至今的多数算法一致性差。下面介绍一些优化准则。例如，如果我们转而求最大量如 $\prod_m |V_m|$ 或类似 $\sum_m \log|V_m|$，就可偏重于一致性。对关于 φ_j 的偏函数求导，可得

$$
\begin{aligned}
&\frac{\partial}{\partial\varphi_j}\left[(1-\xi)\sum_m|V_m|+\xi\sum_m\log|V_m|\right] \\
&=\mathrm{Re}\left\{\frac{\mathrm{i}e^{\mathrm{i}\varphi_j}}{N}\sum_m e^{-\mathrm{i}\Delta_j^m}\frac{V_m^*}{|V_m|}\left(1-\xi+\frac{\xi}{|V_m|}\right)\right\}=0
\end{aligned}
\tag{15}
$$

显而易见，在这种情况下，在稳定点 Hessian 矩阵是再次对角(以大值 N 为限)和负定的：

$$
\varphi_j=\arg\left[\sum_m e^{\mathrm{i}\Delta_j^m}\frac{V_m}{|V_m|}\left(1-\xi+\frac{\xi}{|V_m|}\right)\right] \tag{16}
$$

如果我们通过迭代的方法，对方程式(16) 求解，可得广义自适应加法算法(Generalized Adaptive Additive algorithm，GAA)[50,51]。若选择 $\xi=0.5$，GAA 在与 GS 效率相同 e＝0.93 的情况下，一致性得到改善，$u=0.79$。

试想如果微修改目标强度分布，一致性会不会得到改善呢？为了研究这点，在所有的 $|V_m|$ 均相等的条件下，可引入 M 个附加自由度 w_m，即对加权和 $\sum_m w_m|V_m|$ 取最大值。对 φ_j 求导，可得最大值条件：

$$
\varphi_j=\arg\left[\sum_m e^{\mathrm{i}\Delta_j^m}\frac{w_mV_m}{|V_m|}\right] \tag{17}
$$

再次，上式表示的 φ_j 是隐式形式，此时还包含待求权 w_m。对 φ_j 进行SR假定，并设置 $w_m=1$，迭代过程如下：

第 0 步：$w_m^0=1,\varphi_j^0=\varphi_j^{\mathrm{SR}}$

第 k 步：$w_m^k=w_m^{k-1}\dfrac{\langle|V_m^{k-1}|\rangle}{|V_m^{k-1}|},\varphi_j^k=\arg\left[\sum_m e^{\mathrm{i}\Delta_j^m}\dfrac{w_m^kV_m^{k-1}}{|V_m^{k-1}|}\right]$

也就是说，每一步均对权数 w_m 进行校正，以这样的方式减小偏离平均值 $\langle|V|\rangle$ 的偏差 $|V_m|$。上述过程以典型的GS和GAA的速度，收敛于近似最佳性能 e=0.93，$u=0.99$ 的全息图。这被称为加权 Gerchberg-Saxton 算法或 GSW[78]。

6.4.4　直接搜索算法和模拟退火法

另一种改进全息图的方法，是直接搜索定义在空间相位阶上的“增益函数”的最大值。对于如何定义增益函数，存在一定的自由度。为了简单起见，选择效率和一致性指标的线性组合，如：

$$
e/M-f\sigma \tag{18}
$$

从全息图中的一个猜想初始点开始(例如从 SR 中获得的初始点)，随机地选择一个像素，然后在所有 $P=256$ 的灰度级中循环来寻找增益函数的改进(增加)。直接搜索算法(DS)

是这一过程的延续[7,95,96]。正如文献[96]中的建议，从 SR 全息图开始，并设置 $f=0.5$，虽然算法的整体效率降低至 e=0.68，但在 1.3N 步后会达到最佳一致性($u=1.00$)，其计算成本规模为 $M\times P$。如果更加注重效率，并等待充分长的时间(~ 10N 步 —— 比 GS 长一百倍左右)，会得到更好的全息图。然而，如果灰度级 P 减少至 8，可在不太影响性能的情况下(对于参数空间的系统探索见参考文献[95])，明显降低计算成本(因子为 32)。在 8 个“灰度”相位阶和其他参数不变的情况下，迭代 7N 步后，可得 e=0.84，$u=1.00$(比 GS 长三倍左右)。此时整个全息图已降至 3 bit 深度，因此将其与其他在全部 8 bit 深度下工作的算法进行比较未必是公平的。为了更好地研究增益函数图谱，我们定义了更复杂的验收规则，允许存在暂时降低增益的步骤(如在 Metropolis 算法中)。Yoshikawa 和 Yatagai 研究[97]了二维光分布中的增益函数的这种“模拟退火”。相比于 DS(可能被称为“淬火”模拟退火)，应用到三维光阱阵列会产生更好的全息图，但计算时间更长。

6.4.5 总结

表 6.1 总结了在 10×10 方网格上进行基准测试的结果。得到的结论是，在处理这样的对称图案时，GSW 在质量和计算时间两方面都具有最佳性能。然而，值得重申的是，在处理较低对称图案时，叠加算法在大幅缩减时间的同时，可产生相当好的光阱[83]。如果考虑速度，图形卡的图形处理单元(Graphic Processing Unit，GPU)可有效减少计算 SR 全息图所需的时间，或 GS 算法运行一步的时间[98]。当拓展到三维尺度，并且算法仅考虑光阱部分的光场时，表 6.1 中的整体性能评价基本不变。例如，表 6.2 显示了一个类似测试的结果。该测试在三维目标上进行，该三维目标由 18 个光阱组成，这些光阱排列在金刚石晶格的传统晶胞中。

表 6.1 研究算法的理论性能的总结

算法	细节图	e	u	σ(%)	K	规模
RM		0.01	0.58	16	—	N
S		0.29	0.01	257	—	$N\times M$
SR		0.69	0.01	89	—	$N\times M$
GS	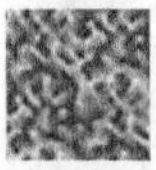	0.94	0.60	17	30	$K\times M\times N$
GAA	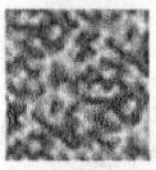	0.93	0.79	9	30	$K\times N\times M$
DS		0.68	1.00	0	7.5×10^5	$K\times P\times M$
GSW		0.93	0.99	1	30	$K\times N\times M$

目标光阱结构是一个 10×10 方网格。第 2 列是总 768×768 全息图中的 100×100 图像。第 3 列、第 4 列和第 5 列是经过 K 次(第 6 列)迭代后的性能参数。第 7 列是计算的成本规模，其中：M = 光阱数，N = 全息图中像素点数，K = 迭代次数，P = 灰度级数(这里是 256)。

表 6.2　一个三维目标的预测算法性能

算法	e	u	σ(%)	K
RM	0.07	0.79	13	—
S	0.69	0.52	40	—
SR	0.72	0.57	28	—
GS	0.92	0.75	14	30
GAA	0.92	0.88	6	30
DS	0.67	1.00	0	1.7×10^5
GSW	0.93	0.99	1	30

18 个光阱排列在金刚石晶格的传统晶胞位置上。第 2 列、第 3 列和第 4 列是经过 K 次(第 6 列)迭代后的性能参数。

6.4.6　创建扩展光学势能图谱的可替代手段

大阵列光阱可通过不同方式产生。虽然全息光镊非常灵活，但下述情况中，仍需考虑可替代方法。

例如，多光束干涉操作简单，能在扩展的三维体上产生高质量光学晶格，并且耐高光束功率。大量关于激光诱导冷冻和其他新型相变工作已经采用了该方法[13,19]。Burns 等人利用若干光束干涉产生的固定光场来捕获聚苯乙烯微球，从而产生二维胶态晶体。同时，他们提出在该系统中，存在光介导的粒子—粒子之间的相互作用(光学结合)[99,100]。然而，这些方法受对称模式的限制。

此外，振镜[101]或压电材料[37,102]已成为扫描激光光镊的设计基础。下节中将简要总结这些方法。另一个(基于空间光调制器)可灵活产生光阱阵列的方法是广义相位对比法(Generalized Phase Contrast, GPC)。另外，采用倏逝波可实现覆盖大面积的阵列。在本节的余下部分，我们将讨论这些具有前景的可替代技术。

6.4.6.1　光阱的分时

采用模拟振镜可产生简单、平滑的势，如环形光阱。这种方法要优于采用全息光镊或声光偏转器(acousto-optic deflectors, AODs)。若外加一个电光调制器，那么在连续光学势中，可产生平滑变化强度调制[103,104]。比起声光偏转器或者傅里叶平面全息光镊，振镜系统能提供更多的入射光光通量，并且在许多实验中已得到很好的应用(例如，Bechinger 课题组采用振镜来建立简单的光学“围栏”，可控地调整二维胶体整体的密度)。然而，惯性限制了宏观镜的扫描速度，其扫描速度只是声光偏转器扫描速度的一部分。

声光偏转器是另一种可重构的衍射光学元件——受限于简单的闪耀光栅，但具有更高的刷新率：用数百千赫兹的频率扫描声光偏转器，可以在捕获粒子只经历一次时间平均势的时间内，重新定位激光。在这段短时间内，采用相同（一级）衍射点的声光偏转器进行偏转，可构建多重“时间共享”光阱[105,106]。

为了使每个捕获粒子只感受到时间平均势，激光能远离任意光阱的最大时间，类似于粒子位移的功率谱中转折频率设定时标的 1/10。本质上，该角频率的倒数表示粒子扩散穿过光阱的时间。粒子越小，时标会越短。低粘度环境也对时标提出挑战：对于气溶胶来说，一个 8 μm 球的角频率甚至可达到 2 kHz[107]。由于这些样品的角频率很高，用声光偏转器产生大阵列会比较困难。对于这些研究，应优先考虑基于全息光镊的阵列生成[108]。应当强调的是，对于任何类型的样品，“当激光远离时，珠子将偏离！”也就是说，如果在时间间隔 t 内，激光在别处（在其他捕获点或在两个光阱之间穿梭），微珠将偏离其名义上的光阱点，偏离的距离为 $d=\sqrt{2Dt}$ 。对于水中一个直径为 1 μm 的珠子，偏离系数是 $D=k_BT/6\pi\eta r=0.4\ \mu m^2/s$.。所以，如果激光在 25 μs 内不作用，珠子预计将偏离 5 nm。显然，在相同的时间内，球体越小，偏离的越远。当捕获点数量增加时，控制系统（硬件和软件）所有元件的速度需要更快。并且，在每个捕获点，激光都需要有足够的时间来产生所需光阱力度的时间平均功率。事实上，尽管光阱力度只取决于时间平均功率，但是由双光子吸收和局部加热导致的样品损坏还取决于峰值功率[109]。这就意味着，可构造阵列的最大尺度，以及采用时间－共享捕获方法时球体定位的精度均受到限制。

研究者们已经取得显著的成果。先驱 Blaaderen 组构建了一个 20×20 的二维光阱阵列，并且（几乎）填充满了 1.4 μm 硅球[110]。另外，通过物理分离光束，并用偏移图像平面构建两条光学路径的方法，该课题组可在两个分离平面中构造小光阱阵列。因为几乎所有样品中的胶体颗粒都与周围介质折射率匹配，他们可以用镊子稀释非折射率匹配的追踪粒子的浓度，以便在浓缩的胶体样品中可控地三维有序成核[110]，然后使用荧光共聚焦显微镜观察结果。尽管如此，二维光阱阵列的产生还是限制了采用声光偏转器进行的研究。

对于只涉及一两个球体的实验，低跳动数字频率合成器驱动的声光偏转器其定位分辨率最高。这样的系统其定位分辨率可小于 1/10 nm，但在这种水平上，定位的准确性不仅受光阱中粒子偏移的影响，也受捕获激光的指向稳定性、采样阶段和物镜的滞后与漂移的影响。下面介绍一些必须了解的技术点。对于模拟声光偏转器系统，仍存在着“鬼陷阱”（由于光束经常顺序复位，先在 x 方向后在 y 方向，所以沿平面对角线产生两个光阱的同时，会在其他一个角上产生一个多余的点）。另外，由于声光偏转器是关于偏转角度的函数，其效率不断下降。如果应用中需均匀阵列，则必须对效率进行补偿，可以在外围光阱消耗更多时间或增加传输给外围光阱的功率。如果采取了上述步骤，声光偏转器会有良好的光阱一致性，在二维中能精确定位并快速更新。另外在某种意义上，声光偏转器产生的阵列可看作是由非相干光组成（不同光束不相干，同一时刻只存在一束光）。

更多的细节包括参考文献，可参考文献[37]。关于采用声光偏转器产生陷阱阵列的方法，文献[110]的 2964－2965 页清楚地介绍了一些必须考虑的相关参数。

与基于空间光调制器的技术不同，基于声光偏转器的系统通常不能进行模式转换或像差校正，也不能产生分散在三维中的光阱阵列。

6.4.6.2　广义相位对比法

Frits Zernike 开发了一种可将透明样品(如生物细胞)引起的相位调制转变为相机平面或眼睛上的强度调制的成像技术,并因此获得了 1953 年的诺贝尔奖。尽管 Zernike 的方法对于弱相位调制是有效的,丹麦 Risø 国家实验室的研究人员仍创建了广义相位对比技术(Generalized Phase-Contrast, GPC),它采用空间光调制器,可比较容易地产生用户定义的任意二维光阱阵列[111],也可应用到三维[112,113]。

在 GPC 方法中,空间光调制器与捕获平面共轭,并且不需要任何计算,以便将相位调制空间光调制器转变为像平面的强度调制;取而代之的是空间光调制器显示的相位图案和捕获平面创建的强度图案之间直接的、一对一的通信。在傅里叶平面上,小的 π 相滤波器可以偏移来自空间光调制器的聚焦光,使该聚焦光在像平面与平面波分量相干。这样做的结果是,该系统只需要用户在空间光调制器上写入所需的二维图案。该系统的缺点在于像素位置限制了 xy 位置,这也就意味着,超高精度的光阱定位达不到前面介绍的其他技术的程度。另外,光束整形傅里叶全息技巧并不适用于 GPC 方法。

将 GPC 方法扩展到三维,需使用相向传输光束光阱,而不使用光镊。因此在某种意义上,三维控制更加复杂。因此,面向对三维控制感兴趣的用户,Risø 团队开发了自动排列协议[114]。虽然该方法不能实现在光阱之后可控放置光阱,但仍有一些令人印象深刻的三维操作展示。

值得注意的是,在该"成像模式"中,空间光调制器效率更高,能提供高达 90%的光通量,同时没有斑点噪声和衍射损耗(例如,没有鬼阶;没有零阶光束)[115]。使用相向传输光束光阱的 GPC 也可使用低数值孔径光学,从而获得大视场和大的瑞利范围。因此,尽管傅里叶平面全息光镊受球面像差限制,只能小范围轴向位移。但是,由于光阱沿光轴移动的范围大,低数值孔径 GPC 光阱阵列有时也被称为**光学电梯**。另外,它的工作距离可达到 1 cm,该距离是传统光镊装置工作距离的 100 倍。这种长的工作距离甚至可以从侧面成像光阱结构[116]。由于低数值孔径成像光学不需要浸液,研究者们可在极端环境(如真空或失重状态)下采用这种方法进行实验。也就是说,如果沿轴向需要高光阱刚度,则需使用高数值孔径的油浸捕获透镜。

6.4.6.3　倏逝波光阱阵列

倏逝场之所以有望产生光阱阵列,主要因为两点。一是不受自由空间衍射极限限制,在光场中可有效构建亚波长结构。此外,图案化的倏逝场可产生大量覆盖宏观大面积的光阱[117]。有趣的是,由于非线性光学现象(光孤子)的出现[118],研究者们最近在**无图案化**但共振增强的倏逝场中,观察到捕获粒子阵列的自组装现象。他们提出一些全息控制倏逝场的方案和针对这一类光整形的特定算法[119]。

倏逝场的缺点在于必须非常接近表面工作,只有大于全反射临界角的入射角范围才能产生图案。由于穿透深度是关于入射角的函数,因此穿透深度也会强烈变化(即,另一方面允许倏逝场的三维整形[119])。上述这些情况必定约束了近场中全息实现的形状,人们也需要研究专门的算法。

6.5　全息光镊的未来

为了研究由任意三维光阱结构组成的傅里叶平面全息光镊,研究者们已经开发出了既好又快的算法。如今,全息光镊已实现商业化[74]。许多研究人员已经开始将全息光镊作为集成生物光子工作站的核心[120-122]。将全息光镊与数字全息显微镜结合起来，可实现全息工作[123-125]。更重要的是，光阱已实现计算机控制。因此在局域的时空及近不稳定系统中[127]，将全息光镊与图案识别结合也相对容易。这一技术可用于自动捕获粒子和分拣[126]。相关的技术也正经历着重要发展。因此，尽管许多实验研究已经能实现一两个点状光阱，但扩展光阱阵列显然仍有巨大的研究价值。

致谢

Gabriel C. Spalding 受到科学促进发展基金会及美国化学学会石油研究基金的资助。Johannes Courtial 感谢英国皇家学会的支持。

参考文献

[1] A. Rohrbach, Switching and measuring a force of 25 femtonewtons with an optical trap, *Opt. Exp.* *13* (2005) 9695 - 9701.

[2] G. Volpe, D. Petrov, Torque detection using Brownian fluctuations, *Phys. Rev. Lett.* *97* (2006) 210603.

[3] H. He, M.E.J. Friese, N.R. Heckenberg, H. Rubinsztein-Dunlop, Direct observation of transfer of angular momentum to absorptive particles from a laser beam with a phase singularity, *Phys. Rev. Lett.* *75* (1995) 826 - 829.

[4] M.E.J. Friese, J. Enger, H. Rubinsztein-Dunlop, N.R. Heckenberg, Optical angular-momentum transfer to trapped absorbing particles, *Phys. Rev. A* *54* (1996) 1593 - 1596.

[5] N.B. Simpson, K. Dholakia, L. Allen, M.J. Padgett, Mechanical equivalence of spin and orbital angular momentum of light: An optical spanner, *Opt. Lett.* *22* (1997) 52 - 54.

[6] M.E.J. Friese, T.A. Nieminen, N.R. Heckenberg, H. Rubinsztein-Dunlop, Optical alignment and spinning of laser-trapped microscopic particles, *Nature* *394* (6691) (1998) 348 - 350.

[7] J. Leach, M.J. Padgett, S.M. Barnett, S. Franke-Arnold, J. Courtial, Measuring the orbital angular momentum of a single photon, *Phys. Rev. Lett.* *88* (2002) 257901.

[8] S. Franke-Arnold, S. Barnett, E. Yao, J. Leach, J. Courtial, M. Padgett, Uncertainty principle for angular position and angular momentum, *New J. Phys.* *6* (2004) 103.

[9] E.A. Abbondanzieri, W.J. Greenleaf, J.W. Shaevitz, R. Landick, S.M. Block, Direct observation of base-pair stepping by RNA polymerase, *Nature* *438* (7067) (2005) 460 - 465.

[10] J. Liphardt, S. Dumont, S.B. Smith, I. Tinoco, C. Bustamante, Equilibrium information from nonequilibrium measurements in an experimental test of Jarzynski's equality, *Science* *296* (2002) 1832 - 1835.

[11] D. Collin, F. Ritort, C. Jarzynski, S.B. Smith, I. Tinoco, C. Bustamante, Verification of the Crooks fluctuation theorem and recovery of RNA folding free energies, *Nature* *437* (2005) 231 - 234.

[12] J.C. Butler, I. Smalyukh, J. Manuel, G.C. Spalding, M.J. Parsek, G.C.L. Wong, Generating biofilms with optical tweezers: The influence of quorum sensing and motility upon pseudomonas aeruginosa aggregate formation, 2007, in preparation.

[13] A. Chowdhury, B.J. Ackerson, N.A. Clark, Laser-induced freezing, *Phys. Rev. Lett.* *55* (1985)

833 - 836.

[14] C. Bechinger, M. Brunner, P. Leiderer, Phase behavior of two-dimensional colloidal systems in the presence of periodic light fields, *Phys. Rev. Lett.* *86* (2001) 930 - 933.

[15] M. Brunner, C. Bechinger, Phase behavior of colloidal molecular crystals on triangular light lattices, *Phys. Rev. Lett.* *88* (2002) 248302.

[16] C. Reichhardt, C. J. Olson, Novel colloidal crystalline states on two-dimensional periodic substrates, *Phys. Rev. Lett.* *88* (2002) 248301.

[17] K. Mangold, P. Leiderer, C. Bechinger, Phase transitions of colloidal monolayers in periodic pinning arrays, *Phys. Rev. Lett.* *90* (2003) 158302.

[18] C.J.O. Reichhardt, C. Reichhardt, Frustration and melting of colloidal molecular crystals, J. *Phys. A: Math. Gen.* *36* (2003) 5841 - 5845.

[19] J. Baumgartl, M. Brunner, C. Bechinger, Locked-floating-solid to locked-smectic transition in colloidal systems, *Phys. Rev. Lett.* *93* (2004) 168301.

[20] P.T. Korda, G.C. Spalding, D.G. Grier, Evolution of a colloidal critical state in an optical pinning potential landscape, *Phys. Rev. B 66* (2002) 024504.

[21] P. T. Korda, M. B. Taylor, D. G. Grier, Kinetically locked-in colloidal transport in an array of optical tweezers, *Phys. Rev. Lett.* *89* (2002) 128301.

[22] C. Reichhardt, C. J. O. Reichhardt, Directional locking effects and dynamics for particles driven through a colloidal lattice, *Phys. Rev. E 69* (2004) 041405.

[23] C. Reichhardt, C. J. O. Reichhardt, Cooperative behavior and pattern formation in mixtures of driven and nondriven colloidal assemblies, *Phys. Rev. E 74* (2006) 011403.

[24] M.P. MacDonald, G.C. Spalding, K. Dholakia, Microfluidic sorting in an optical lattice, *Nature* *426* (2003) 421 - 424.

[25] W. Mu, Z. Li, L. Luan, G.C. Spalding, G. Wang, J.B. Ketterson, Measurements of the force on polystyrene microspheres resulting from interferometric optical standing wave, Opt. Exp. (2007), submitted for publication.

[26] M. Pelton, K. Ladavac, D.G. Grier, Transport and fractionation in periodic potential-energy landscapes, *Phys. Rev. E 70* (2004) 031108.

[27] R. Applegate, J. Squier, T. Vestad, J. Oakey, D. Marr, Optical trapping, manipulation, and sorting of cells and colloids in microfluidic systems with diode laser bars, *Opt. Exp.* *12* (2004) 4390-4398.

[28] M.P. MacDonald, S. Neale, L. Paterson, A. Richies, K. Dholakia, G.C. Spalding, Cell cytometry with a light touch: Sorting microscopic matter with an optical lattice, *J. Biol. Regul. Homeost. Agents 18* (2004) 200 - 205.

[29] R.L. Smith, G.C. Spalding, S.L. Neale, K. Dholakia, M.P. MacDonald, Colloidal traffic in static and dynamic optical lattices, *Proc. Soc. Photo. Opt. Instrum. Eng.* *6326* (2006) 6326N.

[30] R.L. Smith, G.C. Spalding, K. Dholakia, M.P. MacDonald, Colloidal sorting in dynamic optical lattices, *J. Opt. A: Pure Appl. Opt.* *9* (2007) S1 - S5.

[31] R. Di Leonardo, J. Leach, H. Mushfique, J.M. Cooper, G. Ruocco, M.J. Padgett, Multipoint holographic optical velocimetry in microfluidic systems, *Phys. Rev. Lett.* *96* (2006) 134502.

[32] A. Terray, J. Oakey, D. W. M. Marr, Microfluidic control using colloidal devices, *Science 296* (2002) 1841 - 1844.

[33] J. Arlt, M.J. Padgett, Generation of a beam with a dark focus surrounded by regions of higher intensity: An optical bottle beam, *Opt. Lett.* *25* (2000) 191 - 193.

[34] D. McGloin, G.C. Spalding, H. Melville, W. Sibbett, K. Dholakia, Applications of spatial light modulators in atom optics, *Opt. Exp.* *11* (2003) 158 - 166.

[35] D. McGloin, G.C. Spalding, H. Melville, W. Sibbett, K. Dholakia, Three-dimensional arrays of optical bottle beams, *Opt. Commun.* *225* (2003) 215 - 222.

[36] A. Ashkin, J.M. Dziedzic, J.E. Bjorkholm, S. Chu, Observation of a single-beam gradient force optical trap for dielectric particles, *Opt. Lett.* *11* (1986) 288 - 290.

[37] K.C. Neuman, S.M. Block, Optical trapping, *Rev. Sci. Instrum.* *75* (2004) 2787 - 2809.

[38] A. van der Horst, High-refractive index particles in counter-propagating optical tweezers—manipulation and forces, PhD thesis, Utrecht University, 2006.

[39] A. van der Horst A. Moroz, A. van Blaaderen, M. Dogterom, High trapping forces for highrefractive index particles trapped in dynamic arrays of counter-propagating optical tweezers, 2007, in preparation.

[40] A. Ashkin, Acceleration and trapping of particles by radiation pressure, *Phys. Rev. Lett.* *24* (1970) 156 - 159.

[41] P. Korda, G.C. Spalding, E.R. Dufresne, D.G. Grier, Nanofabrication with holographic optical tweezers, *Rev. Sci. Instrum.* *73* (2002) 1956 - 1957.

[42] J.M. Fournier, M.M. Burns, J.A. Golovchenko, Writing diffractive structures by optical trapping, *Proc. Soc. Photo. Instrum. Eng.* *2406* (1995) 101 - 111.

[43] C. Mennerat-Robilliard, D. Boiron, J.M. Fournier, A. Aradian, P. Horak, G. Grynberg, Cooling cesium atoms in a Talbot lattice, *Europhys. Lett.* *44* (1998) 442 - 448.

[44] E. Schonbrun, R. Piestun, P. Jordan, J. Cooper, K.D.Wulff, J. Courtial, M. Padgett, 3D interferometric optical tweezers using a single spatial light modulator, *Opt. Exp.* *13* (2005) 3777 - 3786.

[45] M.P. MacDonald, S.L. Neale, R.L. Smith, G.C. Spalding, K. Dholakia, Sorting in an optical lattice, *Proc. Soc. Photo. Instrum. Eng.* *5907* (2005) 5907E.

[46] L.C. Thomson, Y. Boissel, G. Whyte, E. Yao, J. Courtial, Superresolution holography for optical tweezers, 2007, in preparation.

[47] L.C. Thomson, J. Courtial, Holographic shaping of generalized self-reconstructing light beams, 2007, submitted for publication.

[48] C.H.J. Schmitz, J.P. Spatz, J.E. Curtis, High-precision steering of multiple holographic optical traps, *Opt. Exp.* *13* (2005) 8678 - 8685.

[49] E.R. Dufresne, D.G. Grier, Optical tweezer arrays and optical substrates created with diffractive optics, *Rev. Sci. Instrum.* *69* (1998) 1974 - 1977.

[50] E.R. Dufresne, G.C. Spalding, M.T. Dearing, S.A. Sheets, D.G. Grier, Computer-generated holographic optical tweezer arrays, *Rev. Sci. Instrum.* *72* (2001) 1810 - 1816.

[51] J.E. Curtis, B.A. Koss, D.G. Grier, Dynamic holographic optical tweezers, *Opt. Commun.* *207* (2002) 169 - 175.

[52] J.W. Goodman, Introduction to Fourier Optics, 2nd ed., McGraw - Hill, New York, 1996.

[53] P.A. Prentice, M.P. MacDonald, T.G. Frank, A. Cuschieri, G.C. Spalding, W. Sibbett, P.A. Campbell, K. Dholakia, Manipulation and filtration of low index particles with holographic Laguerre - Gaussian optical trap arrays, *Opt. Exp.* *12* (2004) 593 - 600.

[54] J. Arlt, V. Garcés-Chávez, W. Sibbett, K. Dholakia, Optical micromanipulation using a Bessel light beam, *Opt. Commun.* *197* (2001) 239 - 245.

[55] V. Garcés-Chávez, D. McGloin, H. Melville, W. Sibbett, K. Dholakia, Simultaneous micromanipulation in multiple planes using a self-reconstructing light beam, *Nature* *419* (2002) 145 - 147.

[56] L.Z. Cai, X.L. Yang, Y.R. Wang, All fourteen Bravais lattices can be formed by interference of four noncoplanar beams, *Opt. Lett.* *27* (2002) 900 - 902.

[57] P.T. Korda, Kinetics of Brownian particles driven through periodic potential energy landscapes, PhD thesis, University of Chicago, 2002.

[58] J.A. Neff, R.A. Athale, S.H. Lee, 2-dimensional spatial light modulators—a tutorial, *Proc. IEEE* *78* (1990) 826 - 855.

[59] Y. Igasaki, F. Li, N. Yoshida, H. Toyoda, T. Inoue, N. Mukohzaka, Y. Kobayashi, T. Hara, High efficiency electrically-addressable phase-only spatial light modulator, *Opt. Rev.* *6* (1999) 339 - 344.

[60] F. Mok, J. Diep, H.K. Liu, D. Psaltis, Real-time computer-generated hologram by means of liquid-crystal television spatial light-modulator, *Opt. Lett.* *11* (1986) 748 - 750.

[61] Boulder Nonlinear Systems, Spatial Light Modulators, retrieved on 2007 at http://www.boulder-nonlinear.com/products/XYphaseFlat/XYphaseFlat.htm.

[62] HOLOEYE Photonics AG, Spatial Light Modulator, retrieved on 2007 at http://www.holoeye.com/spatial_light_modulators-technology.html.

[63] Hamamatsu Corporation, Programmable Phase Modulator (Spatial Light Modulator), retrieved on 2007 at http://sales.hamamatsu.com/en/products/electron-tube-division/detectors/spatiallight-modulator.php.

[64] W.J. Hossack, E. Theofanidou, J. Crain, K. Heggarty, M. Birch, High-speed holographic optical tweezers using a ferroelectric liquid crystal microdisplay, *Opt. Exp.* *11* (2003) 2053 - 2059.

[65] G. Moddel, K.M. Johnson, W. Li, R.A. Rice, L.A. Paganostauffer, M.A. Handschy, High-speed binary optically addressed spatial light-modulator, *Appl. Phys. Lett.* *55* (1989) 537 - 539.

[66] L.K. Cotter, T.J. Drabik, R.J. Dillon, M.A. Handschy, Ferroelectric-liquid-crystal siliconintegrated-circuit spatial light-modulator, *Opt. Lett.* *15* (1990) 291 - 293.

[67] A. Lafong, W.J. Hossack, J. Arlt, T.J. Nowakowski, N.D. Read, Time-multiplexed Laguerre-Gaussian holographic optical tweezers for biological applications, *Opt. Exp.* *14* (2006) 3065 - 3072.

[68] J. Amako, T. Sonehara, Kinoform using an electrically controlled birefringent liquid-crystal spatial light-modulator, *Appl. Opt.* *30* (1991) 4622 - 4628.

[69] G.D. Love, Wave-front correction and production of Zernike modes with a liquid-crystal spatial light modulator, *Appl. Opt.* *36* (1997) 1517 - 1524.

[70] Y. Roichman, A. Waldron, E. Gardel, D.G. Grier, Optical traps with geometric aberrations, *Appl. Opt.* *45* (2006) 3425 - 3429.

[71] K.D. Wulff, D.G. Cole, R.L. Clark, R. Di Leonardo, J. Leach, J. Cooper, G. Gibson, M.J. Padgett, Aberration correction in holographic optical tweezers, *Opt. Exp.* *14* (2006) 4170 - 4175.

[72] A. Jesacher, A. Schwaighofer, S. Furhapter, C. Maurer, S. Bernet, M. Ritsch-Marte, Wavefront correction of spatial light modulators using an optical vortex image, *Opt. Exp.* *15* (2007) 5801 - 5808.

[73] T.R. O'Meara, P.V. Mitchell, Continuously operated spatial light modulator apparatus and method for adaptive optics, *U.S. Patent 5* (396, 364) (1995).

[74] Arryx, Inc., retrieved on 2007 at http://www.arryx.com/.

[75] T. Ota, S. Kawata, T. Sugiura, M.J. Booth, M.A.A. Neil, R. Juškaitis, T.Wilson, Dynamic axialposition control of a laser-trapped particle by wave-front modification,*Opt. Lett.* *28* (2003) 465 - 467.

[76] J.W. Rinne, P.Wiltzius, Design of holographic structures using genetic algorithms, *Opt. Exp.* *14* (2006) 9909 - 9916.

[77] J. Leach, K. Wulff, G. Sinclair, P. Jordan, J. Courtial, L. Thomson, G. Gibson, K. Karunwi, J. Cooper, Z.J. Laczik, M. Padgett, Interactive approach to optical tweezers control, *Appl. Opt.* *45* (2006) 897 - 903.

[78] R. Di Leonardo, F. Ianni, G. Ruocco, Computer generation of optimal holograms for optical trap arrays, *Opt. Exp.* *15* (2007) 1913 - 1922.

[79] J.W. Goodman, Introduction to Fourier Optics, McGraw-Hill, New York, 1996.

[80] M. Montes-Usategui, E. Pleguezuelos, J. Andilla, E. Martin-Badosa, Fast generation of holographic optical tweezers by random mask encoding of Fourier components, *Opt. Exp.* *14* (2006) 2101 - 2107.

[81] M. Reicherter, T. Haist, E.U. Wagemann, H.J. Tiziani, Optical particle trapping with computer-generated holograms written on a liquid-crystal display, *Opt. Lett.* *24* (1999) 608 - 610.

[82] J. Liesener, M. Reicherter, T. Haist, H.J. Tiziani, Multi-functional optical tweezers using computer-generated holograms, *Opt. Commun.* *185* (2000) 77 - 82.

[83] J.E. Curtis, C.H.J. Schmitz, J.P. Spatz, Symmetry dependence of holograms for optical trapping, *Opt. Lett.* *30* (2005) 2086 - 2088.

[84] L. B. Lesem, P. M. Hirsch, J. A. Jordon Jr., The kinoform: A new wavefront reconstruction device, *IBM J. Res. Develop.* *13* (1969) 150 - 155.

[85] J.N. Mait, Diffractive beauty, *Opt. Photon. News* *9* (1998) 21 - 25, 52.

[86] R.W. Gerchberg, W.O. Saxton, A practical algorithm for the determination of the phase from image and diffraction plane pictures, *Optik* *35* (1972) 237 - 246.

[87] N.C. Gallagher, B. Liu, Method for computing kinoforms that reduces image reconstruction error, *Appl. Opt.* *12* (1973) 2328 - 2335.

[88] R. W. Gerchberg, Super-resolution through error energy reduction, *Optica Acta* *21* (1974) 709 - 720.

[89] B. Liu, N.C. Gallagher, Convergence of a spectrum shaping algorithm, *Appl. Opt.* *13* (1974) 2470 - 2471.

[90] G. Shabtay, Three-dimensional beam forming and Ewald's surfaces, *Opt. Commun.* *226* (2003) 33 - 37.

[91] G. Whyte, J. Courtial, Experimental demonstration of holographic three-dimensional light shaping using a Gerchberg-Saxton algorithm, *New J. Phys.* *7* (2005) 117.

[92] L. Angelani, L. Casetti, M. Pettini, G. Ruocco, F. Zamponi, Topological signature of first-order phase transitions in a mean-field model, *Europhys. Lett.* *62* (2003) 775 - 781.

[93] T. Haist, M. Schönleber, H.J. Tiziani, Computer-generated holograms from 3D-objects written on twisted-nematic liquid crystal displays, *Opt. Commun.* *140* (1997) 299 - 308.

[94] G. Sinclair, J. Leach, P. Jordan, G. Gibson, E. Yao, Z.J. Laczik, M.J. Padgett, J. Courtial, Interactive application in holographic optical tweezers of a multi-plane Gerchberg-Saxton algorithm for three-dimensional light shaping, *Opt. Exp.* *12* (2004) 1665 - 1670.

[95] M. Meister, R. J. Winfield, Novel approaches to direct search algorithms for the design of diffractive optical elements, *Opt. Commun.* *203* (2002) 39 - 49.

[96] M. Polin, K. Ladavac, S. Lee, Y. Roichman, D. Grier, Optimized holographic optical traps, *Opt. Exp.* *13* (2005) 5831 - 5845.

[97] N. Yoshikawa, T. Yatagai, Phase optimization of a kinoform by simulated annealing, *Appl. Opt.* *33*(1994) 863 - 868.

[98] T. Haist, M. Reicherter, M. Wu, L. Seifert, Using graphics boards to compute holograms, *Comput. Sci. Eng.* *8* (2006) 8 - 13.

[99] M.M. Burns, J.M. Fournier, J.A. Golovchenko, Optical binding, *Phys. Rev. Lett.* *63* (1989) 1233 - 1236.

[100] M.M. Burns, J.M. Fournier, J.A. Golovchenko, Optical matter—crystallization and binding in intense optical-fields, *Science 249* (1990) 749 - 754.

[101] K. Sasaki, M. Koshioka, H. Misawa, N. Kitamura, H. Masuhara, Laser-scanning micromanipulation and spatial patterning of fine particles, *JJAP Part 2-Letters 30* (1991) L907 - L909.

[102] C. Mio, T. Gong, A. Terray, D.W.M. Marr, Design of a scanning laser optical trap for multiparticle manipulation, *Rev. Sci. Instrum.* *71* (2000) 2196 - 2200.

[103] V. Blickle, T. Speck, U. Seifert, C. Bechinger, Characterizing potentials by a generalized Boltzmann factor, *Phys. Rev. E* (2007) 060101.

[104] V. Blickle, T. Speck, C. Lutz, U. Seifert, C. Bechinger, The Einstein relation generalized to nonequilibrium, *Phys. Rev. Lett.* *98* (2007) 210601.

[105] K. Visscher, G.J. Brakenhoff, J.J. Kroll, MicromanipulatioMicromanipulation by multiple optical traps created by a single fast scanning trap integrated with the bilateral confocal scanning laser microscope, *Cytometry* 14 (1993) 105 - 114.

[106] K. Visscher, S.P. Gross, S.M. Block, Construction of multiple-beam optical traps with nanometer-resolution position sensing, *IEEE J. Selected Topics Quantum Electron.* *2* (1996) 1066 - 1076.

[107] R. Di Leonardo, G. Ruocco, J. Leach, M.J. Padgett, A.J. Wright, J.M. Girkin, D.R. Burnham, D. McGloin, Parametric resonance of optically trapped aerosols, *Phys. Rev. Lett.* *99* (2007) 029902.

[108] D.R. Burnham, D. McGloin, Holographic optical trapping of aerosol droplets, *Opt. Exp.* *14* (2006) 4175 - 4181.

[109] B. Agate, C.T.A. Brown, W. Sibbett, K. Dholakia, Femtosecond optical tweezers for in-situ control of two-photon fiuorescence, *Opt. Exp.* *12* (2004) 3011 - 3017.

[110] D.L.J. Vossen, A. van der Horst, M. Dogterom, A. van Blaaderen, Optical tweezers and confocal microscopy for simultaneous three-dimensional manipulation and imaging in concentrated colloidal dispersions, *Rev. Sci. Instrum.* *75* (2004) 2960 - 2970.

[111] P.C.Mogensen, J. Glückstad, Dynamic array generation and pattern formation for optical tweezers, *Opt. Commun.* *175* (2000) 75 - 81.

[112] P.J. Rodrigo, V.R.Daria, J. Gluckstad, Dynamically reconfigurable optical lattices, *Opt. Exp.* *13* (2005) 1384 - 1394.

[113] P.J. Rodrigo, I.R. Perch-Nielsen, J. Gluckstad, Three-dimensional forces in GPC-based counter-propagating-beam traps, *Opt. Exp.* *14* (2006) 5812 - 5822.

[114] J.S. Dam, P.J. Rodrigo, I.R. Perch-Nielsen, C.A. Alonzo, J. Gluckstad, Computerized drag-anddrop a-

lignment of gpc-based optical micromanipulation system, *Opt. Exp.* *15* (2007) 1923 - 1931.

[115] D. Palima, V.R. Daria, Effect of spurious diffraction orders in arbitrary multifoci patterns produced via phase-only holograms, *Appl. Opt.* *45* (2006) 6689 - 6693.

[116] I.R. Perch-Nielsen, P.J. Rodrigo, J. Gluckstad, Real-time interactive 3D manipulation of particles viewed in two orthogonal observation planes, *Opt. Exp.* *13* (2005) 2852 - 2857.

[117] V. Garcés-Chávez, K. Dholakia, G.C. Spalding, Extended-area optically induced organization of microparticies on a surface, *Appl. Phys. Lett.* *86* (2005) 031106.

[118] P.J. Reece, E.M. Wright, K. Dholakia, Experimental observation of modulation instability and optical spatial soliton arrays in soft condensed matter, *Phys. Rev. Lett.* *98* (2007) 203902.

[119] L.C. Thomson, J. Courtial, G. Whyte, M. Mazilu, Algorithm for 3D intensity shaping of evanescent wave fields, 2007, in preparation.

[120] M. Kyoung, K. Karunwi, E. D. Sheets, A versatile multimode microscope to probe and manipulate nanoparticles and biomolecules, *J. Microsc. Oxford 225* (2007) 137 - 146.

[121] V. Emiliani, D. Cojoc, E. Ferrari, V. Garbin, C. Durieux, M. Coppey-Moisan, E. Di Fabrizio, Wave front engineering for microscopy of living cells, *Opt. Exp.* *13* (2005) 1395 - 1405.

[122] D. Stevenson, B. Agate, X. Tsampoula, P. Fischer, C.T.A. Brown, W. Sibbett, A. Riches, F. Gunn-Moore, K. Dholakia, Femtosecond optical transfection of cells: Viability and efficiency, *Opt. Exp.* *14* (2006) 7125 - 7133.

[123] E. Cuche, F. Bevilacqua, C. Depeursinge, Digital holography for quantitative phase-contrast imaging, Opt. Lett. 24 (1999) 291 - 293.

[124] T.M. Kreis, Frequency analysis of digital holography with reconstruction by convolution, *Opt. Eng.* *41* (2002) 1829 - 1839.

[125] S. H. Lee, D.G. Grier, Holographic microscopy of holographically trapped three-dimensional structures, *Opt. Exp.* *15* (2007) 1505 - 1512.

[126] S.C. Chapin, V. Germain, E.R. Dufresne, Automated trapping, assembly, and sorting with holographic optical tweezers, *Opt. Exp.* *14* (2006) 13095 - 13100.

[127] A. J. Pons, A. Karma, S. Akamatsu, M. Newey, A. Pomerance, H. Singer, W. Losert, Feedback control of unstable cellular solidification fronts, *Phys. Rev. E 75* (2007) 021602.

第七章　利用结构光进行原子和分子操纵

Mohamed Babiker[1] and David L. Andrews[2]

[1] University of York，UK

[2] University of East Anglia，UK

7.1　简介

在光操纵领域中，一系列机制和方法已经得到充分证实。在特定的系统中，这种机制主要由目标粒子的尺寸决定。目标粒子的尺寸反过来决定光操纵物理系统的性质。光镊及其类似方法的尺度在光束宽度中占重要部分。在极限尺寸下，微观粒子（诸如细胞和聚合物微珠）代表着光学可控的粒子[1-3]。为抵消重力作用，在悬浮液中研究这些材料最为方便。在此情形下，可通过不同方法来控制粒子的位置和运动，包括强度梯度法（在**激光焦点**处**单粒子**的光镊或**多粒子全息生成**的光阱）和多重散射法（光学束缚）。同时，这些方法所代表的光学技术分支已在医药、传感及微机械领域中得到广泛的应用。

与此相反，如果粒子尺寸减小到某个程度，很显然这些方法大多无法适用。单原子和小分子的截面远小于波长，无法对波长尺度下的光强变化相对周围原子表现出差异性的响应，也难以定位。由于布朗运动（Brownian motion）的存在，在凝聚相中对于尺寸小于 100 nm 粒子的光操纵异常困难。在气相中，可以基于动量交换和利用极限多普勒频移原理，例如冷原子粘团的激光冷却方案，来构建光阱，进一步实现光操纵。冷原子科学[4-8]已被引入另一迅速发展的研究领域——玻色—爱因斯坦凝聚体（Bose-Einstein condensates）的产生和控制领域[9]。在这些系统中，单原子或分子，或在玻色—爱因斯坦条件下原子和分子形成的组件，它们的运动响应是由光阱所决定。

在此背景下，近年来相关理论和技术的发展促进了结构激光领域的形成，将对轨道角动量（OAM）相关内容的研究和应用提升到了新的高度[10-14]。拉盖尔—高斯（Laguerre-Gaussian）、贝塞尔（Bessel）和马蒂厄（Mathieu）光束具有复杂的波前结构。例如，这些光束能够产生与传统光束完全不同的力场和扭矩。人们已经证明，通过这些光束操纵原子和分子能够产生一系列的晶面结构，团簇和环[15-17]。在本章中，我们将描述它的基本原理并给出重要公式。我们也会展示一些来自光俘获原子和液晶准静态环境中的分子的研究结果[18]。首先，我们将简单概述具有轨道角动量的光与原子、分子之间的作用关系。

7.2 概要

与上文提到的对较大尺寸粒子(如生物细胞和聚合物微珠)的光学操纵相比[5],与轨道角动量的光与原子、分子相关的研究文献相对较少。尽管大部分基于原子和分子的工作仍停留在理论研究阶段,但仍然存在一些实验研究。

Allen 等人首次对能够影响原子和分子级物质的轨道角动量效应进行了可行性推测。[19]在此之后,人们进行了大量的理论工作[20-24],实现了对光力矩[20]、方位角的多普勒频移[21]的预测以及对拉盖尔—高斯光束中原子和离子运动的大量研究(包括一维、二维及三维条件下的光学粘团)。[22-24]当考虑在轨道角动量(OAM)条件下,光子自旋的作用得以阐明。[23]这使得圆偏振拉盖尔—高斯光产生的方位力中,自旋—轨道项和包含 1 - s 耦合的作用得以辨别。最近,人们把更多的工作重点转移到光束中对原子暗场的俘获,这些工作表明在该类条件下俘获的原子将受到减弱的加热效应。[25] van Enk[26]和 Babiker 等人[27]进行了利用外自由度和内自由度调控光的作用的选择定则的研究,同时 Juzeliūnas 等人发现了在玻色—爱因斯坦凝聚体相互作用下该种光的新型特性。[28-29]随着人们对这个研究方向的兴趣的增加,许多其他团队也相继参与到基于原子和分子的轨道角动量(OAM)效应问题的研究中。[30-35]

Tabosa 和 Petrov 首次实验研究了光的轨道角动量与原子间的相互作用。[36]他们演示了轨道角动量(OAM)从光束转移到冷铯原子的过程。其他人则对圆柱对称性的材料结构的原子通道进行了研究,其中光学模式可以通过轨道角动量的特性来区分。理论研究表明,[32,37]在这些结构中,包含光力矩的原子通道与自由空间拉盖尔—高斯光束产生的原子通道相类似,可以被用作原子传导。[37-42]在分子背景下,尽管液晶很复杂,但人们仍对其充满兴趣。这是由于液晶具有各向异性的局部结构和相对不稳定的定向运动的特点,这二者独特的结合直接遵循光取向。最近,Piccirillo 等人研究了液晶的轨道角动量(OAM)效应,[43,44]Carter 等人随后报道了利用向列型液晶的介电模型对该效应进行的进一步分析的结果。[18]

7.3 轨道角动量向原子和分子的转移

对于结构和非结构光二者来说,几乎所有的光学过程包含了电偶极子和辐射场的相互作用,该相互作用通常以最强耦合的形式出现。电偶极子的相互作用引发静态矩还是跃迁矩则是由具体的光学过程决定。

如果轨道角动量是所有类型的基于方位相光的固有性质(如 Berry[45]所示),那么轨道角动量会被认为在光跃迁中交换(正如自旋角动量在辐射跃迁中交换一样),从而导致修正的电子跃迁的选择定则。以上的问题人们已经明确分析并给出了结论,即轨道角动量(OAM)的交换出现在电偶极子近似中且仅仅将质心耦合到光束上。而与“电子”运动相关的内部自由度并未参与任何轨道角动量(OAM)与该光束主阶的交换,只有在次阶上(即电四极子跃迁),包含光、质心及内部自由度的交换才能够实现。当光和内动力学之间一个单位的轨道角动量(OAM)被交换时,该光束就具有$(l\pm1)\hbar$ 个单位的轨道角动量和±1 个单位的质心运动增益。以上结论表明,凭借包含电偶极子跃迁的变化,实验上还不能检测到拉盖尔—高斯光和分子系统之间的轨道角动量(OAM)的交换。分析表明

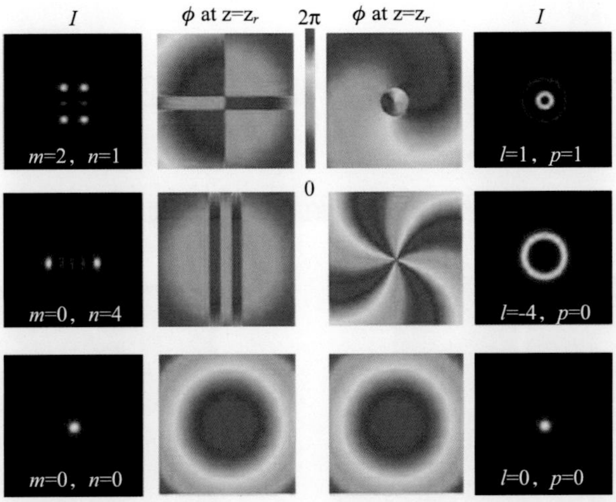

图 1.1 厄米特—高斯模式(左)和拉盖尔—高斯模式(右)的强度和相位结构的实例,图中标出了到光束束腰的距离,其等于瑞利范围。

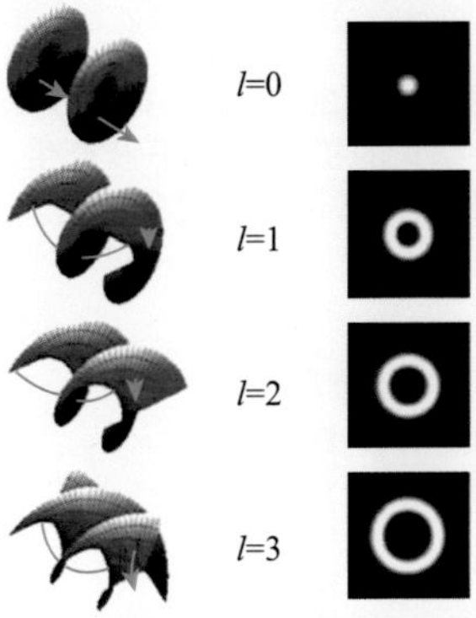

图 1.2 螺旋相位波前与相对应的 $\exp(\mathrm{i}l\varphi)$ 相位结构,以及相应的拉盖尔—高斯模式的强度分布。

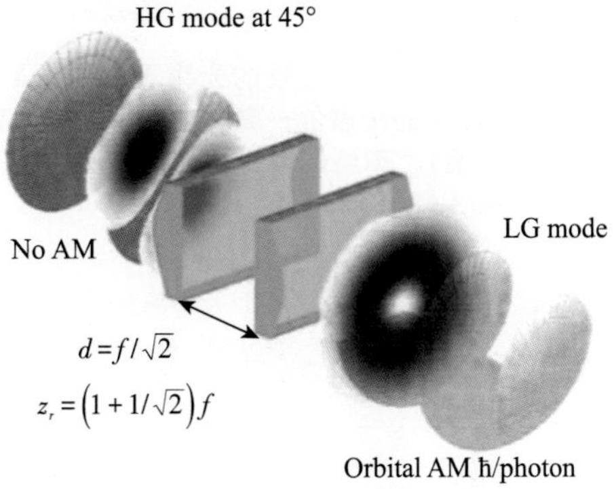

图 1.3 用来将厄米特—高斯模式转化为拉盖尔—高斯模式的柱面透镜模式转换器。

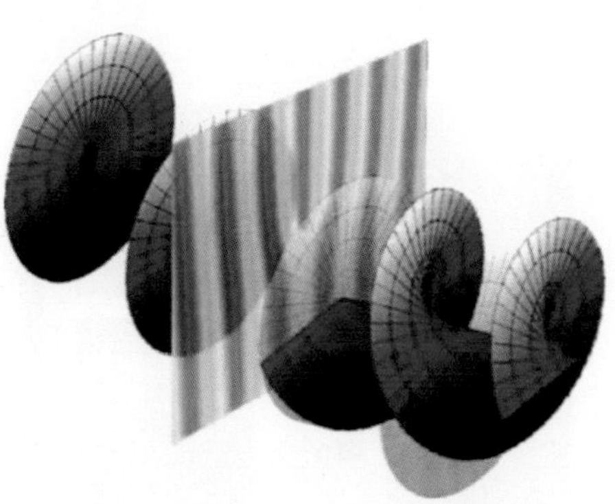

图 1.4 “经典”的叉形全息图用于产生螺旋相位光束。

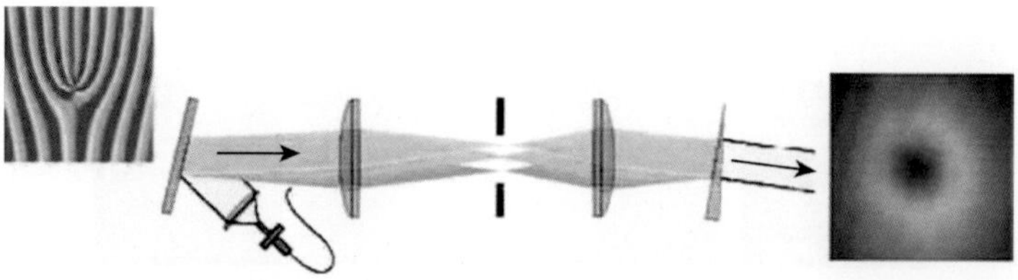

图 1.5　使用棱镜补偿叉形全息图的彩色色散，从而产生白光光学涡旋。

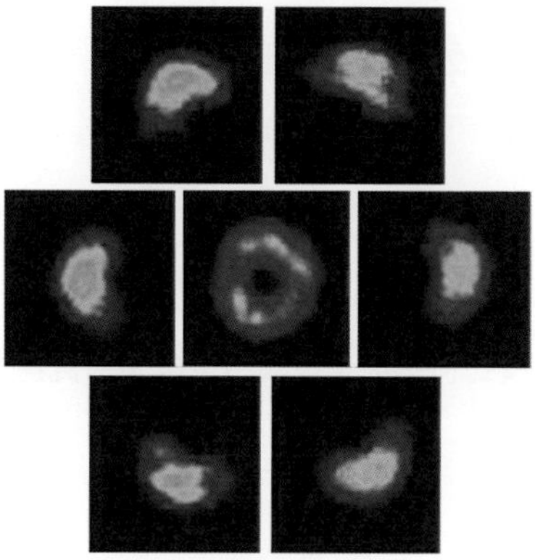

图 3.1　两共轴的光束干涉的假彩色图样：$l=1$ 的拉盖尔—高斯光束和 0 阶光束（中心插图）。环绕的插图对应于相位差以步长为 $\pi/3$ 变化所产生的干涉图样。

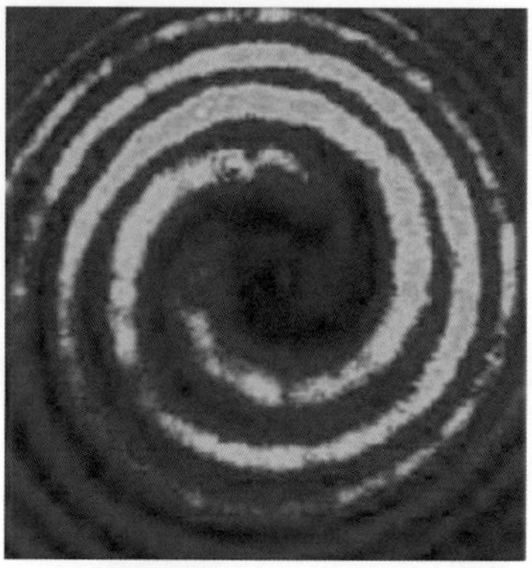

图 3.3　由 $l=2$ 和 0 阶（即 $l=0$）模式的扩展光束干涉产生的双螺旋干涉图样的假彩色图。

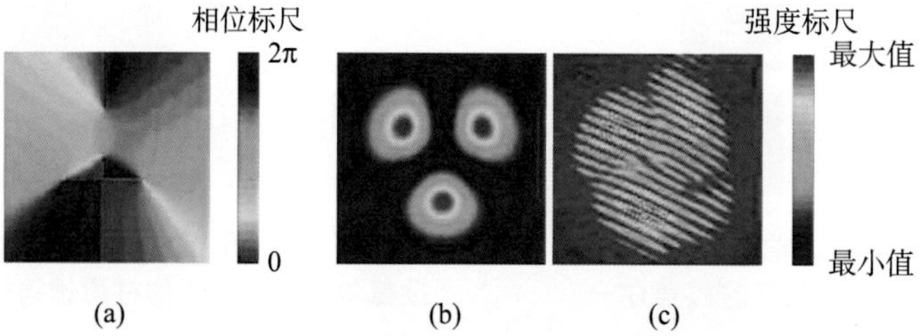

图 3.5　以振幅比 $A_{l=+2}/A_{l=-1}=0.84$ 叠加 $l=+2$ 和 $l=-1$ 的两束拉盖尔—高斯光束所产生的复合涡旋光束。图(a)和(b)分别是复合光束的相位和强度的计算结果。图(c)是参考平面波与复合光束干涉的实测图样。

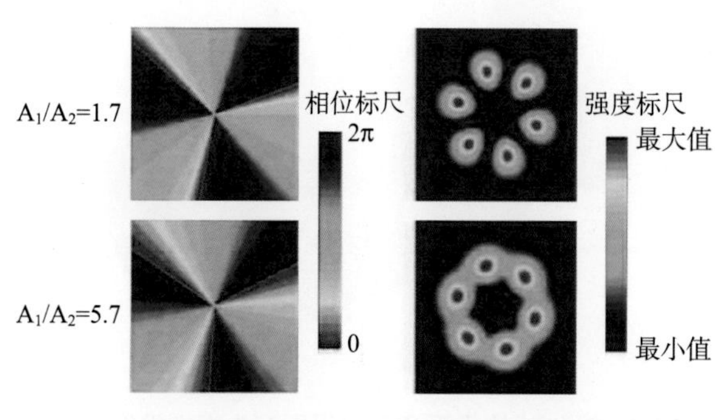

图 3.7　$l_1=+3$，$l_2=-3$ 时，不同相对振幅 A_1 和 A_2 的复合光束示意图。

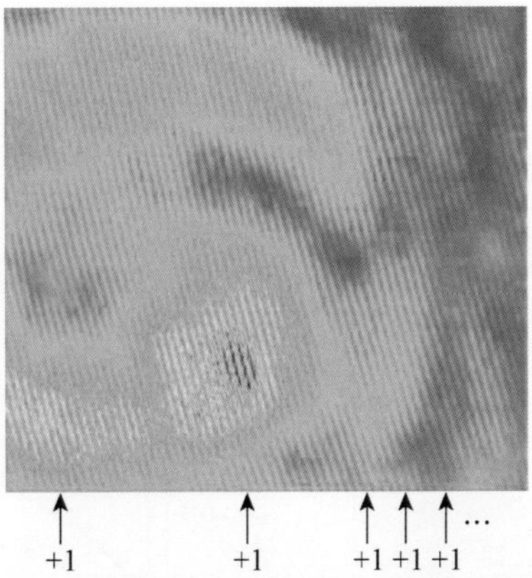

图 3.8 扩展基模同 $q=1.5$ 的半整数涡旋光束光场的非共轴干涉图样的假彩色图。箭头逐一指出具有拓扑荷的涡旋的水平位置。涡旋在干涉图样中以分叉的形式表示。叉尖的方向表示拓扑荷的符号。

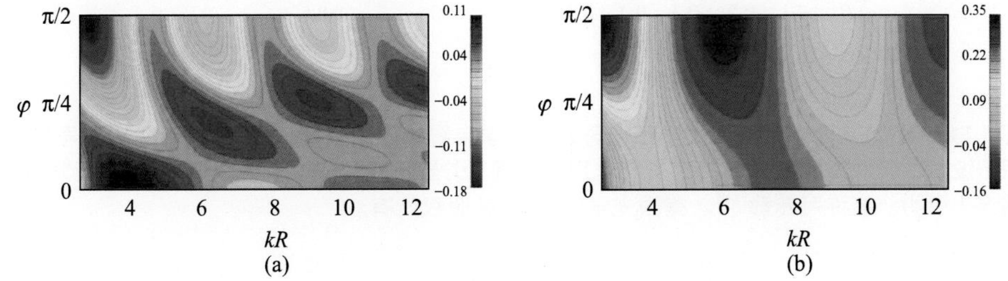

图 4.8 光诱导粒子对能量的等位线图

ΔE 的等位线作为 φ 和 kR 的函数:(a)$\zeta=0$;(b)$\zeta=\pi/2$。$\varphi=0$ 时,ΔE 随 kR 沿横坐标变化,在 kR 为 4.0,10.5 处有最大值;在 $kR=7.5$(与图 4.1 比较)时取得第一个最小值(非临近值)。根据 k 的数值(见文中),水平比例尺跨越几百纳米的特定距离 R。比色刻度尺单位是$\alpha_0^{(A)}\alpha_0^{(B)}2l\,k^3/(4\pi\,\varepsilon_0^2 c)$。改编自文献[38,39]。

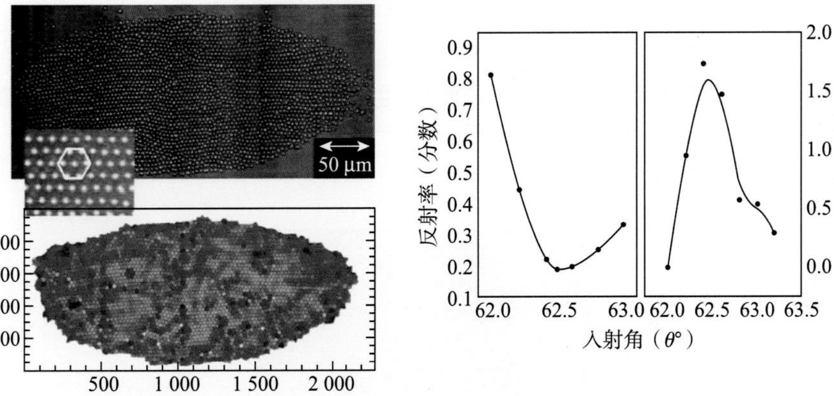

图 5.4 左上图:用衰减全反射方法激发表面等离极化激元的情况下,胶体阵列(大约 2 800 个粒子)累积的实验观察图。左下图:阵列中每一个 Wigner-Seitz 细胞胶体的 Voronoi 图,该图表明中心存在密集晶体分布(六边形)。相比之下,处于边缘粒子的排列并不稳定,且没有首选的排布方式。右图:入射角分别与入射光的反射率、粒子平均速度的关系图。美国物理学会 2006 版权所有[39]。

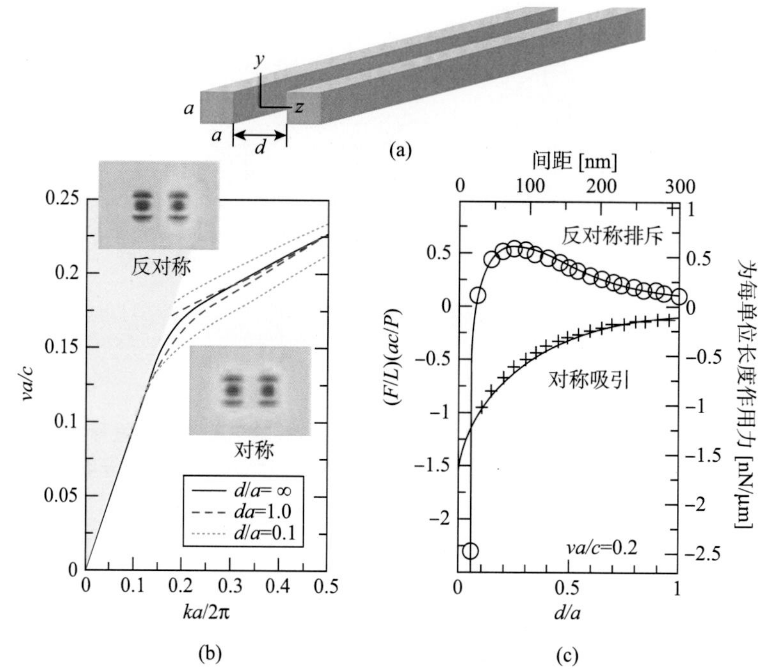

图 5.14 图(a)是两个独立的微光子波导之间光学束缚的理论预测。图(b)在不同的波导间隔下计算作用于波导的不同引导模式的单位长度作用力。图(c)当反对称模式产生排斥力时,对称模式在波导之间产生引力。经许可转载[64]。美国光学学会 2005 版权所有。

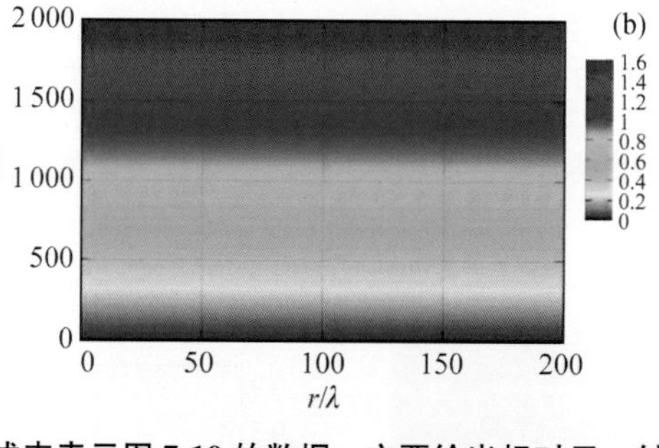

图 7.11 以色偏码的形式来表示图 7.10 的数据。主要给出相对于 r 轴的局域方向矢量取向角度 ψ 的大小。角度 ψ 贯穿底部的 $\psi=0$(红色)到顶部的 $\psi=\pi/2$(品红色)。

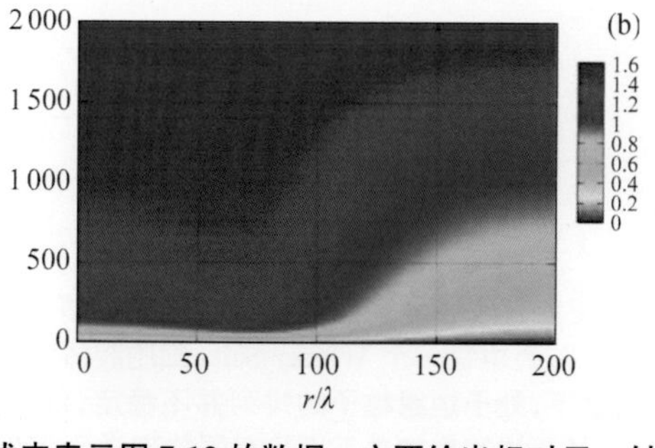

图 7.13 以色偏码的形式来表示图 7.12 的数据。主要给出相对于 r 轴的局域方向矢量取向角度 ψ 的大小。角度 ψ 贯穿底部的 $\psi=0$(红色)到顶部的 $\psi=\pi/2$(品红色)。

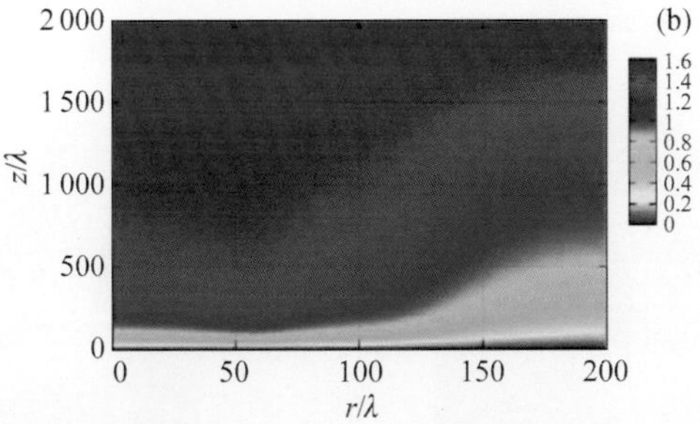

图 7.15　以色偏码的形式来表示图 7.14 的数据。主要给出相对于 r 轴的局域方向矢量取向角度 ψ 的大小。角度 ψ 贯穿底部的 $\psi=0$(红色)到顶部的 $\psi=\pi/2$(品红色)。

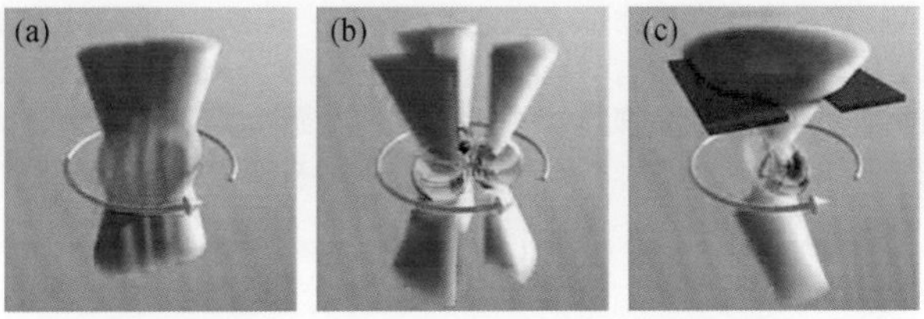

图 9.1　光镊中，使用自旋光强光束来自旋。Sato 等人(a)使用一束厄米特—高斯激光模式来俘获和旋转红细胞，Paterson 等人(b)使用旋转机械光阑来塑造高斯光束形状。

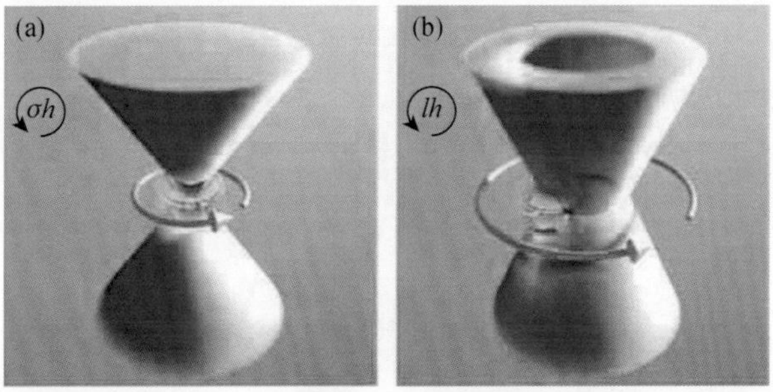

图 9.2　光镊下角动量的传递。图(a)表示一束圆偏振光束传递自旋角动量至被俘获物体后导致了物体的自旋。图(b)表示一束高阶拉盖尔—高斯光束或高斯光束传递轨道角动量至被俘获物体后导致了物体的自旋。

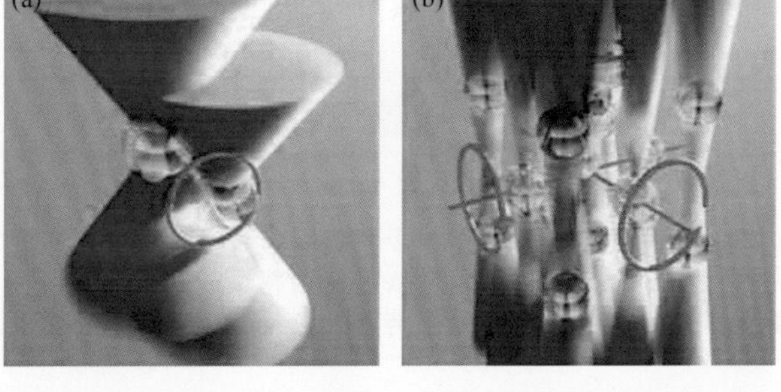

图 9.3　光镊下的面外自旋。图(a)表示 Bingelyte 等人使用空间光调制器来产生两个独立的光阱，这些光阱能被分别控制。图(b)表示 Sinclair 等人利用二氧化硅粒子制备一个金刚石晶胞。这些例子中，旋转轴垂直于俘获光束光轴。

图 9.4 光镊下的螺旋形物体传递角动量至透射光或散射光，对应所产生的反作用扭矩导致物体的自旋。

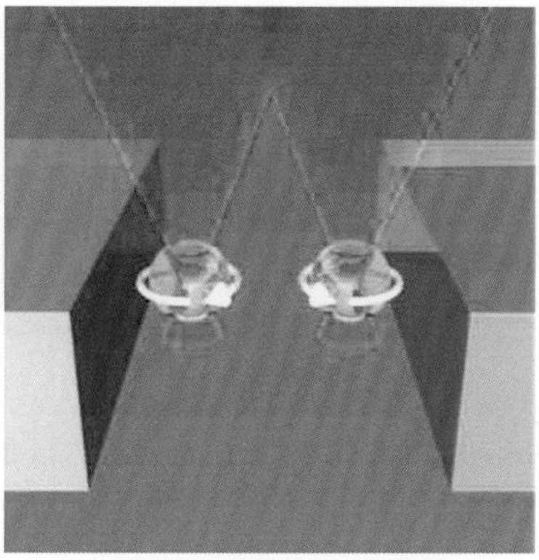

图 9.5 光镊中自旋控制的应用。**Leach** 等人通过放置在微流体通道中的一组反向旋转的球霰石球来产生一个光驱动微型泵。

图 11.1 量子通信的数据容量可通过结合多个两比特系统（例如时间分级(a)），或通过应用更高维度的基本系统（例如光的轨道角动量(b)）来增加。

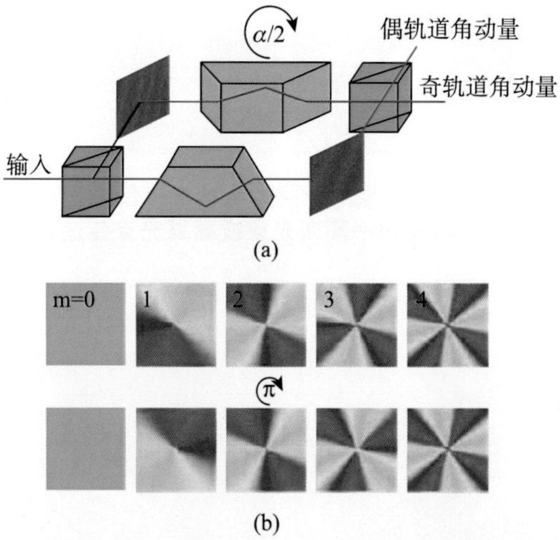

图 11.2 (a) 轨道角动量频道分析仪的第一级[15]。该仪器将光子分成轨道角动量偶数模式和奇数模式两类。利用两块角度为 $\pi/2$ 的达夫棱镜(**Dove prism**)将模式剖面旋转 $\alpha=\pi$。(b) 具有二重对称性的偶数轨道角动量模式。该模式在旋转 π 后保持不变。反之，奇数轨道角动量模式在相同操作下异相。

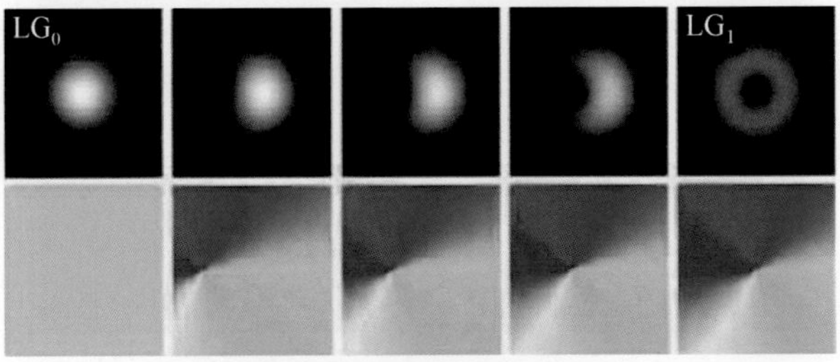

(a)

(b)

图 11.3 (a) 基模(LG_0 模)与带有一个单位的轨道角动量的模式(LG_1 模)的各种叠加态的强度(上部)及相位(下部)。(b) 产生 LG_1 模的全息板。

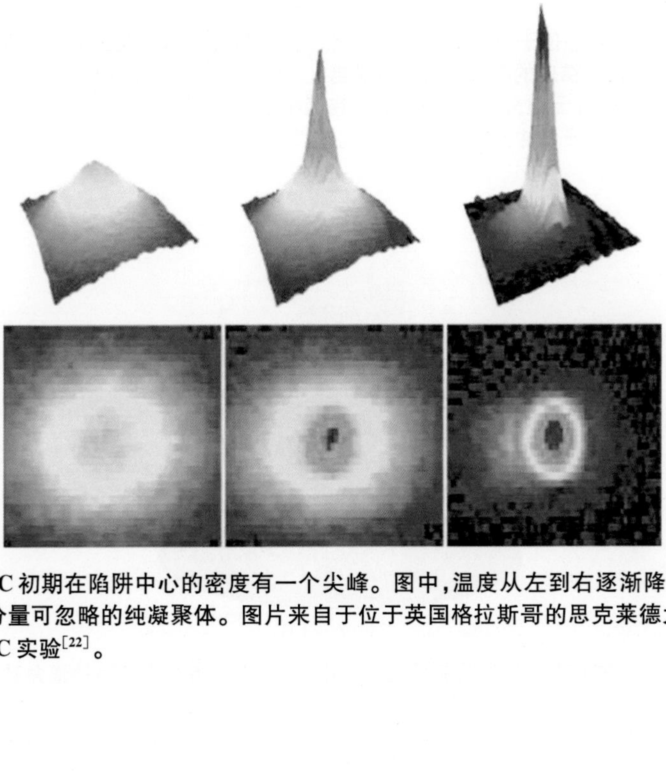

图 12.2 BEC 初期在陷阱中心的密度有一个尖峰。图中,温度从左到右逐渐降低。在最右端,我们可看到一个热分量可忽略的纯凝聚体。图片来自于位于英国格拉斯哥的思克莱德大学(University of Strathclyde)的 BEC 实验[22]。

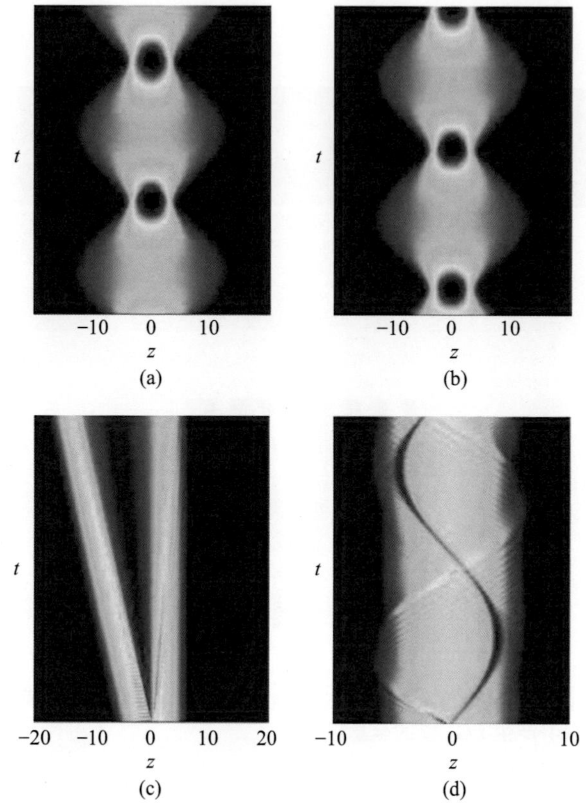

图 12.5 图中的凝聚态位于谐波势阱中。(a)和(b)分别为 z 的二次方的印迹相位引起的散焦和聚焦,诱导结果取决于相位梯度的符号。(c) 如果当 $z>0$ 时相位为零,当 $z<0$ 时相位与 z 成线性关系,则原子云分裂,其中部分云被分离了,剩余部分在远小于 $1/\omega_c$ 的时间内保持静止。(d) 图具有急剧相移印迹,因此暗孤子在原子云中振荡(如图 12.3)。

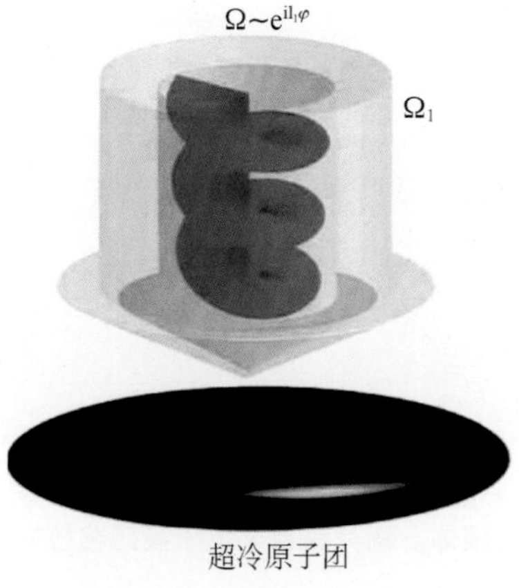

图 12.7 在 EIT 结构的两束耦合光束中,至少有一束光携带有轨道角动量。

通过施加额外的力和相关的扭矩，轨道角动量效应主要出现在质心运动中。通过将多普勒冷却机制和俘获体系扩展到光的轨道角动量领域中，可更好地研究这些额外施加的力的研究，这些将在下一节中进行讨论。

7.4　多普勒力和扭矩

众所周知，原子跃迁的增宽是多普勒效应的结果，而这恰好能够用来做激光冷却。当用一束吸收频率失谐到红光频段的激光光束辐射一个原子气时，只有一部分的原子(那些向光源运动时受到补偿(蓝光频段)多普勒频移的原子)能够吸收光。由此产生的激发态在衰减时能够在随机方向上释放出一个光子。由于在通常情况下该激发态的寿命极短，此过程能以极快的速度重复。在这一系列吸收和发射的周期上产生的净效应(net effect)来自于与原子运动方向相反给予的净动量，此动量降低了原子的移动速度。对于在激光光束轮廓(laser beam profile)内的自选择原子群，这种能量的平移损失意味着冷却。就这点来说激光冷却应用于非平衡系统很有意义。利用两束相向传播的光能够降低在每个方向上运动速度最快的原子的速度；当激光频率逐渐提高时，则最初的麦克斯韦的速度分布曲线的宽度将变得越来越窄。进一步增加相向传播的光束，能够控制具有相互正交结构的每对源的横向运动；这就是光学粘团的本质。

具有轨道角动量的结构光具有重要的特性：(1) 除了平移效应，还具有在光束轴上产生原子旋转运动的光力矩；(2) 在光束横截面上，存在最大和最小光强的区域。总而言之，力和扭矩既与时间相关，又与位置相关。正如我们将讨论的，全空间和时间相关的运动由瞬态特性所描述，在经过足够长的时间后光束瞬间打开(一般情况下，该时间要远大于问题的特征时间尺度)，由稳态特性所描述。

7.4.1　基本形式

当描述原子或分子的总运动(gross motion)时，其质心和内部动力学依据二能级原子建模。在激光场存在的条件下，整个系统中的总哈密顿算符为：

$$H = \hbar\omega a^{\dagger}a + \frac{\boldsymbol{P}^2}{2M} + \hbar\omega_0 \boldsymbol{\pi}^{\dagger}\boldsymbol{\pi} - \mathrm{i}\hbar[\tilde{\pi}^{\dagger} f(\boldsymbol{R}) - h.c.] \tag{1}$$

其中，$\tilde{\boldsymbol{\pi}}$ 和 $f(\boldsymbol{R})$ 分别由下式决定：

$$\tilde{\pi} = \pi \mathrm{e}^{\mathrm{i}\omega t}, f(\boldsymbol{R}) = (\mu_{12} \cdot \tilde{\varepsilon})\alpha F_{klp}(\boldsymbol{R})\mathrm{e}^{\mathrm{i}\Theta_{klp}(\boldsymbol{R})}/h \tag{2}$$

其中 $\boldsymbol{\pi}$ 和 $\tilde{\boldsymbol{\pi}}$ 是二能级系统的阶梯算符(ladder operators)；P 是质心动量算子，M 是总质量，ω_0 是偶极跃迁频率。算符 a 和 $a^{\dagger}$ 分别是激光的湮灭算符和产生算符，ω 是频率。在适用于相干光束条件的经典极限中，a 和 $a^{\dagger}$ 算符为包含参数 α 的 c -数(c-numbers)。

$$a(t) \rightarrow \alpha \mathrm{e}^{-\mathrm{i}\omega t}, a^{\dagger}(t) \rightarrow \alpha^{*} \mathrm{e}^{\mathrm{i}\omega t}. \tag{3}$$

公式(1) 中的最后一项是将激光耦合到电偶极子和旋转波近似中的二能级系统的相互作用的哈密顿算符，用质心位置矢量 $\boldsymbol{R}$ 来表示。在公式(2) 中，耦合函数 $f(\boldsymbol{R})$ 中，μ_{12} 为与拉盖尔 — 高斯光模式相互作用的原子的跃迁偶极矩阵元，由模式偏振矢量 $\hat{\varepsilon}$，模式振幅函数 $F_{klp}(\boldsymbol{R})$ 和相位 $\Theta_{klp}(\boldsymbol{R})$ 来描述，表达式为：

$$F_{klp}(\boldsymbol{R})=F_{k00}\frac{N_{lp}}{(1+z^2/z_R^2)^{1/2}}\left(\frac{\sqrt{2}r}{w(z)}\right)^{|l|}L_p^{|l|}\left(\frac{2r^2}{w^2(z)}\right)\mathrm{e}^{-r^2/w^2(z)} \tag{4}$$

$$\Theta_{klp}(\boldsymbol{R})=\frac{kr^2z}{2(z^2+z_R^2)}+l\varphi+(2p+l+1)\arctan^{-1}(z/z_R)+kz \tag{5}$$

其中 F_{k00} 可认为是波矢为 k，沿 z 轴传播的平面波的振幅；系数 $N_{lp}=\sqrt{p!/(|l|+p!)}$ 是归一化常数；$w(z)$ 是纵轴 z 下光束的特征宽度，由 $w^2(z)=2(z^2+z_R^2)/kz_R$ 式给出，其中 z_R 是瑞利长度(Rayleigh range)。LG 模式中的 l 和 p 决定了场强分布，$l\hbar$ 是每个量子带来的轨道角动量的值。

现在，假设位置 $\boldsymbol{R}$ 和原子质心的动量算子 $\boldsymbol{P}$ 并取他们的平均值 $\boldsymbol{r}$ 和 $\boldsymbol{P}_0=M\boldsymbol{V}$，其中 $\boldsymbol{V}$ 是质心的速度。所以，可用经典方式处理原子总运动(gross motion)，但其内部运动仍量子化地处理。这种处理证明了原子波包中的传播要远小于光的波长，且反冲能远小于其线宽。

系统密度矩阵为：

$$\rho_S=\delta(\boldsymbol{R}-\boldsymbol{r})\delta(\boldsymbol{P}-M\boldsymbol{V})\rho(t) \tag{6}$$

$\rho(t)$ 是内部密度矩阵，它是与时间相关的函数：

$$\frac{\mathrm{d}\rho}{\mathrm{d}t}=-\frac{\mathrm{i}}{\hbar}[H,\rho]+\mathcal{R}\boldsymbol{\rho} \tag{7}$$

其中 $\mathcal{R}\boldsymbol{\rho}$ 项代表了二能级系统中的弛豫过程。

光学布洛赫方程(Bloch equations)控制着密度矩阵元的变化：

$$\begin{bmatrix}\dot{\hat{\rho}}_{21}(t)\\ \dot{\hat{\rho}}_{12}(t)\\ \dot{\rho}_{22}(t)\end{bmatrix}=\begin{bmatrix}-(\Gamma_2-\mathrm{i}\Delta) & 0 & 2f(\boldsymbol{r})\\ 0 & -(\Gamma_2+\mathrm{i}\Delta) & 2f^*(\boldsymbol{r})\\ -f^*(\boldsymbol{r}) & -f(\boldsymbol{r}) & -\Gamma_1\end{bmatrix}\begin{bmatrix}\hat{\rho}_{21}(t)\\ \hat{\rho}_{12}(t)\\ \rho_{22}(t)\end{bmatrix}+\begin{bmatrix}-f(\boldsymbol{r})\\ -f^*(\boldsymbol{r})\\ 0\end{bmatrix} \tag{8}$$

假定该弛豫过程用非弹性碰撞率 Γ_1 以及弹性碰撞率 Γ_2 来描述。有效的、速度相关的、解谐 Δ 由 $\Delta=\Delta_0-\nabla\Theta.\boldsymbol{V}$ 给出，并且我们也建立了关系式 $\hat{\rho}=\tilde{\rho}\exp(-\mathrm{i}t\boldsymbol{V}\cdot\nabla\Theta)$ 以及 $\rho_{11}(t)+\rho_{22}(t)=1$。

当光作用在质心上时，平均力是 $-\rho\,\nabla H$ 轨迹的期望：

$$\langle\boldsymbol{F}\rangle=-\langle\mathrm{tr}(\rho\,\nabla H)\rangle \tag{9}$$

总的力可写为两类力(耗散力 $\langle\boldsymbol{F}_{\mathrm{diss}}\rangle$ 和偶极力 $\langle\boldsymbol{F}_{\mathrm{dipole}}\rangle$)的和，并且该两类力与密度矩阵元相关，如下所示：

$$\langle\boldsymbol{F}_{\mathrm{diss}}(\boldsymbol{R},t)\rangle=-\hbar\,\nabla\Theta(\hat{\rho}_{21}^{*}f(\boldsymbol{r})+\hat{\rho}_{21}f^*(\boldsymbol{r})) \tag{10}$$

$$\langle\boldsymbol{F}_{\mathrm{dipole}}(\boldsymbol{R},t)\rangle=\mathrm{i}\hbar\,\frac{\nabla\Omega}{\Omega}(\hat{\rho}_{21}^{*}f(\boldsymbol{r})-\hat{\rho}_{21}f^*(\boldsymbol{r})) \tag{11}$$

引入位置相关的拉比频率(Rabi frequency)$\Omega(\boldsymbol{R})$,定义为:

$$\hbar\Omega(\boldsymbol{R}) = |(\mu_{12} \cdot \hat{\varepsilon})\alpha F(\boldsymbol{R})|, F(\boldsymbol{R}) = \Omega(\boldsymbol{R})e^{i\Theta(\boldsymbol{R})} \tag{12}$$

显然,所有的量都依赖于模式类型且隐式地标记 klp。

质心的动力学由牛顿第二定律(Newton's second law)决定:

$$M\frac{d^2\boldsymbol{R}}{dt^2} = \langle \boldsymbol{F}(t) \rangle \tag{13}$$

其中$\langle \boldsymbol{F}(t) \rangle$是总平均力。由于上式是关于时间的二阶微分方程,位移矢量初始值$\boldsymbol{R}(0)$和速度矢量初始值$\boldsymbol{V}(0)$用作初始条件。求解方程(13)主要解决定轨迹函数$\boldsymbol{R}(t)$,其中$V(t)=\dot{\boldsymbol{R}}(t)$。显而易见,该解展现了关于光力矩的演变的重要信息。

7.4.2　瞬态动力学

瞬态效应在具有长激发态寿命的跃迁中是最显著的效应。稀土离子恰恰提供了这样一个条件。对于一个 Eu^{3+} 离子,其质量 $M=25.17\times10^{-26}$ kg,${}^5D_0 \to {}^7D_1$,$\lambda=614$ nm,$\Gamma=1111$ Hz。我们重点关注 $l=1$, $p=0$ 的拉盖尔 — 高斯模式,假定激光强度为 $I=10^5$ W cm^{-2},束腰尺寸为 $w_0=35\lambda$。瞬态特性可用于三种情况,即(a)精确的共振;(b)剧烈的碰撞;(c)强烈的场。在最后一种情况下,设定更高强度的光强 $I=10^8$ W cm^{-2}。对一个时间段 $t_{max}\approx5\Gamma^{-1}\approx4.5$ ms 进行估算,且该时间段已足够长,均表现了对瞬态特性和稳态特性的影响。

剧烈碰撞下的结果示于图 7.1 中,原子按照一条特有的路径轴向运动,其与面内运动重叠。该面内运动是在花瓣形上以环的形式的运动。只有在这种特有的运动上,才能够看到明显的光学扭矩效应。在强烈的外场条件下,该原子也表现出了相似的运动轨迹,如图 7.2 所示。由于原子在大的力和扭矩下获得了动能,所以在该图中能看到更多的环出现。图 7.3 研究了在第二个花瓣形成前原子初始阶段的轨迹。如图 7.4 所示,在精确的共振条件下,由于零失谐,并没有偶极子力作用在原子上,也没有径向力,原子的径向位置是常数。

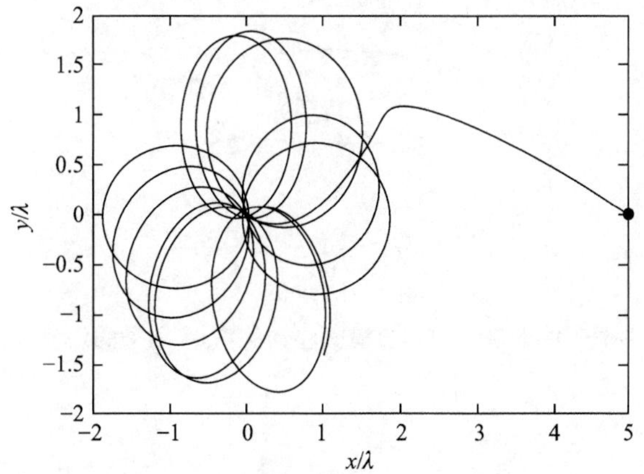

图 7.1　剧烈碰撞条件下,在 $x-y$ 平面上按照 $LG_{1,0}$ 模式移动的 Eu^{3+} 离子的路径。其初始位置用点来代替。该图中的其他参数已在文中给出。

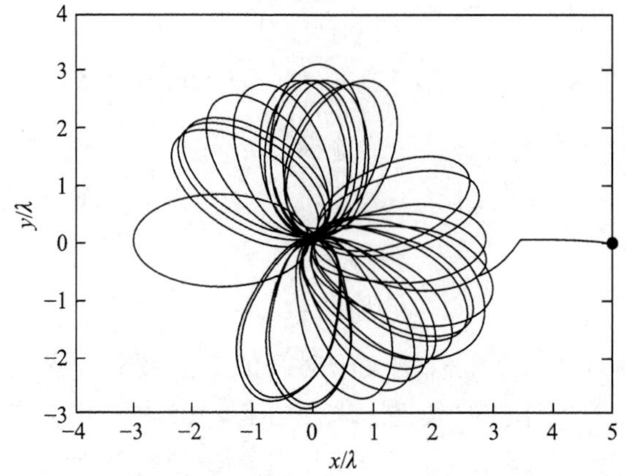

图 7.2　与图 7.1 类似，但是在强烈的外场条件下，如文中所述。

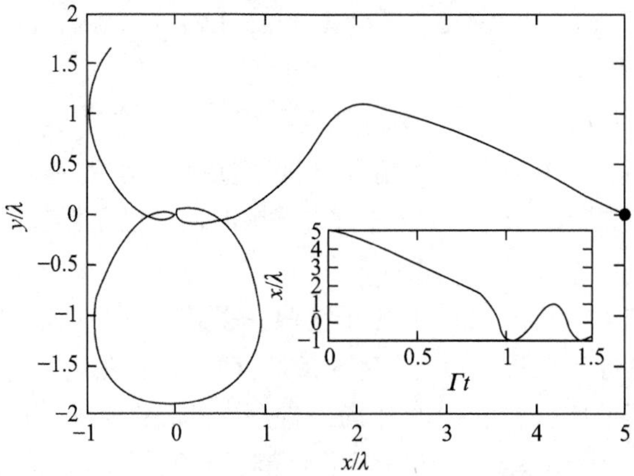

图 7.3　在图 7.1 和图 7.2 中展示的第一个花瓣状环中最初阶段的轨迹。插图：位置的 x 分量随时间的变化。

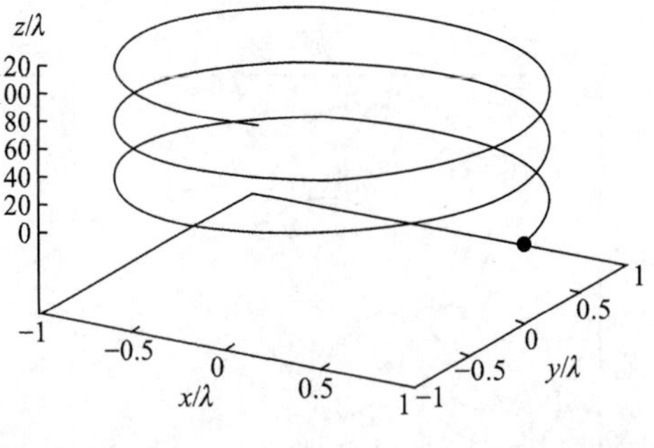

图 7.4　在精确的共振条件下，按照 $LG_{1,0}$ 模式移动的 Eu^{3+} 离子的路径。该图中其他的参数与图 7.1 和图 7.2 中相同。

时间相关的扭矩定义为：

$$T(t)=\boldsymbol{r}(t)\times\langle\boldsymbol{F}(t)\rangle \tag{14}$$

扭矩的变化可一同由相应的轨迹来决定。强烈碰撞条件下，图 7.5 中已给出 Eu^{3+} 离子的扭矩。从图中可看出，一旦打开(switched on)光束，扭矩的振幅就会突然增加，然后振荡并快速的衰减到一个稳态值。此外，这种演变表现了一种衰竭和复苏的模式，其中每一个周期对应轨迹中的一个环。扭矩的峰相当于环的外端，衰竭相当于靠近光轴的点。在场强取极值的区域中，当原子被排斥时，其运动方向的改变将导致扭矩的激增。

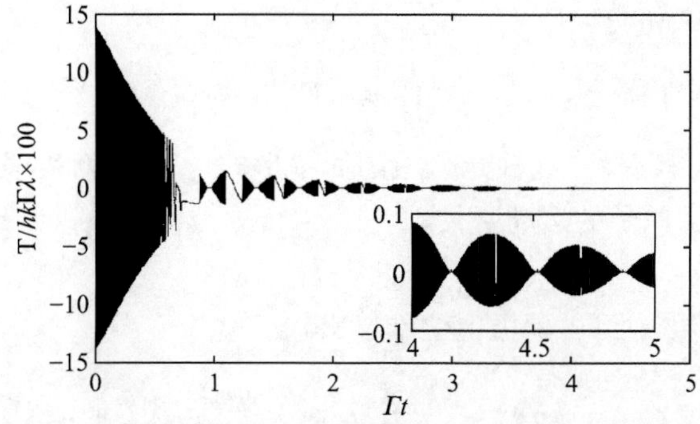

图 7.5　在剧烈碰撞的条件下，按照 $LG_{1,0}$ 模式移动的 Eu^{3+} 离子的（轴向的）光力矩的变化。解谐 $\Delta_0=500\Gamma$ 且初始径向位置为 $r=5\lambda$。

7.4.3　稳态动力学

稳态力的正式表达式可通过取极限 $t\to\infty$ 或者令关于光学布洛赫方程的时间导数的值为 0 推导。在稳态条件下，$\Gamma t\gg 1$（其中 Γ 是原子跃迁上升态中的去激发率），在二能级原子上总的力与位置相关，并可分成两项。对具体的拉盖尔—高斯模式恢复显式引用，当单根光束沿 z 轴正方向传输时，运动原子的稳态力可写为：

$$\langle \boldsymbol{F}\rangle_{klp}=\langle \boldsymbol{F}_{\text{diss}}\rangle_{klp}+\langle \boldsymbol{F}_{\text{dipole}}\rangle_{klp} \tag{15}$$

其中 $\langle \boldsymbol{F}_{\text{diss}}\rangle_{klp}$ 是耗散力

$$\langle \boldsymbol{F}_{\text{diss}}(\boldsymbol{R},\boldsymbol{V})\rangle_{klp}=2\hbar\Gamma\Omega_{klp}^2(\boldsymbol{R})\left(\frac{\nabla\Theta_{klp}(\boldsymbol{R})}{\Delta_{klp}^2(\boldsymbol{R},\boldsymbol{V})+2\Omega_{klp}^2(\boldsymbol{R})+\Gamma^2}\right) \tag{16}$$

且 $\langle \boldsymbol{F}_{\text{dipole}}(\boldsymbol{R},\boldsymbol{V})\rangle_{klp}$ 是偶极力

$$\langle \boldsymbol{F}_{\text{dipole}}(\boldsymbol{R},\boldsymbol{V})\rangle_{klp}=-2\hbar\Omega_{klp}(\boldsymbol{R})\,\nabla\Omega_{klp}\left(\frac{\Delta_{klp}(\boldsymbol{R},\boldsymbol{V})}{\Delta_{klp}^2(\boldsymbol{R},\boldsymbol{V})+2\Omega_{klp}^2(\boldsymbol{R})+\Gamma^2}\right) \tag{17}$$

此时，有效解谐 $\Delta_{klp}(\boldsymbol{R},\boldsymbol{V})$ 不仅与位置相关，还与速度相关。

$$\Delta_{klp}(\boldsymbol{R},\boldsymbol{V})=\Delta_0-\boldsymbol{V}\,\nabla\Theta_{klp}(\boldsymbol{R},\boldsymbol{V}) \tag{18}$$

耗散力是由原子吸收及接下来的光的自发辐射所产生的，而偶极力则与拉比频率(Rabi frequency)的梯度成比例。这两种类型的力在原子冷却和俘获中具有显著的作用，即在光学粘团中耗散力建立了净摩擦力，在极值场强的区域中偶极力俘获原子。

在该情况下，关于自动生成的光力矩的推测可通过检验速度相关的力来得到证实。对于 $\boldsymbol{V}=0$ 和 $z\ll z_R$，有：

$$\langle \boldsymbol{F}_{\text{diss}}^0(\boldsymbol{R})\rangle_{klp}=\frac{2\hbar\Gamma\Omega_{klp}^2(\boldsymbol{R})}{\Delta_0^2+2\Gamma\Omega_{klp}^2(\boldsymbol{R})+\Gamma^2}\left[k\hat{z}+\frac{l}{r}\hat{\varphi}\right] \tag{19}$$

这里存在两部分的力：轴向分量的力和方位分量的力，后者在轴上具有非零动量，例如，

光的扭矩可由下式给出：

$$T=\frac{2\hbar\Gamma\Omega_{klp}^{2}(\boldsymbol{R})}{\Delta_{0}^{2}+2\Gamma\Omega_{klp}^{2}(\boldsymbol{R})+\Gamma^{2}}l\hat{z} \tag{20}$$

在饱和极限下，$\Omega\gg\Delta_0$ 和 $\Omega\gg\Gamma$，有：

$$\boldsymbol{T}\approx\hbar l\Gamma\hat{z} \tag{21}$$

Babiker 等人[20]首次指出这种光力矩的简单形式。一般来说，扭矩是与速度和位置相关的，并因此改变了原子的运动路径。

7.4.4 偶极电位

与速度无关的偶极力可由偶极电位推导出：

$$\langle U(\boldsymbol{R})\rangle_{klp}=\frac{\hbar\Delta_0}{2}\ln\left[1+\frac{2\Omega_{klp}^{2}(\boldsymbol{R})}{\Delta_0^2+\Gamma^2}\right] \tag{22}$$

从而得到 $\langle\boldsymbol{F}_{\text{dipole}}^{0}\rangle_{klp}=-\nabla\langle U(\boldsymbol{R})\rangle_{klp}$。对于 $\Delta_0<0$（红失谐）(red-detuning)，该电位在光束高光强的区域能够俘获原子。对于 $\Delta_0>0$（蓝失谐），将在光束暗场区域俘获。例如，考虑LG模式下($l=1,p=0$)，在光束腰 $z=0$ 的平面上，最低电位出现在 $r=r_0=w_0/\sqrt{2}$。

对于 z 轴方向传播的光，其在 xy 平面上最低电位的轨迹是个圆，由下式给出：

$$x^2+y^2=r_0^2 \tag{23}$$

扩展 $\langle U(\boldsymbol{R})\rangle_{k10}$ 关于 r_0 的关系式，我们有：

$$\langle U\rangle_{k10}\approx U_0+\frac{1}{2}\Lambda_{k10}(r-r_0)^2 \tag{24}$$

其中 $|U_0|$ 是位势深度(potential depth)，由下式给出：

$$|U_0|=\frac{1}{2}\hbar|\Delta_0|\ln\left[1+\frac{2\Omega_{k10}^{2}(r_0)}{\Delta_0^2+\Gamma^2}\right] \tag{25}$$

且 Λ_{k10} 是弹性常数：

$$\Lambda_{k10}=\frac{4\hbar|\Delta_0|}{\Delta_0^2+2\mathrm{e}^{-1}\Omega_{k00}^{2}+\Gamma^2}\left(\frac{\mathrm{e}^{-1}\Omega_{k00}^{2}}{\omega_0^2}\right) \tag{26}$$

对于一个质量为 M 的原子，如果它的能量低于 $|U_0|$，将会被俘获。该原子在角频率近似为 $\sqrt{\Lambda_{k10}/M}$ 处将会出现关于 $r=r_0$ 的振荡运动。

7.5 多普勒频移

在力的表达式中，有效解谐 Δ_{klp} 可定义为：

$$\Delta_{klp}=\omega-\omega_0-\nabla\Theta_{klp}.\boldsymbol{V} \tag{27}$$

也可写为：

$$\Delta_{klp}=\omega-\omega_0-\delta \tag{28}$$

其中 δ 是与光束相关的有效多普勒频移，在 $z \ll z_R$ 的极限情况下，我们有：

$$\delta = kV_z+\frac{l}{r}V_\varphi \tag{29}$$

其中 V_z 和 V_φ 是柱极坐标上原子速度的分量。假设一个平面波沿着 z 轴方向传播，第一项是与轴向分量相关的多普勒频移。第二项是全新的、来自于光束轨道角动量的项。值得注意的是，这种方位角的多普勒频移将会随角动量量子数 l 增加而增加。

7.5.1　轨迹线

在初始条件下，牛顿第二定律决定了原子动力学的形式。通过这些解得到了轨迹 $\boldsymbol{R}(t)$，且他们也决定了该系统其他参量的变化。然而通常情况下，$\boldsymbol{R}(t)$ 不能够通过解析的方式来确定，必须通过数值分析的方法来确定。检验这两种条件下的轨迹的方法很简单，其中 Mg^{2+} 受单个光束的影响，区别在于 l 的符号不同，表明旋转方向相反，这与光力矩的存在相一致。

7.5.2　多光束

在一维、二维及三维条件下，多普勒冷却存在于光学粘团结构中。对于被赋予轨道角动量的光束，在实验室坐标系统下光学粘团需要具体的单独场分布来描述。因此，我们需要根据原始笛卡儿轴应用多坐标转换。在给定结构的光束下，作用在原子上总的力是每个力的矢量和。

对于频率为 ω，轴向波矢为 k，量子数为 l 和 p 的光束，当它与柱坐标系下一般位置矢量 $\boldsymbol{R}=(r,\varphi,z)$ 中的一个原子或离子耦合时，相位 $\Theta_{klp}(\boldsymbol{R})$ 和拉比频率 $\Omega_{klp}(\boldsymbol{R})$ 可写为：

$$\Theta_{klp}=l\varphi+kz \tag{30}$$

和

$$\Omega_{klp}(\boldsymbol{R})\approx\Omega_0\left(\frac{r\sqrt{2}}{w_0}\right)^{|l|}\exp(-r^2/w_0^2)L_p^{|l|}\left(\frac{2r^2}{w_0^2}\right) \tag{31}$$

在 $z \ll z_R$ 的极限情况下，这些表达式适用于拉盖尔—高斯光束，其中 z_R 是瑞利长度，$w(z)=w_0$，且忽略所有光束的曲率影响。

上文已经给出在稳态条件下作用在移动速度为 $\boldsymbol{V}=\dot{\boldsymbol{R}}$ 的原子质心的总的力，并在等式(30)和(31)中给出了近似相 $\Theta_{klp}(\boldsymbol{R})$ 和拉比频率 $\Omega_{klp}(\boldsymbol{R})$。以上这些均是在柱坐标系中、光束平行于 z 轴传输的条件下给出的。然而，为了考虑多光束的情况，在笛卡儿坐标系 $\boldsymbol{R}=(x,y,z)$ 下表达拉比频率和相位与位置的关系更加方便，仅需要替换 $r=\sqrt{x^2+y^2}$ 和 $\varphi=\arctan(y/x)$。在任意方向传输的光束可通过使用两个连续变换来决定。第一个变换是在角度 θ 下，关于 y 轴的光束的旋转，第二个转换是在角度 ψ 下，关于 x 轴上光束的旋转。这些通过以下坐标转换来实现：

$$x \rightarrow x'=\cos(\theta)x+\sin(\theta)z \tag{32}$$

$$y \rightarrow y'=-\sin(\theta)\sin(\psi)x+\cos(\psi)y+\cos(\theta)\sin(\psi)z \tag{33}$$

$$z \rightarrow z'=-\sin(\theta)\cos(\psi)x-\sin(\psi)y+\cos(\theta)\cos(\psi)z \tag{34}$$

通过合理地选择角度 θ 和 ψ，我们能够得到在任意方向扭曲光束传输引起的力分布。这样，我们能够得到具有轨道角动量的相向传播的光束的几何分布（尤其是那些与一维、二维及三维光学粘团结构相对应的光束）。

我们将主要关注具有跃迁频率 ω_0（对应于跃迁波长 $\lambda=280.1$ nm 和跃迁速率 $\Gamma=2.7\times10^8\ \mathrm{s^{-1}}$）的镁离子 Mg^{2+} 光学粘团的条件。Mg^{2+} 的质量 $M=4.0\times10^{-26}$ kg。利用红色失谐光来诱导高光强区域的俘获，其中 $\Delta_0=-\Gamma$ 和 $w_0=35\lambda$。这里，Mg^{2+} 离子的运动方程为：

$$M\frac{\mathrm{d}^2}{\mathrm{d}t^2}\boldsymbol{R}(t)=\sum_{\mathrm{i}}\langle\boldsymbol{F}_{\mathrm{i}}\rangle \tag{35}$$

其中，总的力是来自于每一个出现的光束的单独分布的力的和。在一维粘团结构中，一对相向传播的光束沿 z 轴建立。由于 z 轴负方向上传播的光束引起的力的具体形式在等式(32)，(33) 和(34) 中给出($\theta=\pi$ 和 $\psi=0$)。图 7.6 展示了 Mg^{2+} 离子的轨迹($l_1=-l_2=1$ 和 $p_1=p_2=0$)。最初的径向位置为 $r=10\lambda$，初速度为 $v=5\hat{z}\,\mathrm{ms^{-1}}$。在一段时间下的运动等于 $2\times10^5\Gamma^{-1}$。能够很清楚地看到在 z 方向上原子减速直到静止，然而在 $x-y$ 平面上的运动，它被吸引到高的光束强度区域(在 $r_0>w_0/\sqrt{2}$ 的近似条件下)。正如图 7.7 中所示，这种长时间的运动是匀速圆周运动，它表现出了相应的速度分量的变化。一旦 Mg^+ 离子被轴向俘获，在扭矩的作用下，它继续在轴上顺时针旋转，在饱和极限下，$|\langle T\rangle|\approx l_1\hbar\Gamma-l_2\hbar\Gamma=2\hbar\Gamma$。离子的运动引起电流产生，即 $\mathrm{e}/\tau\equiv \mathrm{e}v_s/2\pi r_0$。在 v_s 为 $2\ \mathrm{ms^{-1}}$ 和 $r_0\approx w_0=35\lambda$ 条件下，如果加入了单个离子，我们将得到飞安级别的离子电流。很明显，俘获离子数目越多，电流越大；显然，一百万左右的离子能够产生纳安级别的电流。

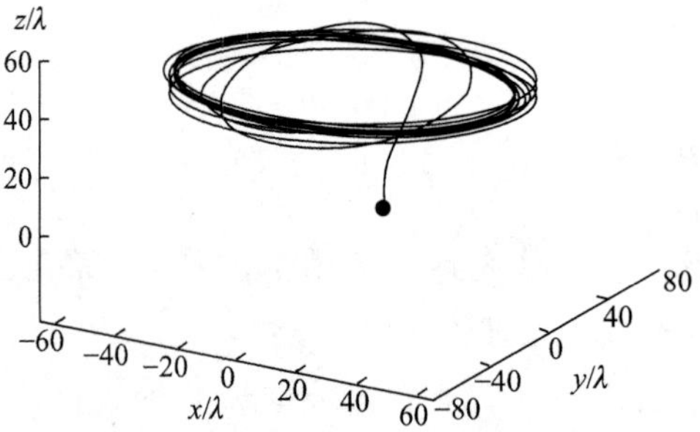

图 7.6　两个相向传输的拉盖尔—高斯光束产生的一维扭曲光学粘团中一个 Mg^+ 的路径(沿着 z 轴传输，$l_1=-l_2=1$，$p_1=p_2=0$)，初始速度为 $v=5\hat{z}\,\mathrm{ms^{-1}}$。

7.5.3　二维和三维粘团

现在，我们将介绍第二对沿 x 轴相向传输的光束，这对光束能够用不同的宽度 w_0' 来描述。总的力是来自四条光束的各力的矢量和。三条光束的具体形式由变换公式(32)—(34) 给出。图 7.8 展示了在不同初始点位置的两个 Mg^+ 离子的轨迹(初始速度均为 $v=5\hat{z}\ \mathrm{ms^{-1}}$)，四条光束均具有方位指数 $l=1$ 和径向指数 $p=0$。在该条件下的 l 值，使得每对光束的总扭矩为 0，每一个离子在特定的固定点上停止运动(实质是保持静止的状态)。为了理解这个，需注意到最深的势阱是单个光束势阱深度的 4 倍。其电势的最小值位于空间点的轨迹上，该空间点的轨迹由两个等式同时定义：$x^2+y^2=w_0^2/2$ 和 $y^2+z^2=w_0'^2/2$。对于 $w_0'=w_0$，这些等式描绘了两个正交的倾斜圆，该种倾斜圆代表着两个半径为 $w_0/\sqrt{2}$ 的圆柱的交叉曲线。解 x 和 y 得 $x=\pm z$ 和 $y=\pm\sqrt{w_0^2/2-z^2}$。偶极电势最小值对应的空间点的轨迹可用参数方程 $x(u)=(w_0'/\sqrt{2})\cos u$，$y(u)=(w_0'/\sqrt{2})\sin u$ 和 $z(u)=\pm\sqrt{w_0^2/2-(w_0'^2/\sqrt{2})\sin^2 u}$ 来描述。在初始条件下，二维结构中正交的相向传播的扭曲光束对的所有 Mg^+ 离子将会被俘获在其中的一个斜圆的点上。某一初始位置和一定初始速度分布的 Mg^+ 离子将会填入两个圆中，形成两个正交的静态 Mg^+ 离子环。这种电荷系统是一个库伦场，其场分布（例如均匀分布在环中的离子）很容易估算。在某一 l 值下，每对光束产生一个扭矩，运动将变得更加复杂，离子会聚集在电势的最小值区域中，这是由两个正交的扭矩和正交的轴向冷却力的综合作用所决定。当将第三对逆向传播光束加到二维结构中时，该结构与包含初始光束的平面相垂直，我们会得到三维结构。在这个条件下，最深的最小势阱位于 8 个离散点上，坐标分别为：$x=\pm w_0/2$，$y=\pm w_0/2$ 和 $z=\pm w_0/2$。这与初始坐标中心下，立方体边上 ω_0 的 8 个角一致（如图 7.9 所示）。

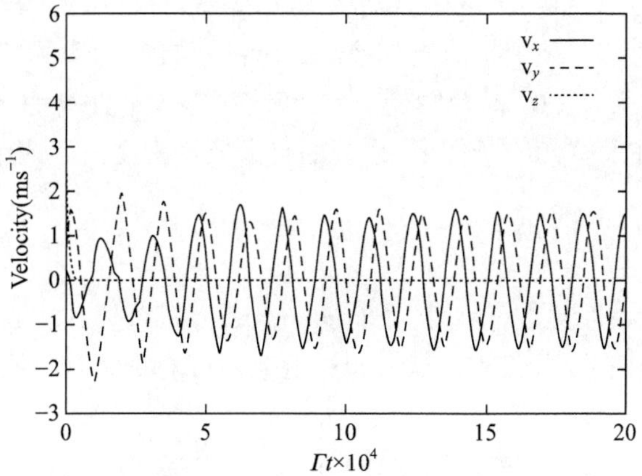

图 7.7　图 7.6 中展示的一维光学粘团中 Mg^+ 离子的三个速度分量的变化。速度的轴向分量快速接近 0，与多普勒冷却相一致，面内分量 v_x 和 v_y 趋于匀速圆周运动。

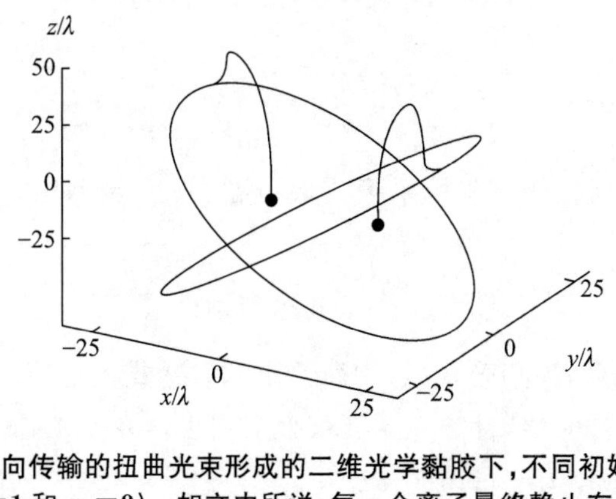

图 7.8　在由两对相向传输的扭曲光束形成的二维光学黏胶下，不同初始位置下的两个 Mg^+ 离子的轨迹（对于 $i=1-4$，$l_i=1$ 和 $p_i=0$）。如文中所说，每一个离子最终静止在与两个正交斜圆相对应的最低的势能最小值的轨迹上。

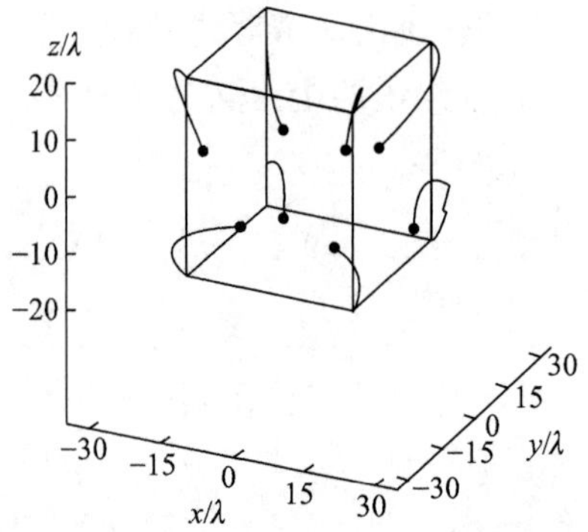

图 7.9　在三维扭曲光学粘团中 8 个 Mg^+ 离子的轨迹，它是由 3 对相向传输的拉盖尔—高斯光束(对于 $i=1-8, l_i=1$ 和 $p_i=0$)形成。每个离子的初速度为：$v=5\hat{z}\,ms^{-1}$。离子最终静止在立方体边 w_0 的角上。

7.6　液晶的旋转效应

正如之前所观察到的，当在扭曲光的作用下，液晶是另一个会出现新的物理效应的物理系统。该系统中，对照明区域中方向矢量 $\hat{\boldsymbol{n}}(\boldsymbol{r})$ 的角分布的光学作用被认为是最显著的效应。为了关注该系统中扭曲光与液晶二者的直接的和实际的相关性，我们考虑区域 $0\leqslant z\leqslant d$ 中、厚度为 d 的液晶薄膜(其中光以光束腰与平面 $z=0$ 相一致的方式入射)。

首先我们发现在没有光的条件下，系统的自由能量密度由下式给出：[46]

$$F_0(\boldsymbol{r})=\frac{1}{2}\kappa_1\left[\nabla\cdot\hat{\boldsymbol{n}}(\boldsymbol{r})\right]^2+\frac{1}{2}\kappa_2\left[\hat{\boldsymbol{n}}\cdot\nabla\times\hat{\boldsymbol{n}}(\boldsymbol{r})\right]^2+\frac{1}{2}\kappa_3\left[\hat{\boldsymbol{n}}\times\nabla\times\hat{\boldsymbol{n}}(\boldsymbol{r})\right]^2 \quad (36)$$

其中 $\kappa_{1,2,3}$ 是弗兰克弹性常数(Frank elastic constants)，该公式中每一项分别代表展开、扭曲以及弯曲对自由能量密度的贡献。通过近似，有 $\kappa_1=\kappa_2=\kappa_3=\kappa$ (即弹性各向同性条件下)。公式(36)可变为：

$$F_0(\boldsymbol{r})=\frac{1}{2}\kappa\left\{\left[\nabla\cdot\hat{\boldsymbol{n}}(\boldsymbol{r})\right]^2+\left[\nabla\times\hat{\boldsymbol{n}}(\boldsymbol{r})\right]^2\right\} \quad (37)$$

考虑到对称性，则 $\hat{\boldsymbol{n}}$ 可写为 $\psi(\boldsymbol{r})$，局域方位角写为 $\hat{\boldsymbol{n}}=(\sin\psi,\cos\psi,0)$。自由能量表达式可简化为：

$$F_0=\frac{1}{2}\kappa\ \nabla\psi\cdot\nabla\psi \quad (38)$$

接下来，我们将考虑在圆柱坐标系下一般位置矢量 $\boldsymbol{r}=(r,\varphi,z)$ 处的一条扭曲光束的电场，其表达式为：

$$\boldsymbol{E}_{klp}(\boldsymbol{r})=\boldsymbol{f}_{klp}(\boldsymbol{r})\mathrm{e}^{\mathrm{i}\Theta_{klp}(\boldsymbol{r})} \quad (39)$$

其中 $\boldsymbol{f}_{klp}$ 是电场振幅函数，这与公式(4)中所给出的表达式相对应。在远离分子共振的频率下，根据液晶的介电性能，耦合的光能够被投射出去。在不考虑任何色散关系时，利用扭曲光会产生额外的场相关的自由能量项 F_{int}：

$$F_{\mathrm{int}}=-\frac{1}{4}\varepsilon_0\varepsilon_a\left(\hat{\boldsymbol{n}}.E_{klp}\right)\left(\hat{\boldsymbol{n}}.E_{klp}^*\right) \quad (40)$$

其中 ε_a 是液晶的介电各向同性。假设场沿 x 轴方向面偏振，那么总的自由能可写为：

$$F = F_0 + F_{\text{int}} = \frac{1}{2}\kappa\ \nabla\psi.\nabla\psi - \Lambda_{klp}\ \sin^2\psi(r,z) \tag{41}$$

其中 Λ_{klp} 由下式给出：

$$\Lambda_{klp} = \frac{1}{2}\varepsilon_0\varepsilon_a\ |\boldsymbol{f}_{klp}|^2 \tag{42}$$

采用朗道自由能量形式(Landau's free energy formalism)，那么 ψ 将满足二维条件下关于 r，z 的二阶偏微分方程：

$$\kappa\left\{\frac{\partial^2\psi}{\partial r^2} + \frac{1}{r}\frac{\partial\psi}{\partial r} + \frac{\partial^2\psi}{\partial z^2}\right\} - \Lambda_{l,p}\sin 2\psi(r,z) = 0 \tag{43}$$

以上的理论适用于掺杂了蒽醌衍生物染料(AD1)的向列型液晶 5CB 的情况，系统模型为一种无限宽、厚度为 d 的薄膜，该薄膜夹在两层薄玻璃板中间，把方向角沿着顶部坐标为 $z=d$ 和底部坐标为 $z=0$ 上固定。边界条件的通式写为：

$$\begin{aligned}\psi(r,0) &= \psi_0\\ \psi(r,d) &= \psi_d\end{aligned} \tag{44}$$

和

$$\left.\frac{\partial\psi(r,z)}{\partial r}\right|_{r=\infty} = 0 \tag{45}$$

上式中相关参数为：$K=0.64\times10^{-12}$ N，$\varepsilon_a=0.583\,2$[47]，薄膜的厚度为 $d=2\,000\lambda$，波长 $\lambda=600$ nm 及光强为 10^8 Wm^{-2}，光束腰为 $w_0=50\lambda$。我们只考虑 $(l,p)=(5,0)$ 和 $(l,p)=(5,1)$ 两种模式(理论上可以选择任何 l，p 模式，当然其他的模式我们也会描述)。

图 7.10 和图 7.11 分别展示了矢量场分布和相应的在 r，z 平面上(在没有扭曲光存在时的边界条件为 $\psi_0=0$ 及 $\psi_d=\pi/2$) 的方向矢量取向(director orientations) 的色偏码图。图 7.12 和图 7.13 展示了扭曲光开启时(模式为 $l=5$，$p=0$) 的修正图。相比于自由光束的情况，可以看到显著的方向矢量的重新取向。图 7.14 和图 7.15 为采用模式为 $l=5$，$p=1$ 的扭曲光的情况。结果表明，光强变化的差别可以从方向矢量的重新取向看出。

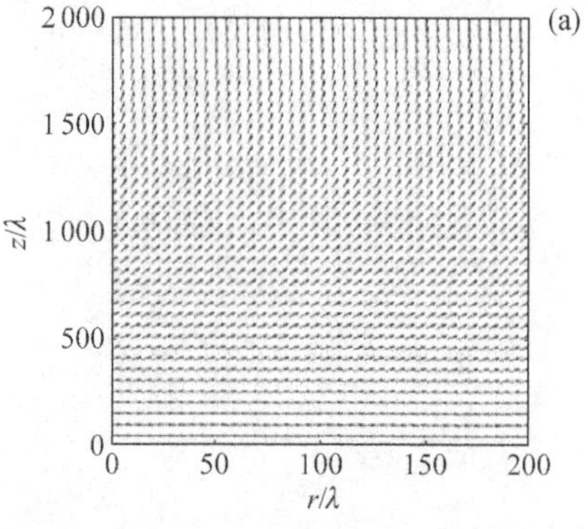

图 7.10　在使用扭曲光之前的扭曲向列型液晶的方向矢量场取向。如文中所述，在边界 $z=0$(底部)和 $z=d$(顶部)处的取向是固定的。

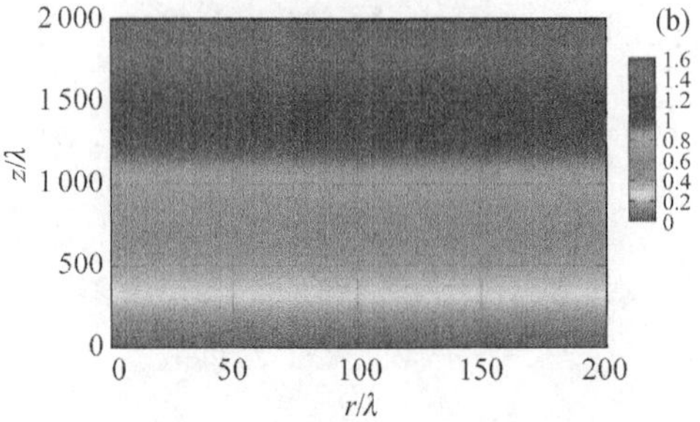

图 7.11　以色偏码的形式来表示图 7.10 的数据。主要给出相对于 r 轴的局域方向矢量取向角度 ψ 的大小。角度 ψ 贯穿底部的 $\psi=0$(红色)到顶部的 $\psi=\pi/2$(品红色)。见彩色插图。

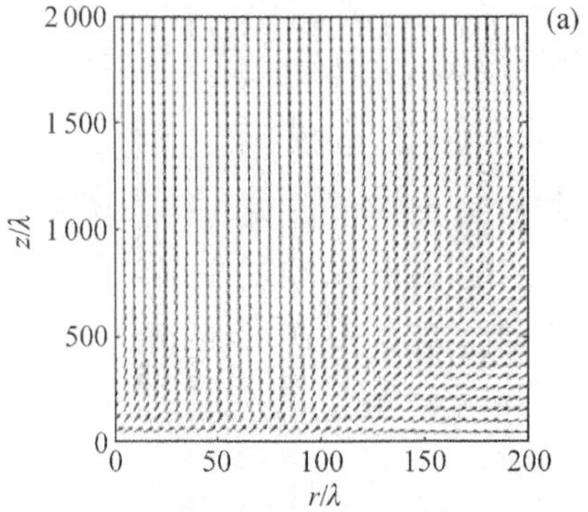

图 7.12　在扭曲光 $LG_{l,p}$(其中 $l=5, p=0$)模式下，扭曲向列型液晶的方向矢量场取向。

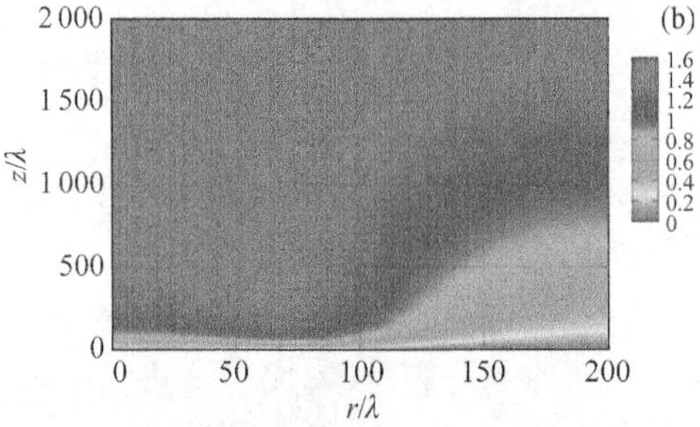

图 7.13　以色偏码的形式来表示图 7.12 的数据。主要给出相对于 r 轴的局域方向矢量取向角度 ψ 的大小。角度 ψ 贯穿底部的 $\psi=0$(红色)到顶部的 $\psi=\pi/2$(品红色)。见彩色插图。

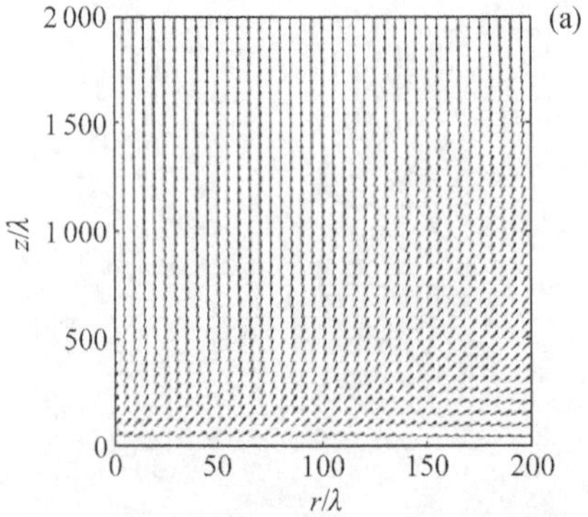

图 7.14　在扭曲光 $LG_{l,p}$(其中 $l=5, p=1$)模式下，扭曲向列型液晶的方向矢量场取向。其他的参数已在文中描述。

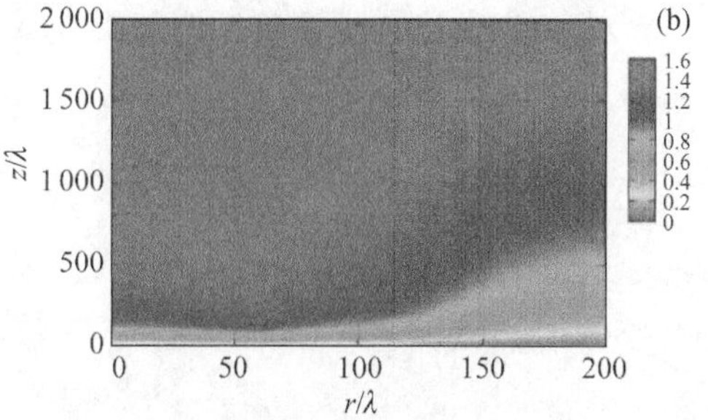

图 7.15　以色偏码的形式来表示图 7.14 的数据。主要给出相对于 r 轴的局域方向矢量取向角度 ψ 的大小。角度 ψ 贯穿底部的 $\psi=0$(红色)到顶部的 $\psi=\pi/2$(品红色)。见彩色插图。

7.7　讨论和总结

本章主要讨论拉盖尔—高斯光场的二能级系统响应原理,并补充描述了这种光对液晶的作用。本章主要目的是展示在光学角动量效应分支领域的最新进展。对原子、离子及分子运动的研究结果表明这些粒子表现出了新颖的特性:这些粒子不仅仅在该拉盖尔—高斯光场中受到了修正的平移力(modified translational forces),而且受到包含仅仅由光的轨道角动量所引起的旋转分量的辐射力。在瞬态特性下,给定一个 Γ^{-1} 量级的时间区间(Γ 是高能态的跃迁率),粒子受到与时间相关的力和扭矩,并产生一条特征粒子轨迹。在稳态特性下,给定一个远大于 Γ^{-1} 的时间区间,粒子受到时间相关的力、扭矩,且根据不同的条件,粒子的运动将产生冷却、俘获以及新型的旋转效应。饱和光力矩可简写为:

$$T \approx \hbar l \Gamma \hat{z} \tag{46}$$

该式可简单理解为:单个跃迁转移的角动量大小是 $\hbar l$,并且由于每单位时间有 Γ 次跃迁,T 的值相当于沿着光束轴 z 的一个大小为 $\hbar\Gamma l$ 的扭矩,这就支持了光的轨道角动量是以 $\hbar$ 为单位来量子化的预测。我们也看到在拉盖尔—高斯光的作用下,二能级系统将会受到一个与光和该二能级系统相互作用旋转分量相关的新多普勒频移。此附加的多普勒频移是形成激光冷却的修正耗散力的原因。在一维、二维以及三维条件下,利用包含拉盖尔—高斯光束对等方式处理光学粘团,将涉及一系列稳态光力(这些力倾向于产生一种新型且十分独特的行为)。拉盖尔—高斯光产生的光阱与所有光束形成的总偶极力相关。同时,总耗散力提供了一个冷却或加热与轴向运动相关联的方位运动的机制。对于每对相向传输的光束,光力矩是加倍还是消失取决于轨道角动量量子数 l 的相对符号。

显然,利用结构光(尤其是携带轨道角动量的光)进行原子和分子的操纵的研究仍处在早期的发展阶段,仍需要进一步开展多光束产生光学电势俘获的实验研究。尽管本章提及的理论预测只涉及了在最大光场强度区域内原子、离子以及分子的俘获,但类似的理论预测(只是细节不同)仍能够被用作高阶相交多光束在暗场区域的俘获。

致谢

本章中所描述的研究归功于很多同事和研究生的工作,包括 Les Allen, Vassilis-Lembessis, Wei Lai,William Power, Luciana Dávila Romero, Andrew Carter,Mohammad Al-Amri, and Matt Probert.作者希望感谢他们的宝贵贡献,感谢科学和工程研究委员会(EPSRC)的资金支持。

参考文献

[1] D.G. Grier, A revolution in optical manipulation, *Nature 424* (2003) 810.

[2] See Chapters 4-6 and the special journal issue on optical tweezers *J. Mod. Opt. 50* (2003) 1501, and following pages.

[3] K. Dholakia, P. Reece, Optical manipulation takes hold, *Nano Today 1* (2006) 18.

[4] V. S. Letokhov, V. G. Minogin, Laser Light Pressure on Atoms, Gordon and Breach, New York, 1987.

[5] A.P. Kazantsev, G.I. Surdutovich, V.P. Yakovlev, Mechanical Action of Light on Atoms, World Scientific, Singapore, 1990.

[6] C.S. Adams, E. Riis, Laser cooling and trapping of neutral atoms, *Prog. Quantum Electron. 21* (1997) 1.

[7] C.N. Cohen Tannoudji, Nobel lecture: Manipulating atoms with photons, *Rev. Mod. Phys. 70* (1998) 707.

[8] C.E.Weiman, D.E. Pritchard, D.J.Weinland, Atom cooling, trapping and quantum manipulation, *Rev. Mod. Phys. 71* (1999) S253.

[9] C.J. Pethick, H. Smith, Bose-Einstein Condensation in Dilute Gases, Cambridge Univ. Press, 2002.

[10] D. L. Andrews, A. R. Carter, M. Babiker, M. Al-Amri, Transient optical angular momentum effects and atom trapping in multiple twisted beams, *Proc. SPIE Int. Soc. Opt. Eng. 6131* (2006) 613103.

[11] L.C. Dávila Romero, A.R. Carter, M. Babiker, D.L. Andrews, Interaction of Laguerre-Gaussian light with liquid crystals, *Proc. SPIE Int. Soc. Opt. Eng. 5736* (2005) 150.

[12] D.S. Bradshaw, D.L. Andrews, Interactions between spherical nanoparticles optically trapped in Laguerre-Gaussian modes, *Opt. Lett. 30* (2005) 3039.

[13] A.R. Carter, M. Babiker, M. Al-Amri, D.L. Andrews, Transient optical angular momentum effects in light-matter interactions, *Phys. Rev. A 72* (2005) 043407.

[14] A.R. Carter, M. Babiker, M. Al-Amri, D.L. Andrews, Generation of microscale current loops, atom rings and cubic clusters using twisted optical molasses, *Phys. Rev. A 73* (2006) 021401.

[15] K. VolkeSepolveda, V. Garces-Chavez, S. Chavez-Cerda, J. Arlt, K. Dholakia, Orbital angular momentum of a high-order Bessel light beam, *J. Opt. B: Quantum Semidass. Opt. 4* (2002) S82.

[16] D. McGloin, K. Dholakia, Bessel Beams: Diffraction in a new light, *Contemp. Phys. 46* (2005) 15.

[17] C. Lopez-Mariscal, J.C. Gottierrez-Vega, G. Milne, K. Dholakia, Orbital angular momentum transfer in helical Mathieu beams, *Opt. Exp. 14* (2006) 4182.

[18] A.R. Carter, L.C. Dávila Romero, M. Babiker, D.L. Andrews, M.I.J. Probert, Orientational effects of twisted light on twisted nematic liquid crystals, *Phys. B: At. Mol. Opt. Phys. 39* (2006) S523.

[19] L. Allen, M.W. Beijesbergen, R.J.C. Spreeuw, J.P. Woerdman, Orbital angular momentum of light and the transformation of Laguerre-Gaussian laser modes, *Phys. Rev. A 45* (1992) 8185.

[20] M. Babiker, W.L. Power, L. Allen, Light-induced torque on moving atoms, *Phys. Rev. Lett.* *73* (1994) 1239.

[21] L. Allen, M. Babiker, W.L. Power, Azimuthal Doppler shift in light beams with orbital angular momentum, *Opt. Commun.* *112* (1994) 141.

[22] L. Allen, M. Babiker, W.K. Lai, V.E. Lembessis, Atom dynamics in multiple Laguerre-Gaussian beams, *Phys. Rev. A* *54* (1996) 4259.

[23] L. Allen, V.E. Lembessis, M. Babiker, Spin-orbit coupling in free-space Laguerre-Gaussian light beams, *Phys. Rev. A* *53* (1996) R2937.

[24] V.E. Lembessis, A mobile atom in a Laguerre-Gaussian laser beam, Opt. *Commun.* *159* (1999) 243.

[25] E. Courtade, O. Houde, J.F. Clement, P. Verkerk, D. Hennequin, Dark optical lattice of ring traps for cold atoms, *Phys. Rev. A* *74* (2006) 031403.

[26] S.J. van Enk, Selection rules and centre of mass motion of ultracold atoms, *Quantum Opt.* *6* (1994) 445.

[27] M. Babiker, C.R. Bennett, D.L. Andrews, L.C. Dávila Romero, Orbital angular momentum exchange in the interaction of twisted light with molecules, *Phys. Rev. Lett.* *89* (2002) 143601.

[28] G. Juzeliūnas, P. Ohberg, Slow light in degenerate Fermi gases, *Phys. Rev. Lett.* *93* (2004) 033602.

[29] G. Juzeliūnas, P. Ohberg, J. Ruseckas, A. Klein, Effective magnetic fields in degenerate atomic gases induced by light beams with orbital angular momenta, *Phys. Rev. A* *71* (2005) 053614.

[30] D.M. Villeneuve, S.A. Asyev, P. Dietrich, M. Spanner, M.Yu. Ivanov, P.B. Corkum, Forced molecular rotation in an optical centrifuge, *Phys. Rev. Lett.* *85* (2000) 542.

[31] A. Muthukrishnan, C.R. Stroud Jr., Entanglement of internal and external angular momenta of a single atom, *J. Opt. Quantum Semiclass. Opt.* *4* (2002) S73.

[32] M.S. Bigelow, P. Zernom, R.W. Boyd, Breakup of ring beams carrying orbital angular momentum in sodium vapor, *Phys. Rev. Lett.* *92* (2004) 083902.

[33] A.V. Bezverbny, V.G. Niz'ev, A.M. Tomaikin, Dipole traps for neutral atoms formed by nonuniformlypolarisedLaguerre modes, *Quantum Electron.* *34* (2004) 685.

[34] A. Alexanderscu, E. De Fabrizio, D. Kojoc, Electronic and centre of mass transitions driven by Laguerre-Gaussian beams, *J. Opt. B: Quantum Semiclass. Opt.* *7* (2005) 87.

[35] W. Zheng-Ling, Y. Jiang-Ping, Atomic (or molecular) guiding using a blue-detuned doughnut mode, *Chin. Phys. Lett.* *22* (2005) 1386.

[36] J.W.R. Tabosa, D.V. Petrov, Optical pumping of orbital angular momentum of light in cold cesium atoms, *Phys. Rev. Lett.* *83* (1999) 4967.

[37] S. Al-Awfi, M. Babiker, Field-dipole orientation mechanism and higher order modes in atom guides, *Mod. Opt.* *48* (2001) 847.

[38] M.A. Clifford, J. Arlt, J. Courtial, K. Dholakia, High-order Laguerre-Gaussian laser modes for studies of cold atoms, *Opt. Commun.* *156* (1998) 300.

[39] Y. Song, D. Millam, W.T. Hill III, Generation of nondiffracting Bessel beams by use of a spatial light modulator, *Opt. Lett.* *24* (1999) 1805.

[40] T.A. Wood, H.F. Gleeson, M.R. Dickinson, A.J.Wright, Mechanisms of optical angular momentum transfer to nematic liquid crystalline droplets, *Appl. Phys. Lett.* *84* (2004) 4292.

[41] D.P. Rhodes, D.M. Gherardi, J. Livesey, D. McGloin, H. Melville, T. Freegarde, K. Dholakia, Atom guiding along high order Laguerre-Gaussian light beams formed by spatial light modulation, *J. Mod. Opt.* *53* (2006) 547.

[42] P. Domokos, H. Ritsch, Mechanical effects of light in optical resonators, *Opt. Soc. Am. B 20* (2007) 1098.

[43] B. Piccirillo, C. Toscano, F. Vetrano, E. Santamento, Orbital and spin photon angular momentum transfer in liquid crystals, *Phys. Rev. Lett.* *86* (2001) 2285.

[44] B. Piccirillo, A. Vea, E. Santamento, Competition between spin and orbital photon angular momentum transfer in liquid crystals, *J. Opt. B: Semiclass. Opt.* *4* (2004) S20.

[45] M.V. Berry, Paraxial beams of spinning light in singular optics, *Proc. SPIE 3487* (1988) 6.

[46] W. Stewart, The Static and Dynamic Continuum Theory of Liquid Crystals, Taylor and Francis, London, 2004.

[47] D.O. Krimer, G. Demeter, L. Kramer, Pattern-forming instability induced by light in pure and dye-dopednematic liquid crystal, *Phys. Rev. E 66* (2002) 031707.

第八章　光涡旋俘获及粒子自旋动力学

Timo A. Nieminen，Simon Parkin，Theodor Asavei，
Vincent L.Y. Loke，Norman R. Heckenberg，and
Halina Rubinsztein-Dunlop
University of Queensland，Australia

8.1　引言

自 He 等人发表了开拓性的工作以来[34,35]，利用光涡旋传递光学角动量的方法已在被光俘获的微观粒子的旋转中得到应用。在此之前，由于散射力会阻碍光俘获，已有人提出使用光涡旋光阱的方法来减少散射力；在射线光学中，只有大光束角的光束能够产生梯度力，即使采用空心光束消除了小光束角的光束后仍会有散射力产生[1]。

利用携带光涡旋的光束来进行光俘获和微观粒子精密操纵时会有许多有趣的现象产生；有些现象与光束中轨道角动量的传递有关，有些则无关。我们很难简单地预测光阱的行为，除非建立具有普遍意义的模型。因此，为了获得准确的、定量的结果（有时，展现的结果也出人意料），需要建立俘获光束与被俘获粒子相互作用的数值模型。

几何光学法和瑞利散射法分别仅对比粒子俘获和操纵尺寸范围更大和更小的尺寸范围有效[1,33]。因此对于介于二尺度之间的粒子，需要用电磁场理论建立光俘获模型[60,64-66,71]。实际上，该模型得到的结果与实验符合得很好，误差不超过 1%[43]。

本章将初步介绍相关的基础理论和非傍轴光矢量性质，通过数值计算来研究一些在光涡旋俘获和微米尺度粒子操纵中表现出来的现象，总结实验结果，并进一步展望未来需要开展的实验工作。

8.2　光俘获的计算电磁模型

光压与光扭矩的计算本质上属于电磁散射问题——入射光场所携带的能量、动量及角动量一部分传递至光阱中的被俘获的粒子上，其他部分叠加在散射光场中由入射光场带走。吸收能量的大小，以及产生的光力和光扭矩的大小由入射通量与散射通量的差值确定。如前所述，对于光镊操纵及俘获粒子的过程而言，无论使用几何光学法与瑞利散射法来建立物理模型都比较麻烦。被俘获或操纵的粒子尺寸对于几何光学法的短波长近似来说太小，而对于瑞利散射的长波长近似而言又太大。

对于适用于中间尺度范围的电磁场模型可由许多不同的方法来建立。例如，时域有限差分法（FDTD）和有限元法（FEM）是已被广泛应用的两种方法。值得注意的是，这些

方法虽具有广泛性和通用性,但很少被用于建立光俘获模型。问题的原因非常明显:首先,需要进行重复地计算——也许需要数十次的计算才能确定光阱中被俘获粒子的平衡位置,而弹簧常数则需要成千上万次的计算,例如绘制光阱中粒子表面作用力关于光轴位置和径向位移的图谱;其次,光镊的计算通常只是一个相对简单的电磁场问题——单个粒子呈球形,仅有几个波长大小,远离(衬底)表面,因此粒子对单色光的散射可忽略不计。这就接近于 Lorenz-Mie 洛伦兹—米氏散射问题,其中单一球形粒子对平面波的散射存在解析解。

洛伦兹—米氏解的基本方程可以简单地推广至任意的单色光,甚至是非球形粒子(理论的推广是简单的,但实际推广却是另一回事;一些问题后续解释)。从根本上来说,洛伦兹—米氏解由一组离散的基函数 $\psi_n^{(\mathrm{inc})}$ 组成,n 为函数的模式数,每一个函数都是亥姆霍兹方程的无散解,代表入射场:

$$U_{\mathrm{inc}} = \sum_{n}^{\infty} a_n \psi_n^{(\mathrm{inc})} \tag{1}$$

$\psi_k^{(\mathrm{scat})}$ 代表着散射波,因此散射场可表示为:

$$U_{\mathrm{scat}} = \sum_{k}^{\infty} p_k \psi_k^{(\mathrm{scat})} \tag{2}$$

展开系数 a_n 和 p_k 一同确定粒子外场。

当电磁场对散射的响应为线性关系时,入射场与散射场也为线性关系,可表示为如下矩阵方程:

$$p_k = \sum_{n}^{\infty} T_{kn} a_n \tag{3}$$

或是

$$\boldsymbol{P} = \boldsymbol{T}\boldsymbol{A} \tag{4}$$

T_{kn} 为转移矩阵的元素,或系统转移矩阵,通常简记为 $\boldsymbol{T}$ 矩阵,用于在感兴趣的波长内对粒子散射特性进行完整描述。这是经典洛伦兹—米氏解的基础[51,54],洛伦兹—米氏解可推广至任意光,通常称为广义洛伦兹—米氏理论(GLMT)[28],对于可分离为球状体的非球形体,其广义洛伦兹—米氏解也被称为 GLMT[31,32],一般对于单个任意粒子和任意光的问题,通常可用 $\boldsymbol{T}$ 矩阵法解决此类问题[55,69,89]。

当散射有限、紧凑时,最有用的一组基函数为球矢量波函数(VSWFs)[55,69,70,89]。特别指出,由于球矢量波函数有很好的收敛性,这便允许上面的求和式在 $n_{\max}$ 截断时仍不失准确性。

我们可以概括计算作用在光阱中粒子上光压和光扭矩的基本步骤:

(1) 计算 $\boldsymbol{T}$ 矩阵;

(2) 计算入射场展开系数 a_n;

(3) 运用 $\boldsymbol{P}=\boldsymbol{T}\boldsymbol{A}$,求解散射场展开系数 p_k;

(4) 计算总场中流入的能量、动量、角动量。

对于球形粒子，$\boldsymbol{T}$ 矩阵为对角矩阵，对角线上的元素有一个解析公式。该公式需要计算球汉克尔和球贝塞尔函数，并使用电脑进行必要的数值计算。然而，对于一个半径为 10 个波长的球形粒子，即使使用未经优化的算法来计算 $\boldsymbol{T}$ 矩阵的耗时也低于 1 s，除非是在计算不同粒子，其他情况下步骤 1 并不需要重复计算，因此步骤 1 的计算任务并不繁重。

在计算过程中步骤 2 是最苛刻的。对于高斯光束，局域近似[29,47,56]是合理的。对于任意的光束，最小二乘法能够求出最适合于通过物镜的入射场，将物镜视为一个理想的平面—球面波前转换器[70]。对于旋转对称光束，根据截断参数 $n_{\max}$ 可简化为一个一维问题，计算时间约为 1 s。由于 VSWFs 在坐标系旋转或坐标系原点平移[9,11,30,87]时具有的变换特性，可以使用光束焦点位于原点时的系数 a_n 来求解焦点位于任意位置时的系数 a_n[16,70]。坐标系旋转和坐标轴向平移时，转移矩阵均可用递归法有效计算[11,30,87]。

步骤 3 为简单的矩阵—向量乘法。

步骤 4 需要求解麦克斯韦应力张量及其动量的积分，第一眼觉得这是一个极其耗时的步骤。但是，利用球矢量波函数的正交性，可通过减少电磁场的展开系数积分求和项来简化计算[7,14,66]。

因而，需要重复计算光阱中粒子所受到的光压和光扭矩，每次计算都会耗时 1 s 或数秒。因此，虽然通用方法，例如时域有限差分法和有限元法，已经用于构建光俘获模型[26,90]，但就效率而言，广义洛伦兹—米氏理论/$\boldsymbol{T}$ 矩阵法更加具有吸引力。

感兴趣的读者可以下载我们的光镊计算工具箱，网址：http://www.physics.uq.edu.au/people/nieminen/software.html[64-66]。

除了计算光压和光扭矩外，广义洛伦兹—米氏理论/$\boldsymbol{T}$ 矩阵法也可用于研究非傍轴光束，因为在求解光压和光扭矩的过程中，我们能得到矢量亥姆霍兹方程的精确解。由于 VSWFs 也是角动量本征函数，因而可以得到更多关于电磁角动量传递的机理信息。也许许多读者对于傍轴激光光束自旋角动量和轨道角动量的传递规律非常熟悉，但对于非傍轴光束的情况却不这样清楚。因此，我们将简略地总结电磁角动量的基本理论，然后总结 VSWFs 角动量的性质以及非傍轴光涡旋中角动量的传递。

8.3 电磁角动量

学术界对电磁角动量的认识存在一定程度的混淆和不一致。至少在某种程度上，这些认识的来源非常有限，即便有，也是传统的电磁书籍中讨论的电磁角动量。研究文献上有许多矛盾的描述(包括我们的!)更无法改变这种状况，这些描述未能阐明其理论的适用范围，甚至是错误的。此外，还有很多真正的难点(幸运的是，这些难点不会对我们现有的实例构成问题)。因此，本章非常有必要在电磁场理论中对角动量做一个基本的说明。

角动量是我们感兴趣的物理量，因为它是守恒量。因此，经典场理论中的守恒定律是理论推导的理想起点。守恒定律的推导与经典力学密切相关[27]，在一些变换下当作用积分不变时，常用诺特定律[72]来求解守恒流。诺特定律的非正式的阐述是"每有一个对称变换，就有一个守恒量。"空间平移不变性给出动量守恒，时间平移不变性给出能量守恒，转动的不变性给出角动量守恒。

接下来就 Soper 的陈述做一个简要的总结[83]。若拉格朗日密度在均匀洛伦兹变换下变换成标量密度，包括将三维空间中的旋转作为一个子集，角动量流可表示为：

$$J^{\mu}_{\alpha\beta}=x_{\alpha}T^{\mu}_{\beta}-x_{\beta}T^{\mu}_{\alpha}+S^{\mu}_{\alpha\beta} \tag{5}$$

其中 $S^{\mu}_{\alpha\beta}$ 为自旋张量，所对应的守恒张量

$$J_{\alpha\beta}=\int d^3\boldsymbol{x}J^{0}_{\alpha\beta} \tag{6}$$

为角动量。由于 T 是正则能量—动量张量，等式前面两项为角动量密度，因而是轨道角动量。如果所有的场在拉格朗日密度下表示为标量场，则最后一项恒等于零——对于标量场，仅存的角动量类型为轨道角动量。

对于矢量场和秩张量场，等式最后一项不等于零，通常称之为自旋角动量，或内禀角动量[39,80,83]。

自由场的拉格朗日密度为

$$L=-\frac{1}{4}F_{\alpha\beta}F^{\alpha\beta} \tag{7}$$

其中 F 为电磁 4 阶张量，反过来根据 4 维势给出表达式：

$$F_{\alpha\beta}=\partial_{\alpha}A_{\beta}-\partial_{\beta}A_{\alpha} \tag{8}$$

根据场和势可以明确地写出自旋张量的表达式：

$$S^{\mu}_{\alpha\beta}=F^{\mu}_{\alpha}A_{\beta}-F^{\mu}_{\beta}A_{\alpha} \tag{9}$$

此时，自旋密度 $s_j=\frac{1}{2}\epsilon_{jkl}S^{0}_{kl}$ 可表示为：

$$\mathbf{s}=\boldsymbol{E}\times\boldsymbol{A} \tag{10}$$

这清楚地表明，自旋角动量与起点的选择和时刻的选择没有关系；这也是一种内禀角动量密度，在场论中也可将其定义为“自旋”密度。明确地说，总电磁角动量等于轨道角动量和自旋角动量之和。

值得注意的是，总角动量密度表达式为

$$\boldsymbol{j}=\boldsymbol{l}+\mathbf{s} \tag{11}$$

合并自旋角动量密度后，这将不同于常见的电磁波的角动量密度表达式：

$$\boldsymbol{j}=\boldsymbol{r}\times(\boldsymbol{E}\times\boldsymbol{H})/c^2 \tag{12}$$

不一致是由光压和光扭矩的四个计算步骤之一或是经典电动力学中长期存在的争议所导致的，这里所说的电动力学中的争议由 Ehrenfest 在 20 世纪初首次提出[37]。争议的长期存在是因为无论我们选择角动量密度表达式(11)或(12)，对于任何物理可实现的电磁场，在很大程度上，观测到的结果（例如作用在实物上的扭矩）都是相同的[37,39,66,83,91]。因此，对于那些最初对粒子自旋感兴趣的读者而言，虽然对分歧争议没有进行详尽的讨论，但也不会纠结于此了。

然而，式(12)在本质上表明自旋角动量并不存在；若自旋角动量确实等于 $\boldsymbol{r}\times(\boldsymbol{E}\times\boldsymbol{H})/c^2$，很显然自旋角动量与 $\boldsymbol{r}$ 有关，也即与原点的选取有关。选取原点位置使 $\boldsymbol{r}=0$，则角动量密度也等于零，即自旋密度等于零。由于自旋角动量和轨道角动量在物理上，至少对于物理上可实现的单色场，存在明显的差异(可通过测量光的斯托克斯(Stokes)参量求得自旋通量[14])，本章将讨论这一问题。

经典电磁场中守恒定律的推导是经典电动力学和量子电动力学的基石，它具有更普遍的数学物理意义。从理论上来说，我们有足够的理由来使用式(11)(而非式(12))。然而一般来说，正如式(11)体现的那样，将角动量密度划分成自旋分量和轨道分量的形式并不具有规范不变性(尽管这只是就单色场而言[3,14])。因此，通常做法是将正则能量—动量张量形式转换成对称能量—动量张量[38,39]形式，从而将角动量密度转换成规范不变的形式。但 Jauch 和 Rohrlich 等研究者谨慎地认为在转换中需要保证当 $r\to\infty$ 时积分面围道趋于零，而其他研究者则认为此并非必须。

将上述步骤反转，Humblet 证明可将式(12)划分成自旋部分和轨道部分，并存在相同的积分面围道。

对于物理可实现场，由于场在时间和空间中有界，因此在无穷远处积分面围道将趋于零，使得式(11)与式(12)相等，总的角动量守恒。仅对于那些在 $r\to\infty$ 时积分面围道不迅速趋于零的场，如：无限平面波，式(11)与式(12)不等。因此，虽然由式(12)计算角动量密度并不正确，但对于物理可实现电磁场，式(12)提供了一个简单的方式，可直接通过 $\boldsymbol{E}$ 和 $\boldsymbol{H}$ 来计算总的角动量。

我们意识到一些读者质疑式(11)的正确性；倘若所有读者都已经信服的话，就不会有之前提到的争论了。例如，有读者会认为诺特守恒定律(Noetherian conservation law)仅能说明总的角动量守恒，而将角动量密度作为被积函数是不恰当的。

由于具有物理可观测效应的差异仅能在非物理电磁场(如无限平面波)中产生，我们希望有疑惑的读者考虑这样一种非物理的理想情况——一束圆偏振波垂直入射至无限的平面介质中。单位面积上的扭矩可以在两种情况下计算：(1) 半无界吸收介质。(2) 1/4 波长厚度的双折射材料。求得扭矩最简单的方法是将扭矩看作是入射场与所产生的单位体积偶极矩的相互作用；第二种情况扭矩的计算最初源于 Sadowsky 的理论，并由 Beth[6] 在他的经典论文中给出。若圆极化平面波不携带角动量，那扭矩是怎么来的呢？

8.4　傍轴和非傍轴光涡旋中的电磁角动量

对于前面已经提到的球矢量波函数 VSWFs，当考虑角动量的传递时，有一些机理内容是十分重要的。当考虑场的传递性质时，最简单的是采用净流入(这里记为 2 型 VSWFs)和净流出的 VSWFs(1 型)来表示，即

$$\boldsymbol{M}_{nm}^{(1,2)}(k\boldsymbol{r})=N_n h_n^{(1,2)}(kr)\,\boldsymbol{C}_{nm}(\theta,\varphi)$$

$$\boldsymbol{N}_{nm}^{(1,2)}(k\boldsymbol{r})=\frac{h_n^{(1,2)}(kr)}{krN_n}\boldsymbol{P}_{nm}(\theta,\varphi)+N_n\left(h_{n-1}^{(1,2)}(kr)-\frac{nh_n^{(1,2)}(kr)}{kr}\right)\boldsymbol{B}_{nm}(\theta,\varphi)\quad(13)$$

其中 $h_n^{(1,2)}(kr)$ 为第一类和第二类球汉克尔函数，$N_n=[n(n+1)]^{-\frac{1}{2}}$ 为归一化常数，$\boldsymbol{B}_{nm}(\theta,\varphi)=\boldsymbol{r}\,\nabla Y_n^m(\theta,\varphi)$，$\boldsymbol{C}_{nm}(\theta,\varphi)=\nabla\times(\boldsymbol{r}Y_n^m(\theta,\varphi))$，和$\boldsymbol{P}_{nm}(\theta,\varphi)=\hat{\boldsymbol{r}}\,Y_n^m(\theta,\varphi)$ 为矢量

球谐函数[55,69,70,89]，$Y_n^m(\theta,\varphi)$ 为归一化标量球谐函数。使用常用的极坐标系，其中，θ 是从 $+z$ 轴方向测得的余纬度，φ 为 $+x$ 轴方向指向 $+y$ 轴方向的方位角。

值得注意的是，球谐函数 $Y_n^m(\theta,\varphi)$ 可分写成极角和方位角分量的乘积：

$$Y_n^m(\theta,\varphi)=\Theta_{nm}(\theta)\Phi_m(\varphi)=\Theta_{nm}(\theta)\exp(\mathrm{i}m\varphi) \tag{14}$$

因为求矢量球谐函数和 VSWFs 都需要对角度变量，方位角项，$\exp(\mathrm{i}m\varphi)$ 做偏导运算。所以，傍轴光涡旋和通过 VSWFs 表示传递的角动量存在紧密的联系。

需要注意的是，每一个模式都用两个模式数表示，一个径向模式数——**度**，n 和一个方位模式数——**阶**，m，$\boldsymbol{M}_{nm}$ 和 $\boldsymbol{N}_{nm}$ 分别表示横电模(TE)和横磁模(TM)(对于本书中所提到的横电模和横磁模，其径向场分量为零)。

对于前面所述的净流入和净流出的波函数，每一个波函数都有一个位于原点的奇点。我们感兴趣的都是无奇点的场，无奇点的常规球矢量波函数常写为

$$\boldsymbol{Rg\,M}_{nm}=\frac{1}{2}[\boldsymbol{M}_{nm}^{(1)}(k\boldsymbol{r})+\boldsymbol{M}_{nm}^{(2)}(k\boldsymbol{r})] \tag{15}$$

$$\boldsymbol{Rg\,N}_{nm}=\frac{1}{2}[\boldsymbol{N}_{nm}^{(1)}(k\boldsymbol{r})+\boldsymbol{N}_{nm}^{(2)}(k\boldsymbol{r})] \tag{16}$$

如果我们注意到贝塞尔函数与汉克尔函数的关系，我们可用球贝塞尔函数取代流入/流出 VSWFs 表达式中的球汉克尔函数。随着角动量流向和远离原点，我们也不用具体考虑角动量的传递性质。但是，我们需要使用球 VSWFs 来计算非傍轴光涡旋的传递。

从这点上来说，有必要考虑傍轴携带光涡旋的光束与可用 VSWFs 来表示的非傍轴携带光涡旋的光束的关系。二者最重要的区别是傍轴光束是标量傍轴近似方程的解；如上所述，标量场不带自旋角动量，在傍轴极限下，自旋角动量和轨道角动量将会明显的分离。相反，自旋角动量作为额外的一项，通常基于光子自旋为 $\pm\hbar$ 的量子力学描述，同样的，偏振也能以横向偏振矢量的形式叠加至标量傍轴场中。

对于傍轴携带光涡旋的光束的轨道角动量，其重要的特征就是角模式数 l，我们称为阶，尽管这种方法并不普遍。角模式数 l 尤其体现在复指数角相位项 $\exp(\mathrm{i}l\varphi)$ 中，由此可得到轨道角动量的表达式 lP/ω，其中 P 为能量，ω 为光学角频率，或在量子理论中，表达式 lP/ω 表示 $l\hbar$ 每光子。就完整性而言，轨道角动量 $l\hbar$ 并不是总的轨道角动量，它是总的轨道角动量沿光轴方向上的分量。对任意点，总的轨道角动量的主要部分为 $\boldsymbol{r}\times\boldsymbol{S}_{\mathrm{tot}}/c$，$\boldsymbol{S}_{\mathrm{tot}}/c$ 为通过光束的总线性动量通量。然而，这并非我们特别感兴趣的，轨道角动量的重要矢量分量是平行于波束轴线的那一部分，即光轴的轨道角动量，正是这部分轨道角动量使得携带光涡旋的光束特殊而有趣。相应的，我们会关注非傍轴光涡旋同样方向的角动量。

此外，轴向轨道角动量有个很有意思，且与光涡旋不同的特性就是：轨道角动量密度与原点选取位置有关，但轨道角动量通量沿波束轮廓的积分与原点选取位置无关。因而称为内禀轨道角动量，这也好比经典刚体沿其质心的自旋(同样的，这种情况下，自旋密度与原点位置有关，但总的自旋角动量与原点位置无关)。

对于 VSWFs，表达式中球谐函数有一角相位项 $\exp(\mathrm{i}m\varphi)$，其与角动量有关，同样的，对于傍轴光涡旋也有一角相位项 $\exp(\mathrm{i}l\varphi)$。两个模式数都与角动量有关——径向模

式数 n 表示总角动量的大小，而角相位模式数表示沿 z 轴方向的角动量分量。（这也可以从物理上解释为什么角相位模式数的取值范围为 $-n \leqslant m \leqslant n$，因为沿某一方向的角动量不会大于总的角动量。）

当我们匹配傍轴与非傍轴光束时，根据边界条件，一些人认为角相位模式数需要相等，即 $m=l$，其实并非如此。傍轴光束可由笛卡儿偏振矢量和标量傍轴场所描述，因此该场也可由笛卡儿基向量表出。另一方面，VSWFs 可由球形基向量表出，如果我们选定 xy 平面 $\varphi=0$，绕 z 轴旋转半周至 $\varphi=\pi$，则径向和角向的单位向量 $\hat{\boldsymbol{r}}$ 和 $\hat{\varphi}$ 也旋转了半周。因此，在半周旋转中，用 VSWFs 场去匹配傍轴场时需要额外的半波相移，并且可知 $m=l \pm 1$。在物理上这对应于自旋角动量与轨道角动量的组合。如果傍轴光束是左旋圆偏振的（每个光子携带的自旋值为 $+\hbar$），则 $m=l+1$。如果是右旋圆偏振的，则 $m=l-1$。如果傍轴光束是平面偏振的，可看成是左旋圆偏振光与右旋圆偏振光的组合，对应的存在两个 m 值。

这也提醒我们在非傍轴情况下，我们应该考虑总角动量，而不是将自旋角动量与轨道角动量分开考虑。但是，当我们打算对角动量进行光学测量时，自旋角动量与轨道角动量之间又有本质区别。因此，我们可以采用以下这种类似的方法去求得光压与扭矩的表达式，即沿被俘获的粒子表面做自旋通量积分，自旋通量可表示为场展开系数的线性组合[14]。

8.5　非傍轴光涡旋

为了用最小二乘拟合的非傍轴光束去匹配傍轴光束（即，初始的傍轴光束波前由平面波通过物镜转变成球面波），球坐标中，远场极限下，拉盖尔—高斯光束表达式[70,81]为

$$U=U_0(2\psi)^{|l|/2}L_p^{|l|}(2\psi)\exp(-\psi+\mathrm{i}l\varphi) \tag{17}$$

其中 $\psi=(k^2 w_0^2 \tan^2\theta)/4$，$k$ 为介质中的波数，$L_p^{|l|}$ 为广义拉盖尔多项式。我们仅考虑 $p=0$ 这种情况，即 $L_0^{|l|}=1$。

为了用 VSWF 的展开系数来表示聚焦场，则需要求得 a_{nm} 和 b_{nm}，使得

$$\boldsymbol{E}(\boldsymbol{r})=\sum_{n=1}^{n_{\max}} a_{nm}\mathbf{RgM}_{nm}(k\boldsymbol{r})+b_{nm}\mathbf{RgN}_{nm}(k\boldsymbol{r}) \tag{18}$$

m 等于入射傍轴光束中单位光子的角动量，为尽可能的匹配式(17)所表示的拉盖尔—高斯光束，可通过一合适的偏振矢量将其转换成矢量场[70]。除了变量 $\exp(\mathrm{i}m\varphi)$ 外，所有拉盖尔—高斯光束的光场都是旋转对称的，因此能够沿单一“经度线”选取一些列点以达到最小二乘拟合，最简单的是 $\varphi=0$ 的情况。这使得偏振矢量的选取变得简单，在变换以前

$$\boldsymbol{E}=(E_x\hat{\boldsymbol{x}}+E_y\hat{\boldsymbol{y}})U_{\text{paraxial}} \tag{19}$$

在变换以后

$$\boldsymbol{E}=(E_\theta\hat{\theta}+E_\varphi\hat{\varphi})U \tag{20}$$

由于此时为球面波前，所以当 $\varphi=0$ 时，有 $E_\theta=E_x$ 和 $E_\varphi=E_y$。

通常，对于给定的数值孔径，我们只考虑最紧密的聚焦光束。为了确定光镊中一个与优化过度充盈标准有关的参数，通常用会聚角 θ_{conv} 来表示会聚程度：

$$U(\theta_{\mathrm{conv}})/U_{\max}=1/\mathrm{e} \tag{21}$$

事实上,这表明我们需要找到对应于 θ_{conv} 的参数 ψ,或 $\psi_{\mathrm{conv}}=\psi(\theta_{\mathrm{conv}})$。由于当 $\psi=|l|/2$ 时,$U=U_{\max}$,因此 ψ_{conv} 介于 $\psi=|l|/2$ 与 $\psi=\infty$ 之间,这就要求下式只在 ψ_{conv} 的取值范围内有数值解

$$(2\psi_{\mathrm{conv}}/|l|)^{|l|/2}\exp(-\psi_{\mathrm{conv}}+|l|/2+1)-1=0 \tag{22}$$

对于该数值解,我们总结出了一条规律,并在我们的光镊工具箱中有精确的多项式近似表示[65]。

随着光束越来越聚焦,傍轴光束的偏离将会更大。尤其是当聚焦光斑的尺寸接近衍射极限时,随着会聚角的持续增大,焦斑大小将会停止减小。对于高斯光束,当光束腰半径小于 1.2λ 时,傍轴场所匹配的远场与精确电磁场之间的误差将超过 10%。图 8.1 和图 8.2 中,我们展示了一束 LG_{03} 光束的不断会聚效应,每个光子的总角动量为 $m=4\hbar$,会聚角分别为 30°、40°、50°和 60°的光束横截面如图所示。图 8.1 表示光束横截面,白色强度与 $|\boldsymbol{E}|^2$ 成线性关系,而图 8.2 中光束横截面用白色强度对数刻度表示,表示该区域为低能量密度区域。

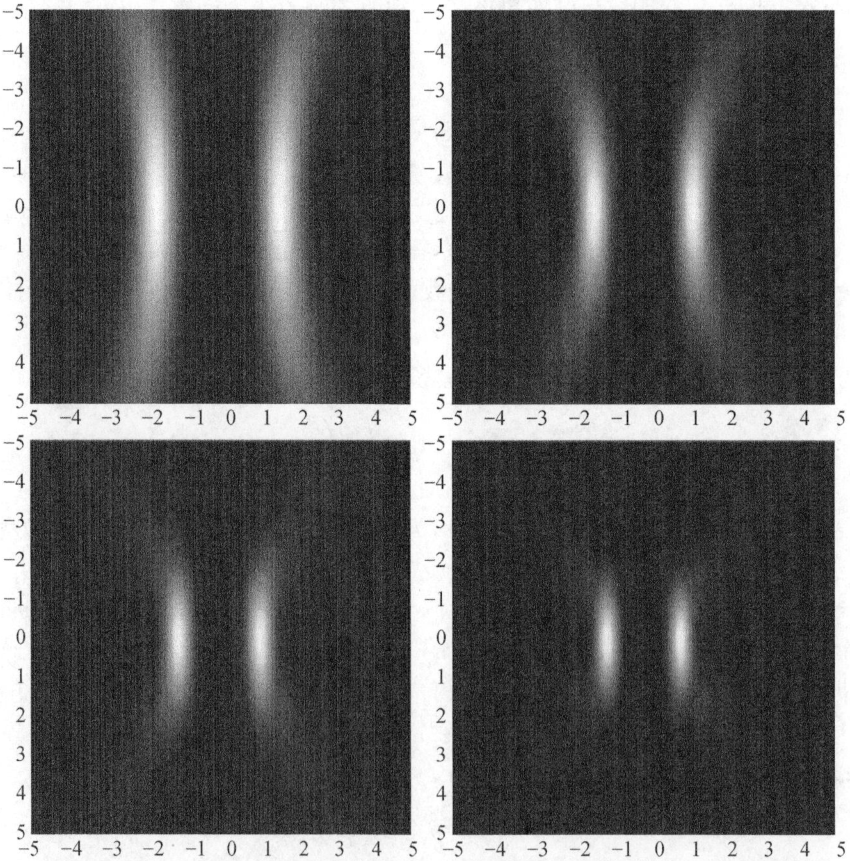

图 8.1　不断会聚的 LG_{03} 光束的横截面图。光束为圆偏振光束,每个光子的总角动量为 $m=4\hbar$。光束的会聚角为 30°(左上),40°(右上),50°(左下)和 60°(右下)。白色强度与 $|\boldsymbol{E}|^2$ 成线性关系,径向和轴向的距离以波长为单位。

在对数刻度图中(图 8.2)可以观察到一个显著特点,即越紧聚焦的光束越趋向形成锥一管一锥的图案。这是由于光束角动量的传递引起的。正如前面所提到的,因为有限光束角动量通量等于波印廷矢量在波束轮廓面的积分,所以对于所需的角动量通量需要有一足够大的力臂[13]。基本上,光束的亮环半径与最小力臂相等时,亮环尺寸最小。数学上,这是由于 VSWFs 的径向部分为贝塞尔函数,且贝塞尔函数在 $kr\approx n$ 附近取得峰值,如图 8.3 所示。

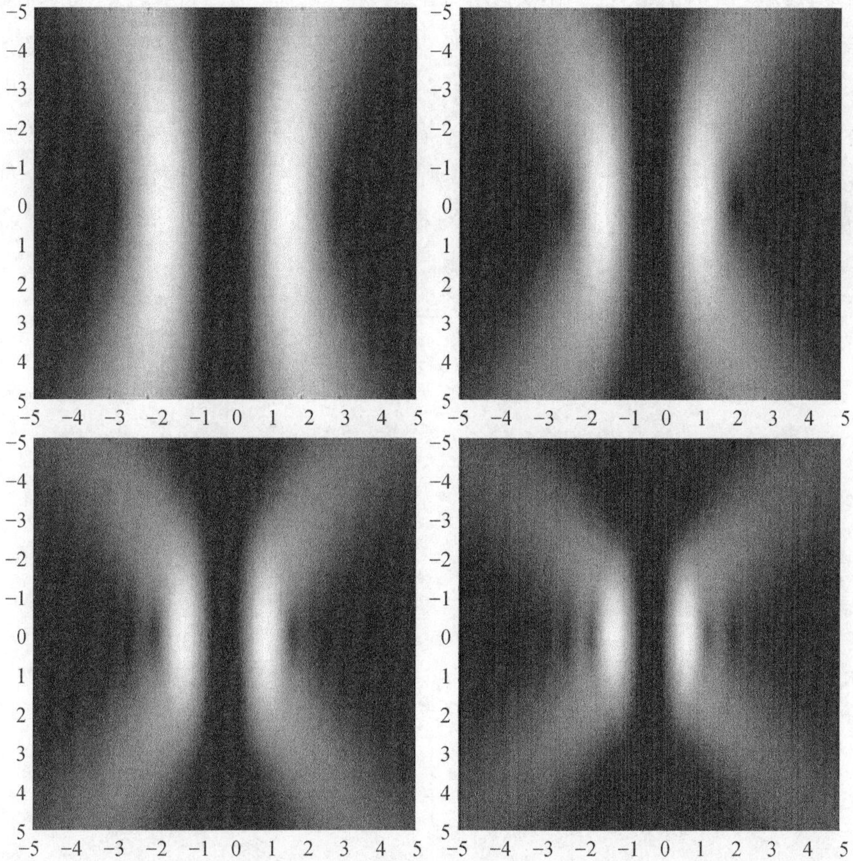

图 8.2　不断会聚的 LG_{03} 光束的横截面图。光束为圆偏振光束,每个光子的总角动量为 $m=4\hbar$。光束的会聚角为 30°(左上),40°(右上),50°(左下)和 60°(右下)。白色度强与 $|\mathbf{E}|^2$ 成对数关系,表明该区域为低能量密度区域。径向和轴向的距离以波长为单位。

VSWFs 的这一数学性质以及 $n\geqslant m$ 的约束条件表明,除非光束的角动量非常小,大部分最紧密聚焦光涡旋的宽度与光束的总角动量通量呈线性关系。令人惊讶的是,这一结果已经在 Curtis 和 Grier[15]的一次实验中给出。这也意味着自旋角动量与轨道角动量方向相同的光涡旋比自旋角动量与轨道角动量方向相反的光涡旋存在更大的最小尺寸。该效应如图 8.4 所示。

同样的,我们也可以注意到图 8.2 所示的最紧聚焦光束的焦平面和携带角动量的贝塞尔光束的相似处,贝塞尔光束亮环周围围绕着第二个环。从数学上讲,第二个环是由 VSWFs 在径向方向上的球贝塞尔函数的结果,如图 8.3 所示,球贝塞尔函数在超过最大峰值后将沿 kr 轴不断振荡。通过贝塞尔光束的性质可以帮助我们理解聚焦光涡旋形成锥—管—锥结构的原因。严格来说，贝塞尔光束在物理上是不可实现的，因为它需要无限的能量通量，但是可通过轴棱锥或是空间光调制器来获得截断近似的贝塞尔光束。与贝塞尔光束不同的是，这种有限近似的贝塞尔光束并不是传递不变的。但是，在一定范围内，该近似光束在中心区域内是近似不变的。该近似贝塞尔光束的中心部分要么由一亮斑组成，要么由一有相位奇点的环组成，并且环的周围绕有一连串二次环；对于真正的贝塞尔光束，每个环的能量相等，所以总光束的能量是无限的。这在多环激光束中很常见，每一个连续环比前一个环在相位上相差半个波长（因此，每一相邻环之间的暗区域都存在一线性相位奇点），因此，每个环都可以阻止内部环的衍射传播——仅仅最外部的环可通过衍射有效地展开。衍射展开直到最外部环的能量密度可忽略时才停止，此时与之相邻的内部环成为新的最外部环并开始传播。直到仅最内部环存在时，这种转变才停止，此时依靠自身传播。这一过程如图 8.2 所示，从焦平面开始一直沿着波束。对于理想的球面光束，其能量密度分布关于焦平面对称，因此靠近焦平面的聚焦光束与远离焦平面的发散光束是完全相反的。

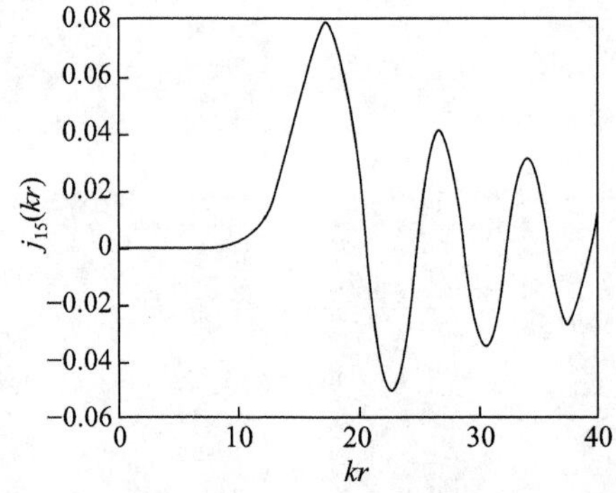

图 8.3　球贝塞尔函数，$n=15$。在 $kr<n$ 内，函数值接近于零可以从数学上理解为携带光涡旋的光束中的暗空洞区域。由于 $n\geqslant m$，这也可以解释光涡旋所能会聚成的最小尺寸。亮环外函数的震荡性表示二阶环的存在。

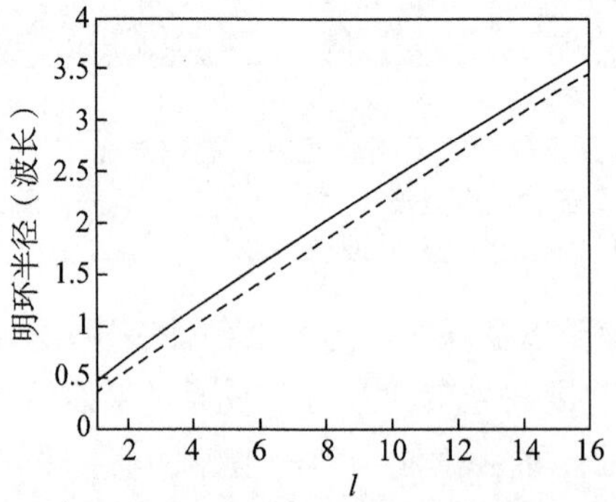

图 8.4　会聚光束 LG_{0l} 在焦平面的明环半径，其中 l 的取值范围从 1 至 16。实线为加有轨道角动量的圆偏振光束，虚线表示部分加有轨道角动量的圆偏振光束。对任给 l，半径都除以了 $1/2\pi$。

原则上，我们能够将聚焦的光涡旋表示成矢量圆柱波函数的叠加（也就是矢量贝塞尔光束）。但是这使得每个光子关于光轴存在统一的角动量，正如我们在 VSWFs 和傍轴拉盖尔—高斯模式中得到的一样，由于每一模式的能量都是无限的，所以每一模式的角动量也是无限的。这将与 VSWFs 和 LG 模式形成鲜明的对比，其模式的能量和角动量关于光轴正交。由于矢量贝塞尔波束不存在这些正交性，所以其总能量和总角动量无法用单一模式之和的形式表示，因此在这种情况下也会减少使用波函数叠加的方式来表示矢量贝塞尔波束。但在有关光涡旋的文献中[88]，矢量贝塞尔光束已引起了人们的兴趣，值得注意的是，由单个 TE 和 TM 矢量贝塞尔波束间的总和已经成为一种对于焦平面处近轴附近聚焦光束场的有效解析近似。矢量贝塞尔波束在对称结构的电磁场系统分析方面已经使用了几十年，如波导[84]。然而许多有关光学贝塞尔光束的工作使用的是标量版本。

接下来我们将讨论使用光涡旋进行光俘获的基本特征。

8.6　涡旋光束俘获

从光镊研究的早期开始，利用空心光束来俘获物体就已经引起了人们的关注，这是因为空心光束可以有效地提高轴向俘获的效率[1]。当使用光镊去俘获除最小或者最低折射率对比度粒子之外的粒子时，光阱显然是非对称的——有趣的是，获得的结果之一来自于三大理论（几何光学，瑞利散射，严格电磁场理论）。径向（即粒子的位移远离光轴）的回复力是对称的，这点与轴向位移的情况不同，即光梯度力是对称的，而“散射力”则作用于光束传播方向。在几何光学中，仅大光束角的光束能够产生光梯度力。用空心光束光阱代替高斯光束光阱可以消除产生散射力的小光束角的光束。

在几何光学之外的理论中，这种区别将不再明显。如果增大焦点，即使轴向力关于轴向位移的曲线变得更加对称，轴向俘获效应也会减弱。由于提高轴向效率是光涡旋俘获的核心问题，我们计算了光涡旋光阱的轴向力与位移的关系，结果如图 8.5 和图 8.6 所示。

有趣的是，位移超过焦平面时有着更大的最大回复力，即轴向俘获效率的提升似乎是由于梯度力的增大所产生的，而不是由于散射力的减小。推动力增大使得粒子朝向焦点聚集，如图 8.5 和图 8.6 所示。在粒子的折射率 $n=1.59$ 的情况下（图 8.5），推动力的增加量高于回复力的增加量，看起来似乎是散射力在增大。其中任何力的增加量都很小。作为对比，如果使用较低折射率 $n=1.45$ 的粒子，高斯光束和拉盖尔—高斯光束的曲线更加对称，散射力略微增大，粒子受到力的作用效果不明显。

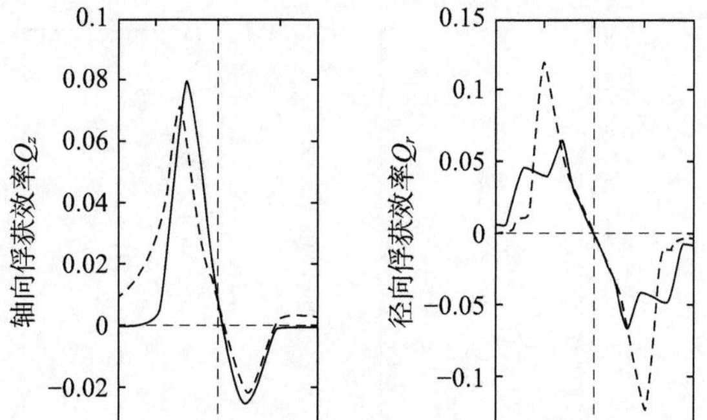

图 8.5　LG_{03} 光阱和高斯光阱的轴向和径向俘获效率。两束光束均为圆偏振光，与 LG_{03} 的轨道角动量的偏手性相同。光束的会聚角为 60°。俘获光束波长为 1 064 nm，粒子半径为 $2\lambda_{medium}$，等于在水中被俘获的直径为 3.2 μm 的粒子。相对折射率等于聚苯乙烯（$n=1.59$）在水中的折射率。实线表示 LG_{03} 光阱的光力效率，虚线表示高斯光阱的光力效率。

如果考虑到波束形状，梯度力的增大是可能的。如图 8.1 和图 8.2 所示，随着粒子沿着紧聚焦光涡旋的轴线方向远离焦点，最远方的一部分粒子将进入光束的暗场。对于高斯光束，粒子会集中在光强最强的横截面处，轴向梯度较小。对比图 8.5、图 8.6 以及图 8.1、图 8.2 中的紧聚焦光束横截面，可以发现当粒子开始移动至暗区域时，使粒子会聚的最大推力与最大拉力确实存在(粒子的中心与聚焦点距离大约为两个波长)。

然而，轴向俘获强度和最大回复力的提高，会降低径向俘获效率。并且，相较于高斯光束光阱，径向力线性正比于径向位移。空心光束光阱位移相对较少，因而会减弱将其作为径向力传感器的效能。考虑到高斯光束产生光涡旋时伴随着能量损耗，能量损耗导致的轴向力的减小量与轴向俘获效率的增加量可比拟甚至更大。因此，上述提及的光涡旋光阱在单纯提高俘获效率上并非很有效。不过，光涡旋的一些其他特征，例如轨道角动量传递，以及光束的暗中心区域等，使得光涡旋富有魅力。

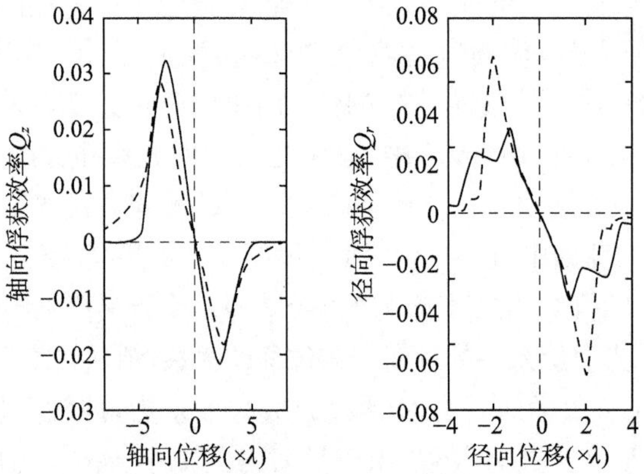

图 8.6　LG_{03} 光阱(实线)和高斯光阱(虚线)的轴向和径向俘获效率。光束和粒子与图 8.5 中的一致，相对折射率与 PMMA($n=1.45$)在水中的折射率一致。

在图 8.5 和图 8.6 中，平衡区域的轴向力正比于轴向位移。但是，被俘获粒子的直径与锥—管—锥光束中“管”长几乎一致。

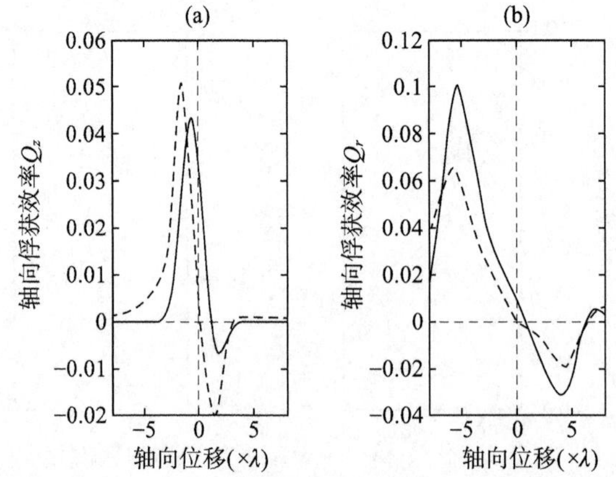

图 8.7　高斯光阱和 LG_{03} 光阱对较大粒子和较小粒子的俘获效率。两束光束均为圆偏振光，偏手性与 LG_{03} 光束的轨道角动量一致。两束光的会聚角为 60°。图(a)的粒子半径为 $1\lambda_{medium}$，图(b)的粒子半径为 $4\lambda_{medium}$，分别对应于图 8.5 中粒子半径的一半和两倍。相对折射率等于聚苯乙烯($n=1.59$)在水中的折射率。实线表示 LG_{03} 光阱的光力效率，虚线表示高斯光阱的光力效率。

计算较大粒子和较小粒子的轴向力时发现了两个有趣的性质:(1) 对于较小粒子,轴向力仍与位移呈线性关系,但是梯度力仅在粒子靠近"管"的尾部时才增大,如图 8.7(a)所示;(2) 在光束管状内部,散射力可以很容易克服梯度力的作用,与高斯光束所俘获的相同粒子相比,粒子能够在在更远的轴向距离上被捕获。

对于较大粒子,如图 8.7(b)所示,轴向力不再同粒子直径等于"管"长的情况类似。由于使粒子沿光束焦点会聚的推力的增强要大于回复力的增强,所以相比高斯光束光阱而言,散射力也会明显增强。同时,与高斯俘获相比,粒子平衡位置也更加远离聚焦面,这很好地证实上述结论。除此之外,轴向俘获仍然强于高斯俘获。

然而我们知道小粒子会在亮环处俘获,而不会在暗光束轴上被俘获[21,36]。常识告诉我们通过粒子的临界半径可区分这两种行为,临界半径应约等于亮环半径;粒子比亮环更小且粒子远离光轴有任何位移时,粒子将受到沿径向向外的梯度力。径向力的计算结果表明临界粒子半径非常的接近于亮环的半径,如表 8.1 所示。尽管小粒子的尺寸非常接近于轴上俘获的最小尺寸,但图 8.7 中的粒子仍然能在光轴上被俘获。

表 8.1　亮环俘获与轴上俘获的对比

	光束圆偏振手性与其轨道角动量相同		光束圆偏振手性与其轨道角动量相反	
l	$r_{粒子}$	$r_{亮环}$	$r_{粒子}$	$r_{亮环}$
1	0.49	0.46	0.37	0.33
2	0.73	0.72	0.63	0.60
3	0.95	0.95	0.84	0.82
4	1.15	1.17	1.04	1.04
5	1.34	1.39	1.23	1.25

表格所示为粒子半径小于亮环处被被俘获的粒子的半径。粒子半径较大时,在束轴处被俘获。作为比较,如表所示,粒子半径等于亮环半径时能够区分这两种行为。粒子半径为俘获介质中几个波长大小。粒子的相对折射率等于聚苯乙烯($n=1.59$)在水中的折射率。所有情况中光束的会聚角均为 60°。表格左侧表示与轨道角动量偏手性相同的圆偏振光束的半径;表格右侧表示与轨道角动量偏手性相反的圆偏振光束的半径。

如图 8.8 所示,对于半径等于临界半径的粒子,其在近光轴处发生位移时,粒子所受到的径向力接近于零。粒子尺寸发生变化时,粒子所受力的变化非常迅速,如图 8.8 所示:点虚线和虚线分别表示粒子尺寸大于临界粒子 1%和粒子尺寸小于临界粒子尺寸 1%时所受到的力,实线则表示临界粒子所受到的力。粒子半径明显小于临界半径时,将在亮环中心被俘获;粒子半径大于临界半径 1%时,将在偏离中心区域被俘获,此时环穿过了粒子,但不穿过粒子中心。

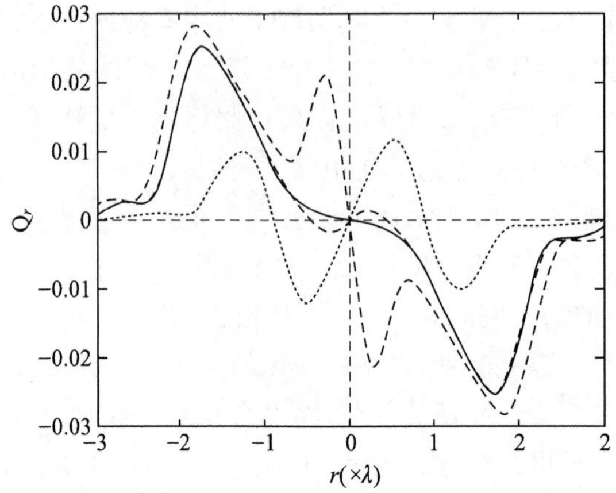

图 8.8 在 LG_{03} 光阱中不同尺寸粒子所受到的径向力。光束是圆偏振的，存在相同的轨道角动量，会聚角为 60°。实线表示的是粒子的半径为 0.948 3λ_{medium}，0.948 3λ_{medium} 也是区分轴上俘获和亮环俘获的临界半径，点虚线表示的是半径大于临界粒子半径 1%的粒子，虚线表示的是半径小于临界粒子半径 1%的粒子，点线表示的是半径为 0.5λ_{medium}。粒子相对折射率相当于聚苯乙烯(1.59)在水中的折射率，这些粒子都假定位于焦平面处。

无论轨道角动量通量大小和光束偏振状态，无吸收均匀各向同性的球形粒子将不受扭矩的作用。在亮环处被俘获的较小粒子在光轴处将受到扭矩的作用(尽管不是在亮环中心处)，粒子将在亮环处绕光轴旋转(轨道运动)。上述机理在一些情况下已被证明[25,74,78]。

散射力导致了粒子的轨道运动(从技术上来说，**散射力和梯度力均来自散射**[62,68])。这是因为梯度力仅能将粒子移动至亮环处(环的周围没有方位角强度梯度，梯度力也不能导致轨道运动)。因此，对瑞利粒子而言，轨道扭矩应当与体积的平方成比例(即正比于 r^6)。对于大粒子，亮环与粒子直径接近，同时散射力正比于粒子直径。由于黏滞力约正比于粒子半径，因此被俘获的较小粒子的绕行速度将较低，随着半径的增加，粒子的绕行速度也将增加，直到达到极大值。当然，随着粒子半径超过临界粒子半径，粒子将移动到光轴，轨道运动也会停止。

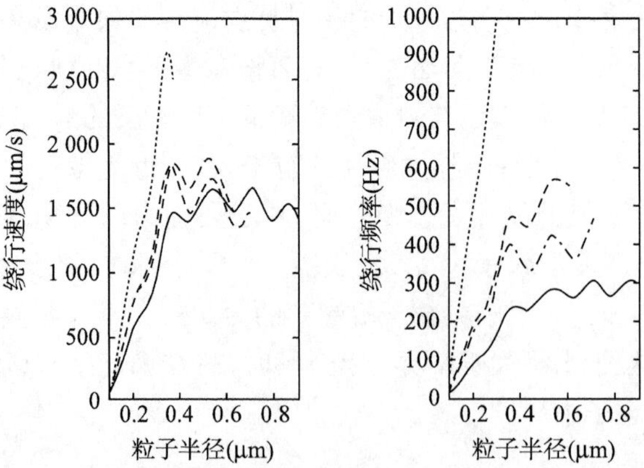

图 8.9 亮环处被俘获的粒子的绕行速度和绕行频率。选自于表 8.1 中的光束：LG_{01} 正向偏振光束(点线)；LG_{03} 正向偏振光束(点虚线)；LG_{03} 反向偏振光束(虚线)；LG_{05} 反向偏振光束(实线)。粒子为聚苯乙烯(n=1.59)，在水中被自由空间波长为 1 064 nm、被功率为 1 W 的光束所俘获。速度和频率正比于能量。

假定斯托克斯阻力(由于运动不是线性的,这将仅是阻力的一种近似),通过计算轨道速度可以来确认这些假设,如图 8.9 所示。由于薄膜干扰效应,粒子的反射率随半径的变化而不同,将产生图中的涟漪。值得注意的是,图中点线和虚线非常相似;这对应于 LG_{03} 光束不同的圆偏振方向。点线和虚线表示的光束总角动量相等,偏振 LG_{01} 光束和偏振 LG_{03} 光束分别加上和减去总角动量。类似地,其他两束光束 LG_{03} 和 LG_{05} 也有相同的角动量。

有趣的是,随着光束角动量的增加,轨道速度将降低,轨道频率的降低更显著。对于两束 LG_{03} 光束,尽管它们的角动量差异很大,但是结果却很类似,这表明角动量并非是影响轨道速度和轨道频率的主要因素。而且,尽管 LG_{03} 光束和 LG_{05} 光束的轨道角动量差别很大,但是图中的结果却非常相近,因此轨道角动量的差异不会影响粒子的轨道速度和轨道频率。相反,光束亮环的半径是主要影响因素(表 8.1 列出)。随着亮环逐渐变大,相同尺寸的粒子将截断光束的更小部分,导致方位角力的减小,轨道速度降低。随着轨道周长的增加,轨道频率的影响更加明显。

尽管图 8.9 中的速度和频率很高,在会聚处的能量为 1 W。但对于最大的粒子,方位角力的影响适中,最大效率值大约为 0.005。虽然我们仅考虑一个单一球体,但这与传递至排列整齐的球簇所测量的轨道角动量一致[76,78]。

前面提到了在束轴处俘获的无吸收均匀各向同性球不受扭矩的作用。这是由于角动量传递时的粒子对称性所引起的。自然粒子和人工粒子的光扭矩应用是光涡旋俘获中的一项有趣的实际应用,接下来我们将具体讨论光扭矩和粒子对称性间的关系。

8.7　对称与光扭矩

被俘获粒子的形状在粒子与俘获光束之间角动量的传递发挥着重要作用。正如前文所提到的,即使光束的角动量通量很大,当无吸收时,球形粒子沿束轴方向受不到扭矩的作用。粒子形状对光扭矩最重要的方面是旋转对称性。考虑粒子对称性对粒子与光束间相互作用的影响,可帮助我们理解光扭矩产生所需的一些基本因素。

当光场可以表示成 VSWFs 的叠加时,入射光和散射方位角模式光的耦合主要是由散射体的轴对称性所决定的。由于角模式数 m 等于单位光子的总角动量,这表明粒子不吸收光时,粒子的轴对称性是影响光扭矩的主要因素。(粒子吸收光时,角动量可以传递到粒子上,但不改变每个光子的角动量,仅改变光子数通量)

光角动量传递的这一基本性质可由弗洛凯理论(Floquet's theorem)导出,该理论与微分方程的解和周期性边界条件有关。同理可得,当入射平面波矢分量 k_x 平行于晶格矢量 q_x =周期 /2π 的光栅时,散射波波矢所对应的平行分量为 $k_{nx}=k_x-nq_x$,入射的 VSWFs 的自旋相位变量为 $\exp(\mathrm{i}m\varphi)$,散射粒子的自旋对称相位变量为 $\exp(\mathrm{i}p\varphi)$,从而散射 VSWFs 的自旋相位变量为 $\exp\{\mathrm{i}(m-np)\varphi\}$。对于非轴对称粒子,$p=1$(即需要 2π 弧度粒子旋转才能回到与最初相同的位置),原则上,入射 VSWF 可以耦合至所有散射 VSWFs 的角动量中。另一方面,对于离散对称粒子,入射光仅能耦合一部分角动量至散射光中,其取决于粒子旋转对称阶数。例如,若粒子是四阶离散对称的(即 $p=4$),$m=m_0$ 的入射 VSWF 仅能耦合到 $m=m_0$,$m_0\pm4$,$m_0\pm8$,$m_0\pm12$ 等的散射 VSWFs 中。对于旋转对称粒子,$p\to\infty$,表明没有与入射角动量不同的角动量耦合 —— 轴对称粒子不改变沿对称轴单位光子的角动量[55,57,67,89]。只有通过改变光子通量才能产生作用于粒子轴向的光扭矩——实际上是通过吸收。由于光镊需要非常高的能量密度来产生有效的光压和光扭矩，而且粒子吸收光时容易导致过高的温度，所以这在角动量传递上也不是一种实用的方法。

因此，若我们想要设计一种采用俘获光束传递角动量的结构，无论光束是否携带角动量，该结构一定不是连续旋转对称的。这种不对称性要么是由于宏观的电磁场各向异性，如双折射率[20]或是微观上的粒子形状的不对称。光镊的系统工作之一就是微观结构光学旋转的具体实现，尤其是制备作为光驱动马达的微小粒子、微泵和其他微型机械组件。Nieminen 等人最近总结了该领域的工作[61]。

上述光驱动微型机械组件通常是离散对称的。p 阶旋转对称粒子的形状所具有的方向角分量，可由傅里叶级数的形式表示为：

$$\Phi(\varphi)=\sum_{k=-\infty}^{\infty}A_k\exp(\mathrm{i}p\varphi) \tag{23}$$

傅里叶级数的最低阶非直流分量(即 $k=\pm1$)决定了入射波可耦合至粒子的散射 VSWFs 的角模式数。上面提到了，对于 p 阶对称粒子，m_0 阶入射波可以耦合至 $m=m_0-np$ 的散射 VSWFs，其中 n 为整数。

首先我们可以预期，平均上，最低阶散射(i.e. $n=0,\pm1$)是最强的，因此，大多数光的散射光角模式数 $m=m_0, m_0\pm p$。

第二，只有满足 $|m|\leqslant n_{\max}$ 的 m 才存在，其中 $n_{\max}$ 由球形粒子半径决定，粒子需要装入微型机械元件。因此，如果对称阶数 p 大，微型机械小，散射波中只有少量的方位角模式存在。仅当 $m=m_0$ 的入射波耦合至散射波中存在时，此极限情况下，粒子为均匀各向同性球体，$p=\infty$。原则上，该情况扭矩最大。举个数值实例，对于 $p=8$ 和 $n_{\max}=6$ 的结构，所照光束的角模式数 $m_0=4$。在这种情况下，散射波的模式数仅能取得 $m=-4,0,4$，在保持其他参数不变时，我们希望这一结构能够比散射 $m=\pm8$ 散射波的结构所产生的扭矩更大(由于 $m=+8$ 的散射波比 $m=-8$ 的散射波更强)。然而，该结构的最大半径小于一个波长，这使得制备更加困难。器件边缘的制备需要亚波长的分辨率的工艺，所有的器件都必须位于聚焦光涡旋的暗中心区域。改变照射方法可以避免这种情况发生，例如使用高斯光束或类似光束垂直照射器件对称轴的一边[41]，但不能提高效率。更重要的是最大扭矩正比于粒子半径[13]。因此，需要通过优化设计粒子来更有效地将光散射至更高阶(m 值增大；如果 m 为负，则 m 的绝对值减少)或是更低阶(m 值减小，如果 m 为负，则 m 的绝对值增大)的模式。

第三，需要指出的是，对称散射结构正性散射模式和负性散射模式(即，$m<m_0$ 和 $m>m_0$)与粒子形状的手性无关。如果一个粒子是非手性的——关于包含旋转对称轴在内的平面镜像对称——则 $m=0$ 至 $\pm m$ 的耦合是一致的，因为这些模式互成镜像。而对于手性粒子，这些镜像模式的耦合将不一致；即使用零角动量模式光(即 $m_0=0$)照射粒子，也会产生扭矩。如果粒子是手性的，能散射从 $m=0$ 至 $+m$ 模式，即使入射模式 $m_0\neq0$，也会散射至更高阶模式。采用这种方式，通过改变粒子手性可以优化作用于粒子上的扭矩，当手性方向与驱动光束角动量手性一致时，可以提高角动量传递的效率。

第四,我们可以注意到另一因素,在一定程度上,是对上述第二种对称结果的概括。对任意给定的粒子,低 $|m|$ 的模式数总比高 $|m|$ 的模式数多,对于给定的 m_0 至 $m=\pm\delta$ 的散射模式,$m<|m_0|$ 的模式比 $m>|m_0|$ 的模式接收的能量更多。所以,任意粒子被照射时会带有角动量,在其他任意情况,粒子会受到扭矩的作用。

如果大多数随机选择的粒子都会受到扭矩的作用,那为什么光扭矩被认为是不同寻常的呢? 因为尽管光扭矩存在,但有可能非常小;如果粒子所受扭矩比粒子布朗运动所需的扭矩更小,光扭矩的作用就不明显。此外,粒子在低粘度的环境更容易转动(自旋),例如空气中的粒子。在这种环境中,粒子能够转动,但是对流和热泳可能是影响粒子转动的主要因素[18]。作用于粒子的扭矩可以通过增大粒子折射率,提高反射率来最大化[42]。大多数自然光主要是无偏振的,能够表示成 $m=\pm1$ 的 VSWFs 的和(线偏振光也同样如此)。但在这种特殊情况下,粒子在扭矩的作用下更容易与光束对齐,而非连续地自旋。这也会掩盖光扭矩的存在。

注意到,对于方位角模式为 $m=\pm1$ 的混合模式光,$\Delta m=2$,具有 2 阶旋转对称($p=2$)的粒子在这些模式间将耦合。在这些情况下,散射光之间的干涉效应就很重要,例如,从 $m_0=-1$ 的光散射到 $m=+1$,而从 $m_0=+1$ 的光也散射到 $m=+1$。散射光相位取决于粒子的转动方向,因此每种散射方位角模式的最终振幅也取决于粒子的转动方向。最终,光扭矩也取决于粒子转动方向,扭矩等于零时,粒子会处于稳定态——粒子会沿某一特定方向排列,其方向取决于入射光 $m=\pm1$ 模式的相对相位。入射光模式的相对相位决定光束偏振面,因此粒子将与光束的线偏振方向对齐。值得注意的是细长粒子存在 $p=2$ 的形状分量,一般而言,我们认为细长粒子将沿与粒子长轴垂直的入射光偏振面方向排列[5,7]。可对角模式数 $\Delta m=2$ 的光束照射粒子的情况进行类似的考虑,特殊的是这种情况下光束存在细长的焦斑[19,75]。

因此,我们总结了一些设计光驱动微型机械的基本原理。

• 尺寸问题! 假如全部光束可以聚焦到粒子上时,传递的最大角动量与粒子半径成正比[13]。如果光束直径比粒子的更大,未照射在粒子上的光束不传递角动量。然而,与使光束最大限度地照射在粒子上一样,使光束的角动量取得最大值也同样重要。有两种方法可以实现:第一,选取特定波长的光束,如衍射极限高斯斑与粒子大小一样的圆偏振光(由于角动量通量等于 P/ω,减小波长,角动量可取得最大值);第二,利用轨道角动量。在特定波长处,利用轨道角动量使得角动量取得最大值,这使得一组单一光学组件可用于不同尺寸的微型机械中。此外,对于转动球体,粘性力正比于 r^3。因此,较小微型器械的转动速度更高。另一方面,扭矩会随着尺寸的增大而增大。

• 利用粒子的旋转对称性优化粒子所受到的扭矩。理想的选取方式与入射光的角动量有关——对于一束方位角模式数为 m_0 的入射光,p 阶旋转对称 $p=m_0$ 是一个很好的选择,这使得入射光与散射光中最低阶角动量模式($m=0$)之间能够耦合。一般而言,当 $m_0\leqslant p\leqslant 2m_0$ 时效果更好。p 较小时,$n=+1$ 模式和 $n=-1$ 模式的幅值差小于 $2m_0$,耦合的差异可能很小。p 较大时,散射光中所有模式的幅值均大于入射光中所有模式的幅值,这可能增强入射光与 0 阶无扭矩散射模式($n=0$)之间的耦合。

• 尽管入射光的角动量很小或甚至等于零,手性粒子也能旋转。对于相似的粒子,当粒子被适当手性的高角动量光束照射时,也会产生大的扭矩。代价就是粒子优先在一个方向上旋转；如果希望在两个方向都有相同的效果，则需要使用非手性器件。

• 入射和散射 VSWFs 间的耦合本质上是入射傍轴拉盖尔—高斯模式和全息衍射模式耦合的矢量形式；两种情况下的相位差都为 $\exp(im\varphi)$，作用于对称粒子或者全息图的耦合效果是一样的。这就产生了一个光驱动微型器件的简单概念模型：微全息图。

本节列举的一些原理已被成功应用于光驱动微型组件的设计中[44]，以及基于几何光学定理的器件（部分器件仍处于反复实验阶段）中[61]。图 8.10 展示了基于这些原理所制造出的简单器件（$p=4$）。非手性交叉转子被携有角动量的入射光照射下可以旋转，而对于手性转子，在线偏振高斯光束照射下也能旋转。将这些结构作为微型全息的基本结构，它们可视为傍轴高斯光束与 LG_{04} 光束间干涉条纹的二进制相位近似。若两束波都为平面波前，非手性转子会产生响应；如果高斯光束为弧形波前，手性转子会产生响应。这也表明，通过改变入射光束的曲率可以反转手性粒子的旋转方向；这一效应由 Galajda 和 Ormos 观察到[23]。Ukait 和 Kanehira 已制备出来并测试了图 8.10 中的简单结构[85]。这些器件的微全息图案图片表明，器件的最优厚度为半个波长，通过器件臂的光束与通过器件臂间的光束存在半波相位差。

然而，简单平面结构器件具有很大的缺陷，即这些结构被三维俘获后，其短轴将会与光轴方向垂直[5,10,24]。图 8.11 所示的类似结构器件在中心增加了一根杆来维持其正确的取向。

双光子聚集法是制备该类器件的一种有效方法[22,44,53]。图 8.11 也展示了使用此方法制备的带杆交叉型结构的器件。

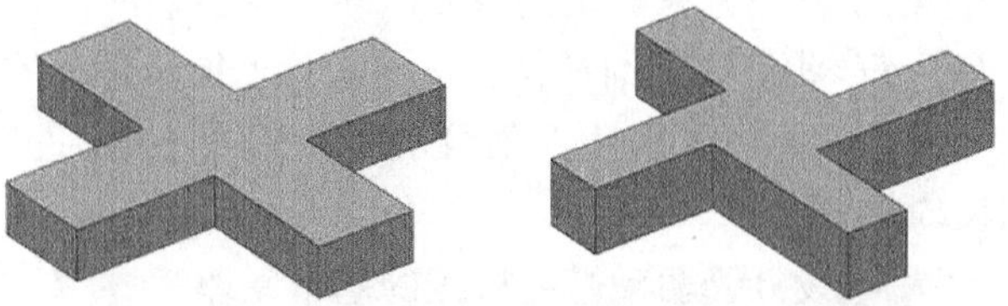

图 8.10　基于本章中所列出的设计原则，设计出的非手性（左）光驱动微型器件和手性（右）光驱动微型器件。图中所示为二进制相位全息图。从整体结构而言，中心为实心的。

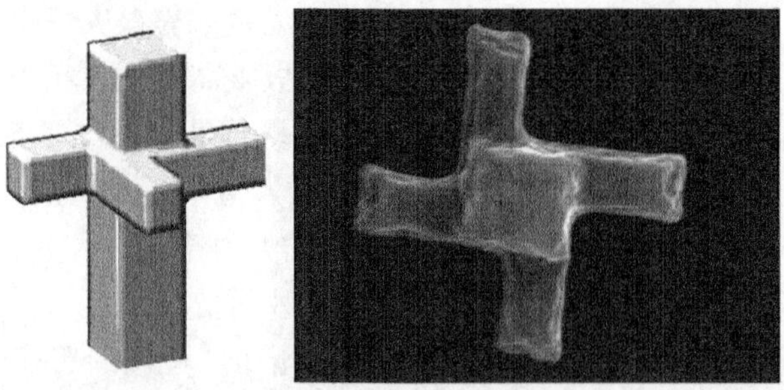

图 8.11　带杆交叉型微转子。其机构与图 8.10 中的手性器件很相似，但在中心区域却多增加了一根杆。当使用光镊进行三维俘获时，增加的杆用以维持正确的取向。左图为用电脑模型，右图为使用双光子聚合法所制备出的器件的 SEM 图。

这类微制造工艺也可将携带轨道角动量的光束与集成器件相结合[44]。这类衍射光学元件的显微镜图如图 8.12 所示。由于该类结构可以改变穿过器件光束的角动量大小，因此会受到扭矩的作用——该结构本身也可作为微转子使用[86]。同样地，这类转子可视为手性全息元件。

许多光驱动的转动装置都基于本节列举的，这些已被实验验证的原理。这类结构主要使用几何光学法进行分析。从微全息观点来看，波的影响（例如透射波在不同区域内具有不同的相位差）非常重要，因此人们对该类器件做了大量卓有成效的模拟计算工作。然而，对于一些简单几何结构，例如球体、球状体、圆柱体等，即可使用此方法计算光压和扭矩，也可使用时域有限差分法（FDTD）等其他直接数值计算的方法[12]。但后者需要进行重复的运算来描述转子在光阱处的行为，因而需要较高的重复运算效率。因此，将这些数值方法与 **T** 矩阵法结合会更加有效[48-50,63]。

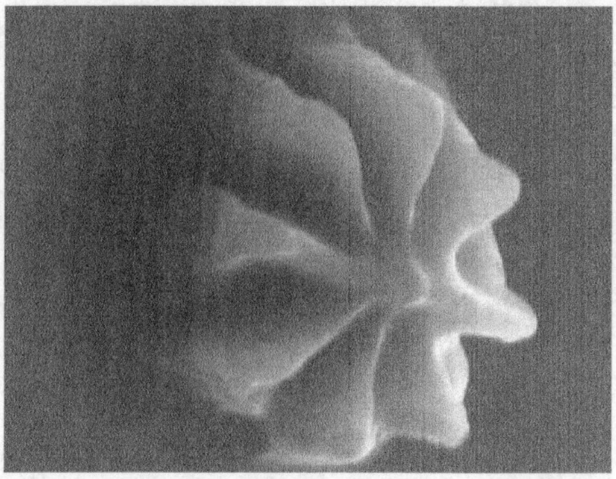

图 8.12　衍射光学元件的 SEM 图，该元件所产生光束的单位光子角动量为 8ħ。

用轨道角动量来驱动粒子旋转的缺点是，自旋角动量很容易采用光学方法测量，而轨道角动量则较为困难[7,8,14,45,58]。原则上来说，许多方法都可能达到测量轨道角动量的目的，例如：用全息图作为模式过滤器、使用道威棱镜引入的相移[46]或测量自旋频移[2,4]。这些方法已经被证明可以用来测量光扭矩[77]，但是用光镊来准确测量轨道扭矩是困难的。这很大程度上是由于粒子横向和角向的取向敏感性和偏差所造成的。

然而，研究者们提出了一种用来计算光学扭矩的方法[76,78]。这种方法利用左旋圆偏振光、右旋圆偏振光和线偏振光照射同一物体，分别测量物体旋转时的旋转速率和自旋扭矩，所有这三种光携带的轨道角动量相同。如果两圆偏振光照射时，自旋扭矩在大小相同（手性将相反），其分别与线偏振光照射时物体的旋转速率差相同，则我们有把握认为在合理近似下，这些情况中的光学扭矩都相等。自旋速度的变化可用于测量粘性阻力。在线偏振光照射情况下，可通过自旋速度来估计轨道扭矩。

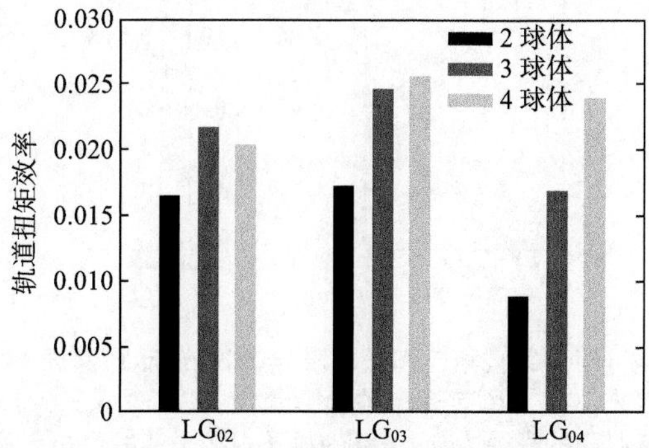

图 8.13　不同轨道角动量的拉盖尔—高斯光束照射下的球体平面簇的轨道扭矩效率。

使用该法测量了在 LG_{02}、LG_{03} 和 LG_{04} 光束照射下，两球体旋转、三球体旋转和四球体旋转平面簇的轨道扭矩[76,78]。扭矩效率如图 8.13 所示。如前所述，这些测得的扭矩效率与单球体计算得到的扭矩效率 0.005 可相比拟。这些结果也符合上述不同角动量模式之间耦合的一般原则。例如，对于 LG_{04} 光束，照射四球体平面簇时，当一阶散射耦合了最低的可取到的角动量时，扭矩效率最大。通过光束不同模式之间的效率差异也可验证这一点。事实上这些结构的分析是很复杂的，因为线偏振时入射光并不是单一角动量模式的光；理想情况下，应该测试更多的粒子-模式组合情况。

最后，我们将考虑两种特殊的光涡旋情况——不携带角动量的光涡旋和纵向光涡旋。

8.8 零角动量光涡旋

注意到圆偏振高斯光束具有单一方位角模式，单个光子携带的角动量为 $\pm\hbar$。接下来我们想知道什么类型光束的角动量等于零。在光涡旋的背景下，答案很明显——圆偏振方向与轨道角动量方向相反的 LG_{01} 光束[82]。

其他两类光束也能满足零角动量和单模的条件，即径向偏振光与角向偏振光。径向偏振光与角向偏振光是光涡旋，通常被认为是“偏振涡旋”，而不是更常见的“相位涡旋”。由于所有这三种类型的光束都可以由 $m=0$ 的 VSWFs 表示，所以它们之间存在紧密的联系。

角向偏振光的电场不含径向分量(在球坐标系中)，因此为纯粹的 TE 模式。对称的径向偏振光为纯粹的 TM 模式。另一方面，对于 LG 模式，电场 E 和磁场 H 都含有径向分量，电场和磁场地位相等，LG 模式相当于幅值相等的 TE 模式和 TM 模式的叠加。从而反偏振光 LG_{01} 可看作是径向偏振光和角向偏振光的组合。

同样的拉盖尔—高斯波束由于它不含有低角波分量，能够提高轴向俘获概率而引起了人们的注意，径向偏振光和角向偏振光也引起了人们兴趣。此外，聚焦点的出现[17,79]表明当俘获纳米粒子时具有更强的限制。最后，由于紧聚焦轴向偏振光在光轴上的纵向电场分量较大，波印廷矢量为零，所以可能增强对粒子的反射俘获或吸收俘获。

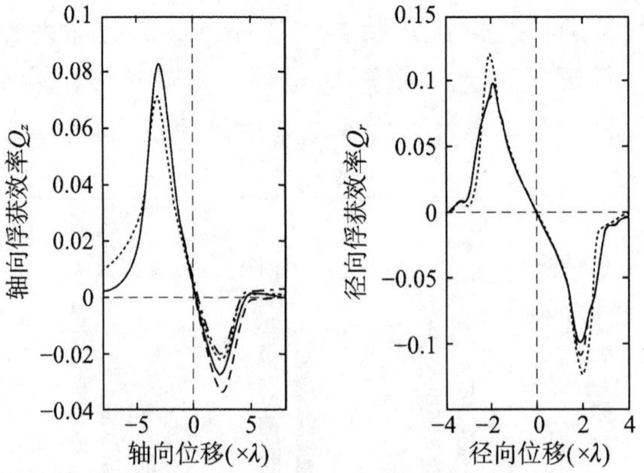

图 8.14　轴向偏振光阱(短划线)、角向偏振光阱(点划线)、反圆偏振 LG_{01}(实线)光阱和高斯光阱(虚线)的轴向俘获效率和径向效率。所有光束的会聚角为 60°。俘获光束波长为 1 064 nm，粒子的半径为 $2\lambda_{medium}$，等于在水中被俘获的直径为 3.2 μm 的粒子。粒子的相对折射率等于聚苯乙烯(1.59)在水中的折射率。

图 8.14 表示这三种零角动量光涡旋的轴向和径向俘获效率。图中所示，与高斯光阱相比，在最大回复力方面，轴向偏振光存在明显的增加，LG_{01} 光束增加较小，角向偏振光降低。三类光束的最大正向轴向力都类似地增加。

Kawauchi 等人[40]使用几何光学法计算了一个相似的行为模式，并解释了径向偏振光中的暗中心大部分为 p 偏振是俘获效率增效的原因。与拉盖尔—高斯光束(携带角动量)的情况不同的是，近似结果和精确结果是一致的。

8.9　高斯“纵向”光束涡旋

由于理想透镜是旋转对称的，当光束穿过透镜时，不会改变光束单个光子携带的角动量(沿透镜对称轴测得)。因此，对于一束高斯傍轴光束，单个光子的自旋角动量为 $\hbar$，轨道角动量为零(光束穿过一高数值孔径透镜时)，所以总角动量仍为 $\hbar$。

然而，在光子传递角动量的简单半经典设想中，光束聚焦后，并不是所有的角动量都为自旋角动量。在远场，会聚光束为球面波，光场的局部为平面波。然而，在远离束轴的任何地方，光束传播方向都不与束轴平行。由于平面波模式的光子自旋要么平行要么反平行光束传播方向，所以每个光子的自旋并不与束轴平行。由于仅平行于光轴的光子自旋角动量分量才对总的角动量通量有贡献(由于角动量其他分量沿光束积分时将相互抵消)，因而单个光子的自旋角动量必小于 $\hbar$。

聚焦高斯光束的标量远场振幅为：

$$U=U_0\exp\{-(k^2w_0^2\tan^2\theta)/4\} \tag{24}$$

或

$$U=U_0\exp(-\tan^2\theta/\tan^2\theta_0) \tag{25}$$

其中 θ_0 为光束的会聚角，沿整个光束轮廓积分后，我们能够得到总自旋角动量的表达式。如果光束远场为圆偏振的，对半球区域积分得到：

$$S_z=A/P \tag{26}$$

其中

$$A=\int_0^{\pi/2}\exp(-2\tan^2\theta/\tan^2\theta_0)\sin\theta\cos\theta\,\mathrm{d}\theta \tag{27}$$

$$P=\int_0^{\pi/2}\exp(-2\tan^2\theta/\tan^2\theta_0)\sin\theta\,\mathrm{d}\theta \tag{28}$$

S_z 为平行于束轴方向的单位光子总自旋角动量。这些表达式可以很容易地进行数值积分，图 8.15 表示的是自旋角动量与光束会聚角的关系。也可以进行严格的电磁计算，结果与图 8.15 所示一致[59]。

由于单个光子自旋角动量小于 $\hbar$，而总角动量仍等于 $\hbar$，所以光束必然携带轨道角动量，且轨道角动量在数值上等于总角动量与自旋角动量之差。

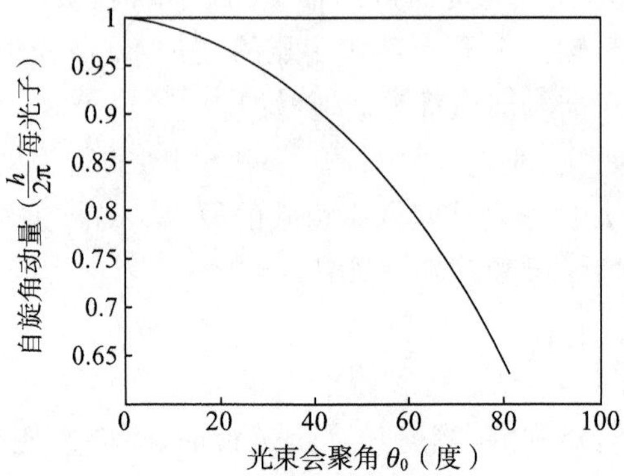

图 8.15　高斯光束 TEM_{00} 模式自旋角动量与会聚角的关系。

自旋角动量能够通过透镜转换成轨道角动量是令人惊讶的，因为通常需要刻意违背旋转对称性来产生轨道角动量。轨道角动量通常伴随着扭矩产生，此时平行于光轴的扭矩等于零。然而，由于自旋角动量密度与选取的时间起点无关，而轨道角动量与选取的时间起点有关，因此在透镜处存在与选取的时间起点有关的扭矩密度。一束平行于光轴的光束通过透镜聚焦后，光束携带的角动量发生了改变。因此，光束穿过透镜时必然产生作用于透镜的反作用力，并且扭矩密度与选取的起点有关。为了实现角动量在所有的坐标系中守恒，我们甚至可以认为这个扭矩密度的存在是需要轨道角动量才能产生的。考虑到该反作用力的对称性，作用于透镜的总作用力中垂直于光轴的分量必须为零，平行于光束光轴总力矩分量也必须为零。因此，平行于光轴的会聚光的总角动量通量分量必须也与原点选择无关。这种非依赖关系是光涡旋的特征之一[73]。

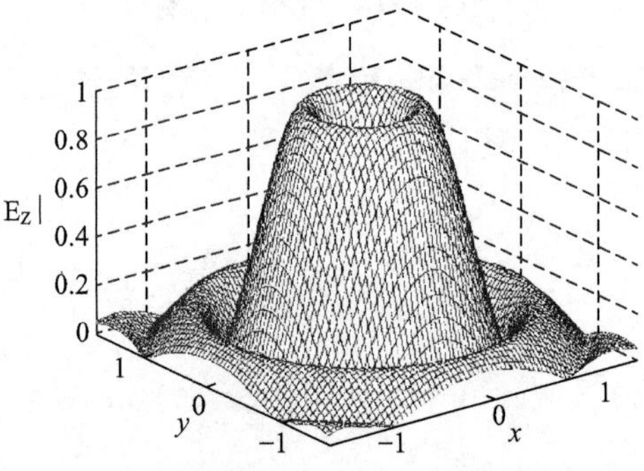

图 8.16　纵向光涡旋。平行于束轴的矢量分量形成的光涡旋，相位变化为 exp(iφ)。

因此，为了发现隐藏在非涡旋光束中的光涡旋，需要仔细观察聚焦的圆偏振高斯光束。正如预期的那样，通过直接计算光束振幅和单个的笛卡儿矢量分量可以发现，垂直于束轴的场分量部分属于近似高斯光束。然而，对于一束简单可实现的紧聚焦光束，平行于光轴的场分量等于横向分量振幅的 1/3，形貌与典型的光涡旋一样，如图 8.16 所示。

进一步考虑紧聚焦线偏振光束场的偏振面内，光束任一侧纵向场分量相位相反，这表明我们的预测是准确的。聚焦线偏振光的纵向场图案与 TEM_{01} 光束的特征相似。正如我们可以将两束正交且相位差为 1/4 波长的线偏振光合成一束圆偏振光一样，可以将相位差为 1/4 波长的 TEM_{01} 和 TEM_{10} 光束合成一束 LG_{01} 光束。由此可得纵向光涡旋。

同样地，采用数值 VSWFs 能够得到同样的结果。傍轴光束和聚焦圆偏振高斯光束都具有 $m=1$ 的 VSWFs。因此，所有的场的角相位变量为 $\exp(\mathrm{i}\varphi)$。这个变量不会产生具有横向分量的涡旋结构。这是由于当我们旋转光轴时，径向和角向基矢自身随之旋转 2π。这也可以解释为什么对于平行于 z 轴的非涡旋场，其平面波仅需要 $m=\pm1$ 的模式存在。另一方面，在焦平面处绕光轴旋转时，极基矢量不改变方向；在焦平面处，$\hat{\theta}=-\hat{z}$。这导致纵向场能形成涡旋结构，而横向场则不能。

8.10　总结

光阱的模拟计算可以方便地验证和研究光阱的特性。光阱包含的机理非常复杂，难以通过实验研究澄清，因此建立理论模型显得尤为重要。其中的一个例子就是比较拉盖尔—高斯光束光阱和标准高斯光束光阱的俘获效率。我们已知当梯度力增大时，散射力可以保持不变。因此在这种情况下，高斯光束的俘获效率也不会有太大的改变。

我们同样研究了在拉盖尔—高斯光束光阱中不同尺寸粒子的俘获位置，阐述了何时粒子会在光轴中心处被俘获，何时粒子在涡旋亮环处被俘获，以及导致粒子绕光轴轨道运行的原因。轨道运动的研究表明，光阱的几何形状比扭矩所产生轨道角动量更为重要。

在光镊中，粒子对称性也许是对扭矩影响最大的方面。当考虑被涡旋光束所俘获目标粒子的对称性时，将粒子看作微全息图或拉盖尔—高斯模式转换器是非常方便的。

本章同样讨论了一些零角动量涡旋光束，它们具有一些重要的特征，例如：对于在径向偏振光中的粒子，由于光阱焦点处的光场存在纵向分量，可能增强反射型粒子或吸收型粒子的俘获效果。

参考文献

[1] A. Ashkin, Forces of a single-beam gradient laser trap on a dielectric sphere in the ray optics regime, *Biophys. J. 61* (1992) 569 - 582.

[2] R. d'E. Atkinson, Energy and angular momentum in certain optical problems, *Phys. Rev. 47* (1935) 623 - 627.

[3] S.M. Barnett, Optical angular-momentum flux, *J.Opt.B:Quantum Semiclassical Opt.4* (2002) S7-S16.

[4] I.V. Basistiy, V.V. Slyusar, M.S. Soskin, M.V. Vasnetsov, A.Y. Bekshaev, Manifestation of the rotational Doppler effect by use of an off-axis optical vortex beam, *Opt. Lett. 28* (14) (2003) 1185 - 1187.

[5] S. Bayoudh, T.A. Nieminen, N.R. Heckenberg, H. Rubinsztein-Dunlop, Orientation of biological cells using plane polarised Gaussian beam optical tweezers, *J. Mod. Opt. 50* (10) (2003) 1581 - 1590.

[6] R.A. Beth, Mechanical detection and measurement of the angular momentum of light, *Phys. Rev. 50* (1936) 115 - 125.

[7] A.I. Bishop, T.A. Nieminen, N.R. Heckenberg, H. Rubinsztein-Dunlop, Optical application and measurement of torque on microparticles of isotropic nonabsorbing material, *Phys. Rev. A 68*

(2003) 033802.

[8] A.I. Bishop, T.A. Nieminen, N.R. Heckenberg, H. Rubinsztein-Dunlop, Optical microrheology using rotating laser-trapped particles, *Phys. Rev. Lett.* *92* (19) (2004) 198104.

[9] B.C. Brock, Using vector spherical harmonics to compute antenna mutual impedance from measured or computed fields, Sandia report SAND2000 - 2217 - Revised, Sandia National Laboratories, Albuquerque, New Mexico, 2001.

[10] Z. Cheng, P.M. Chaikin, T.G. Mason, Light streak tracking of optically trapped thin microdisks, *Phys. Rev. Lett.* *89* (10) (2002) 108303.

[11] C.H. Choi, J. Ivanic, M.S. Gordon, K. Ruedenberg, Rapid and stable determination of rotation matrices between spherical harmonics by direct recursion, *J. Chem. Phys.* *111* (1999) 8825 - 8831.

[12] W.L. Collett, C. A. Ventrice, S. M. Mahajan, Electromagnetic wave technique to determine radiation torque on micromachines driven by light, *Appl. Phys. Lett.* *82* (16) (2003) 2730 - 2732.

[13] J. Courtial, M.J. Padgett, Limit to the orbital angular momentum per unit energy in a lightbeam that can be focussed onto a small particle, *Opt. Commun.* *173* (2000) 269 - 274.

[14] J.H. Crichton, P.L. Marston, The measurable distinction between the spin and orbital angular momenta of electromagnetic radiation, *Electronic J. Differential Equations Conf.* *04* (2000) 37 - 50.

[15] J.E. Curtis, D.G. Grier, Structure of optical vortices, *Phys. Rev. Lett.* *90* (13) (2003) 133901.

[16] A. Doicu, T. Wriedt, Computation of the beam-shape coefficients in the generalized Lorenz-Mie theory by using the translational addition theorem for spherical vector wave functions, *Appl. Opt.* *36* (1997) 2971 - 2978.

[17] R. Dorn, S. Quabis, G. Leuchs, Sharper focus for a radially polarized light beam, *Phys. Rev. Lett.* *91* (23) (2003) 233901.

[18] F. Ehrenhaft, Rotating action on matter in a beam of light, *Science* *101* (1945) 676 - 677.

[19] A. Forrester, J. Courtial, M.J. Padgett, Performance of a rotating aperture for spinning and orienting objects in optical tweezers, *J. Mod. Opt.* *50* (10) (2003) 1533 - 1538.

[20] M.E.J. Friese, T.A. Nieminen, N.R. Heckenberg, H. Rubinsztein-Dunlop, Optical alignment and spinning of laser trapped microscopic particles, *Nature* *394* (1998) 348 - 350, *Nature* *395* (1998) 621, Erratum.

[21] K.T. Gahagan, G.A. Swartzlander Jr., Optical vortex trapping of particles, *Opt. Lett.* *21* (1996) 827 - 829.

[22] P. Galajda, P. Ormos, Complex micromachines produced and driven by light, *Appl. Phys. Lett.* *78* (2001) 249 - 251.

[23] P. Galajda, P. Ormos, Rotors produced and driven in laser tweezers with reversed direction of rotation, *Appl. Phys. Lett.* *80* (24) (2002) 4653 - 4655.

[24] P. Galajda, P. Ormos, Orientation offlat particles in optical tweezers by linearly polarized light, *Opt. Exp.* *11* (5) (2003) 446 - 451.

[25] V. Garcés-Chávez, D. McGloin, M.J. Padgett, W. Dultz, H. Schmitzer, K. Dholakia, Observation of the transfer of the local angular momentum density of a multiringed light beam to an optically trapped particle, *Phys. Rev. Lett.* *91* (9) (2003) 093602.

[26] R.C. Gauthier, Computation of the optical trapping force using an FDTD based technique, *Opt. Exp.* *13* (10) (2005) 3707 - 3718.

[27] H. Goldstein, C. Poole, J. Safko, Classical Mechanics, 3rd ed., Addison-Wesley, San Francisco, 2002.

[28] G. Gouesbet, G. Grehan, Sur la généralisation de la théorie de Lorenz-Mie, *J. Opt.* (*Paris*) *13* (2) (1982) 97-103.

[29] G. Gouesbet, J.A. Lock, Rigorous justification of the localized approximation to the beam-shape coefficients in generalized Lorenz-Mie theory. II. Off-axis beams, *J. Opt. Soc. Am. A 11* (9) (1994) 2516-2525.

[30] N.A. Gumerov, R. Duraiswami, Recursions for the computation of multipole translation and rotation coefficients for the 3-D Helmholtz equation, *SIAM J. Sci. Comput. 25* (4) (2003) 1344-1381.

[31] Y. Han, G. Gréhan, G. Gouesbet, Generalized Lorenz-Mie theory for a spheroidal particle with off-axis Gaussian-beam illumination, *Appl. Opt. 42* (33) (2003) 6621-6629.

[32] Y. Han, Z.Wu, Scattering of a spheroidal particle illuminated by a Gaussian beam, *Appl. Opt. 40* (2001) 2501-2509.

[33] Y. Harada, T. Asakura, Radiation forces on a dielectric sphere in the Rayleigh scattering regime, *Opt. Commun. 124* (1996) 529-541.

[34] H. He, M.E.J. Friese, N.R. Heckenberg, H. Rubinsztein-Dunlop, Direct observation of transfer of angular momentum to absorptive particles from a laser beam with a phase singularity, *Phys. Rev. Lett. 75* (1995) 826-829.

[35] H. He, N.R. Heckenberg, H. Rubinsztein-Dunlop, Optical particle trapping with higher-order doughnut beams produced using high efficiency computer generated holograms, *J. Mod.Opt. 42* (1) (1995) 217-223.

[36] N.R. Heckenberg, M.E.J. Friese, T. Nieminen, H. Rubinsztein-Dunlop, Mechanical effects of optical vortices, in: M. Vasnetsov, K. Staliunas (Eds.), *Optical Vortices*, in: *Horizons in World Physics*, vol. 228, Nova Science, Commack, New York, 1999, pp. 75-105.

[37] J. Humblet, Sur le moment d'impulsion d'une onde électromagnétique, *Physica 10* (7) (1943) 585-603.

[38] J.D. Jackson, Classical Electrodynamics, 3rd ed., John Wiley, New York, 1999.

[39] J.M. Jauch, F. Rohrlich, The Theory of Photons and Electrons, 2nd ed., Springer, New York, 1976.

[40] H. Kawauchi, K. Yonezawa, Y. Kozawa, S. Sato, Calculation of optical trapping forces on a dielectric sphere in the ray optics regime produced by a radially polarized laser beam, *Opt. Lett. 32* (2007) 1839-1841.

[41] L. Kelemen, S. Valkai, P. Ormos, Integrated optical motor, *Appl. Opt. 45* (12) (2006) 2777-2780.

[42] M. Khan, A.K. Sood, F.L. Deepak, C.N.R. Rao, Nanorotors using asymmetric inorganic nanorods in an optical trap, *Nanotechnology 17* (2006) S287-S290.

[43] G. Knöner, S. Parkin, T.A. Nieminen, N.R. Heckenberg, H. Rubinsztein-Dunlop, Measurement of the index of refraction of single microparticles, *Phys. Rev. Lett. 97* (2006) 157402.

[44] G. Knöner, S. Parkin, T.A. Nieminen, V.L.Y. Loke, N.R. Heckenberg, H. Rubinsztein-Dunlop, Integrated optomechanical microelements, *Opt. Exp. 15* (9) (2007) 5521-5530.

[45] A. La Porta, M.D.Wang, Optical torque wrench: Angular trapping, rotation, and torque detection of quartz microparticles, *Phys. Rev. Lett. 92* (19) (2004) 190801.

[46] J. Leach, M.J. Padgett, S.M. Barnett, S. Franke-Arnold, J. Courtial, Measuring the orbital angular momentum of a single photon, *Phys. Rev. Lett. 88* (25) (2002) 257901.

[47] J.A. Lock, G. Gouesbet, Rigorous justification of the localized approximation to the beam-shape

coefficients in generalized Lorenz-Mie theory. I. On-axis beams, *J. Opt. Soc. Am. A 11* (9) (1994) 2503 - 2515.

[48] V.L.Y. Loke, T.A. Nieminen, T. Asavei, N.R. Heckenberg, H. Rubinsztein-Dunlop, Optically driven micromachines: Design and fabrication, in: M.Mishchenko, G. Videen (Eds.), *Tenth Conference on Light Scattering by Nonspherical Particles*, International Centre for Hect and Mass Transfer, Ankara, 2007, pp. 109 - 112.

[49] V.L.Y. Loke, T.A. Nieminen, N.R. Heckenberg, H. Rubinsztein-Dunlop, Exploiting symmetry and incorporating the T-matrix in the discrete dipole approximation (DDA) method, in: T.Wriedt, A. Hoekstra (Eds.), *Proceedings of the DDA-Workshop*, Institut für Werkstofftechnik, Bremen, 2007, pp. 10 - 12.

[50] V.L.Y. Loke, T.A. Nieminen, S.J. Parkin, N.R. Heckenberg, H. Rubinsztein-Dunlop, FDFD/Tmatrix hybrid method, *J. Quant. Spectrosc. Radiat. Transfer 106* (2007) 274 - 284.

[51] L. Lorenz, Lysbevægelsen i og uden for en af plane Lysbølger belyst Kugle, *Vidensk. Selsk. Skrifter 6* (1890) 2 - 62.

[52] A.Mair, A. Vaziri, G.Weihs, A. Zeilinger, Entanglement of the orbital angular momentum states of photons, *Nature 412* (2001) 313 - 316.

[53] S. Maruo, K. Ikuta, H. Korogi, Force-controllable, optically driven micromachines fabricated by single-step two-photon microstereolithography, *J. Microelectromech. Syst. 12* (5) (2003) 533 - 539.

[54] G. Mie, Beiträge zur Optik trüber Medien, speziell kolloidaler Metallösungen, *Ann. Phys. 25* (3) (1908) 377 - 445.

[55] M.I. Mishchenko, Light scattering by randomly oriented axially symmetric particles, *J. Opt. Soc. Am. A 8* (1991) 871 - 882.

[56] A.A.R. Neves, A. Fontes, L.A. Padilha, E. Rodriguez, C.H. de Brito Cruz, L.C. Barbosa, C.L. Cesar, Exact partial wave expansion of optical beams with respect to an arbitrary origin, *Opt.Lett. 31* (16) (2006) 2477 - 2479.

[57] T.A. Nieminen, Comment on: "Geometric absorption of electromagnetic angular momentum," C. Konz, G. Benford, *Opt. Commun. 235* (2004) 227 - 229.

[58] T.A. Nieminen, N.R. Heckenberg, H. Rubinsztein-Dunlop, Optical measurement of microscopic torques, *J. Mod. Opt. 48* (2001) 405 - 413.

[59] T.A. Nieminen, N.R. Heckenberg, H. Rubinsztein-Dunlop, Angular momentum of a strongly focussed Gaussian beam, arXiv:physics/0408080.

[60] T.A. Nieminen, N.R. Heckenberg, H. Rubinsztein-Dunlop, Computational modelling of optical tweezers, *Proc. Soc. Photo. Instrum. Eng. 5514* (2004) 514 - 523.

[61] T.A. Nieminen, J. Higuet, G. Knöner, V.L.Y. Loke, S. Parkin, W. Singer, N.R. Heckenberg, H. Rubinsztein-Dunlop, Optically driven micromachines: progress and prospects, *Proc. Soc. Photo. Instrum. Eng. 6038* (2006) 237 - 245.

[62] T.A. Nieminen, G. Knöner, N.R. Heckenberg, H. Rubinsztein-Dunlop, Physics of optical tweezers, in: M.W. Berns, K.O. Greulich (Eds.), *Laser Manipulation of Cells and Tissues*, in: *Methods in Cell Biology*, vol. 82, Elsevier, 2007, pp. 207 - 236.

[63] T.A. Nieminen, V.L.Y. Loke, A.M. Brańczyk, N.R. Heckenberg, H. Rubinsztein-Dunlop, Towards efficient modelling of optical micromanipulation of complex structures, *PIERS Online 2* (5) (2006) 442 - 446.

[64] T.A. Nieminen, V.L.Y. Loke, G. Knöner, A.M. Bra'nczyk, Toolbox for calculation of optical forces and torques, *PIERS Online 3* (3) (2007) 338 - 342.

[65] T.A. Nieminen, V.L.Y. Loke, A.B. Stilgoe, G. Knöner, A.M. Brańczyk, Optical tweezers computational toolbox 1.0, http://www.physics.uq.edu.au/people/nieminen/software.html, 2007.

[66] T.A. Nieminen, V.L.Y. Loke, A.B. Stilgoe, G. Knöner, A.M. Brańczyk, N.R. Heckenberg, H. Rubinsztein-Dunlop, Optical tweezers computational toolbox, *J. Opt. A: Pure Appl. Opt. 9* (2007) S196 - S203.

[67] T.A. Nieminen, S.J. Parkin, N.R. Heckenberg, H. Rubinsztein-Dunlop, Optical torque and symmetry, *Proc. Soc. Photo. Instrum. Eng. 5514* (2004) 254 - 263.

[68] T.A. Nieminen, H. Rubinsztein-Dunlop, N.R. Heckenberg, Calculation and optical measurement of laser trapping forces on nonspherical particles, *J. Quant. Spectrosc. Radiat. Transfer 70* (2001) 627 - 637.

[69] T.A. Nieminen, H. Rubinsztein-Dunlop, N.R. Heckenberg, Calculation of the T -matrix: general considerations and application of the point-matching method, *J. Quant. Spectrosc. Radiat. Transfer 79 - 80* (2003) 1019 - 1029.

[70] T.A. Nieminen, H. Rubinsztein-Dunlop, N.R. Heckenberg, Multipole expansion of strongly focussed laser beams, *J. Quant. Spectrosc. Radiat. Transfer 79 - 80* (2003) 1005 - 1017.

[71] T.A. Nieminen, H. Rubinsztein-Dunlop, N.R. Heckenberg, A.I. Bishop, Numerical modelling of optical trapping, *Comput. Phys. Commun. 142* (2001) 468 - 471.

[72] E. Noether, Invariante Variationsprobleme, *Nachrichten von der Gesselschaft derWissenschaften zu Göttingen, Mathematisch-Physikalische Klasse 1918* (1918) 235 - 257, English translation by M.A. Tavel Transport Theory and Statistical Mechanics 1 (3) (1971) 183 - 207.

[73] A.T. O'Neil, I. MacVicar, L. Allen, M.J. Padgett, Intrinsic and extrinsic nature of the orbital angular momentum of a light beam, *Phys. Rev. Lett. 88* (2002) 053601.

[74] A.T. O'Neil, M.J. Padgett, Three-dimensional optical confinement of micron-sized metal particles and the decoupling of the spin and orbital angular momentum within an optical spanner, *Opt.Commun. 185* (2000) 139 - 143.

[75] A.T. O'Neil, M.J. Padgett, Rotational control within optical tweezers by use of a rotating aperture, *Opt. Lett. 27* (9) (2002) 743 - 745.

[76] S.J. Parkin, G. Knöner, T.A. Nieminen, N.R. Heckenberg, H. Rubinsztein-Dunlop, Torque transfer in optical tweezers due to orbital angular momentum, *Proc. Soc. Photo. Instrum. Eng. 6326* (2006) 63261B.

[77] S.J. Parkin, T.A. Nieminen, N.R. Heckenberg, H. Rubinsztein-Dunlop, Optical measurement of torque exerted on an elongated object by a noncircular laser beam, *Phys. Rev. A 70* (2004) 023816.

[78] S. Parkin, G. Knöner, T.A. Nieminen, N.R. Heckenberg, H. Rubinsztein-Dunlop, Measurement of the total optical angular momentum transfer in optical tweezers, *Opt. Exp. 14* (15) (2006) 6963 - 6970.

[79] S. Quabis, R. Dorn, M. Eberler, O. Glöckl, G. Leuchs, Focusing light to a tighter spot, *Opt. Commun. 179* (2000) 1 - 7.

[80] F. Rohrlich, Classical Charged Particles, Addison-Wesley, Reading, MA, 1965.

[81] A.E. Siegman, Lasers, Oxford Univ. Press, Oxford, 1986.

[82] N.B. Simpson, K. Dholakia, L. Allen, M.J. Padgett, Mechanical equivalence of spin andorbital an-

gular momentum of light: an optical spanner, *Opt. Lett.* *22* (1997) 52 - 54.

[83] D.E. Soper, Classical Field Theory, Wiley, New York, 1976.

[84] J.A. Stratton, Electromagnetic Theory, McGraw-Hill, New York, 1941.

[85] H. Ukita, M. Kanehira, A shuttlecock optical rotator—its design, fabrication and evaluation for a microfluidic mixer, *IEEE J. Selected Topics Quantum Electron.* *8* (1) (2002) 111 - 117.

[86] H. Ukita, K. Nagatomi, Theoretical demonstration of a newly designed micro-rotator driven by optical pressure on a light incident surface, *Opt. Rev.* *4* (4) (1997) 447 - 449.

[87] G. Videen, Light scattering from a sphere near a plane interface, in: F. Moreno, F. González (Eds.), *Light Scattering from Microstructures*, in: *Lecture Notes in Physics*, vol. 534, Springer-Verlag, Berlin, 2000, pp. 81 - 96.

[88] K. Volke-Sepulveda, E. Ley-Koo, General construction and connections of vector propagation invariant optical fields: TE and TM modes and polarization states, *J. Opt. A: Pure Appl. Opt.* *8* (2006) 867 - 877.

[89] P.C. Waterman, Symmetry, unitarity, and geometry in electromagnetic scattering, *Phys. Rev. D* *3* (1971) 825 - 839.

[90] D.A. White, Vectorfinite element modeling of optical tweezers, *Comput. Phys. Commun.* *128* (2000) 558 - 564.

[91] R. Zambrini, S.M. Barnett, Local transfer of optical angular momentum to matter, *J. Mod. Opt.* *52* (8) (2005) 1045 - 1052.

第九章　光镊下的粒子自旋

Miles Padgett and Jonathan Leach
University of Glasgow, UK

9.1　简介

20 世纪 80 年代，贝尔实验室的 Ashkin 等人提出了光镊[4]。利用一束紧聚焦光束的梯度力来产生光阱，光阱附近的介质粒子受到朝向光束焦点的引力作用。与梯度力相竞争的是散射力，散射力由粒子所受引力产生，作用于光束的传输方向。对于微米尺度的粒子，由于引力的作用，单一的聚焦激光束产生的梯度力比散射力大，因此足够产生一个三维光阱。将粒子浸入周围液体之中，产生的浮力减小了所需激光的能量。液体中粒子所受到的斯托克斯阻力与浮力能够同时起到稳定光阱的作用。

在射线光学中，光在微观粒子上的折射将产生俘获力。折射的本质是光的线性动量重定向，因而会有作用于粒子上的反作用力。反作用力能将粒子拖至光束的焦点处。光束焦点处光的重定向作用最小。光除了携带线性动量，还能携带角动量。光所携带的角动量可以是自旋角动量，这与光的偏振或轨道角动量有关；也可以是轨道角动量，这与光束的相位结构有关。光的线性动量传递至粒子能够产生光学俘获；类似地，光的角动量传递至粒子能够产生自旋。微米粒子的可控俘获和自旋使得许多关于光的结构和动量传递过程的底层机理研究得以开展。光镊中的粒子自旋现象也可应用于从生物学到微流控技术[18]的各个领域。

将线性动量和角动量结合考虑能更好地理解光的动量。一般而言，在任何位置，光场有对应的波印廷矢量[3]。在各向同性介质中，波印廷矢量的方向表示能量和动量的传输方向。波印廷矢量的轴向分量之和给出了线性动量流，而其径向分量之和则给出了光束的角动量。根据相互作用导致粒子自旋这一具体性质，通过将角动量或线性动量变换为矢径形式，则可方便地计算扭矩。然而，无论角动量变换的方法如何，从理论上来说，光的各种动量分量的来源是一样的，即与波印廷矢量的振幅和方向有关。

尽管单一光子的特性并不唯一，但仍可将光动量在数值上表示为“光子数量”。在自由空间中，单个光子的线性动量为 $\hbar k$，当线性动量沿某一确定方向作用在物体边界时，物体所受扭矩最大。假设物体的半径为 r，扭矩最大时，传递的角动量为 $\hbar kr$。实际上，由于受耦合光学元件数值孔径的影响，光束所传递的角动量将变小，从而限制了波印廷矢量的倾斜角[10]的大小。对于接近波长尺度的粒子，传递的最大角动量在 $\hbar$ 量级，即光子的自旋角动量。对于更大的粒子，最大扭矩随粒子半径增大而增加。然而更大的粒子具有更大的惯性，受到的阻力也会更大。其惯性和阻力分别随粒子半径的 3 次方和 5 次方增加。因此，光诱导的自旋仅对于微米量级的物体有效。

9.2　使用光强整形光束来导向和旋转俘获的物体

在早期的工作中，Ashkin 观察到物体(杆状细菌)与光束的本征对齐会导致杆状细菌直立旋转，并垂直于俘获光的光轴[5]。物体趋向于被拉长，其长轴对齐于光的传播方向。如果在非对称图案中，光形成的焦点不是圆形对称的，那么非球形物体将与光束匹配。于是非对称俘获图形的旋转可导致被俘获物体的旋转。

利用光镊进行受控旋转的研究历史可追溯到 1991 年，Sato 等人在光镊中使用高阶厄米特—高斯模式光来俘获红细胞[38]。如图 9.1(a)所示，在梯度力的作用下，细胞会被拖至光束的高光强区域。模式和细胞为矩形对称的，这表明细胞的长轴将自然而然地与光束截面的长轴对齐。改变激光谐振腔中矩形光阑的方向能够改变模式角。旋转光阑使模式光旋转，细胞也会相应地旋转。尽管概念简单，但使激光沿着其光轴旋转比预期的要复杂。任何非对称光束可以通过道威棱镜改变方向。但是光学系统需要精确对齐来确保不发生任何横向平移，这点极其难以做到。然而，许多团队已成功使用不同技术产生了非圆形的对称俘获光束。这种光束能够可控地操纵被俘获物体的方向或者旋转。

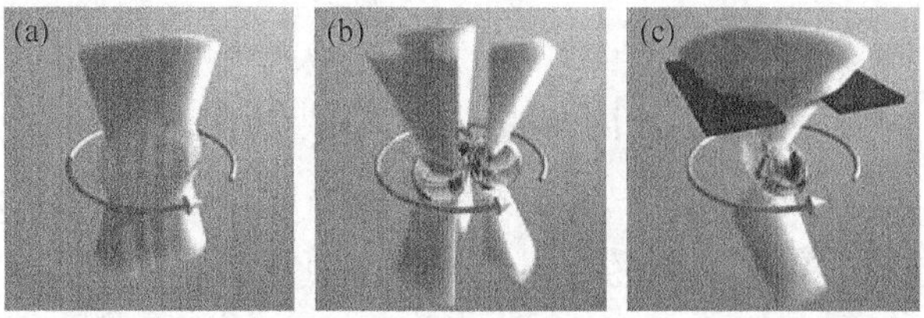

图 9.1　光镊中，使用自旋光强光束来自旋。Sato 等人(a)使用一束厄米特—高斯激光模式来俘获和旋转红细胞，Paterson 等人(b)使用旋转机械光阑来塑造高斯光束形状。见彩色插图。

1994 年，Harris 用一束拉盖尔—高斯激光与其镜像光束的干涉来产生角度图样[19]。有趣的是，尽管人们并未认为此工作与轨道角动量有关，但在携带轨道角动量的光束中，拉盖尔—高斯光束的确是一个最好的例子。2001 年，Dholakia 等人在光镊中使用相同的干涉方法得到了干涉条纹[35]，如图 9.1(b)所示。他们展示了通过改变两光束间的光程差，可以旋转螺旋干涉图案，进而可用以旋转中国仓鼠的染色体。该方法能改变拉盖尔—高斯光束的模式折射率，进而改变干涉图案的旋转对称性，从而能够根据物体的形状优化光束形状。

产生非对称光束的另一种方法是在俘获光束进入光镊之前，在光程中引入矩形光阑，形成一个椭圆形焦点，如图 9.1(c)所示。在带有旋转台的 x/y 平移台上安装矩形光阑，可使旋转轴与光轴对齐。正如 2002 年的论证所述，通过在光镊光路中引入旋转矩形光阑，可令组装在一起的二氧化硅球体被三维俘获并随光阑同步旋转[34]。该方法简单，无需高阶模式、高干涉精度或计算机控制的光学调制器。

9.3　光镊到粒子的角动量传递

在前一节中，作用力和扭矩是由非对称俘获光束或非对称组合的俘获光束的梯度力所产生的。然而，通过将光强对称的圆形俘获光束中的角动量传递到粒子上也可实现粒子的旋转。众所周知，光束携带自旋角动量和轨道角动量[1,2]。自旋角动量由光束的偏振状态所决定，大小为$\pm\hbar$，其正负取决于光束是左旋圆偏振还是右旋圆偏振。轨道角动量则与光束的偏振态无关，是由光束相位结构所决定的。对于螺旋波前相位光束，$\varphi=\exp(il\theta)$，其波印廷矢量有一主要的角向分量，相应的单个光子轨道角动量为$l\hbar$。

20 世纪 30 年代，Beth 利用携带自旋角动量的圆偏振光驱动悬挂在石英光纤上的波片做扭转运动。然而，检测该运动需要极高的测量精度[6]。但是，如前所述，一个均质物体的转动惯量随其尺寸的五次方增长，因此，粒子的尺寸越小，所需的扭矩急剧减小。

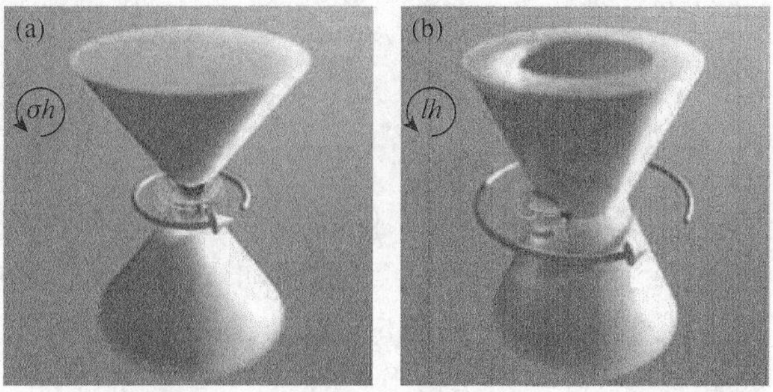

图 9.2　光镊下角动量的传递。图(a)表示一束圆偏振光束传递自旋角动量至被俘获物体后导致了物体的自旋。图(b)表示一束高阶拉盖尔—高斯光束或高斯光束传递轨道角动量至被俘获物体后导致了物体的自旋。见彩色插图。

1995 年，Rubinsztein-Dunlop 等人证明了拉盖尔—高斯光束所携带的轨道角动量可传递到一个被光镊俘获的吸收型粒子上，并能使粒子以几个赫兹的频率自旋[20]。尽管只是微小的粒子，但这一开创性的工作首次证明了光的角动量能导致可见的旋转。光被吸收时，轨道角动量和自旋角动量都可传递至被俘获物体上。圆偏振拉盖尔—高斯光束可携带自旋角动量，根据自旋角动量与轨道角动量的相对手性，总角动量等于自旋角动量加上或减去轨道角动量。改变自旋角动量和轨道角动量的相对手性可使粒子加速旋转或减速旋转[14]。对于拉盖尔—高斯光束 $l=1$ 的情况，即轨道角动量与自旋角动量的大小相同时，粒子停止旋转[39]。

被俘获粒子吸收光的同时，光会以相同的效率向粒子传递自旋角动量和轨道角动量。当光仅透过粒子，而非被吸收时，能够很容易地改变光的角动量状态。在 Beth 的实验中，悬浮波会产生扭矩，波片能够在没有吸收的情况下改变透射光的角动量。方解石为高双折射材料，几微米厚的方解石即可作为 1/4 波片，将圆偏振光转换成线偏振光。因此，微米尺度的双折射粒子在被圆偏振光俘获时会受到扭矩的作用。在数值上，扭矩的大小与光束总角动量的通量相比拟。该扭矩可使粒子获得百赫兹的旋转频率[15]。有人也许会想到关于轨道角动量的类似实验，实验中微观物体用于改变光束的轨道角动量状态。本章随后会举例说明。

至此，我们仅讨论了位于光轴，且尺寸大于光束直径的被俘获粒子，以及这种粒子与角动量之间的相互作用。在上述情况下，自旋角动量和轨道角动量的传递都会导致粒子沿光轴自旋。当粒子远离光轴，且粒子尺寸与光束尺寸相当时，将出现有趣的现象。所有光束的相位(例如：拉盖尔—高斯光束)可由 $\exp(il\varphi)$ 表示，光束单个光子的轨道角动

量为 $l\hbar$，在光轴处存在一个光轴强度为零的相位奇点。2001 年，人们观察到在光束轨道角动量的作用下，金属粒子围绕一束拉盖尔—高斯模式光的外部轮廓旋转，其旋转方向由光束轨道角动量所决定，且与光束的自旋角动量的状态无关[33]。2002 年，研究者们利用圆偏振的拉盖尔—高斯光束（$l=8$）产生的梯度力将小介质粒子局限在光斑的亮环内[32]。双折射粒子能够转变入射光的偏振态，从而产生作用于粒子上的扭矩，进而使粒子自旋。相较而言，光束的轨道角动量会产生波印廷矢量的角向分量，这表明粒子处光的散射会导致粒子绕光轴旋转。在上述实验中，粒子会远离激光光轴，自旋角动量和轨道角动量的传递将分别导致该粒子的自旋运动和轨道运动。使用高阶贝塞尔光束可得到类似的结果，通过多环的光束能够定量地确认光束中心距离和粒子自旋速度之间的函数关系式，该函数关系式依赖于光束的轨道角动量[17]。

9.4 光镊下的面外自旋

继 1999 年的早期研究之后[36]，2002 年，Grier 等人革命性地展示了利用商用空间光调制器（SLMs）同时产生多个光阱[12]，从而实现光镊的方法。SLMs 的常见应用之一是产生多个彼此距离很近的光阱，从而俘获和定向较大的非对称物体。光阱沿圆轨迹移动将令被俘获物体产生相应的自旋[7]。这是由于 SLM 会引入光阱的轴向和横向位移、圆形轨迹运动以及绕轴旋转（包括绕垂直于光镊光轴旋转）[7]。该过程中有趣的是，光镊下的两个粒子能被俘获并在位置上相互超越。具有极高数值孔径的物镜保证了粒子的阴影（即使沿光轴方向）不会延伸很远。

SLMs 也常用于产生在三维空间中任意分布的多个光阱，这些光阱的尺寸由 SLM 的空间分辨率决定。如前所述，对于少量粒子，光阱的位置可分别设定，不受粒子阴影的影响。因此，数层粒子能够组装到晶体[40]结构及准晶体[37]结构之中，并可绕轴旋转，如图 9.3 所示。

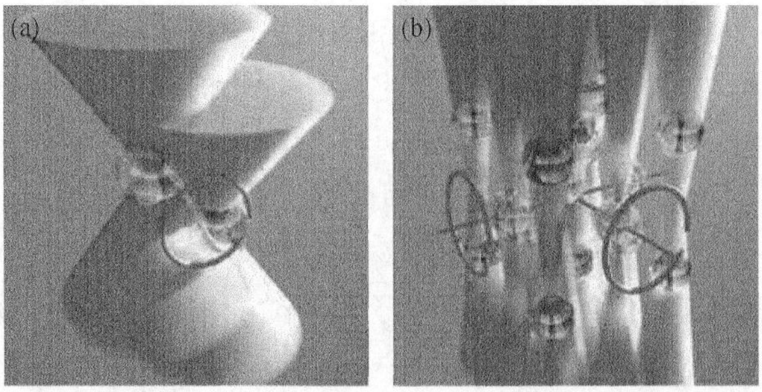

图 9.3 光镊下的面外自旋。图(a)表示 Bingelyte 等人使用空间光调制器来产生两个独立的光阱，这些光阱能被分别控制。图(b)表示 Sinclair 等人利用二氧化硅粒子制备一个金刚石晶胞。这些例子中，旋转轴垂直于俘获光束光轴。见彩色插图。

9.5 光镊中螺旋形粒子的自旋

另一种方法是使用传统的不含角动量的圆对称光束来俘获物体，依靠被俘获物体来散射光束，而物体受到反冲扭矩的作用而旋转。或者，可将物体视为形式简单的模式转换器，能将无角动量的入射光转换成有角动量的散射光。该物体就好比一个风车，其扇叶的形状决定扭矩的大小和方向。1994 年，人们使用二氧化硅制作出了直径数十微米的四臂转子，在光镊下，能够俘获并旋转这些转子[21]。旋转的方向由转子结构的手性决定。与微机械所不同的是，三维俘获时不需要机械轴，转子不会因为受到摩擦而磨损，并能够避免一些其他的限制。

其他的一些技术也已被证明可用于制作非对称结构，例如：使用部分镀银的微珠[27]，更近的是，直接在光镊中使用双光子聚合技术制备非对称物体[16]。在最后一个例子中，制备了多个转子，转子的位置使其叶片具有齿轮轮齿的功能。只需驱动其中一个就能使它们全部旋转，这些转子组成了多部件的光驱动微型机械。最近，双光子聚合技术已被用于制作基于微型螺旋相位板的模式转换器，由于微元件的螺旋性，因而能够几乎完美地将俘获光束转换成拉盖尔—高斯模式[24]。光角动量状态的改变将导致微模式转换器产生相应的旋转。双光子聚合技术也常被用于制作集成光波导中微米尺度的光机械转子[22]。

图 9.4　光镊下的螺旋形物体传递角动量至透射光或散射光，对应所产生的反作用扭矩导致物体的自旋。见彩色插图。

9.6　光镊下自旋控制的应用

为了解光的角动量，人们开展了众多有关光镊下物体自旋的原创性研究。微米尺度物体能以百赫兹的频率定向自旋，这表明这种技术能够应用于多个现有研究领域，并拓展至其他新兴领域。光镊下粒子的自旋可应用于从微观流变学到芯片实验室技术等的各个领域。例如在微观流变学中，光镊可用于精确测量流体粘度；在芯片实验室中，光镊可作为泵和执行器。

继自旋角动量传递至双折射率粒子的早期研究之后，Rubinsztein-Dunlop 等人提出了一种制备基于双折射球霰石(vaterite)的类球形粒子的方法，并能通过监测透射光的偏振调制频率来精确测量粒子的自旋频率[23,29]。对于完美的球形粒子，该法能够精确测量斯托克斯阻力。如果进一步测定该粒子的自旋频率，则粒子周围流体的粘度也可以同时计算得到[9]。最近，该技术已被用于测量泪液粘度。由于用其它方法测量泪液粘度极其困难，这项技术在多种眼睛疾病的诊断中起到了非常重要的作用(参见第十章)。

分析过程的微型化(原文如此)是芯片实验室中生化检测革新的一部分。数十微米规模的流体操纵可支持更快混合(提供更快的流速)和多进程并行。2002 年，Marr 等人基于光镊展示了新概念的流体泵。在微流体室或微流体通道中，大量球体的交换和自旋能够使得液体沿通道流动[41]。使用全息光镊能精确地测量粒子流的流速、多次释放及再俘获粒子探针，人们能够用高速照相机来记录流体中粒子的初始移动[13]。

与直接改变粒子位置不同的是，角动量传递显然还可以使粒子周围的液体流动。光与粒子间的角动量交换会导致粒子绕光轴旋转，拉盖尔—高斯模式光斑的亮环不仅能够俘获单一粒子，而且还能俘获多个粒子并使其绕光轴旋转[11]。将两束反向旋转的拉盖尔—高斯光束并排，可以使这两束光之间的液体流动，进而传输液体及其中的粒子[25]。类似地，也可使用光的自旋角动量来旋转多个双折射粒子。利用右旋圆偏振光和左旋圆偏振光可以使一组粒子反向旋转，并在粒子之间可以使液体净流动。如果将这对反向旋转的粒子放置于微流体通道中，能够减少回流，并能够显著增加流体的流量。然而，即使对此法进行优化，微通道中液体的流速也仅能达到每秒百立方微米量级。相比于传统外接在微通道上的泵而言，这种方法能够提供的流速很小，但已经可以用于少量反应物的可控输送。另一种方法，即之前提及的双光子聚合技术，已被用于制造泵腔和转子。泵的转子可以通过扫描激光束来驱动，进而可控地泵浦液体达到每分钟皮升量级[28]。

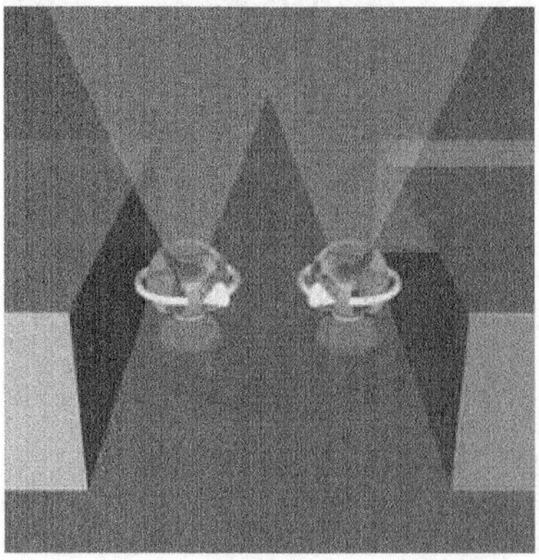

图 9.5　光镊中自旋控制的应用。Leach 等人通过放置在微流体通道中的一组反向旋转的球霰石球来产生一个光驱动微型泵。见彩色插图。

用双折射材料来制造微型组件的另一种可行的方法是通过制造工艺本身产生双折射，使得光的偏振态能够与微型组件相互作用。较早的例子是通过一束偏振光来俘获和定向长玻璃棒[8]。一种观点认为，定向出现的原因是由于梯度力的作用，梯度力能够驱使棒与光束高光强轴对齐。另一种等效观点认为，长玻璃棒的不对称性使得俘获光束在散射过程中偏振态发生了改变。这些长玻璃棒作为原始的双折射波片，能够传递角动量。人们进一步在平坦表面制备了带槽的微齿轮。微米尺度的沟槽面具有双折射(form-birefringent)特性，能再次调整反射光的偏振状态，并改变角动量大小[31]。这些齿轮能够被光俘获、驱动以及定位，从而用于制造泵或其他器件。

正如不断发展的光镊技术，许多研究团队的成果也推动了光镊中自旋控制的研究不断向前。自从 1992 年 Sato 等人演示了红细胞的自旋以来，随后的探索致力于研究光角动量的基础性质[32]。与此同时，自旋控制被应用于驱动微机械、齿轮和其他光驱动泵，或者被直接用于测量粘度等物理量。

参考文献

[1] L. Allen, M.W. Beijersbergen, R.J.C. Spreeuw, J.P. Woerdman, Orbital angular-momentum of Light and the transformation of Laguerre-Gaussian laser modes, *Phys. Rev. A 45* (1992) 8185 - 8189.

[2] L. Allen, M.J. Padgett, M. Babiker, The orbital angular momentum of light, *Prog. Opt. 39* (1999) 291 - 372.

[3] L. Allen, M.J. Padgett, The Poynting vector in Laguerre-Gaussian beams and the interpretation of their angular momentum density, *Opt. Commun. 184* (2000) 67 - 71.

[4] A. Ashkin, J.M. Dziedzic, J.E. Bjorkholm, S. Chu, Observation of a single-beam gradient force optical trap for dielectric particles, *Opt. Lett. 11* (1986) 288 - 290.

[5] A. Ashkin, J.M. Dziedzic, T. Yamane, Optical trapping and manipulation of single cells using infrared-laser beams, *Nature 330* (1987) 769 - 771.

[6] R.A. Beth, Mechanical detection and measurement of the angular momentum of light, *Phys. Rev. 50* (1936) 115 - 125.

[7] V. Bingelyte, J. Leach, J. Courtial, M.J. Padgett, Optically controlled three-dimensional rotation of microscopic objects, *Appl. Phys. Lett. 82* (2003) 829 - 831.

[8] A.I. Bishop, T.A. Nieminen, N.R. Heckenberg, H. Rubinsztein-Dunlop, Optical application and measurement of torque on microparticles of isotropic nonabsorbing material, *Phys. Rev. A 68* (2003) 033802.

[9] A.I. Bishop, T.A. Nieminen, N.R. Heckenberg, H. Rubinsztein-Dunlop, Optical microrheology using rotating laser-trapped particles, *Phys. Rev. Lett. 92* (2004) 198104.

[10] J. Courtial, M.J. Padgett, Limit to the orbital angular momentum per unit energy in a light beam that can be focussed onto a small particle, *Opt. Commun. 173* (2000) 269 - 274.

[11] J.E. Curtis, D.G. Grier, Structure of optical vortices, *Phys. Rev. Lett. 90* (2003) 133901.

[12] J.E. Curtis, B.A. Koss, D.G. Grier, Dynamic holographic optical tweezers, *Opt. Commun. 207* (2002) 169 - 175.

[13] R. Di Leonardo, J. Leach, H. Mushfique, J.M. Cooper, G. Ruocco, M.J. Padgett, Multipoint holographic optical velocimetry in microfluidic systems, *Phys. Rev. Lett. 96* (2006) 134502.

[14] M.E.J. Friese, J. Enger, H. Rubinsztein-Dunlop, N.R. Heckenberg, Optical angular-momentum transfer to trapped absorbing particles, *Phys. Rev. A 54* (1996) 1593 - 1596.

[15] M.E.J. Friese, T.A. Nieminen, N.R. Heckenberg, H. Rubinsztein-Dunlop, Optical alignment and spinning of laser-trapped microscopic particles, *Nature 394* (1998) 348 - 350.

[16] P. Galajda, P. Ormos, Complex micromachines produced and driven by light, *Appl. Phys. Lett. 78* (2001) 249 - 251.

[17] V. Garces-Chavez, D. McGloin, M.J. Padgett, W. Dultz, H. Schmitzer, K. Dholakia, Observation of the transfer of the local angular momentum density of a multiringed light beam to an optically trapped particle, *Phys. Rev. Lett. 91* (2003) 093602.

[18] D.G. Grier, A revolution in optical manipulation, *Nature 424* (2003) 810 - 816.

[19] M. Harris, C.A. Hill, J.M. Vaughan, Optical helices and spiral interference fringes, *Opt. Commun.106* (1999) 161 - 166.

[20] H. He, M.E.J. Friese, N.R. Heckenberg, H. Rubinsztein-Dunlop, Direct observation of transfer of angular-momentum to absorptive particles from a laser-beam with a phase singularity, *Phys.Rev. Lett. 75* (1995) 826 - 829.

[21] E. Higurashi, H. Ukita, H. Tanaka, O. Ohguchi, Optically induced rotation of anisotropic microobjects fabricated by surface micromachining, *Appl. Phys. Lett.* *64* (1994) 2209 - 2210.

[22] L. Kelemen, S. Valkai, P. Ormos, Integrated optical motor, *Appl. Opt.* *45* (2006) 2777 - 2780.

[23] G. Knöner, S. Parkin, N.R. Heckenberg, H. Rubinsztein-Dunlop, Characterization of optically driven fluid stress fields with optical tweezers, *Phys. Rev. E 72* (2005) 031507.

[24] G. Knöner, S. Parkin, T.A. Nieminen, V.L.Y. Loke, N.R. Heckenberg, H. Rubinsztein-Dunlop, Integrated optomechanical microelements, *Opt. Exp.* *15* (2007) 5521 - 5530.

[25] K. Ladavac, D.G. Grier, Microoptomechanical pumps assembled and driven by holographic optical vortex arrays, *Opt. Exp.* *12* (2004) 1144 - 1149.

[26] J. Leach, H. Mushfique, R. di Leonardo, M. Padgett, J. Cooper, An optically driven pump for microfluidics, *Lab on a Chip 6* (2006) 735 - 739.

[27] Z.P. Luo, Y.L. Sun, K.N. An, An optical spin micromotor, *Appl. Phys. Lett.* *76* (2000) 1779 - 1781.

[28] S. Maruo, H. Inoue, Optically driven micropump produced by three-dimensional two-photon microfabrication, *Appl. Phys. Lett.* *89* (2006) 3.

[29] T.A. Nieminen, N.R. Heckenberg, H. Rubinsztein-Dunlop, Optical measurement of microscopic torques, *J. Mod. Opt.* *48* (2001) 405 - 413.

[30] T.A. Nieminen, J. Higuet, G. Knoner, V.L.Y. Loke, S. Parkin, W. Singer, N.R. Heckenberg, H. Rubinsztein-Dunlop, Optically driven micromachines: Progress and prospects, *Proc. Soc. Photo. Opt. Instrum. Eng.* *6038* (2006) 237 - 245.

[31] S.L. Neale, M.P. MacDonald, K. Dholakia, T.F. Krauss, All-optical control of microfluidic components using form birefringence, *Nature Mater.* *4* (2005) 530 - 533.

[32] A.T. O'Neil, I. MacVicar, L. Allen, M.J. Padgett, Intrinsic and extrinsic nature of the orbital angular momentum of a light beam, *Phys. Rev. Lett.* *88* (2002) 053601.

[33] A.T. O'Neil, M.J. Padgett, Three-dimensional optical confinement of micron-sized metal particles and the decoupling of the spin and orbital angular momentum within an optical spanner, *Opt.Commun.* *185* (2000) 139 - 143.

[34] A.T. O'Neil, M. J. Padgett, Rotational control within optical tweezers by use of a rotating aperture, *Opt. Lett.* *27* (2002) 743 - 745.

[35] L. Paterson, M.P. MacDonald, J. Arlt, W. Sibbett, P.E. Bryant, K. Dholakia, Controlled rotation of optically trapped microscopic particles, *Science 292* (2001) 912 - 914.

[36] M. Reicherter, T. Haist, E.U. Wagemann, H.J. Tiziani, Optical particle trapping with computer-generated holograms written on a liquid-crystal display, *Opt. Lett.* *24* (1999) 608 - 610.

[37] Y. Roichman, D.G. Grier, Holographic assembly of quasicrystalline photonic heterostructures, *Opt. Exp.* *13* (2005) 5434 - 5439.

[38] S. Sato, M. Ishigure, H. Inaba, Optical trapping and rotational manipulation of microscopic particles and biological cells using higher-order mode Nd-yag laser-beams, *Electron. Lett.* *27* (1991) 1831 - 1832.

[39] N.B. Simpson, K. Dholakia, L. Allen, M.J. Padgett, Mechanical equivalence of spin and orbital angular momentum of light: an optical spanner, *Opt. Lett.* *22* (1997) 52 - 54.

[40] G. Sinclair, P. Jordan, J. Courtial, M. Padgett, J. Cooper, Z.J. Laczik, Assembly of 3 - dimensional structures using programmable holographic optical tweezers, *Opt. Exp.* *12* (2004) 5475 - 5480.

[41] A. Terray, J. Oakey, D.W.M. Marr, Microfluidic control using colloidal devices, *Science 296* (2002) 1841 - 1844.

第十章　流变方法与粘度测量方法

Simon J.W. Parkin，Gregor Knöner，Timo A. Nieminen，
Norman R. Heckenberg，and Halina Rubinsztein-Dunlop
University of Queensland，Australia

10.1　简介

微流变学关注介质在微观尺度上的力学特性。该领域的研究热点是生物细胞内的粘弹性[43,10]以及聚合物溶液特性，其中小容积测量聚合物溶液有利于高通量筛选[4]。微流变技术涉及的范围广泛，从磁镊[8]到视频粒子跟踪[28]方面都有应用。大家可参阅Waigh[44]的相关文章。本章将讨论微流变技术，并涉及利用光镊，尤其是由带有角动量的激光束形成的光阱，对流体中的微观粒子进行操控。粒子周围的流体对光阱的特性有着重要影响，如折射率、温度和粘度均会影响俘获。从逻辑上来说，只有特性已知的光阱才能用于流体性质的研究。

光镊通过线性动量的传递对粒子施加俘获力，角动量也可从光传递到粒子。在某些特殊情况下，角动量的传递过程与影响光阱强度的流体特性无关，因为施加的扭矩取决于粒子本身的固有属性以及粒子与俘获激光束的相互作用。这使得研究的流体特性不需要对光阱进行复杂的表征。

生物系统中力的测量可能是光镊最为引人瞩目的应用。光阱内光力的精确标定可用于分子马达[39,22,11]、DNA 转录[45]和蛋白质折叠[18,42]等的定量研究。这里例举了几个已研究的微生物系统。在这类实验中经常用到聚苯乙烯和二氧化硅微粒。光阱施加于探针颗粒的力通常在实验前标定。诸如用已知速度的移动粒子穿过包围它的粘性介质，以及测量由光阱内热起伏(thermal fluctuation)引起的粒子位移，都需要通过标定来确定某些参数。

粘度就是这些参数之一。通过结合不同的标定技术，粘度作为一个必要参数也可无需测量[12,5]。这类方法已被用于描绘粘度梯度[26]，以及在一定频率范围内测量聚合物溶液的粘弹性[37]。Starrs 和 Bartlett[37]通过使用双光束光阱研究了两点微流变。这使得探测粒子流耦合的研究得以进行。粒子流耦合是在聚合物溶液中需要考虑的一个因素[25,9]。Tolić-nørrelykke 和同事[41]描述了将已知频率驱动颗粒以及测量由布朗运动引起的位移相结合的方法。这使得在不确定周围流体粘度的情况下，可实现光阱的一步标定。假如探针颗粒的尺寸精确知道，标定后的光阱可用于测量粘度。光镊的精确建模也使得可以测量其他实验参数来替代待标定的参数[20]。

另一种不需要复杂标定流程的方法是分析光阱中的旋转运动而不是平移运动。本书第 9 章专门讨论了光镊[31]中粒子的旋转，具体细节可参看 Parkin 等人的综述[33]。使粒子发生旋转的一个简便方法是使用双折射晶体，它能改变俘获激光束的偏振态，从而使得角动量从激光束传递到粒子[14]。由液晶组成的以相同方式旋转的双折射球[17,16]已被用于粘度测量[29]。假设能测得颗粒直径和旋转速率的话，那么球形颗粒将是众所周知的理想粘性阻力物[24]。为了减小流动中的复杂性，理想情况是用刚性球体而不是液晶微滴作为周围流体粘度的探针[2]。这种测微粘度计将会在本章详细讨论。通过跟踪盘形目标[6]或双折射晶体[23]的旋转布朗运动，我们发现被动微流变学也可能伴随旋转运动。这种方法也被延伸到测量粘弹性[7]。

我们在本章集中阐述用激光角动量传递激活的颗粒来测量粘度。该方法是通过圆偏振光和双折射球完成的。我们还将考虑用俘获激光传递轨道角动量到探针颗粒来测量粘度的可能性。

10.2　光学扭矩测量

本书其他章节已讨论了光的角动量。本章我们将详细介绍光的角动量如何传递到被光俘获的粒子，以及如何通过测量角动量产生的扭矩来测量周围介质的流变性。通过以下简介，我们简要概括光学角动量的突出特性。

光有两种形式的角动量：自旋角动量和轨道角动量。自旋角动量与光的偏振有关。圆偏振光束每光子带有 $\pm\hbar$ 的角动量(左或右圆偏振)对应于在传播方向上以光学频率旋转的电场。线偏振光束可视为包含相同数量的左圆偏振光和右圆偏振光的光子，所以每光子拥有的平均自旋角动量为 $0\hbar$。轨道角动量是由场的空间结构产生的。当考虑到光束的拉盖尔—高斯模式时，此结构产生的角动量是很直观的，假设其方位指数非零的话，带有场的轨道角动量就是这样一个实例。螺旋相位波前证明了在光束传播过程中能量是关于模式中心旋转的。拉盖尔—高斯模式每光子具有 $l\hbar$ 的轨道角动量(其中 l 为模式的方位指数)。

这里需要指出的是自旋角动量与轨道角动量之间的区别。根据定义，自旋角动量密度与坐标系统原点的选取无关。而轨道角动量密度与原点相关，因为轨道角动量是相对原点而言的[36]。

10.2.1　自旋角动量测量

我们感兴趣的是施加扭矩到被光镊俘获的目标。然而，为了将这项技术用于定量研究物理系统，需测出所施加的扭矩。测量扭矩的原理很简单，光传递角动量给粒子，因此入射光束和透射光束角动量的差值将产生施加在粒子上的扭矩。为了得到光束携带的自旋角动量，我们将光束分成两种成分：左右圆偏振光。任意光束可表示为上述成分的总和。左圆偏振光分量由带有 $+\hbar$ 角动量的光子组成，而右圆偏振光分量由带有 $-\hbar$ 角动量的光子组成。这两种分量的相对功率决定了光束的自旋角动量，它可通过表示圆偏振化程度的公式表示：

$$\sigma_s = \frac{P_L - P_R}{P} \tag{1}$$

其中 P_L 和 P_R 是左右圆偏振光成分的功率，P 是总光功率。当光束通过双折射粒子时，两种光成分的 P_L 和 P_R 都会改变，从而使光束总的角动量通量发生变化，角动量从光传递到粒子。由此产生的作用在粒子上的反作用力矩可由下式得到：

$$\tau_s = \frac{\Delta\sigma_s P}{\omega} \tag{2}$$

其中 $\Delta\sigma_s$ 是当光通过粒子时圆偏振程度的变化量，ω 是光的角频率[30]。

当确定了施加在探针颗粒的扭矩后可研究颗粒附近的局部环境特征。尤其是当粒子被俘获且稳定地旋转时，黏滞扭矩(viscous drag torque)必须等于施加的扭矩。因此，如果可测得拖滞扭矩(drag torque)，便可确定周围流体的粘度。在本章将要介绍的实验中，球形探针颗粒因自旋角动量的传递而发生旋转。由于其晶体结构的双折射，这是很有可能的。众所周知，旋转球体上的黏滞扭矩可由下式表示：

$$\tau_d = 8\pi\eta a^3\Omega \tag{3}$$

其中 η 是周围流体的粘度，a 是颗粒半径，Ω 是角速度。该表达式假定是低雷诺数流动且周围流体是牛顿流体。这对流体而言是有效的，如水和甲醇在尺寸上与光镊相关。黏滞扭矩等于施加的光学扭矩($\tau_d = \tau_o$)，下面给出了流体粘度的表达式：

$$\eta = \frac{\Delta\sigma_s P}{8\pi a^3\Omega\omega} \tag{4}$$

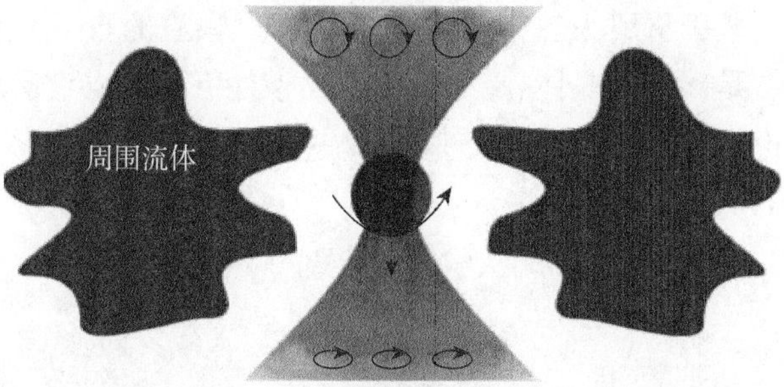

图 10.1　激光传递自旋角动量到粒子时光学扭矩被施加到俘获粒子。对粒子如何改变光的偏振从而决定施加到粒子扭矩的测量，可量化周围流体的响应。

这里所有变量都可通过实验测量。图 10.1 显示了扭矩如何施加到探针颗粒以及如何用该方法测得流体的响应。下式经常用于牛顿流体的粘度测定：$\eta = S/R$，其中 S 是剪切力，R 是剪切速率。为了测量粘度，需施加应力并测量剪切速率。施加的扭矩使流体内产生了剪切力，流体的响应可通过测量探针颗粒的旋转速率而测得，探针颗粒的旋转速率对应于流体的剪切速率。

10.2.2　测量轨道角动量

测量轨道角动量的原理与测量自旋角动量相似。我们感兴趣的是光束通过俘获对象后角动量的改变。我们再次把光束分解为有确定角动量的正交分量。然而，与前一次分解相比的一个重要区别是我们并不需要确定两个偏振分量的振幅，但此次分解需确定拉盖尔—高斯(LG)模式的振幅。LG 模式与正交圆偏振态类似，它们都形成了具有确定角动量的基组。任意光束可分解为 LG 模式，模式的振幅将决定光束的轨道角动量。我们在此定义一个表示轨道角动量的量：

$$\sigma_o = (\sum_{l=1}^{\infty} lP_l - \sum_{l=-1}^{-\infty} |l| P_l) \tag{5}$$

其中 P_l 是方位参数为 l 的 LG 模式的功率。P 是总功率，它等于所有 LG 模式的功率之和。施加到俘获对象的扭矩可通过公式(2)求得，$\Delta\sigma$ 为光束轨道角动量的变化量。

虽然 LG 模式分解使用了傍轴光束[34]，但该方法后来被证明是存在问题的，因为它存在任意光束通过光镊的情况，我们将在本章后面讨论这个问题。因此，另一种在光镊中测量轨道角动量的方法已发展起来。该方法使用相对简单的自旋角动量测量来推断传递的轨道角动量。对于牛顿流体和层流态，有如下关系式：

$$\tau_{\text{total}} = \tau_s + \tau_o = K\Omega \tag{6}$$

其中 Ω 是俘获粒子的旋转速率，K 是常数。因此，通过自旋改变扭矩，可确定常数 K 的值以及扭矩的轨道分量[32]。理论上，有效传递轨道角动量的对象可用来研究周围流体的粘度。但此处存在一个问题，即使可用计算流体动力学确定任意形状物体的拖滞扭矩，但由于粒子不可能呈球形，公式(3)在此不再适用。

10.3　基于旋转光镊的测微粘度计

本节我们描述了基于材料为球霰石的球形双折射颗粒的自旋角动量传递和测量的测微粘度计。球霰石是碳酸钙晶体，在适宜的生长条件下可形成直径约 2 μm～10 μm 的球体[2]。我们将讨论如何通过实验来测量光镊中的轨道角动量传递以及其作为测微粘度计的潜能。

10.3.1　基于自旋测微粘度计的实验装置

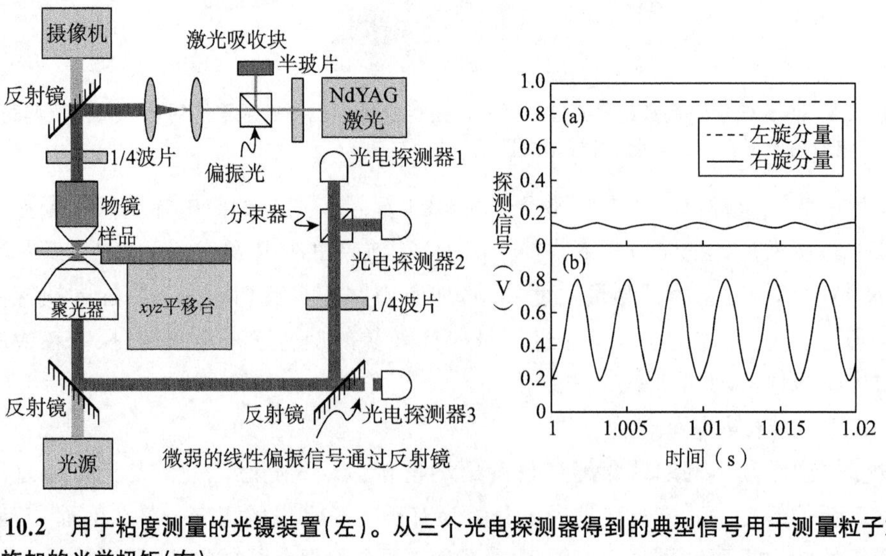

图 10.2　用于粘度测量的光镊装置(左)。从三个光电探测器得到的典型信号用于测量粒子旋转速度以及施加的光学扭矩(右)。

我们所用的实验装置如图 10.2 所示。俘获激光是钕:钇铝石榴石激光,波长为 1 064 nm,输出功率为 800 mW。功率通过半波片和偏振分束器控制。为了使激光束在焦点处的聚焦(convergence)达到最佳效果,两透镜将光束扩束,从而使光束能充满大数值孔径物镜的后孔(NA=1.3,Olympus P100)。物镜前的 1/4 波片使光束圆偏振化。大数值孔径(NA=1.4)的油浸聚光器采集传递过来的俘获激光。样品放在压电驱动的 xyz 平移台上。经过聚光器后,光传向圆偏振分析系统,该系统包含一个 1/4 波片,其后是偏振分束器,分束器后有两个光电探测器。第三个光电探测器用来探测透过反射镜的微量光,反射镜已使这些微量光发生了线偏振。

用 National Instruments 的数据采集卡将三个光电探测器的模拟输出数字化来采集数据。这些探测器的典型信号如图 10.2 所示。探测器 3(图 10.2(b))的信号给出了粒子的旋转速率。通过粒子传输的激光一般是椭圆偏振光。

相对球霰石颗粒光轴的椭圆旋转能使光电二极管探测到强度变化。由于粒子的匀速旋转,该变化呈正弦曲线。由于离开粒子光束的旋转线偏振分量和线偏振探测器之间的双重对称性,粒子的旋转速率是探测到信号频率的 1/2。探测器 1 和 2(图 10.2(a))测到的信号代表传输激光束的两个正交圆偏振分量。为了得到光束的角动量,圆偏振分量是最容易测量的。快轴与偏振分束器的轴呈 45°角的 1/4 波片能确保两个光电探测器测到各自的光束左右圆偏振分量。因此,圆偏振度便容易确定了。

为了测量粘度,根据公式(4),需实验测得以下参数:激光功率、圆偏振度的变化量以及颗粒的半径和旋转速率。旋转速率和偏振是通过前面提到的三个探测器测量的。激光功率是由位于显微镜外的光检测器测量,它测得的是焦点处的激光功率。能够使测量达到所需精度的最简单的标定方法是先测量已知粘度流体的粘度,然后由公式(4)求得功率。我们发现进入物镜的约 50%光功率如预期一样到达了焦点[38]。事实上,这是测量焦点光功率的简便方法,否则很难直接确定焦点处的功率。测量粒子直径的方法是,让粒子紧挨另一个相同半径的粒子,然后测量两个粒子的中心距。这种简单的几何学原理能用于精确地测量出粒子半径。

10.3.2　结果与分析

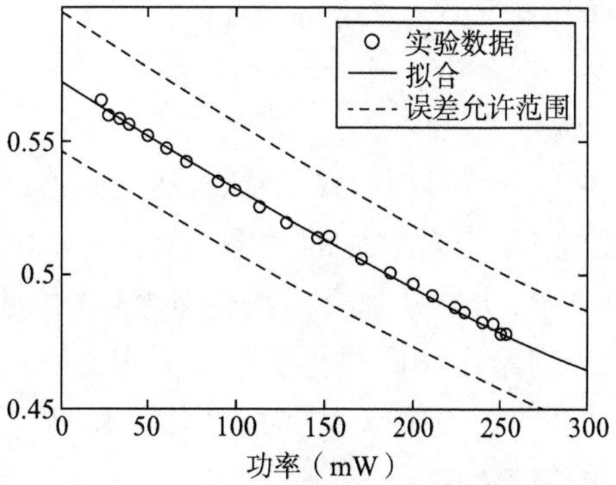

图 10.3　测量的甲醇粘度和俘获激光功率的函数关系。这里使用的球霰石颗粒直径为 3.2 μm。

甲醇样品的粘度与激光功率的函数关系如图 10.3 所示。从图中可清楚看到测量的粘度不是一个常量,它会随着激光功率的增大而减小。拟合关系如下:

$$\eta = \eta_0 \left(\frac{1}{1 + \frac{\beta}{\alpha}\tau} \right) \tag{7}$$

其中 η_0是室温粘度，τ 是施加的光学扭矩(激光功率×偏振变化量)，α 和 β 是常数。确定 η_0、α 和 β 的方法将在本章后面讲解。出现上述现象的原因可能是剪切稀化或热效应。

通过增加激光功率，施加的光学扭矩会增大，因此流体中的剪切速率也会加大。如果流体剪切速率与粘度相关，则这个公式能够解释已报道的流体(如聚合物溶液)中观察到的趋势。然而，测量的流体甲醇是牛顿流体，并不会表现出剪切稀化这种现象。另一种可能是热效应，如果流体或探针颗粒在俘获激光波长存在微量吸收时就会发生。增加激光功率会使吸收的能量增加，这会引起探针粒子周围流体的温度升高。大多数流体的粘度会随温度的升高而降低，这与上面观察到的趋势一致。如果升温是由俘获激光引起的，那么图 10.3 的解释就变得清楚了。这是因为由强聚焦激光束引起的局部升温会造成流体中的温度分布不均匀，反过来又会导致粘度分布不均匀，因此用单个值表示粘度已不再能准确地描述流体。为了分析结果，我们将考虑实验测得的参数：施加的光学扭矩和探针颗粒的旋转速率(图 10.4)。

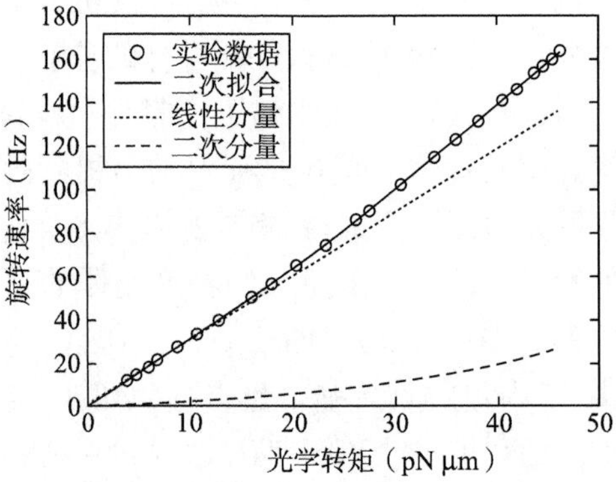

图 10.4　俘获球霰石颗粒的旋转速率与施加的光学扭矩之间的函数关系

由公式(4)可知，旋转速率与光学扭矩呈线性关系。然而，图 10.4 中明显存在一个响应增加光学扭矩的非线性分量。拟合关系如下式所示：

$$\Omega(\tau) = \alpha\tau + \beta\tau^2 \tag{8}$$

其中 α 和 β 是常数。(二次拟合能得到公式(7)拟合要用到参数 α、β 和室温粘度。)上述拟合表示了非线性的一阶近似；且拟合数据的效果很好，故在该范围内的光功率的近似是有效的。从公式(4)中可看出，由这种拟合的线性分量能求得周围流体的室温粘度。二次分量不计算在内，但它可确定由俘获激光引起的升温。然而，我们发现升温直接是由光学扭矩以及周围流体粘度非均匀分布(由温度变化引起的)的模型引起的。

10.3.2.1　粘度分布的壳模型

为了给探针颗粒周围流体的非均匀性粘度建模，我们将使用壳模型。该模型是一个球对称系统，我们要讨论的是在实验中遇到的情况。这是因为光功率吸收主要发生在探针颗粒内，周围流体的吸收不足以解释我们的实验结果[35]。因此，在该模型中粒子表面的温度是均匀的，粒子周围的流体的稳态温度与距粒子中心的距离(r)的函数关系是：

$$T(r)=\frac{\gamma}{r}+T_0 \tag{9}$$

其中

$$\gamma=\frac{H}{4\pi\kappa} \tag{10}$$

常数γ可由热通量、H和热导率κ来确定。当$r\to\infty$时，室温记为T_0。通过建立一系列的同心球面壳模型，我们可粗略估计一下温度变化以及由此引起的粘度变化。在壳体之间流层内，粘度是均匀的。下式给出了两壳之间的速度分布：

$$\boldsymbol{v}_{\mathrm{in}}(\boldsymbol{r})=\frac{R_1^3R_2^3}{R_2^3-R_1^3}\left[\left(\frac{1}{|r|^3}-\frac{1}{R_2^3}\right)\boldsymbol{\Omega}_1\times\boldsymbol{r}-\left(\frac{1}{|r|^3}-\frac{1}{R_1^3}\right)\boldsymbol{\Omega}_2\times\boldsymbol{r}\right] \tag{11}$$

其中R_1是内壳半径，$\boldsymbol{\Omega}_1$是它的旋转速率。R_2是外壳半径，$\boldsymbol{\Omega}_2$是它的旋转速率[24]。利用速度分布，内壳表面的粘性应力张量，可用下式表示：

$$\sigma'_{ik}=\eta_{\mathrm{1oc}}\left(\frac{\delta v}{\delta r}-\frac{v}{r}\right) \tag{12}$$

其中$r=R_1$，η_{1oc}是壳体间流体的粘度。由于流体的粘性阻力，该张量对应于内壳表面单位面积内的摩擦力。在壳体上的拖滞扭矩可通过壳体表面的积分得到：

$$\tau=8\pi\eta_{\mathrm{1oc}}(\Omega_2-\Omega_1)\frac{R_1^3R_2^3}{R_2^3-R_1^3} \tag{13}$$

该表达式适用于此模型的所有壳体。对于无限接近壳体的位置，扭矩变为：

$$\tau=8\pi\eta(r)r^6\frac{\mathrm{d}\Omega}{\mathrm{d}(r^3)} \tag{14}$$

虽然我们没有$\eta(r)$的解析式，但对于典型流体而言，我们能得到$\eta(T)$的数值形式，进而由公式(10)得到$\eta(r)$。在粒子半径a处，粒子的旋转速率等于流体的旋转速率，如下式所示：

$$\Omega=\frac{\tau}{8\pi}\int_{r=\infty}^{r=a}\frac{1}{\eta(r)}\mathrm{d}(1/r^3) \tag{15}$$

由于我们也没有$\eta(T)$的解析式，因此我们将在数值上计算这个积分。旋转速率Ω和施加的光学扭矩τ都是通过实验测得的，在公式(10)中用拟合算法可确定γ的值，公式(15)给出了正确的粘度分布$\eta(r)$。图10.5显示了激光吸收对粒子周围温度分布的影响，以及对粒子旋转速率的影响。

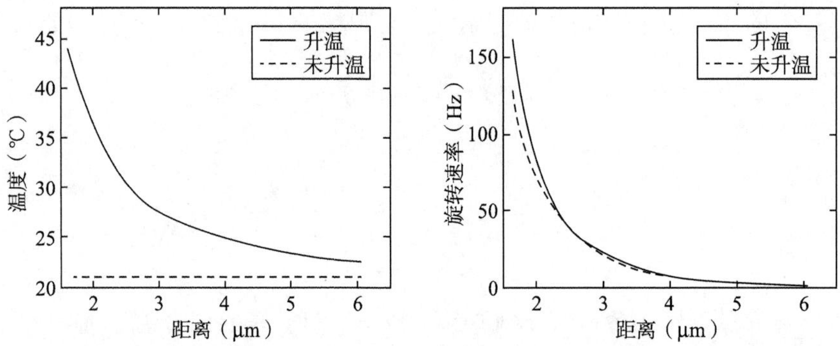

图 10.5　计算出的流体内的温度分布与到探针颗粒中心距离的函数关系(左)。旋转粒子赤道平面对应的流体旋转速度(右)。

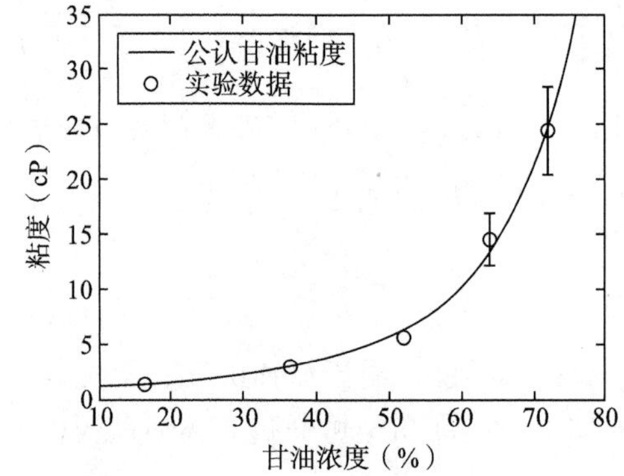

图 10.6　由测微粘度仪测量的甘油溶液粘度与甘油溶液浓度的函数关系

10.3.2.2　甘油溶液的粘度

为了证明我们的测微粘度计具有测量粘度跨度在两个数量级的溶液粘度的能力，我们准备了一系列不同浓度的甘油溶液。之所以选择甘油是因为其粘度和浓度具有良好的函数关系，并有较大的动态范围。实验结果如图 10.6 所示，图中展示了良好的关系特性。而其不确定性很大程度上是由于粒子直径不确定。

10.3.3　用于微粘度测量的轨道角动量

为了产生轨道角动量以及测量光阱中传递到目标的轨道角动量的值，需在图 10.2 的装置中作一些变化。首先，物镜前的光通道需插入一个产生 LG 模式的相位全息图。作为一个经常使用的离轴全息图，需选择第一衍射级作为光阱的输入。其次，显微镜后的圆偏振分析系统用另一个相位全息图代替，其后是一个摄像机用来记录分析全息图的输出图像。图 10.7 是一个相位全息图的例子，它显示了不同的输入模式以及对应的输出模式。这幅图也表现了任意光束 LG 模式分解的原理。如果在第一衍射级中检测到了高斯模式，那么输入光或者说至少存在光束的一个分量匹配全息图的模式。更确切地说，它们具有相同的方位指数。第一衍射级存在非零中心强度表示那里出现了高斯模式。通过把相位全息图换成不同方位指数的 LG 模式全息图，可再次通过测量中心强度检测到模式的出现。用这种方法可确定光束的模式分解，从而测量出轨道角动量。

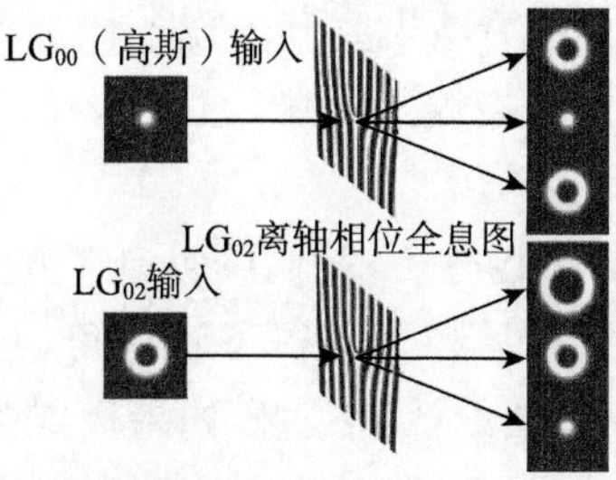

图 10.7　两束不同的输入光的 LG_{02} 相位全息图的输出

在实验装置中，相位全息图可由空间光调制器产生[15]，也可在全息干板上接触打印[34]。空间光调制器有利于这项应用，因为它能实现不同 LG 全息图之间的轻易转换。要从分析全息图入手在第一衍射级检测出高斯分量，目前已使用过两种办法。将衍射级耦合到单模光纤中，用光电探测器测量光纤的输出功率，可检测出高斯分量。该方法已应用于量子信息领域测量纠缠 LG 模式的光子[27]。另一种方法是利用 CCD 记录全息图的输出图像，确定第一衍射级中心单像素测量的强度[34]。此方法已用于在相位物体的延长线与椭圆激光光轴呈不同角度的情况下，测量通过傍轴椭圆激光施加在延时相位物体上的扭矩。然而，该方法的真正应用是在光镊中，俘获激光的轨道角动量可使非对称粒子发生旋转。一个简单的非对称系统是将两个聚苯乙烯液滴俘获在二维的显微镜载玻片上。显微镜载玻片可防止两个液滴在光阱的垂直方向上对准，这能消除相对光轴的不对称。本文作者做了一个实验，实验中用 LG_{02} 模式俘获，使两个液滴发生旋转，每个液滴

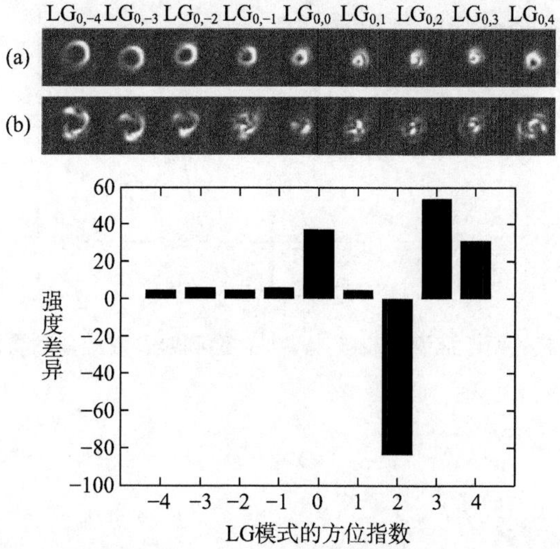

图 10.8　光镊装置后的分析全息图的输出，光镊能测量光束模式分解。出现在模式图的高斯模式意味着对应的模式是存在的。例如，在模式图的第一行(a)，当没有俘获粒子存在时，光束的唯一分量是 LG_{02} 模式。在模式图的第二行(b)，当两个粒子被俘获且发生旋转时，也不清楚存在哪种模式。然而，模式图下的中心像素强度差值图(第二行减去第一行((b)－(a)))则清楚地显示了光束中存在其他模式。

的直径为 2 μm。在没有俘获任何粒子(图 10.8(a))而只俘获两个液滴(图 10.8(b))的情况下可测量出光束的模式分解。液滴未被俘获的情况下，可明显看到在光束中只有一个 LG_{02} 模式出现，这是在高斯光中(非零中心强度)出现的唯一模式。然而，当粒子出现后，

模式图变得混乱不清，通过模式图看不出究竟出现了什么模式。当俘获粒子时若没有粒子从模式的中心像素出现，通过减去模式的中心像素，我们可看到在光束的模式分解中所发生的变化，如图 10.8 所示。

通过对图 10.8 所示的结果进行分析，我们可明白该方法存在的问题。模式分解显示了不可能发生的结果，那就是光束从粒子获得了轨道角动量，耦合到高阶模式的功率比低阶模式更多。如果仔细看模式图的话，很明显如果模式中心发生了轻微移动或定位不准确，那么由于模式图中心区域强度的急剧变化，对选择的像素所读取的值会发生很大的变化。全息图和光阱本身的对准能影响测量结果，这无疑是实验的一种误差来源。事实上，任何想在光镊中直接测量轨道角动量的方法都容易受到对准的影响，因为轨道角动量与坐标系的原点有关，而不像自旋角动量的情况。

测量自旋角动量比模式分解相对而言简单，如本章前面所述，可用于确定在光镊中轨道角动量的传递。为了从公式(6)求得由于轨道角动量引起的扭矩，需改变俘获激光的偏振态，然后测量对旋转速率的影响。该实验的结果如图 10.9 所示。本实验用 LG_{02} 模式俘获激光，偏振态为左圆偏振态，线偏振态和右圆偏振态。实验中，粒子被俘获在显微镜载玻片上，这对粒子的黏滞扭矩有显著的影响，从而使粘度测量将变得非常困难。然而，该情况可通过使用光聚合结构得到改进，如 Knöner 和同事描述的十字架(cross)[21]，即可用于三维俘获。

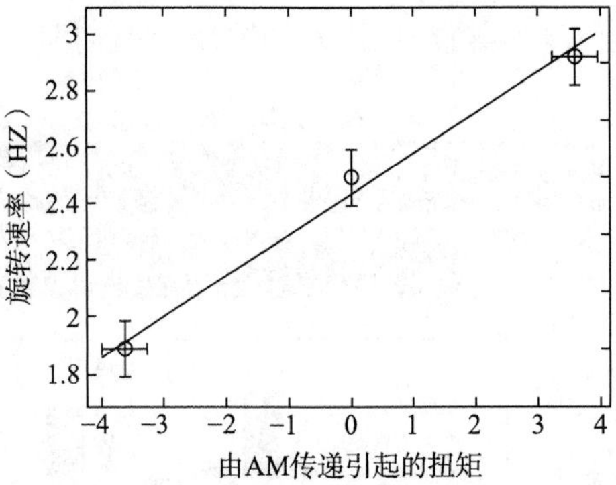

图 10.9　LG 模式俘获的两个液滴的旋转速率对传递到粒子自旋角动量的影响。*x* 轴的单位是每光子 $10^{-3}\hbar$。

10.4　应用

10.4.1　皮升粘度测量

微观结构的粘度测量是微观流变技术的一个有趣应用。鉴于探针颗粒旋转运动引起的局部流动，我们的测微量粘度计非常适合这类应用[19]。举一个这种结构的例子——生物细胞，其机械性能非常有趣。首先对细胞做一个近似：一种能形成球形囊泡且通常称为脂质体的脂质膜。在所做的一系列实验中，分别将球霰石颗粒加入到胆固醇溶液、己烷溶液和水溶液中，用来生成脂质体，有时球霰石颗粒会被微米直径的囊泡吞噬。局部容积内流体的粘度是通过对球霰石施加光学扭矩，然后测量其旋转速率求得的[2]，这是本章所描述的方法。用该方法可测得胶束(micelle)内的流体是己烷，这表明囊泡只是一种有单层脂质的胶束，而不是我们想要的双层脂质体。本实验展示了一皮升流体的粘度测量。

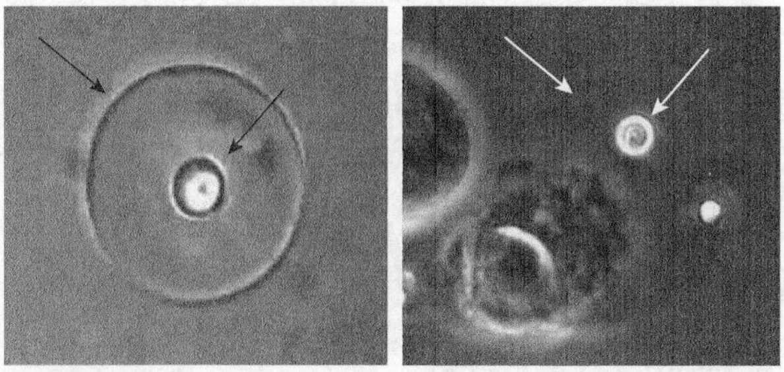

图 10.10 胶束内的球霰石(左)，直径 16.7 μm，在巨噬细胞中(右)，直径约 20 μm。上面两幅图，左边的箭头指向膜，右边的箭头指向球霰石颗粒。

我们还向前迈进了一步，将球霰石颗粒插入到巨噬细胞的细胞膜可进行细胞内的粘度测量，如图 10.10 所示。在该实验中，飞秒激光聚焦在细胞膜上。这使细胞形成了一个可见的水泡，图 10.10 是一个相位衬度图像。球霰石颗粒被光镊俘获，并将其移到飞秒激光束的焦点，膜上有一个小孔，让球霰石进入膜内。球霰石颗粒进入膜后立即将孔封闭，所以膜是封闭的。将俘获激光变为圆偏振态，球霰石就会旋转，因此粘度就能测量出来了。

10.4.2 医学样品

微流变学的另一个领域是对微升容积样品的研究。对于细胞研究而言，虽然测微粘度计测量的容积很小，但样品往往来自缓冲溶液中毫升容积的细胞。然而，一些医学样品如滴眼液只能用微升容积来采集。如果没有刺激流泪，只能收集到约 1 μL～5 μL 的滴眼液[40]。在验证原理实验中，球霰石颗粒在滴眼液内被俘获并发生旋转，但滴眼液依旧会残留在摘掉的提前戴了几个小时的隐形眼镜上。将隐形眼镜放在载玻片上，再把干燥了的球霰石颗粒用铜丝尖端放在镜片上。用盖玻片盖在镜片上面，然后将样品放在光镊显微镜上。据估计滴眼液的量小于 1 μL，故样品的深度比球霰石颗粒要小，因此这种情况下粘度测量将会受表面影响(隐形眼镜与盖玻片)。然而能俘获到球霰石且使其发生旋转的事实证明了我们的测微粘度计具有在微升或更小样品体积内测量的可能性。微血管可用于将滴眼液提取到显微镜载玻片上，进而能准备更深的样品以及更可靠的测量粘度。

10.4.3 流场测量

旋转粒子是在液体中产生简单稳定流动的一种简便方法。从显微镜载玻片表面俘获球霰石颗粒，能产生这种理想流动。该流场的测量是 Knöner 等人研究的重点[19]。在他们所做的实验中，均采用双光束光阱。第一个光阱用于俘获球霰石颗粒以及产生流动，第二个光阱用直径 1 μm 的聚苯乙烯液滴作为探针颗粒映射出流场。(两种方法都用来测量在旋转球霰石赤道平面上的流量。)第一种方法很容易从距球霰石颗粒不同的距离处释放探针粒子，并追踪粒子的运动，运用视频记录显微镜图像以确定粒子速度，进而确定流体的速度。第二种方法是测量由于旋转球霰石颗粒造成的黏滞阻力引起的的探针颗粒在第二个光阱中的位移。用于测量位移的四象限光电检测器通过用显微镜平台以已知速度移动粒子穿过流体的方法来标定。上述两种方法能相互印证。

测量一个直径 3.6 μm 的球霰石周围液体的流量，发现其流量与到球霰石的距离所呈的函数关系如图 10.11。这种情况下的速度分布与期望值完全相符，这也体现了如何用旋转的球霰石生成流量模型。然而，我们从某些流体的模型特性中看到一个偏差，如图 10.12 所示。该流体是透明质酸，这是一种非牛顿流体[13]。非牛顿流体的性质取决于溶液中的聚合物，而聚合物决定了流体在高驱动频率下的弹性，且在较高的剪切速率下流体粘度会下降。然而，这两个性质在本实验中都没有体现出来[19]。相反，作者认为，一个耗尽层存在于旋转粒子的周围，这与其他的研究是一致的[25]。通过将旋转粒子上扭矩的光学测量与周围流体产生的流场测量相结合，可修正粘度测量以及表现耗尽层自身的性质。

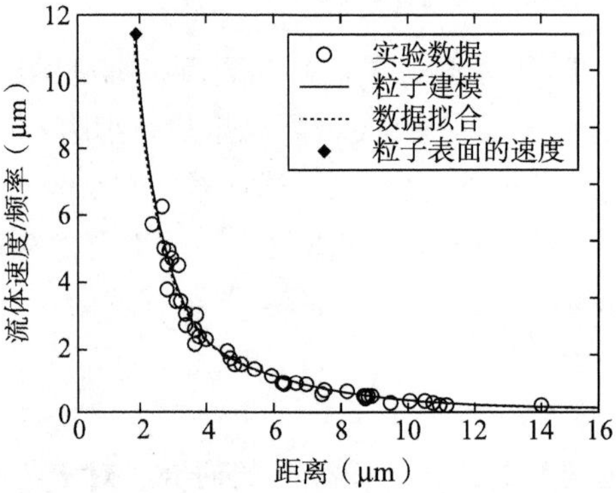

图 10.11　在旋转的球霰石颗粒赤道平面产生的流量。实验数据与理论预测的流量吻合得很好。

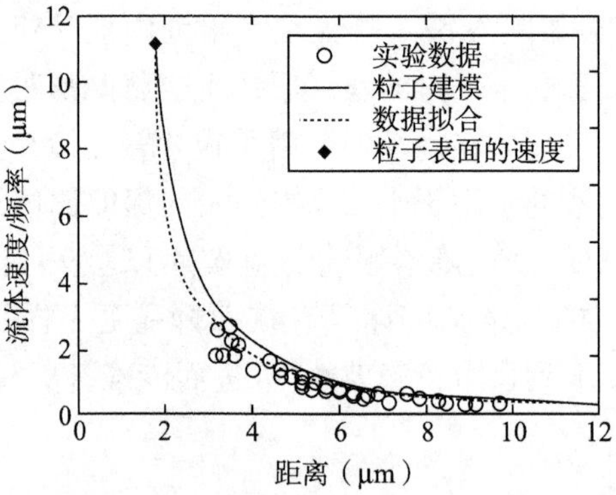

图 10.12　在透明质酸中旋转的球霰石颗粒赤道平面产生的流量。在这种情况下，实验数据偏离理论上预测的曲线。这个结果可由透明质酸溶液中的球霰石粒子周围聚合物的耗尽层来解释，其粘度比大部分流体都要低。

探测粒子流耦合是需要在微流变学实验中经常考虑到的一个因素。一种解决这个问题的方法是使用多个探针颗粒，当流体刚刚包围粒子时，它们具有评估探针颗粒之间的流体的作用[25,37]。流场测量取得了与测量在旋转粒子周围不同距离处的流量相同的结果。另一种解决这个问题的方法是考虑探针颗粒的表面化学反应。可通过观察疏水性和表面变化对粒子流耦合的影响来调整它们的具体参数。

如 Botvinic 等人[3]描述，旋转球霰石颗粒产生的局部流量也可用于微生物系统的研究。在这些实验中，观察到了细胞对俘获的球霰石粒子产生的剪切流的反应。这表明施加的光学扭矩在细胞上产生了剪切力。

10.5　总结

我们在本章描述了在光阱中测量光学角动量传递的方法。自旋角动量和轨道角动量都能传递，但在本章中我们集中讲解了自旋角动量的传递，因为它更容易在粘度测量上应用。球霰石颗粒非常适合这种应用，因为它们具有双折射特性和简单的球形几何结构，这意味着可施加扭矩到粒子上并且粒子上的粘性阻力遵循一个简单关系。

本章中所描述的测微粘度技术与其他技术相比，其优势在于局部区域可被探测。该技术并不需要复杂的光阱刚度标定，因为光学扭矩可被直接测量。局域化意味着即使容积在皮升量级也能被探测到，这与生物细胞内部（内容量）具有同一尺度。实验中，剪切速率可随着俘获激光功率的变化而变化，可能能够实现剪切力对非牛顿流体的影响的研究。通过施加随时间变化的扭矩到探针颗粒，该技术还可扩展到这些流体的频率响应研究领域。流体对施加扭矩响应的相位可用于测量粘弹性。

参考文献

[1] H.A. Barnes, J.F. Hutton, K. Walters, An Introduction to Rheology, Elsevier, Amsterdam, 1989.

[2] A.I. Bishop, T.A. Nieminen, N.R. Heckenberg, H. Rubinsztein-Dunlop, Optical microrheology using rotating laser-trapped particles, *Phys. Rev. Lett. 92* (2004) 198104.

[3] E.L. Botvinick, G. Knöner, H. Rubinsztein-Dunlop, M.W. Berns, Ultra-localized flow fields applied to the cell surface, *Proc. Soc. Photo. Instrum. Eng. 6326* (2006) 26 - 30.

[4] V. Breedvald, D.J. Pine, Microrheology as a tool for high-throughput screening, *J. Mater. Sci. 38* (2003) 4461 - 4470.

[5] A. Buosciolo, G. Pesce, A. Sasso, New calibration method for position detector for simultaneous measurements of force constants and local viscosity in optical tweezers, *Opt. Commun. 230* (2004) 357 - 368.

[6] Z. Cheng, P.M. Chaikin, T.G. Mason, Light streak tracking of optically trapped thin microdisks, *Phys. Rev. Lett. 89* (2002) 108303.

[7] Z. Cheng, T.G. Mason, Rotational diffusion microrheology, *Phys. Rev. Lett. 90* (2003) 018304.

[8] F.H.C. Crick, A.F.W. Hughes, The physical properties of cytoplasm, *Exp. Cell Res. 1* (1950) 37 - 80.

[9] J.C. Crocker, M.T. Valentine, E.R. Weeks, T. Gisler, P.D. Kaplan, A.G. Yodh, D.A. Weitz, Twopoint microrheology of inhomogeneous soft materials, *Phys. Rev. Lett. 85* (2000) 888 - 891.

[10] B.R. Daniels, B.C. Masi, D. Wirtz, Probing single-cell micromechanics in vivo: The microrheology of *C. elegans developing embryos*, *Biophys. J. 90* (2006) 4712 - 4719.

[11] J.T. Finer, R.M. Simmons, J.A. Spudich, Single myosin molecule mechanics: Piconewton forces and nanometre steps, *Nature 368* (1994) 113 - 119.

[12] E.L. Florin, A. Pralle, E.H.K. Stelzer, J.K.H. Hörber, Photonic force microscope calibration by thermal noise analysis, *Appl. Phys. A 66* (1998) S75 - S78.

[13] E. Fouissac, M. Milas, M. Rinaudo, Shear-rate, concentration, molecular weight, and temperature viscosity dependences of hyaluronate, a wormlike polyelectrolyte, *Macromolecules 26* (1993) 6945 - 6951.

[14] M.E.J. Friese, T.A. Nieminen, N.R. Heckenberg, H. Rubinsztein-Dunlop, Optical alignment and spinning of laser-trapped microscopic particles, *Nature 394* (1998) 348 - 350.

[15] G. Gibson, J. Courtial, M.J. Padgett, Free-space information transfer using light beams carrying orbital angular momentum, *Opt. Exp. 12* (2004) 5448 - 5456.

[16] H.F. Gleeson, T.A. Wood, M. Dickinson, Laser manipulation in liquid crystals: an approach to microfluidics and micromachines, *Philos. Trans. R. Soc. A 364* (2006) 2789 - 2805.

[17] S. Juodkazis, M. Shikata, T. Takahashi, S. Matsuo, H. Misawa, Size dependence of rotation frequency of individual laser trapped liquid crystal droplets, *Jpn. J. Appl. Phys. 38* (1999) L518 - L520.

[18] M.S.Z. Kellermayer, S.B. Smith, H.L. Granzier, C. Bustamante, Folding-unfolding transitions in single titin molecules characterized with laser tweezers, *Science 276* (1997) 1112 - 1116.

[19] G. Knöner, S. Parkin, N.R. Heckenberg, H. Rubinsztein-Dunlop, Characterization of optically driven fluid stress fields with optical tweezers, *Phys. Rev. E 72* (2005) 031507.

[20] G. Knöner, S. Parkin, T.A. Nieminen, N.R. Heckenberg, H. Rubinsztein-Dunlop, Measurement of the index of refraction of single microparticles, *Phys. Rev. Lett. 97* (2006) 157402.

[21] G. Knöner, S. Parkin, T.A. Nieminen, V.L.Y. Loke, H. Heckenberg, N.R. Rubinsztein-Dunlop, Integrated optomechanical microelements, *Opt. Exp. 15* (2007) 5521 - 5530.

[22] S.C. Kuo, M.P. Sheetz, Force of single kinesin molecules measured with optical tweezers, *Science 260* (1993) 232 - 234.

[23] A. La Porta, M. D. Wang, Optical torque wrench: Angular trapping, rotation, and torque detection of quartz microparticles, *Phys. Rev. Lett. 92* (2004) 190801.

[24] L.D. Landau, E.M. Lifshitz, Fluid Mechanics, 2nd ed., Butterworth-Heinemann, Oxford, 1987.

[25] A.J. Levine, T. C. Lubensky, One- and two-particle microrheology, *Phys. Rev. Lett. 85* (2000) 1774.

[26] R.Ługowski, B. Kołodziejczyk, Y. Kawata, Application of laser-trapping technique for measuring the three-dimensional distribution of viscosity, *Opt. Commun. 202* (2002) 1 - 8.

[27] A. Mair, A. Vaziri, G. Weihs, A. Zeilinger, Entanglement of the orbital angular momentum states of photons, *Nature 412* (2001) 313 - 316.

[28] T.G. Mason, K. Ganesan, J.H. van Zanten, D. Wirtz, S.C. Kuo, Particle tracking microrheology of complex fluids, *Phys. Rev. Lett. 79* (1997) 3282 - 3285.

[29] N. Murazawa, S. Juodkazis, V. Jarutis, Y. Tanamura, H. Misawa, Viscosity measurement using a rotating laser-trapped microsphere of liquid crystal, *Europhys. Lett. 73* (2006) 800 - 805.

[30] T.A. Nieminen, N.R. Heckenberg, H. Rubinsztein-Dunlop, Optical measurement of microscopic torques, *J. Mod. Opt. 48* (2001) 405 - 413.

[31] M.J. Padgett, Rotation of Particles in Optical Tweezers, in this book, 2008.

[32] S.J. Parkin, G. Knöner, T.A. Nieminen, N.R. Heckenberg, H. Rubinsztein-Dunlop, Measurement of the total optical angular momentum transfer in optical tweezers, *Opt. Exp. 14* (2006) 6963-6970.

[33] S. Parkin, G. Knoener, W. Singer, T.A. Nieminen, N.R. Heckenberg, H. Rubinsztein-Dunlop, in: *Laser Manipulation of Cells and Tissues*, in: *Methods in Cell Biology*, Academic Press,

Elsevier, 2007, pp. 526 - 561 (Chapter 19).

[34] S.J. Parkin, T.A. Nieminen, N.R. Heckenberg, H. Rubinsztein-Dunlop, Optical measurement of torque exerted on an elongated object by a noncircular laser beam, *Phys. Rev. A 70* (2004) 023816.

[35] E.J. Peterman, F. Gittes, C.F. Schmidt, Laser-induced heating in optical traps, *Biophys. J. 84* (2003) 1308 - 1316.

[36] D.E. Soper, Classical Field Theory, John Wiley & Sons, 1976.

[37] L. Starrs, P. Bartlett, Colloidal dynamics in polmer solutions: Optical two-point microrheology measurements, *Faraday Discuss. 123* (2002) 323 - 333.

[38] K. Svoboda, S.M. Block, Biological applications of optical forces, *Annu. Rev. Biophys. Biophys. Chem. 23* (1994) 247 - 285.

[39] K. Svoboda, C.F. Schmidt, B.J. Schnapp, S.M. Block, Direct observation of kinesin stepping by optical trapping interferometry, *Nature 365* (1993) 721 - 727.

[40] J.M. Tiffany, The viscosity of human tears, *Int. Ophthalmol. 15* (1991) 371 - 376.

[41] S.F. Tolić-Nørrelykke, E. Schäffer, J. Howard, F.S. Pavone, F. Jülicher, H. Flyvbjerg, Calibration of optical tweezers with positional detection in the back focal plane, *Rev. Sci. Instrum. 77* (2006) 103101.

[42] L. Tskhovrebova, J. Trinick, J.A. Sleep, R.M. Simmons, Elasticity and unfolding of single molecules of the giant muscle protein titin, *Nature 387* (1997) 308 - 312.

[43] P.A. Valberg, D.F. Albertini, Cytoplasmic motions, rheology, and structure probed by a novel magnetic particle method, *J. Cell Biol. 101* (1985) 130 - 140.

[44] T.A. Waigh, Microrheology of complex fluids, *Rep. Prog. Phys. 68* (2005) 685 - 742.

[45] H. Yin, M.D. Wang, K. Svoboda, R. Landick, S.M. Block, J. Gelles, Transcription against an applied force, *Science 270* (1995) 1653 - 1657.

第十一章　量子通信和量子信息中的轨道角动量

Sonja Franke-Arnold[1], John Jeffers[2]
University of Glasgow, Scotland
University of Strathclyde, Glasgow, Strathclyde Scotland

一直以来,光都作为量子通信系统的信息传输媒介。光的偏振有两种正交的状态,例如水平态和垂直态。这两种状态可用来编码量子系统中一个比特的信息(即,水平态代表 0,垂直态代表 1)。这种编码方式不必严格处于水平或垂直偏振,也可是左旋或者右旋的圆偏振,或者是某一角度的线偏振。非正交偏振态使得体系处于正交比特态的叠加态,即量子比特。各种候选的物理量子比特体系在为实现可能的量子信息应用而相互竞争。这些量子信息应用包括冷槽离子(cold trapped ions)、波色凝聚(Bose condensates)、以及量子点(quantum dots)。无论采用何种方式,偏振光由于能够被方便、快捷和廉价地产生、操控以及探测,特别适合用于原理验证。该领域的研究进展迅速,其中量子秘钥分配的应用已经进入大众领域[1]。

1992 年 Les Allen 及其合作者们证实,光可携带轨道角动量(orbital angular momentum, OAM),而且光束中与方位角相位相关的项 $e^{il\varphi}$ 同 l 单位轨道角动量有关[2]。这种相位依赖关系是拉盖尔—高斯(Laguerre-Gaussian)或贝塞尔(Bessel)模式的特征。这两种模式族各规定了一组无穷维的正交基。后来发现,可用轨道角动量模式来表示更高维的量子比特(即量子尼特,有时也称量子迪特)。直到 10 年之后,首例对轨道角动量的量子机理研究才被报道。在这一里程碑式的轨道角动量纠缠实验中,Zeilinger 表明:"……这种方法为涉及多个正交量子态的纠缠提供了可行方案……并且,在量子信息领域意义深远。例如,在量子密码领域更有效地利用通讯信道。"叠加原理是信息处理方面量子世界优于经典世界的最主要因素之一。另一个因素是纠缠。在纠缠中,多组份量子体系的单个成分不具有独立性。一个双组份系统(正式名称为双量子系统 bipartite system)的纠缠态不能简单写成两个独立系统的态的乘积形式。即使两个相互纠缠的系统组分在空间上被分离开来(这一点不难用光实现),一个系统的测量结果也会同另一个的相关。这一双组份纠缠已被轨道角动量实验彻底证实。具体方式参见本章以下内容。

在一些应用中,维度越多的系统越优越。由于包含了多个轨道角动量态,此系统最直接的优势就是可提供更大的"字符"。原则上,拉盖尔—高斯(Laguerre-Gaussian, LG)光束提供了无穷多的正交轨道角动量态。尽管在实验中可分辨的轨道角动量模式数量不超过 10 个,正交轨道角动量态仍然提供了可观的数据存储增长潜力。众所周知,更高维度的量子体系使得有噪环境下量子密码的安全程度更高[4]，并且对一些量子协议[5]和量子计算方案[6]也有益。也许最有价值的是，一些问题利用更高维度的系统解决起来更有效。此类问题包括拜占庭协议问题(Byzantine agreement problem)[7]和量子体系的抛硬币问题(quantum coin tossing)[8]等。

有两种增加系统维度的方案：利用多个纠缠的量子比特系统，或者增加基础系统的维度，如图 11.1 所示。前者已利用干涉组合量子比特的方式进行了大量研究。其中，系统的维度来自于干涉仪的独立路径。早期的实验包含空间模式纠缠[9]、偏振态纠缠[10]、及时间分级(time-binning)实验中时间和能量的纠缠[11]等。然而，多重嵌套及/或串联干涉仪的实验有许多困难，特别是关于路径长度稳定性，因此该方法在适用范围上受限。迄今，轨道角动量方法是唯一在光子上编码量子尼特的非干涉方法。自 2001 年起，轨道角动量态的量子机制研究发展迅猛。世界范围内许多研究小组都报道了包括产生纠缠的轨道角动量态，编码、操控、解码轨道角动量信息，以及第一性量子协议的研究进展。虽然大多数研究聚焦于单光子的轨道角动量，但是值得一提的是，即便是经典的轨道角动量模式在量子通信方面也有优势，并且本质上具有安全、防窃听的优点。对此本章将在第一节说明。

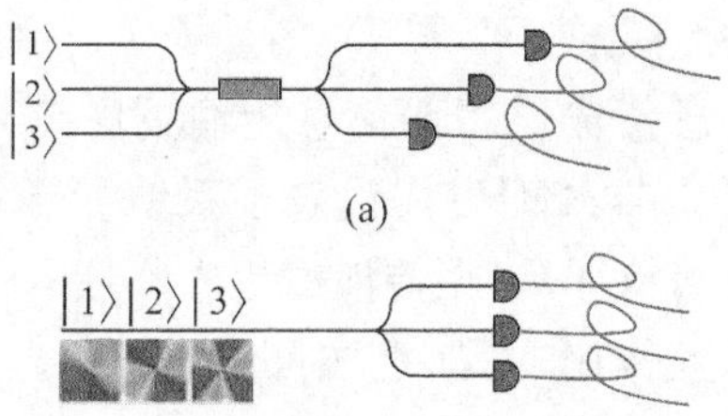

图 11.1　量子通信的数据容量可通过结合多个两比特系统(例如时间分级(a))，或通过应用更高维度的基本系统(例如光的轨道角动量(b))来增加。见彩色插图。

本章我们将介绍量子通信领域的主要特征。在接下来的几节中，我们将重点总结轨道角动量量子态产生及探测的一般方法，并介绍一些特殊的轨道角动量量子态。随后，我们将聚焦轨道角动量叠加态的产生方法，并简述编码在轨道角动量中的量子信息的存储概念。最后一节介绍一些需要高维度空间的协议。最终，我们将对本章进行总结并对该领域的发展进行展望。

11.1　量子信息的发送与接收

所有量子物理实验都有类似的基本形式。某种态形成装置作用在一量子系统上，使其处于某一恰当的量子态。该状态经过演变，最终被检测装置测量出来。

形式上，系统的状态通常通过密度算符 $\hat{\rho}$ 表示。该算符不仅可编码量子信息，也可编码任一经典的概率信息。理想的态产生装置将产生纯态，编码在这些状态中的信息是复杂的概率振幅形式。纯态可记作 $\hat{\rho}=|\psi\rangle\langle\psi|$，该密度算符是投影算符。否则，该状态是混合态，可写成纯态项的概率和：

$$\hat{\rho}=\sum_j P_j\,|\psi_j\rangle\langle\psi_j| \tag{1}$$

光学方法产生的量子态都是一定程度的混合态。因此本章中，$|\psi_j\rangle\langle\psi_j|$ 表示一个特定轨道角动量的投影算符，通常非正式地称作一个状态。P_j 表示该状态出现的概率。

测量由概率算符描述。概率算符对应测量结果。每一个可能的测量结果 j 对应一个概率算符 $\hat{\pi}_j$[12]。如果测量结果 j 对应的测量系统处于纯态 $|\psi_j\rangle$，相应的概率算符记作：

$$\hat{\pi}_j \propto |\psi_j\rangle\langle\psi_j| \tag{2}$$

否则，如果测量对应混合态，

$$\hat{\pi}_j \propto \sum_k W_{jk} |\psi_k\rangle\langle\psi_k| \tag{3}$$

其中 W_{jk} 是测量结果 j 中特定状态 $|\psi_k\rangle$ 的权系数。比例系数由所有测量结果的概率和为 1 决定。这说明所有概率算符（有时称作概率算符测度（probability operator measure）或者正算符值测度（positive operator-valued measure））的和为 $\sum_j \hat{\pi}_j = \hat{1}$，即系统的恒等算符。由量子力学中标准概率假设可推出该形式。测量结果 j 得到的概率为 $P(j) = \mathrm{Tr}(\hat{\rho}\hat{\pi}_j)$，其中迹由系统空间态的全集得到。

量子态在产生和测量之间的演化有两种形式。一种是幺正的，可逆的演化形式；另一种是非幺正的演化形式，会导致退相干。许多量子信息系统设计有幺正演化，主要原因之一是为了表现出量子信息传输比经典信息传输更优越。幺正演化允许对叠加态的操作和嬗变（transmutation）。非幺正演化代表了系统量子信息的损失，因此通常要避免。量子光学系统的一个显著特征是，在传播过程中物理的量子体系（光子）与任意外界环境间几乎没有不可控的相互作用，尤其是在自由空间中。因此光子可极好地充当“飞驰的”量子比特，或者说是量子尼特。

11.1.1　纠缠轨道角动量态的产生

量子纠缠在量子通信及量子信息中起着重要作用。特别是一些量子密码协议基于纠缠粒子的非局域性。这种性质表现为施加在传送端粒子的操作似乎是同时地影响到处于接收端的纠缠粒子状态。目前，自发参量下转换是一种已被认可的纠缠光子源，可在到达次数、动量、偏振，及图像中产生关联[13]。2001 年，首例自发参量下转换的轨道角动量纠缠被报道[3]。该体系中，对其中一个下转换光子轨道角动量进行测量可立刻确定处于异地的对应光子的轨道角动量。在下转换过程中，纠缠与单光子级别的轨道角动量守恒密切相关。毫不夸张地说，这一实验开启了利用携带轨道角动量的光进行量子信息传递的崭新领域。为了证明轨道角动量守恒，可利用氩离子激光器产生带有 $m_{\mathrm{pump}}\hbar$ 轨道角动量的光子来泵补Ⅰ类 BBO 晶体（BBO type Ⅰ crystal），其中 $m_{\mathrm{pump}} = -1, 0, 1$。下转换光子的轨道角动量通过具有适当叉状错位的全息板由轴向强度检测得到。通过 $-l$ 的全息板可识别具有 $m = l$ 模式的光子。一级衍射下，光子转化成 $m = 0$ 的高斯基模。这是唯一具有轴向强度的模式，可耦合进单模光纤从而被探测器检测。检测对应的概率算符为：

$$\hat{\pi}_l = |l\rangle\langle l| \quad \text{当探测器启动时} \tag{4}$$

$$\hat{\pi}_{\bar{l}} = \hat{1} - |l\rangle\langle l| \quad \text{当探测器未启动时} \tag{5}$$

其中 $\hat{1}$ 是角动量空间的恒等算符。由此可区分出轨道角动量 $m=-2,-1,0,1,2$ 的态，并且可同时记录两个辐射光子间的重合度。两个下转换光子轨道角动量之和等于泵补光束的轨道角动量时，观测到的重合度最大。推出纠缠的双光子波函数为：

$$\begin{aligned}|\Psi_{2\text{photon}}\rangle &= c_{00}\,|0\rangle\,|0\rangle + c_{11}(|+1\rangle\,|-1\rangle + |-1\rangle\,|+1\rangle)\\ &\quad + c_{22}(|+2\rangle\,|-2\rangle + |-2\rangle\,|+2\rangle) + \cdots\end{aligned}$$

该式对应轨道角动量为 0 的泵补光。当实验证实对于产生的每对光子对，轨道角动量守恒时，两个独立的下转换光束均不相干，并且经典光束的轨道角动量为累计的轨道角动量的平均值。数学形式上，可由某一下转换模式的混合密度算符证明：

$$\begin{aligned}\rho_A &= \mathrm{Tr}_B(|\Psi_{2\text{photon}}\rangle\langle\Psi_{2\text{photon}}|)\\ &= |c_{00}|^2\,|0\rangle\langle 0| + |c_{11}|^2(|1\rangle\langle 1| + |-1\rangle\langle -1|)\\ &\quad + |c_{22}|^2(|2\rangle\langle 2| + |-2\rangle\langle -2|) + \cdots\end{aligned}$$

其中，A 和 B 代表两束不同的光束。为了证明下转换光子确实是纠缠的，需要说明该双光子态不是轨道角动量态的混合，而是态的相干叠加。如果测出某个光子处于两个或多个轨道角动量态的叠加态，与其对应的那个纠缠光子将被投影到相应的叠加态。本章下一节将总结产生轨道角动量叠加态的各种可能方式。两个轨道角动量的叠加态具有离轴相位奇点的特征，该相位奇点与局域消光相关。消光处光强为零，对应两个拉盖尔—高斯(LG)模式振幅相等，相位相反。而轨道角动量量子态的混合不包含光强为零的情况，因为此时是光强而不是振幅相加，这使得光束剖面光强有限。实验上，通过将 $l=2$ 的相位错位全息板从束心移开，来获得 $m=0$ 和 $m=2$ 的叠加态。利用探测器扫描整个束剖面测出对应纠缠光子的最终模式。结果为强度恰满足叠加态的情况。

轨道角动量的纠缠可通过非线性过程中的相位匹配条件得到[14]。一束延 z 轴传播的泵补光，由于 $\delta(k_x^{(A)}+k_x^{(B)})\delta(k_y^{(A)}+k_y^{(B)})$，截面上动量守恒约束着下转换光子波矢的 x 和 y 分量。通过傅里叶变换(Fourier transform)可得到对应的位置表象：

$$\begin{aligned}\delta(x_A-x_B)\delta(y_A-y_B) &= \frac{\delta(r_A-r_B)}{r_A}\delta(\varphi_A-\varphi_B)\\ &= \frac{\delta(r_A-r_B)}{2\pi r_A}\sum_{m=-\infty}^{+\infty}\mathrm{e}^{\mathrm{i}m\varphi_A}\,\mathrm{e}^{-\mathrm{i}m\varphi_B}\end{aligned}\tag{6}$$

在此，r 和 φ 分别是辐射光子的径向坐标和方位角坐标。该式表明相位匹配迫使纠缠光子径向位置相关，并且使其处于轨道角动量 m 和 $-m$ 的和为 0 的轨道角动量本征模中。

11.1.2　单光子级别轨道角动量量子态探测

光束的轨道角动量可通过直接观察光束与平面参考光干涉产生的具有 m 级波瓣的光强条纹得到。此方法在其他章节讨论。然而多数量子信息的应用基于单光子，因此需要能够探测单光子轨道角动量的方法。虽然参考文献[3]中用的方法可用在单光子级别探测上，但是由式(4)和式(5)可知，其仅限于二阶响应。该方法可确定光子是否处于特定的轨道角动量量子态上(或者是特定的轨道角动量量子态的叠加态上)。对于更普遍的情况，运用某种多通道分析仪来确定光子的轨道角动量是更可取的方法。轨道角动量基矢原则上是有限的，因此任何实验都需要限定可区分的轨道角动量量子态的个数。

2002 年，一种干涉模式分析仪问世，它可将光子按轨道角动量量子态分成奇数态和偶数态，或者更普遍地按对轨道角动量 mod$(2m)$分类。这种方法基于轨道角动量模式的旋转对称性。具体说就是将某一携带有 $m\hbar$ 的轨道角动量的模式旋转 α 度角。则该模式的相位因子就变成了 $\exp(im(\varphi+\alpha))$，对应相移 $m\alpha$。与 m 有关的相移可产生相长或相消干涉。如果 $m\alpha$ 是 2π 的整数倍，旋转后的模式同初始模式相同；如果 $m\alpha$ 是 π 的奇数倍，旋转后的模式同初始模式反相。第一级使用马赫—增德尔干涉仪（Mach-Zehnder interferometer）分类轨道角动量。干涉仪一个臂中的模式相对于另一个臂的模式旋转 $\alpha=\pi$。通过适当地调节路径长度，偶数模式将从其中一个通道输出，而奇数模式从另一个通道输出，如图 11.2。同样地，偶数轨道角动量模式可通过施加 $\alpha=\pi/2$ 的旋转继续分成“m mod 4=0”和“m mod 4=2”两类。奇数轨道角动量模式也可在进入第二级前通过 $l=1$ 的全息板变成偶数模式；或在任一臂中额外加上 $\Phi_c=-\pi/2$ 的相移，使得相位因子变成 $\exp i(m\varphi+m\alpha+\Phi_c)$。实验通过嵌入两块达夫棱镜（Dove prism）实现 α 度旋转，其中每块棱镜旋转 $\alpha/2$ 度。每块达夫棱镜都翻转横向模式剖面，二者组合刚好产生一个 m 倍的旋转。适当倾斜玻璃板可产生一个与 m 无关的相移。分类第一级的混合概率算符为：

$$\hat{\pi}_{\text{even}} \propto |0\rangle\langle 0| + |2\rangle\langle 2| + |-2\rangle\langle -2| + \cdots \tag{7}$$

$$\hat{\pi}_{\text{odd}} \propto |1\rangle\langle 1| + |-1\rangle\langle -1| + |3\rangle\langle 3| + |-3\rangle\langle -3| + \cdots \tag{8}$$

通过干涉仪引入模式旋转以及通过全息板增加轨道角动量，可得到纯的概率算符矢集(set)(4)。假设产生出的态包含有限个角动量，每个态就对应一个特定值的轨道角动量。

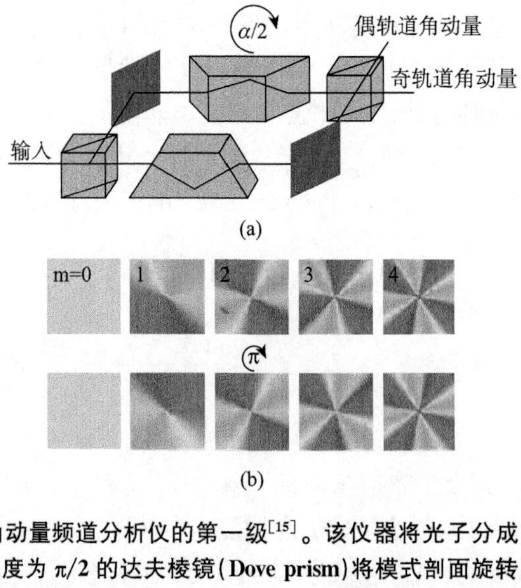

图 11.2 (a) 轨道角动量频道分析仪的第一级[15]。该仪器将光子分成轨道角动量偶数模式和奇数模式两类。利用两块角度为 $\pi/2$ 的达夫棱镜(Dove prism)将模式剖面旋转 $\alpha=\pi$。(b) 具有二重对称性的偶数轨道角动量模式。该模式在旋转 π 后保持不变。反之，奇数轨道角动量模式在相同操作下异相。见彩色插图。

以上两种测定光子轨道角动量的主要方法各有利弊。全息板方法是二者中最简单的，但是只能测定具有特定轨道角动量的光子，无法测到其它轨道角动量的光子。这会影响数据传输率。干涉仪方法虽然理论上没有损耗，但是使用此方法要想精确确定轨道角动量需要多个干涉仪，并需保证每个干涉仪都稳定，这使得实验具有一定的挑战性。

另一种方法是利用光的频移来测定处于量子能级上的光子的轨道角动量[16]，这是对文献[17]中提出的光的频移测量法的拓展。该方法利用旋转的达夫棱镜在光束中引入与 m 相关的频移，进而在不同频率下测出不同的轨道角动量的光子。测量的概率算符对应于单光子态的不同频率，与式(4)同样有效。据我们所知，该方法尚未应用于单光子级别的测量。

11.1.3　固有安全性(intrinsic security)

尽管多数量子信息应用依靠单光子，但是由轨道角动量产生的多维性也可在经典通信系统中发挥作用。其主要优势来自增加的“字符”以及由此带来的更大的存储容量。参考文献[18]提出了用 8 个轨道角动量纯态编码经典信息。发射和接收单元都采用电脑控制的全息板实现。这种全息板利用了空间光调制器。选取的轨道角动量量子态“字符”值包括：$l=-16,-12,-8,-4,4,8,12,16$。其中，离散的 l 值允许束剖面存在小部分重叠，这样可更好地分辨不同的态。剩下的 $l=0$ 的光束用于校准。不同的“字符”由发射单元中编写在空间光调制器里的经过计算得出的全息板产生。接收单元中用于分析的全息板被设计成可将透射光束分散成 9 个不同方向的形式。各个方向的光螺旋度各异。所有光束最终被排列在一个 3×3 的网格中通过 CCD 成像。CCD 检测轴向光强识别透射的轨道角动量。

值得一提的是，利用轨道角动量编码得到的信息具有一定的固有安全性。任何企图通过交叉线路将传输信息分离出光轴以达到窃听目的的尝试，都由于角度限制和角度偏差而无法实现。由于角度和轨道角动量受不确定关系的限制[14]，角度坐标 $\Delta\Phi$ 的制约使得轨道角动量展宽 Δl。l 态的分布由与孔径函数方位角的傅里叶变换决定。这就使得窃听者必须获取 2π 以上角度范围的信息才可得到正确的传输数据。潜在的对数据的进一步讹误可能来源于接收端的角度偏差[19]。横向位移导致测量轴平行偏离光轴，进而引入一个附加的非本征角动量，使得测量结果无法与原始的本征轨道角动量区分，造成轨道角动量分布的中心值 l 移动。角度偏差意味着新的测量基矢下的轨道角动量纯态实际上是以原轨道角动量态为中心的叠加态的值。总之，角度偏差展宽了轨道角动量分布，并取代了均值，对无误窃听造成了巨大困难[18]。当然，相同的数据讹误存在于所有以轨道角动量编码的信息的探测中，无论是对窃听者还是对接收者都是如此。虽然这一点是由经典光束证明得到的，但是这一现象也适用于量子体系中的单光子。实际上，通过轨道角动量量子态编码的光通信仅在沿着发射端和接收端间的准直线间可行。

本节，我们讨论了单光子级别的纠缠轨道角动量量子态及其探测方法。更一般地，任何通过轨道角动量量子态实现量子通信或者传输的系统都需要产生特定的轨道角动量量子态，并在这些量子态间转换。此类技术自从 20 世纪 90 年代首例轨道角动量实验报道起已建立起来，并颇具规模。最常见的改变光束轨道角动量的工具是能够可控修正光束相位结构的全息板。利用空间光调制器(spatial light modulators, SLMs)(一种电脑控制的折射元件)可以更加灵活地实现全息板功能。下一节我们将讨论各种产生轨道角动量量子态的叠加态的方法。

11.2　轨道角动量量子态空间探索

形成量子态的叠加态的概率大小是量子力学的一个重要特征。许多量子信息应用

利用叠加态原理增加传输概率。最新研究涉及特殊轨道角动量量子态的设计。就光的自旋角动量(即偏振)而言,水平和竖直的偏振光的叠加态($c_{\leftrightarrow}|\leftrightarrow\rangle+c_{\updownarrow}|\updownarrow\rangle$)可通过两种方式得到。一种对应实振幅 c,光的偏振沿着旋转轴;另一种是各种角度的椭圆偏振光。鉴于轨道角动量位于无穷维的希尔伯特空间(Hilbert space)中,可能的叠加态有很多。轨道角动量量子态的叠加态可通过多种方法产生。每种方法都是利用一个 m 级纯态通过一些可改变光束相位的光学元件得到的。

11.2.1　轨道角动量量子态的叠加态

也许偏振态叠加的最简概率形式是 LG 模(拉盖尔—高斯模式)与高斯基模叠加的形式($c_0|0\rangle+c_m|m\rangle$)。在径向位置处与 LG 模和高斯模光强匹配,角向位置处与模式恰好异相的地方,此类叠加态有一个相位奇点。最直接的实现这种叠加态的方法是采用一种特殊的干涉仪[20]。在这种干涉仪的一条臂中放置一块可将接入的高斯模式转变成想要的 LG 模式的全息板。干涉仪两臂中光的振幅和相位可分别通过衰减元件和相位板调节。然而实际实验中,利用这种干涉仪产生的叠加态可能不适用。这主要是由测量过程中需要保持不同臂中的相位稳定导致的。

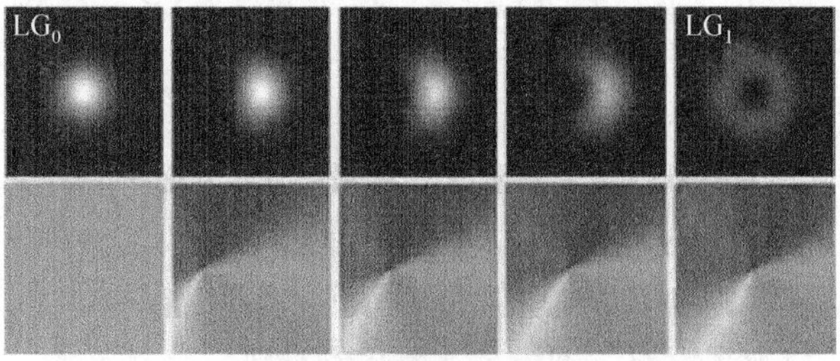

(a)

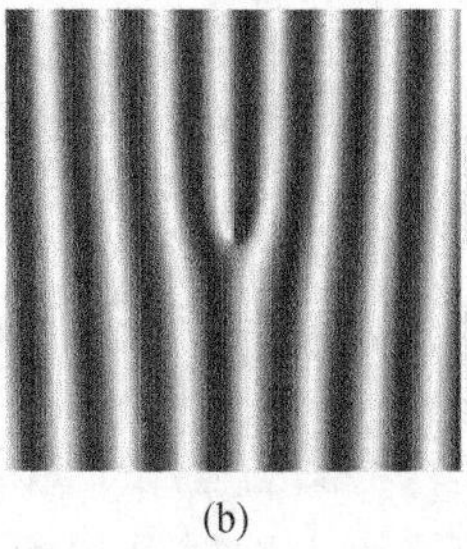

(b)

图 11.3　(a) 基模(LG_0 模)与带有一个单位的轨道角动量的模式(LG_1 模)的各种叠加态的强度(上部)及相位(下部)。(b) 产生 LG_1 模的全息板。见彩色插图。

更可控的方案是:使得 m 级纯态通过含有叉状错位的全息板。如图 11.3 所示,全息板的中心与束心相对距离 d 导致结果可控。对于 $l=1$ 的全息板和入射的 $l=0$ 模式,可产生任意系数的 $c_0|0\rangle+c_1|1\rangle$ 叠加态[3,20]。可用两种极端情况进行精确对准,$d=0$:当光束投影到全息板模式上时,得到 $|1\rangle$;当光束离全息板无限远,剩下的模式不变,为 $|0\rangle$。更高光拓扑荷数的移动全息板可产生更多模式的叠加态,然而却不再能控制其产生任意指定的叠加态了。

2002 年,莫利纳—特里萨(Molina-Terriza)及其同事设计了首个多于两维的可构造的轨道角动量量子态[16]。并且可对其进行包括添加或删除特定矢量态投影(vector state projections) 的操作。他们提出利用特定的光分布产生需要的轨道角动量叠加态。对于给定的光分布,叠加态可通过将其投影到螺旋谐波 $\exp(im\varphi)$ 计算得到。通过将其投影到 m 级谐波,可计算出轨道角动量 $l=m$ 对应模式的权系数 P_m。该方案中,光场是"薄饼状涡旋"(vortex pancakes),高斯型宿主模式中嵌套有单拓扑荷涡旋[21]。可通过恰当排列 N 个涡旋,产生 $\sum_{l=0}^{N} c_l \mid l\rangle$ 的叠加态。在某种程度上,这一工作可理解成移动全息板工作[3,20] 的拓展。移动全息板的工作是通过束轴与单个涡旋中心的距离来控制参数的。而莫利纳 — 特里萨的工作中,光场由分布在束心周围的多个涡旋组成,对应的需要调节涡旋彼此的间隔来控制参数。注意到,一个涡旋链由 N 个涡旋组成,则此涡旋链可产生最多由 $(N+1)$ 个轨道角动量量子态组成的叠加态。对于少量的涡旋,模式权重有解析解,特定量子态所需的涡流间隔可确定,如图 11.4。通常,光场被分解成一系列无穷多的螺旋谐波形式。这一结果对应于无穷多的轨道角动量量子态的叠加形成叠加态。原则上,任何无穷的叠加态都可通过一个合适的扁饼状涡旋产生。这一扁饼状涡旋通过求解其逆问题得到。但是,求解此类问题的通用方法还没有被发明出来。

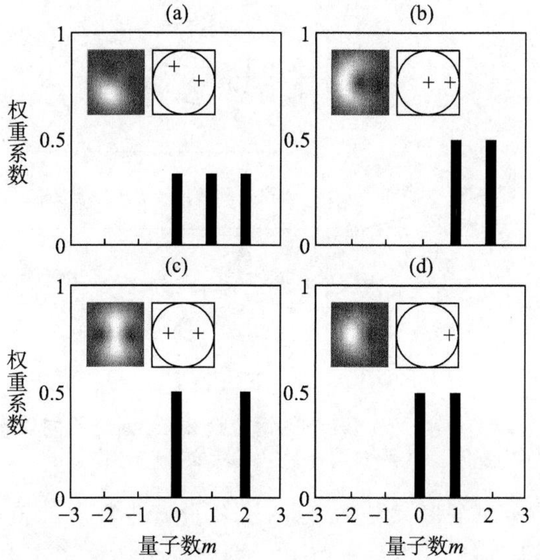

图 11.4　具有 $l=2$ 的"扁圆饼式涡旋"的特定 3 维光子量子态的可控产生图。(a) 等分布的量子态,(b)～(d) $m=0,1,2$ 三个轨道角动量量子态中,一个态为零,另两个态等概率。从参考文献[16]中转载。

11.2.2　纠缠叠加态的产生

许多量子通信协议都需要最大程度纠缠的量子态。其原因是当求解该态的其中一种模式的迹时,最大程度纠缠的量子态留下剩余模式的最大程度混合态。这种性质确保了剩余模式中不存在孤立的量子信息。不幸的是,实验中通常产生的是非最大程度纠缠的量子态。轨道角动量纠缠的光子通常利用自发参数下转换方法产生。其轨道角动量是守恒量[3](严格地说,只有通过共线方法产生的光子才满足角动量守恒。但是小角度偏离泵补光的辐射也在一定程度上满足守恒)。产生具有某种轨道角动量的光子对的概率与泵补模式及 $\chi^{(2)}$ 晶体中下转换光子模式的重叠程度有关。对于高斯型泵补光,产生

的拉盖尔—高斯(LG)光束的阶数越高,产生概率越小。并且产生的纠缠量子态为:

$$c_{00}\mid 0,0\rangle + c_{11}\mid 1,1\rangle + c_{22}\mid 2,2\rangle + \cdots \tag{9}$$

其中,$c_{00}>c_{11}>c_{22}\cdots$;右矢分别给出光子 1 和光子 2 的 l 的绝对值。这种纠缠态已经在实验中观测到[3]。其相对振幅同光束的束腰、位置,以及晶体长度有关[16,22,23]。

存在通过调节某个参数下转换系统的泵补光,产生预先设计好的纠缠轨道角动量量子态的方法[22]。如果泵补光的分布是涡旋链状的,则其轨道角动量贡献的权重就可控[16]。非线性晶体中的相位匹配仅允许产生具有角动量守恒的轨道角动量下转换光束。即泵补光的第 m 级螺旋谐波产生带有 $m_1+m_2=m$ 的光子对。通过操控泵补光涡旋的位置,下转换光子的叠加态的相位和振幅都是可控的。有了这种技术,可根据需要产生特定的下转换光子的纠缠态。即最大程度纠缠的量子态或其他优化的量子协议所需的量子态。虽然理论研究[22] 为在任意希尔伯特维度中传输量子信息提供了强大工具。但此工具可在多大程度上应用于实验中还有待观察。因为在实验中,更高阶的径向贡献 LG_P^l 以及束腰的匹配程度将起到重要作用。

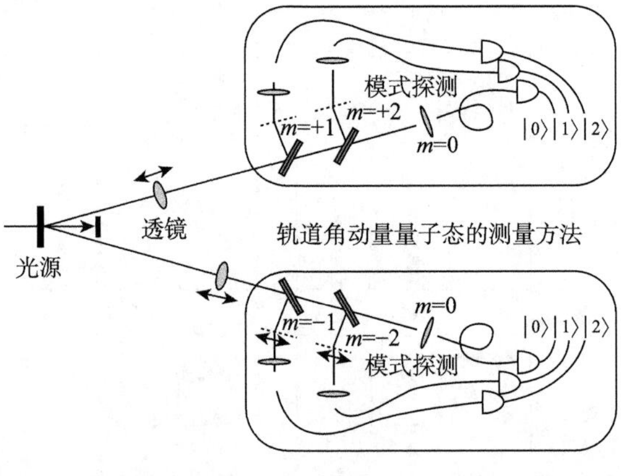

图 11.5　纠缠浓缩的实验步骤。移动其中的两个透镜,可调节不同轨道角动量量子态的耦合效率,从而实现最大程度纠缠的量子态的后向选择。从参考文献[24]中转载。

上述方法中,泵补光中携带有经典信息[22],以此产生特定的轨道角动量光束(即最大程度纠缠的轨道角动量光束)。不过也可通过操控携带在量子态上的量子信息来"提取"特定的量子态。为了浓缩下转换量子态的纠缠程度,尽可能产生最大程度纠缠的量子态,必须改变振幅 c_{ii}。Vaziri 及其同事对此提出了"空间过滤"的方法来浓缩具有 $|l|=0,1,2$ 的轨道角动量量子态的纠缠度[24]。由于拉盖尔 — 高斯(LG) 模式的束腰随着 $|l|$ 增长,因此需要设置不同的透镜来高效地将其耦合进单模光纤。相反地,通过改变设置在如图 11.5 所示光路中的透镜,可调节不同 $|l|$ 模式的耦合效率,进一步可改变其探测效率。通过优化模式耦合效率选取具有更低辐射概率的模式,探测效率也可达到最优值。值得注意的是,透镜可作为纠缠光子中某个光子的本地滤波器,也可作为(在重合度检查中或是在后向选择中) 另一纠缠光子的远程的滤波器。通过在一条臂中选取 $l=2$ 大于 $l=1$ 的耦合,另一条臂中选取 $l=1$ 大于 $l=0$ 的耦合,可近似产生三维最大程度纠缠的量子态 $\mid\psi\rangle=\frac{1}{\sqrt{3}}(\mid 0,0\rangle+\mid 1,1\rangle+\mid 2,2\rangle)$ 。

11.2.3　轨道角动量信息的存储

虽然光子为产生预想的轨道角动量量子态的叠加态提供了最方便的体系，自发参数下转换为产生纠缠态提供了完善的方案，但是最终量子信息需要被处理，被储存。这一点对于时间上随机产生的纠缠下转换光子尤为重要。虽然可将光量子信息储存在谐振腔中，并且甚至可通过调节腔镜处理这些信息。但是就我们了解，这方面的研究还是空白。替代的，例如将光的轨道角动量信息转换到原子，或者玻色—爱因斯坦凝聚体中等许多工作现在则已在开展。

在冷原子云中写入衍射光栅，从而使得入射的高斯光束衍射成带有轨道角动量的光束[25]。轨道角动量量子态的纠缠可通过集体原子激励或单个光子证明[26]。用一束弱高斯写入脉冲打向冷铷原子样品，可产生一个反斯托克斯光子。该反斯托克斯光子的轨道角动量测量将原子样品投影到相关的轨道角动量量子态上。假设这个原子样品“记住”了对应的写入脉冲同辐射出的反斯托克斯光子间的相位差，并将这一信息以原子激发态的形式储存了下来。该信息可通过逆过程从原子样品中提取出来。这一过程为：一束高斯读取脉冲打向原子样品，产生一个斯托克斯光子。该斯托克斯光子从原子激发态中获得了其轨道角动量。并可检测出轨道角动量的确切数值。在上述所有情况中，原子的轨道角动量的形式都是机械的角动量。参考文献[27]提出了一种控制这种原子轨道角动量的方法。该方法中轨道角动量量子态通过四极子磁场中的拉莫进动（Larmor precession）操控。

尽管这类处理可从原子中提取带有轨道角动量的光，但是轨道角动量在原子和光之间传输的机制还尚未完全搞清楚。并且在常温热原子样品中退相干相对较快，使得此类处理不适合用作量子信息的处理及储存。现有许多方案可将轨道角动量从光束转移到原子（即玻色凝聚体）中。此类理论通过带有轨道角动量的光的受激拉曼过程，利用玻色—爱因斯坦凝聚体（BEC）产生涡旋[28]。首个验证光和原子间轨道角动量的相干转移的实验由飞利浦集团在美国国家标准技术研究所（National Institute of Standards and Technology，NIST）申请获得。2006 年，飞利浦集团通过双光子受激拉曼散射将光的轨道角动量转移到了钠原子的玻色凝聚体中[29]。两束相向传播的 LG_0^1 光束辐射在该凝聚体上。一个初始状态静止的原子，吸收了一个带有轨道角动量的光子，之后又辐射出了一个不带轨道角动量的激发光子。因此，该原子获得了一个大小为 $2\hbar k$ 的线性动量以及一个大小为 $\hbar$ 的角动量，使得凝聚体做旋转运动。产生两种凝聚体，一种线性动量为 $2\hbar k$，轨道角动量为 $\hbar$ 的凝聚体；另一种线性动量为 $-2\hbar k$。然后这两种凝聚体进行干涉。通过这种方法干涉测量该凝聚体的轨道角动量。得出的干涉图案同平均轨道角动量为 0 的干涉图案相似，表明该过程是一个相干过程。可产生不同轨道角动量量子态的叠加态的事实也证实了这一点。一旦轨道角动量信息以涡旋的形式被存储在某个玻色—爱因斯坦凝聚体中，就可用“涡旋分离器”将其提取出来。所谓的“涡旋分离器”可利用不同电性的涡旋的对称性提取涡旋旋转谐波的权系数[30]，类似于光的轨道角动量分离器[15]。

总之，已有很多技术可从光（量子信息的载体）中相干传输轨道角动量到原子中。这种技术与健全的原子光学技术相结合，可为量子处理引入新的、更大的可能。

11.3 量子协议

11.3.1 高维度的优势

更高维度的空间及用作增加字符大小的量子尼特共同提升了在传送器与接收器之间传递的单位物理系统的信息密度。信息密度的增加可提升量子信息处理的效率。利用量子尼特也可提高安全性(例如,有噪环境的量子秘钥分配[4])。在三维量子密码方案中,噪声级可高达 22.5%;而对于两维的 BB84 方案[31]和艾克特纠缠态方案[32],最大噪声级只能是 14.6%。一些量子通信协议需要更高维度的量子体系[5,33]。这些协议的安全性由更高维度的贝尔不等式(Bell-type inequalities)保证[34]。

本节,我们将综述一些基于角动量量子态的主要协议。Vaziri 及其同事[35]已展示了适用于量子通信的两组份三维最大程度纠缠的量子态。这种量子态可利用Ⅰ型 BBO 晶体下转换产生纠缠光子对。通过将光子对中每个光子穿过适当结合的 $l=1$ 和 $l=-1$ 的全息板,可产生形式为 $c_0|0\rangle+c_1|1\rangle+c_2|2\rangle$ 的叠加态,并同时由图 11.5 中所示的光路进行测量。Ren 及其同事[36]采用了类似方案产生了半纠缠(轨道角动量、偏振和能量—时间纠缠的)光子。这些量子态也都包括三个轨道角动量基态。因此,这就从实验上实现了更高级字符的协议。

类似轨道角动量偏振分束器的装置是一种可用于三维光量子信息设计的光学基元。这种装置由 Zou 和 Mathis 设计。它利用了两个对称的三维分光器和一对达夫棱镜(Dove prisms)[37]。该装置可同时用于产生和测量轨道角动量量子态。假设有一个空间输入模式为 i(=0,1,2)的单个光子,其量子态为 l(=0,1,2)。则该装置可使量子态做如下转变:

$$|l\rangle_i \rightarrow |l\rangle_{l\ominus i} \tag{10}$$

其中,符号⊖表示减模 3(subtraction modulo 3)。装置的运行方式如图 11.6 所示。任何带有 l 轨道角动量的光子只要从该分光器的 0 号端口输入,就会从 l 号端口输出。对于其他模式,转换结果类似。除了产生及测量,这种分束器还可用在纯化协议中(a purification protocol)。

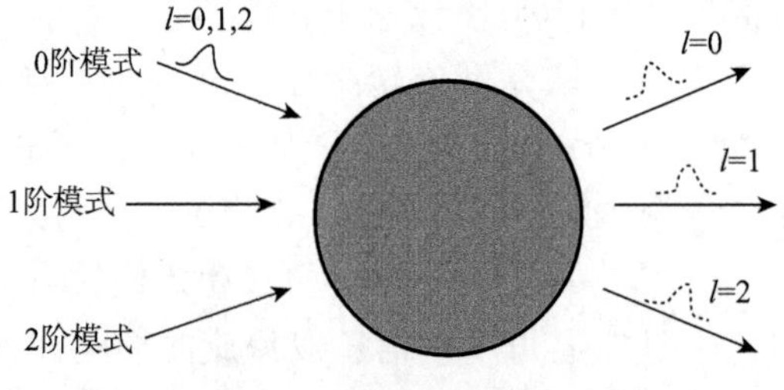

图 11.6 轨道角动量光束分束器原理图。

另一个产生及测量轨道角动量量子态的方法由 Molina-Terriza 及其同事提出[39]。这种方法是对前述的全息板技术的扩展,并结合了同量子态的层析成像(state tomography),进而辨别产生的量子态。

11.3.2　通信方案

大多数基于量子尼特的量子通信协议都是由 Ekert 的两维纠缠协议演变来的[32]。在 Ekert 的协议中，Alice 和 Bob 每人发送纠缠对中的一个颗粒。他们分别随机测量各自对应颗粒互补对的可观察量。之后，他们不相互告知各自的测量结果，只告知对方自己选取的可观察量。系统的纠缠保证了当他们测量相同的可观察量时，他们的结果完全相关。同时，可由相关程度的减少来发现窃听。经典的光子方案利用偏振纠缠的下转换光子，如图 11.7 所示。如果 Alice 和 Bob 用相同的轴测量线偏振，则他们的结果相关。如果他们俩选择的轴偏转了 $\pi/4$，他们的结果就不相关，则他们就放弃这一结果。通过对比少量假定相关的数据，他们即可发现窃听，也可用留下的数据建立秘钥。经典 BB84 方案[31]（见图 11.8）不使用纠缠，而是 Alice 随机地选取四种偏振态的一个传送给 Bob，Bob 如同 E 方案一样也随机选择偏振态测量。余下的协议同纠缠态版本完全相同。

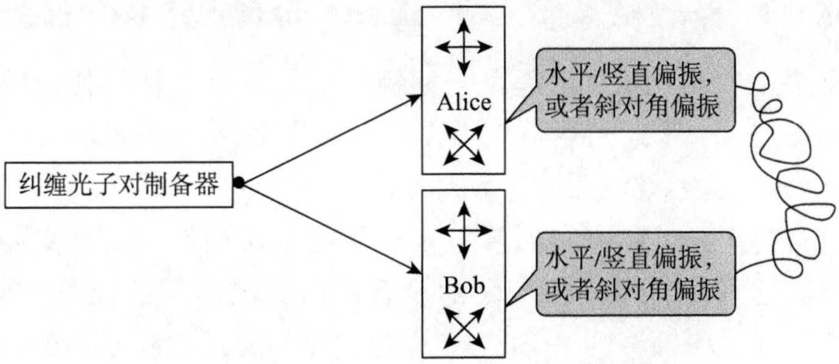

图 11.7　量子秘钥分配使用的纠缠态协议的原理图

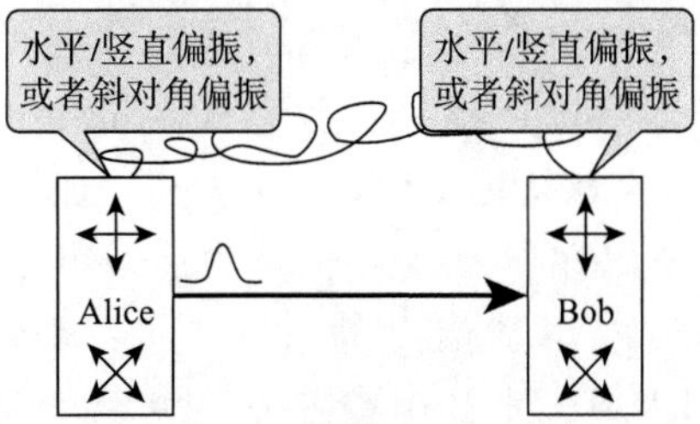

图 11.8　量子秘钥分配使用的 BB84 协议的原理图

Bourennane 与同事一起将 BB84 协议简单拓展到了更高维度[33]。类似地，Bechmann-Pasquinucci 和 Peres[4]对三量子态体系 BB84 协议进行了拓展。此方案不需要双光束角动量的双组份纠缠特性。其实现需要产生由至少三个不同的角动量值组成的纯单光束叠加态，此叠加态可由双光束实验中的后向选择轻松获取。后向选择测量将会随机选取发送的量子态。对于两维系统，这种后向选择即是纠缠态量子密码学的基础[32]。

Gröblacher 及其同事实现了一种基于纠缠的三维方案[40]。他们希望在方案中利用几乎最大程度纠缠的量子态传送秘钥，如图 11.9。在这一协议中，Alice 和 Bob 通过插入变换全息板，随机选择探测器中的某个角动量测量。当他们选择相同的全息板时，他们做出相同的测量，从而产生了一组密钥。当他们选择不同的全息板时，产生的一些信息违反了贝尔不等式。这一行为类似于安全性检测，可排除窃听的可能。

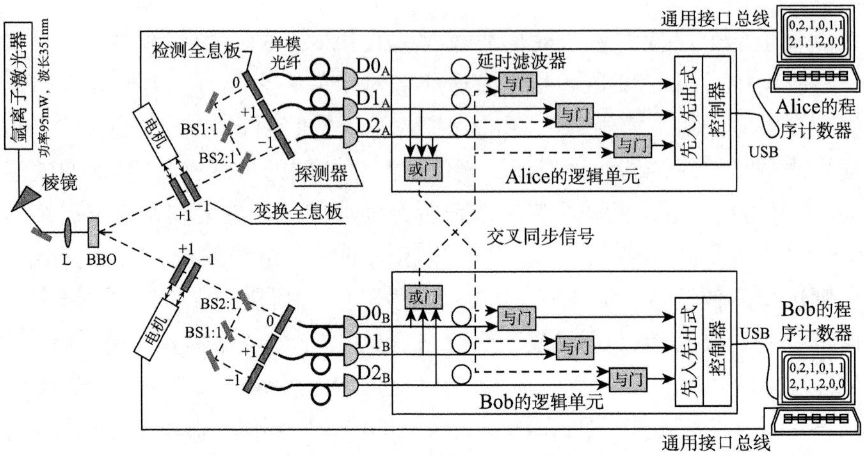

图 11.9　参考文献[40]中，Gröblacher 及其同事提出的秘钥分配协议。

Karimipour 及其同事的方案[5]是量子秘钥分配的一个变体。他们的方案是早先提出的一个量子秘钥分享协议[41]的推广。Alice 和 Bob 每人都需要一个广义的 n 能级系统的双粒子贝尔态(作为参考)。并且每人也需要分得另一个纠缠量子对的一个粒子。两人都需要对各自的广义贝尔态和纠缠粒子做纠缠交换操作。纠缠交换是量子物理中最有趣的可能性。这种操作可使两个之前没有任何相互作用的粒子变成纠缠粒子对。这两个粒子起初必须是纠缠对的一部分，这样对这一纠缠对的粒子中的每一个进行联合测量，才能使剩下两个为未纠缠的粒子。在 Karimipour 的方案中，操作之后，Alice 的一个粒子(该粒子最初为贝尔态)，与 Bob 的一个粒子纠缠。通过简单交流实验细节，这些粒子可建立一个密钥。

另一个稍有不同的变体是比特提交协议(bit commitment protocol)。该协议由 Langford 及其同事提出[42]。在比特提交中，Alice 发送一比特信息给 Bob。由于是 Alice 决定何时将信息发给 Bob，所以在 Bob 受到信息之后，Alice 依旧控制传输。但是一旦 Bob 收到此信息，Alice 就改变不了信息的值——即一个量子投注系统(a quantum betting system)。Langford 及其同事利用全息板的测量方案记录三进制量子比特态的完整密度矩阵。这一测量结果表明，理论上纠缠量子比特能够更安全地承载比特传输。

另一个三进制量子比特协议是 Ambainis、Spekkens 和 Rudolph 提出的量子抛硬币问题[8,43]。这一实验被 Zeilinger 的小组实现[44]。实验中叠加态由三个不同的轨道角动量量子态组成。抛硬币是随机产生被博弈双方分享的比特信息的一组手段。假设比特信息由 Alice 产生，并发送给 Bob。则 Alice 就会知道产生的是哪种比特信息，而 Bob 却不知道。量子抛硬币协议寻求 Alice 可施加的可能偏差最小。为此，Alice 需要产生出一个三态系统的四种可能量子态：$|0\rangle+|1\rangle$、$|0\rangle-|1\rangle$、$|0\rangle+|2\rangle$ 和 $|0\rangle-|2\rangle$。她将其中一个态发送给 Bob，然后告诉 Bob，他应该测量出的是哪个态。如果 Bob 的测量结果和 Alice 声称的发送结果一致，则通过经典交流，他们产生了一比特信息。如果 Alice 说谎了，她仅有 75%的可能控制由她传送的一比特信息。对于量子比特方案，Alice 对信息的控制能力更高，超过 90%。Alice 发送的四个量子态可利用双光束实验中的后向选择产生。这样，Alice 对比特信息就失去了控制力。但是，原则上她还可通过其他方式产生

"欺骗"态。

量子尼特具有比量子比特更高的安全性，这是量子通信协议的主要特征。在量子计算中，主要标准是高效而不是安全。相比使用量子比特的量子计算方案，使用量子尼特作为基本逻辑态的方案[6,45-49]在执行同一个计算时所需的物理位数更少。这一优势在将来物理计算资源有限时也许有用。然而，即便是使用量子比特的全光量子计算还远未被建立，采用轨道角动量，与量子尼特计算方案相关的信息处理方法则更是鲜有报道。

11.4　总结与展望

任何量子信息系统都需要满足三个基本因素：可靠的量子信息产生机制、可靠的量子态分辨机制，以及可提供所需处理的演化机制。量子光学已在量子信息领域兴起前发展了数十年，技术较为先进。因此，轨道角动量量子态的产生及检测的进展才如此迅速。而且，用光子编码量子信息是鲁棒的。除非经过专门设计，否则光子之间没有相互作用。光子也不会快速退相干。即光子要么消失（检测不到），要么按一定顺序出现在探测器中。因此，演变相对容易控制，并且可用标准光学元件设计。

本章中，我们讨论了量子信息系统中光的轨道角动量的应用。其基本优势（量子尼特相较于量子比特）是推动这一领域发展的主要因素。无限维态空间的直接好处是具有更大的"字符"，因此可有更大的容量，并有机会开发更高维的协议。近几年已经有一些原理验证性实验被报道，这种趋势有望持续下去。这表明在轨道角动量中编码量子信息将有光明前景。

致谢

感谢英国工程及物理科学研究委员会的资金援助。Sonja Franke-Arnold 是（英）皇家学会 Dorothy Hodgkin 研究员。

参考文献

[1] Poppe, A. Fedrizzi, R. Ursin, H.R. Böhm, T. Lorünser, O. Maurhardt, M. Peev, M. Suda, C. Kurtsiefer, H. Weinfurter, T. Jennewein, A. Zeilinger, Practical quantum key distribution with polarization entangled photons, *Opt. Exp. 12* (2004) 3865.

[2] L. Allen, M.W. Beijersbergen, R.J.C. Spreeuw, J.P. Woerdman, Orbital angular-momentum of light and the transformation of Laguerre-Gaussian laser modes, *Phys. Rev. A 45* (1992) 8185.

[3] A. Mair, A. Vaziri, G. Weihs, A. Zeilinger, Entanglement of the orbital angular momentum states of photons, *Nature (London) 412* (2001) 313.

[4] H. Bechmann-Pasquinucci, A. Peres, Quantum cryptography with 3 - state systems, *Phys. Rev. Lett. 85* (2000) 3313.

[5] V. Karimipour, S. Bagherinezhad, A. Bahraminasab, Entanglement swapping of generalized cat states and secret sharing, *Phys. Rev. A 65* (2002) 042320.

[6] S.D. Bartlett, H. de Guise, B.C. Sanders, Quantum encodings in spin systems and harmonic oscillators, in: R. G. Clark (Ed.), *Proceedings of IQC'01*, Rinton, Princeton, NJ, 2001, pp. 344 - 347, *Phys. Rev. A 65* (2002) 052316.

[7] M. Fitzi, N. Gisin, U.Maurer, Quantum solution to the Byzantine agreement problem, *Phys. Rev. Lett. 87* (2001) 217901.

[8] A.Ambainis, A new protocol and lower bounds for quantum coinipping, *Proc. STOC 01* (2001) 134, quant-ph/0204022.

[9] M. Zukowski, A. Zeilinger, M.A. Horne, Realizable higher-dimensional two-particle entanglements via multiport beam splitters, *Phys. Rev. A 55* (1996) 2564.

[10] R.B.M. Clarke, V.M. Kendon, A. Chees, S.M. Barnett, E. Riis, M. Sasaki, Experimental realization of optimal detection strategies for overcomplete states, *Phys. Rev. A 64* (2001) 012303.

[11] R.T. Thew, A. Acin, H. Zbinden, N. Gisin, Experimental realization of entangled qutrits for quantum communication, *Quantum Inf. Proc. 4* (2004), quant-ph/0307122.

[12] C.W. Helstrom, Quantum Detection and Estimation Theory, Academic Press, New York, 1976.

[13] See e.g., M.I. Kolobov (Ed.), *Quantum Imaging*, Springer-Verlag, Berlin, 2007.

[14] S. Franke-Arnold, S. Barnett, E. Yao, J. Leach, J. Courtial, M. Padgett, Uncertainty principle for angular position and angular momentum, *New J. Phys. 6* (2004) 103.

[15] J. Leach, M.J. Padgett, S.M. Barnett, S. Franke-Arnold, J. Courtial, Measuring the orbital angular momentum of a single photon, Phys. Rev. Lett. 88 (2002) 257901; H. Wei, X. Xue, J. Leach, M.J. Padgett, S.M. Barnett, S. Franke-Arnold, J. Courtial, Simplified measurement of the orbital angular momentum of single photons, *Opt. Commun. 223* (2003) 117.

[16] G. Molina-Terriza, J.P. Torres, L. Torner, Management of the angular momentum of light: Preparation of photons in multidimensional vector states of angular momentum, *Phys. Rev. Lett. 88* (2002) 013601.

[17] G. Nienhuis, Doppler effect induced by rotating lenses, Opt. Commun. 132 (1996) 8; J. Courtial, D.A. Robertson, K. Dholakia, L. Allen, M.P. Padgett, Rotational frequency shift of a light beam, *Phys. Rev. Lett. 81* (1998) 4828.

[18] G. Gibson, J. Courtial, M.J. Padgett, M. Vasnetsov, V. Pas'ko, S.M. Barnett, S. Franke-Arnold, Free-space information transfer using light beams carrying orbital angular momentum, *Opt. Exp. 12* (2004) 5448.

[19] M.V. Vasnetsov, V. A. Pas'ko, M. S. Soskin, Analysis of orbital angular momentum of a misaligned optical beam, *New J. Phys. 7* (2005) 46.

[20] A.Vaziri, G. Weihs, A. Zeilinger, Superpositions of the orbital angular momentum for applications in quantum experiments, *J. Opt. B 4* (2002) S47.

[21] G. Indebetouw, Optical vortices and their propagation, *J. Mod. Opt. 40* (1993) 73.

[22] J.P. Torres, Y. Deyanova, L. Torner, G. Molina-Terriza, Preparation of engineered two-photon entangled states for multidimensional quantum information, *Phys. Rev. A 67* (2003) 052313.

[23] H.H. Arnaut, G.A. Barbosa, Quantum cryptography with 3 - state systems, *Phys. Rev. Lett. 85* (2000) 286.

[24] A.Vaziri, J.-W. Pan, Th. Jennewein, G.Weihs, A. Zeilinger, Concentration of higher dimensional entanglement: Qutrits of photon orbital angular momentum, *Phys. Rev. Lett. 91* (2003) 227902.

[25] S. Barreiro, J.W.R. Tabosa, Generation of light carrying orbital angular momentum via induced coherence grating in cold atoms, *Phys. Rev. Lett. 90* (2003) 133001.

[26] R. Inoue, N. Kanai, T. Yonehara, Y. Miyamoto, M. Koashi, M. Kozuma, Entanglement of orbital angular momentum states between an ensemble of cold atoms and a photon, *Phys. Rev. A*

74 (2006) 053809.

[27] D. Akamatsu, M. Kozuma, Coherent transfer of orbital angular momentum from an atomic system to a light field, *Phys. Rev. A 67* (2003) 023803.

[28] Z. Dutton, J. Ruostekoski, Transfer and storage of vortex states in light and matter waves, Phys. Rev. Lett. 93 (2004) 193602; K.T. Kapale, J.P. Dowling, Vortex phase qubit: Generating arbitrary, counterrotating, coherent superpositions in Bose-Einstein condensates via optical angular momentum beams, *Phys. Rev. Lett. 95* (2005) 173601.

[29] M.F. Andersen, C. Ryu, P. Cladé, V. Natarajan, A. Vaziri, K. Helmerson, W.D. Phillips, Quantized rotation of atoms from photons with orbital angular momentum, *Phys. Rev. Lett. 97* (2006) 170406.

[30] G.Whyte, J. Veitch, P.Öhberg, J. Courtial, Vortex sorter for Bose-Einstein condensates, *Phys. Rev. A 70* (2004) 011603(R).

[31] C.H. Bennett, G. Brassard, Quantum cryptography: Public key distribution and coin tossing, in: *Proceedings of the IEEE International Conference on Computers, Systems, and Signal Processing*, Bangalore, India, IEEE, New York, 1984, p. 175.

[32] A.Ekert, Quantum cryptography based on Bell's theorem, *Phys. Rev. Lett. 67* (1991) 661.

[33] M. Bourennane, A. Karlsson, G. Björk, Quantum key distribution using multilevel encoding, *Phys. Rev. A 64* (2001) 012306.

[34] S. Massar, S. Pironio, J. Roland, B. Gisin, Bell inequalities resistant to detector inefficiency, *Phys. Rev. A 66* (2002) 052112.

[35] A.Vaziri, G.Weihs, A. Zeilinger, Experimental two-photon, three-dimensional entanglement for quantum communication, *Phys. Rev. Lett. 89* (2002) 240401.

[36] X.-F. Ren, G.-P. Guo, J. Li, C.-F. Li, G.-C. Guo, Engineering of multi-dimensional entangled states of photon pairs using hyper-entanglement, *Chin. Phys. Lett. 23* (2006) 552.

[37] X.B. Zou, W. Mathis, Scheme for optical implementation of orbital angular momentum beam splitter of a light beam and its application in quantum information processing, *Phys. Rev. A 71* (2005) 042324.

[38] M.A. Martín-Delgado, M. Navasués, Single-step distillation protocol with generalized beam splitters, *Phys. Rev. A 68* (2003) 012322.

[39] G. Molina-Terriza, A. Vaziri, J. Rehacek, Z. Hradil, A. Zeilinger, Triggered qutrits for quantum communication protocols, *Phys. Rev. Lett. 92* (2004) 167903.

[40] S. Gröblacher, Th. Jennewein, A. Vaziri, G. Weihs, A. Zeilinger, Experimental quantum cryptography with qutrits, *New J. Phys. 8* (2006) 75.

[41] A. Cabello, Quantum key distribution without alternative measurements, *Phys. Rev. A 61* (2000) 052312.

[42] N.K. Langford, R.B. Dalton, M.D. Harvey, J.L. O'Brien, G.J. Pryde, A. Gilchrist, S.D. Bartlett, A.G. White, Measuring entangled qutrits and their use for quantum bit commitment, *Phys. Rev. Lett. 93* (2004) 053601.

[43] R.W. Spekkens, T. Rudolph, Degrees of concealment and bindingness in quantum bit commitment protocols, *Phys. Rev. A 65* (2002) 012310; R.W. Spekkens, T. Rudolph, Quantum protocol for cheat-sensitive weak coin flipping, *Phys. Rev. Lett. 89* (2002) 227901.

[44] G. Molina-Terriza, A. Vaziri, R. Ursin, A. Zeilinger, Experimental quantum coin tossing, *Phys.*

Rev. Lett. *94* (2005) 040501.

[45] S.D. Bartlett, H. de Guise, B.C. Sanders, Quantum encodings in spin systems and harmonic oscillators, *Phys. Rev. A* *65* (2002) 052316.

[46] M.A. Nielsen, M.J. Bremner, J.M. Dodd, A.M. Childs, C.M. Dawson, Universal simulation of Hamiltonian dynamics for quantum systems with finite-dimensional state spaces, *Phys. Rev. A* *66* (2002) 022317.

[47] J. Daboul, X. Wang, B.C. Sanders, Quantum gates on hybrid qudits, *J. Phys. A: Math. Gen.* *36* (2003) 2525.

[48] G.K. Brennen, S.S. Bullock, D.P. O'Leary, Efficient circuits for exact-universal computation with qudits, *Quantum Inf. Comput.* *6* (2005) 436.

[49] D.P. O'Leary, G.K. Brennen, S.S. Bullock, Parallelism for quantum computation with qudits, *Phys. Rev. A* *74* (2006) 032334.

第十二章　超冷原子的光学操纵

G. Juzeliūnas[1] and P. Öhberg[2]
[1] Institute of Theoretical Physics and Astronomy of Vilnius University, Lithuania
[2] Heriot-Watt University, United Kingdom

12.1　背景

用光操纵原子系综甚至是单个原子的概念可追溯到很久以前。根据麦克斯韦(Maxwell)电磁场理论可知,光携带着能够被转移到粒子之上的动量[1]。一般来说,光束会对一个偶极子产生诱导力。该诱导力取决于光束的形状,包括强度和相位。20 世纪 60 年代激光器的问世使得采用前所未有的方式向原子施加机械力成为可能,该方式利用了原子的内部能级结构。这为激光冷却和俘获原子开辟了一条新的技术途径,特别值得注意的是,在冷却和俘获原子的过程中需考虑原子的量子力学性质[2-4]。

自一个世纪以前所开展的对热气体动力学操纵的早期尝试以来,量子物体的光学操纵取得很大进展。在本章中,我们将首先简要回顾俘获超冷原子系综的机制。紧接着这些方法将会被应用于中性原子,以形成玻色—爱因斯坦凝聚(Bose-Einstein condensate)。这种光阱将构成冷原子操纵的基础,而该操纵则依赖于超冷原子样品的相干特性与光强。

随后,我们将讨论入射光的相位和强度同时起重要作用的情况。在这一点上,我们将考虑另一种光学操纵方式:即激光场被用来诱导作用于原子的矢量和标量势。此类诱导势具有几何性质,且只取决于相关激光束的相对强度和相对相位,而非其绝对强度。该方法依赖于内部能级处于叠加态的原子的制备能力。有趣的是,该技术提供了一种方法,可用光学手段诱导产生作用于电中性原子的有效磁场。当施加的激光场具有非平凡拓扑结构(nontrivial topology)时该方法有效,例如沿光束传输方向上携带有轨道角动量[5-7]。

12.2　光力与原子阱

自麦克斯韦时代起人们就已知道光可对经典偶极子产生一种作用力。这种作用力取决于光的幅度梯度和相位梯度[8]:

$$m\ddot{\boldsymbol{R}}=\boldsymbol{d}\cdot(\nabla\boldsymbol{E})=\boldsymbol{d}\cdot(\nabla\xi+\xi\,\nabla\theta)\mathrm{e}^{\mathrm{i}(\omega t+\theta)} \tag{1}$$

其中,m 为偶极子的质量,$\boldsymbol{d}$ 为偶极矩,$\boldsymbol{E}(\boldsymbol{R},t)=\varepsilon\xi(\boldsymbol{R})\mathrm{e}^{\mathrm{i}(\omega t+\theta(\boldsymbol{R}))}$ 为电场,电场对应的振幅

为 ξ，偏振度为 ε，相位为 θ，频率为 ω。

单个原子可视为一个标准偶极子。为此，我们仅考虑如图 12.1 所示的二能级系统。目的是用量子力学理论描述原子，而用经典理论描述光场。在这种情况下，原子的哈密顿(Hamiltonian)量为：

$$H=\frac{\boldsymbol{P}^2}{2m}+\hat{H}_0-\boldsymbol{d}\cdot\boldsymbol{E}(\boldsymbol{R},t) \tag{2}$$

式中，$\boldsymbol{P}^2/2m$ 为与原子的质心运动相关的动能，$\hat{H}_0$ 为未微扰内部运动的哈密顿量，$\boldsymbol{d}\cdot\boldsymbol{E}(\boldsymbol{R},t)$为偶极子近似下原子和光场间的相互作用。根据方程(2)中的哈密顿量和埃伦费斯特定理(Ehrenfest theorem)可得作用力的表达式为：

$$F=m\ddot{\boldsymbol{r}}=\langle\nabla(\boldsymbol{d}\cdot\boldsymbol{E})\rangle=\langle\boldsymbol{d}\cdot\varepsilon\rangle\nabla\xi(\boldsymbol{r},t) \tag{3}$$

其中 $\boldsymbol{r}=\langle\boldsymbol{R}\rangle$且 $\xi(\boldsymbol{r},t)=\xi(\boldsymbol{r})\mathrm{e}^{\mathrm{i}(\omega t+\theta(\boldsymbol{r}))}$。在上式的右边，我们假设原子波包上的力是均匀的。为对其全面讨论，我们参考了文献[9,10,2,8]。

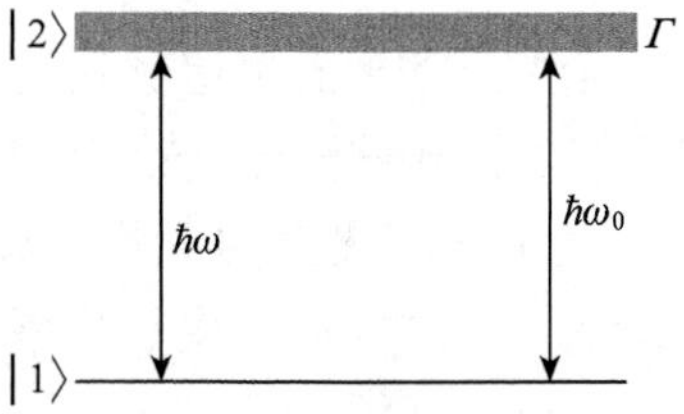

图 12.1 原子被描述为|1⟩态和|2⟩态之间的能量差为 $\hbar\omega_0$ 的二能级系统，驱动原子的激光频率为 ω。激发态|2⟩的衰变率由 Γ 给出。

由激光驱动的二能级原子已被广泛研究过[9-12,8]。为得到作用于原子的力的表达式，需计算原子对光的响应，即极化率$\langle\boldsymbol{d}\cdot\boldsymbol{\varepsilon}\rangle$。为此，假设光场是具有如下形式的单色场：

$$\xi(\boldsymbol{r},t)=\frac{1}{2}E(\boldsymbol{r})\mathrm{e}^{\mathrm{i}(\theta(\boldsymbol{r})+\omega t)} \tag{4}$$

其中 $E(\boldsymbol{r})$ 为振幅，ω 为激光频率，θ 为与空间相关的相位因子。由薛定谔方程(Schrödinger equation)可得到两个耦合方程，分别对应于原子在|1⟩态和|2⟩态下的概率振幅 C_1和 C_2。根据下式选择旋转坐标系：

$$C_1=D_1\mathrm{e}^{\mathrm{i}\frac{1}{2}(\delta t+\theta)} \tag{5}$$

$$C_2=D_2\mathrm{e}^{-\mathrm{i}\frac{1}{2}(\delta t+\theta)} \tag{6}$$

则可得到如下方程[9]：

$$\mathrm{i}\dot{D}_1=\frac{1}{2}(\delta+\dot{\theta})D_1-\frac{\Omega}{2}D_2 \tag{7}$$

$$\mathrm{i}\dot{D}_2=-\frac{1}{2}(\delta+\dot{\theta})D_2-\frac{\Omega}{2}D_1 \tag{8}$$

在推导方程 D_1和 D_2表达式的过程中，引入失谐量 $\delta=\omega-\omega_0$，并根据旋波近似忽略快速

振荡项[12]。1 态和 2 态之间的跃迁偶极矩 d 由 $d=\langle 1|\boldsymbol{d}\cdot\boldsymbol{\varepsilon}|2\rangle$ 给出，此外，拉比频率(Rabi frequency)的定义如下：

$$\Omega=\frac{dE(t)}{\hbar} \tag{9}$$

为方便起见，引入该状态下的密度矩阵，定义为 $\rho_{nm}=C_nC_m^*$ 或 $\sigma_{nm}=D_nD_m^*$，且有

$$\rho_{11}=\sigma_{11} \tag{10}$$

$$\rho_{22}=\sigma_{22} \tag{11}$$

$$\rho_{12}=\sigma_{12}\mathrm{e}^{\mathrm{i}(\theta+\omega t)} \tag{12}$$

$$\rho_{21}=\sigma_{21}\mathrm{e}^{-\mathrm{i}(\theta+\omega t)} \tag{13}$$

由方程(7)和(8)可知，密度矩阵的矩阵元素满足：

$$\dot{\sigma}_{11}=-\frac{\mathrm{i}}{2}\Omega(\sigma_{12}-\sigma_{21})+\Gamma\sigma_{22} \tag{14}$$

$$\dot{\sigma}_{22}=\frac{\mathrm{i}}{2}\Omega(\sigma_{12}-\sigma_{21})-\Gamma\sigma_{22} \tag{15}$$

$$\dot{\sigma}_{12}=-\mathrm{i}(\delta+\dot{\theta})\sigma_{12}+\frac{\mathrm{i}}{2}\Omega(\sigma_{22}-\sigma_{11})-\frac{1}{2}\Gamma\sigma_{12} \tag{16}$$

其中引入自发辐射速率 Γ 以合并衰变过程。

由密度矩阵可计算偶极矩的期望值，计算式如下：

$$\langle\boldsymbol{d}\cdot\varepsilon\rangle=d(\rho_{12}+\rho_{21})=d(\sigma_{12}\mathrm{e}^{\mathrm{i}(\theta+\omega t)}+\sigma_{21}\mathrm{e}^{-\mathrm{i}(\theta+\omega t)}) \tag{17}$$

根据该式，再利用旋波近似，结合方程(3)和(4)可得作用力：

$$\boldsymbol{F}=\frac{d}{2}(\sigma_{12}+\sigma_{21}-\mathrm{i}(\sigma_{12}-\sigma_{21}))=\frac{\hbar}{2}(U\,\nabla\Omega+V\Omega\,\nabla\theta) \tag{18}$$

其中，符号 $U=\sigma_{12}+\sigma_{21}$，$V=\mathrm{i}(\sigma_{12}-\sigma_{21})$，且利用到 $\dot{\theta}=\nabla\theta(\boldsymbol{r})\cdot\dot{\boldsymbol{r}}$ 这一关系式。当原子运动缓慢时，类似于原子态相位 $\dot{\theta}$ 的参数在激发态的寿命期 $1/\Gamma$ 内变化不大，可将密度矩阵的解局限于其稳态解，并令方程(14)—(16)左边的时间导数为 0。则对应 U 和 V 的解分别为：

$$U=\frac{\delta}{\Omega}\frac{s}{s+1} \tag{19}$$

$$V=\frac{\Gamma}{2\Omega}\frac{s}{s+1} \tag{20}$$

式中 s 为饱和参量：

$$s=\frac{\Omega^2/2}{(\delta+\dot{\theta})^2+\Gamma^2/4} \tag{21}$$

此时作用于原子上的力由两部分组成，包括偶极力和辐射力，分别如下：

$$\boldsymbol{F}=\boldsymbol{F}_{\mathrm{dip}}+\boldsymbol{F}_{\mathrm{pr}} \tag{22}$$

且有

$$\boldsymbol{F}_{\mathrm{dip}}=-\frac{\hbar(\delta+\dot{\theta})}{2}\frac{\nabla s}{s+1} \tag{23}$$

$$\boldsymbol{F}_{\mathrm{pr}}=-\frac{\hbar\Gamma}{2}\frac{s}{s+1}\nabla\theta \tag{24}$$

在平面波情况下，后一项辐射力 $\boldsymbol{F}_{\mathrm{pr}}$通常被称为辐射压力，且与波矢 $\boldsymbol{k}=\nabla\theta$ 成比例。另一方面，为了俘获原子，前一项偶极力 $\boldsymbol{F}_{\mathrm{dip}}$更重要。偶极力 $\boldsymbol{F}_{\mathrm{dip}}$由激光场强度决定。当 $s\ll 1$且$|\delta|\gg\Gamma$、Ω 时，由方程$\boldsymbol{F}_{\mathrm{dip}}=\nabla W$ 可得相应的势能为：

$$W=\frac{\hbar\Omega^2}{4\delta}=\frac{d^2E^2}{4\delta\hbar} \tag{25}$$

由上述表达式可知，当入射光的强度不均匀时，可得到一个非零力，其方向取决于失谐量的正负号。对于聚焦高斯光束而言，这意味着如果激光红失谐($\delta<0$)，原子会被高强度的激光所吸引，即原子是高光场的探测器。反之，当激光蓝失谐($\delta>0$)时，原子则成为低光场的探测器，并会被光束中心所排斥。

12.3 量子气：玻色—爱因斯坦凝聚体

最近几十年来，俘获和冷却原子的实验技术得到了极大的发展。1995 年，实验者们俘获了铷(^{87}Rb)[13]、钠(^{23}Na)[14]和锂(^{7}Li)[15]原子气体并将它们冷却到了足够低的温度，并观察到了这些气体量子性质的突出效应。原子玻色—爱因斯坦凝聚(Bose-Einstein condensate, BEC)由此诞生。这一成果真正地打开了相关理论和实验活动的大门。玻色子或费米子超冷原子量子气体具有的主要优势之一是使得改变和操纵一些物理参量有了前所未有的可能性，如云密度、几何形状甚至是原子之间的作用力[16]等。此外，描述这些气体的基础理论是相当准确的，这使得理论和实验十分吻合。在简要介绍量子气体时，我们将首先回顾一些基本概念。特别地，我们将聚焦于介绍现有的，以及描述这些系统所需要用到的理论工具。

12.3.1 原子云中的玻色—爱因斯坦凝聚

自然界中存在两种粒子：有整数自旋的玻色子和有半整数自旋的费米子。玻色子受对称多粒子波函数的约束且允许占据相同量子态。而费米子遵从泡利不相容原理(Pauli exclusion principle)，由此可知同一量子态上不可能有两个或两个以上的费米子。玻色爱因斯坦凝聚的最初的构想可追溯到 1924 年，当时玻色(S.N. Bose)和爱因斯坦(A. Einstein)正致力于光的统计描述的研究[17,18]。他们展示了不发生相互作用粒子的气体中存在着相位跃迁，其中由于量子统计效应粒子“凝聚”会进入最低态。多年之后，当 1938 年 F.London 预测超流态来源于玻色—爱因斯坦凝聚时，超流态中的此种现象又重新引起了人们的关注[19]。

此后很久，俘获和冷却原子的实验技术才得到极大发展。20 世纪 70 年代末研究人员开发了利用激光冷却和磁俘获原子的新技术，极大地促进了实验的发展。迄今为止最适合的原子显然是氢原子，因为其质量轻且具有相对较高的临界温度[20]：

$$T_c \sim \frac{\hbar^2 \rho^{2/3}}{m k_B} \tag{26}$$

其中 k_B 为玻尔兹曼常数(Boltzmann constant)，m 为原子质量，ρ 为密度。为冷却氢原子发明的高精密方法[21]为接下来的相关实验铺平了道路。然而该方法很难达到量子范围所需要的高密度和低温条件。20 世纪 80 年代其他候选原子出现了。中性碱金属原子被证明非常适合用于激光冷却和俘获。这是因为碱金属原子具有合适的能级结构，以及可用合适的激光处理光跃迁。最终，科罗拉多州博尔德的 Cornell，Wieman 和麻省理工学院(MIT)的 Wolfgang Ketterle 的实验小组利用激光冷却和俘获技术、基于塞曼频移(Zeeman shift)的弱磁俘获技术，以及蒸发冷却技术，成功实现了玻色—爱因斯坦凝聚所需要的高密度和低温条件。这两项实验中所用到的原子分别是铷(^{87}Rb)和钠(^{23}Na)。

这些实验为一个全新的物理体系奠定了基础，现在需要进一步理解该物理体系的内在机理。原子云被俘获意味着凝聚不仅仅发生于动量空间内，正如传统上认为在齐次系统中，也发生于坐标空间中。这是新的发现，且世界各地的团队据此开展了大量卓越的实验，实验中仅仅通过观察云的密度及其动力学就可直接观察到玻色—爱因斯坦凝聚现象。

12.3.2　凝聚及其描述

玻色—爱因斯坦凝聚可理解为宏观占据单量子态。我们将着眼于弱相互作用的气体。描述 BEC 初期的相位跃迁可考虑用理想气体，气体的临界温度不难得到(参考任意关于统计力学的本科教材[20])。在下文中，假设温度为绝对零度。这一近似是合理的，因为目前的冷却技术能给实验者提供远低于临界温度的温度，通常为 μK 量级，此量级下剩余热成分的贡献在大多数情况下均可忽略不计，如图 12.2 所示。

对于稀薄气体而言，只存在双体碰撞。因此，冷却后的稀薄气体中粒子的相互作用机理可认为仅有 s -波散射，且相互作用势形式如下[20]：

$$V_{\text{int}}(\boldsymbol{r}-\boldsymbol{r}') = \frac{4\pi\hbar^2 a}{m}\delta(\boldsymbol{r}-\boldsymbol{r}') \tag{27}$$

其中相互作用由单参数 a 来描述，被称为 s-波的散射长度，这是气体中超冷原子碰撞的结果。为推导出方程(27)，我们必须解决零动量限制下的双体散射问题。

根据上述假设可得到如下形式的哈密顿量：

$$\hat{H} = \int \mathrm{d}\boldsymbol{r}\left\{\hat{\Psi}^\dagger(\boldsymbol{r})\left[-\frac{\hbar^2}{2m}\nabla^2 + V_{\text{ext}}\right]\hat{\Psi}(\boldsymbol{r}) + \frac{g}{2}\hat{\Psi}^\dagger(\boldsymbol{r})\hat{\Psi}^\dagger(\boldsymbol{r})\hat{\Psi}(\boldsymbol{r})\hat{\Psi}(\boldsymbol{r})\right\} \tag{28}$$

其中 $g = 4\pi\hbar^2 a/m$。这一公式的处理相当复杂，需采取近似计算。场算子 $\Psi(\boldsymbol{r},t)$ 和 $\Psi^\dagger(\boldsymbol{r},t)$ 分别消失和产生一个 t 时刻位于 r 处的粒子，且服从通常的玻色子交换规则：

$$[\hat{\Psi}(\boldsymbol{r}), \hat{\Psi}^\dagger(\boldsymbol{r}')] = \delta(\boldsymbol{r}-\boldsymbol{r}') \tag{29}$$

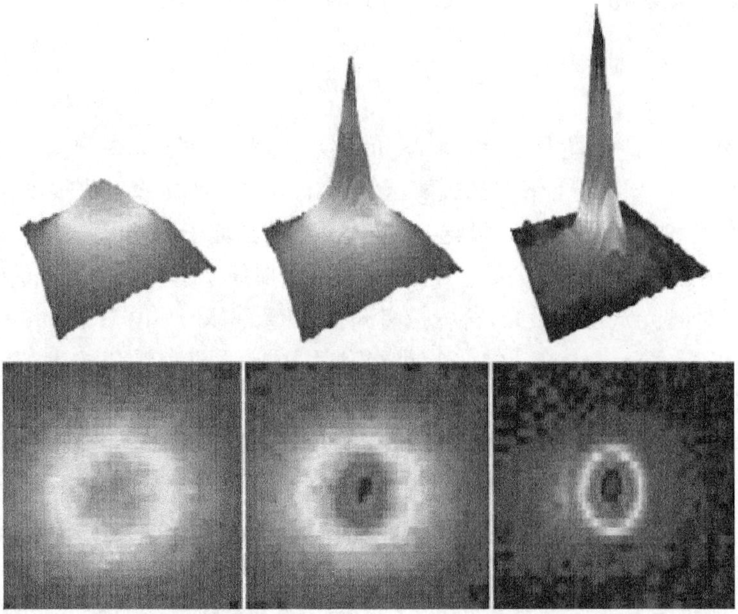

图 12.2　BEC 初期在陷阱中心的密度有一个尖峰。图中，温度从左到右逐渐降低。在最右端，我们可看到一个热分量可忽略的纯凝聚体。图片来自于位于英国格拉斯哥的思克莱德大学(University of Strathclyde)的 BEC 实验[22]。见彩色插图。

和

$$[\hat{\Psi}(\boldsymbol{r},t),\hat{\Psi}(\boldsymbol{r}',t)]=[\hat{\Psi}^{\dagger}(\boldsymbol{r},t),\hat{\Psi}^{\dagger}(\boldsymbol{r}',t)]=0 \tag{30}$$

运用以上变换规则可得场算子的海森堡(Heisenberg)运动方程，如下：

$$\mathrm{i}\hbar\frac{\partial}{\partial t}\hat{\Psi}=[\hat{H},\hat{\Psi}]=-\frac{\hbar^{2}}{2m}\nabla^{2}\hat{\Psi}+V_{\text{ext}}(r)\hat{\Psi}+g\hat{\Psi}^{\dagger}\hat{\Psi}\hat{\Psi} \tag{31}$$

其中，场算子可分为两部分：最低阶模式的算子，表示波动和热激发部分的算子：

$$\hat{\Psi}(\boldsymbol{r})=\hat{\Psi}_{0}(\boldsymbol{r})+\delta\hat{\Psi}(\boldsymbol{r}) \tag{32}$$

在绝对零度时，可近似忽略表示波动的项 $\delta\hat{\Psi}(\boldsymbol{r})$。当发生凝聚时，粒子宏观占据最低模式，因此上式可写为

$$\hat{\Psi}(\boldsymbol{r})=\Psi(\boldsymbol{r})\hat{a}_{0}\approx\Psi(\boldsymbol{r})\sqrt{N} \tag{33}$$

其中用 $\sqrt{N}$ 代替湮灭算符 $\hat{a}_0$，即通常所说的勃格留波夫近似(Bogoliubov approximation)(例如，见参考文献[4])。该近似是合理的，因为凝聚状态下的原子数量 N 足够大。也就是说，将场算子用其平均量来代替：

$$\hat{\Psi}(\boldsymbol{r})\approx\langle\hat{\Psi}(\boldsymbol{r})\rangle=\Psi(\boldsymbol{r})\sqrt{N} \tag{34}$$

由此产生的凝聚“波函数”$\Psi(\boldsymbol{r})$的运动方程如下：

$$\mathrm{i}\hbar\frac{\partial}{\partial t}\Psi(\boldsymbol{r},t)=\left[-\frac{\hbar^{2}}{2m}\nabla^{2}+V_{\text{ext}}(\boldsymbol{r})+g\,|\Psi(\boldsymbol{r},t)|^{2}\right]\Psi(\boldsymbol{r},t) \tag{35}$$

这就是著名的 Gross-Pitaevskii 方程[4,3]。该方程是在描述玻色—爱因斯坦凝聚动力学时主要用到的方程。Gross-Pitaevskii 方程基于平均场理论，该理论反映原子间通过有效势相互作用。有效势的大小与原子云的密度成比例，反映了凝聚体的非线性行为。Gross-Pitaevskii 方程是非常有用的工具，且已被广泛用于描述玻色—爱因斯坦凝聚体的性质。

拟设 $\Psi(\boldsymbol{r},t)=\varphi(\boldsymbol{r})\mathrm{e}^{-\mathrm{i}\mu t/\hbar}$，则可得方程(35)与时间无关的形式，其中 μ 表示化学势：

$$\mu\varphi(\boldsymbol{r})=\left[-\frac{\hbar^2}{2m}\nabla^2+V_{\mathrm{ext}}(\boldsymbol{r})+g\,|\varphi(\boldsymbol{r})|^2\right]\varphi(\boldsymbol{r}) \tag{36}$$

典型的密度分布如图 12.4 所示，图中原子被俘获于外部简谐势阱中。由于原子间的相互作用，密度分布曲线不是高斯的，而接近于反抛物线。这可由汤姆斯-费米近似(Thomas-Fermi approximation)[23]解释，该近似忽略了与时间无关的 Gross-Pitaevskii 方程(36)中的动能项，且有

$$|\varphi(\boldsymbol{r})|^2=[\mu-V_{\mathrm{ext}}(\boldsymbol{r})]/g \tag{37}$$

对于谐振势阱而言，汤姆斯—费米近似确实给出了反抛物线形的原子密度分布，如图 12.4 所示。当俘获频率 $\omega_z \ll \mu/\hbar$ 时近似效果良好，仅仅在原子云的边缘近似才不可避免地被打破。

12.3.3　量子气体相位印迹

量子气体的俘获可用远失谐激光束来实现，如前所述，此类激光束能避免光被吸收。有了这种技术，如果我们能够塑造激光束的强度，就能得到玻色—爱因斯坦凝聚的密度分布。然而光阱不影响量子气体的相位。在相干的玻色—爱因斯坦凝聚中，每个原子的相位都是严格定义好的。为了不仅得到玻色—爱因斯坦凝聚的密度还要获取其相位，可用所谓的相位印迹(phase imprinting)技术实现。相比于静态光阱，此技术更依赖于动态过程。

相位印迹的方法由通过的非共振短激光脉冲组成。激光脉冲由适当设计能改变光强分布的吸收板或空间光调制器来实现[24,25]。整形后的光脉冲能通过玻色—爱因斯坦凝聚传播。接下来，我们将以一维云为例来说明此方法的原理。

如果径向俘获频率大于相应的化学势即 $\omega_r \ll \mu/\hbar$，且俘获势阱中的原子的纵向约束远小于横向约束，则被俘获的玻色—爱因斯坦凝聚体可动态地看成一维。则 Gross-Pitaevskii 方程具有如下形式：

$$\mathrm{i}\hbar\frac{\partial}{\partial t}\Psi(z,t)=\left[-\frac{\hbar^2}{2m}\frac{\partial^2}{\partial z^2}+V(z)+W(z,t)+g_{1\mathrm{D}}\,|\Psi(z,t)|^2\right]\Psi(z,t) \tag{38}$$

其中，$W(z,t)$表示凝聚体与外部激光的相互作用，即由远失谐激光脉冲产生的偶极势。静态俘获势由沿 z 轴传播的典型谐波 $V(z)$给出。一维动力学由重正化后的平均场强可得

$$g_{1\mathrm{D}}=g\,\frac{m\omega_r}{2\pi\hbar} \tag{39}$$

其中 ω_r 为横向俘获频率。值得注意的是，动力学可能为一维，而碰撞只能是三维的。真正一维的情形可由向低密度玻色气体施加强的横向约束来实现。该情况在理论和实验上已被广泛研究过，与玻色气体获得费米子性质的现象有关[26]。

如果远失谐激光脉冲的持续时间比相关时间 t_{corr} 短：

$$t_{\mathrm{corr}}=\frac{\hbar}{\mu} \tag{40}$$

凝聚体来不及响应，则方程(38)的右边主要由 $W(z,t)$ 决定。因此，在激光脉冲穿过凝聚体后，方程(38)的解为

$$\Psi(z)=\mathrm{e}^{-\mathrm{i}\int \mathrm{d}t' W(z,t')}\Psi_0(z,t=0) \tag{41}$$

其中 $\Psi_0(z,t=0)$ 为凝聚体的初态。如果入射脉冲足够短，且将积分时间延长至无穷大，由此可得相位

$$\varphi(z)=\Delta t W(z) \tag{42}$$

其中 Δt 为时域内脉冲宽度的测量值。该情形与在光阱中类似，则势能 $W(z)$ 可由方程(25)给出，则所得相位 $\varphi(z)$ 取决于激光脉冲强度和脉冲持续时间。换言之，相位印迹技术依赖于光束强度的持续时间和整形。

相位印迹技术为制备某些指定态的玻色—爱因斯坦凝聚提供了一种通用方法。一般来说，准备态不是被俘获量子气体的本征态。因此，相位印迹技术可用于诱导玻色—爱因斯坦凝聚体的相干动力学。此效应用于玻色—爱因斯坦凝聚中产生暗孤子[24,25]。孤子是一种拓扑激发，或是波函数扭结，在原子云中传播且形状保持不变。同时，孤子也是非线性 Gross-Pitaevskii 方程的一个特解。印迹状态虽不是精确的孤子解，但很接近精确解。因此相位印迹过程会产生暗孤子，即原子间相互排斥的密度缺口。当然我们不会仅局限于孤子动力学。例如，通过选择与位置呈平方关系的相位，可诱导聚焦或散焦现象。类似地，位置线性相关性会在气体中引入动量，借此可相干分离凝聚体，如图 12.3 和图 12.5 所示。

有趣的是，玻色—爱因斯坦凝聚体的相位印迹可类比于光学，即相位印迹相当于原子的相位板。在原子云聚焦动力学中，当抛物线状相位印到原子时，能最清楚地观察到此现象。此相位充当原子的透镜。然而由于原子间的相互作用，聚焦的物质波即凝聚体最终不会聚集到一个点上，而是相当于光学聚焦的整体动力学[27,28]。

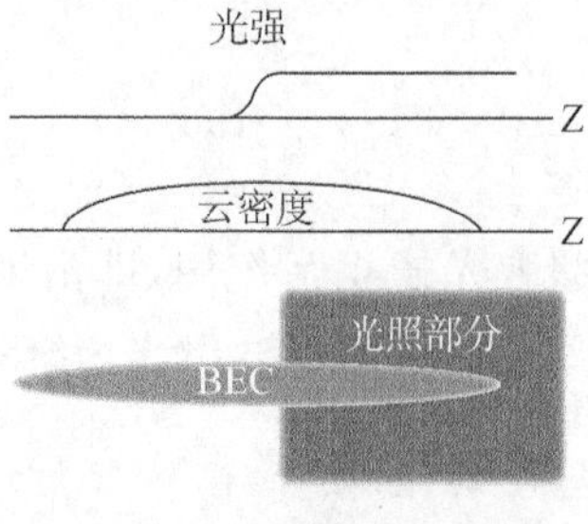

图 12.3　例如相位印迹技术可被用于制造具有急剧相移的玻色—爱因斯坦凝聚。由此产生的动力将会在原子间的相互排斥作用下产生暗孤子。

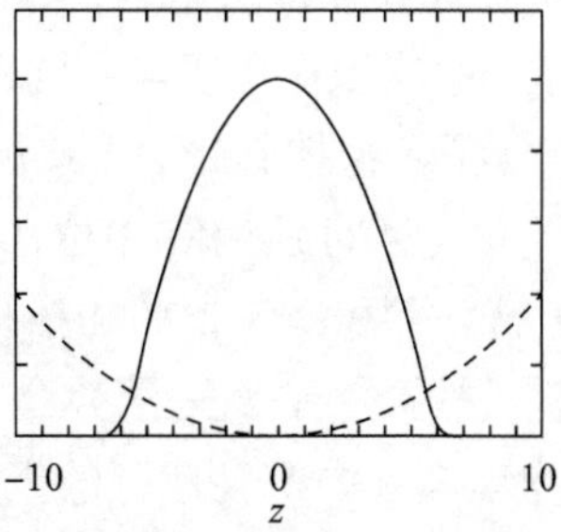

图 12.4　当 $\hbar\omega_z \ll \mu$ 时，玻色—爱因斯坦凝聚密度分布的形状为抛物线。虚曲线表示谐波外部势阱，$\frac{1}{2}m\omega_z^2 z^2$。

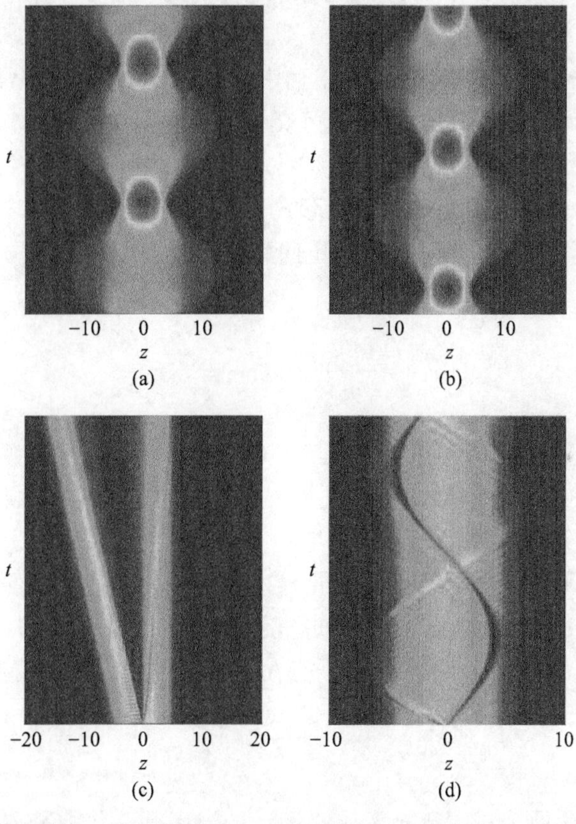

图 12.5　图中的凝聚态位于谐波势阱中。(a)和(b)分别为 z 的二次方的印迹相位引起的散焦和聚焦，诱导结果取决于相位梯度的符号。(c) 如果当 $z>0$ 时相位为零，当 $z<0$ 时相位与 z 成线性关系，则原子云分裂，其中部分云被分离了，剩余部分在远小于 $1/\omega_c$ 的时间内保持静止。(d) 图具有急剧相移印迹，因此暗孤子在原子云中振荡(如图 12.3)。见彩色插图。

12.4　冷原子的光致规范势

12.4.1　背景

迄今为止，我们已经证明整形过的光束强度可用于玻色—爱因斯坦凝聚的俘获和相位印迹。而光的相位还没有发挥重要作用。在这一节中，我们将考虑在原子的光学操纵中入射光场的强度和相位都很重要的情况。特别地，我们将展示两束及两束以上的激光是如何引起原子质心运动的有效矢量势和俘获势的。由于诱导的有效磁场,这为操纵中性原子提供了新的手段。为此,激光束应该作用于具有电磁感应透明(Electromagnetically Induced Transparency, EIT)[29-33]现象的原子上。光致规范势具有几何性质并取决于入射激光场的相对强度和相位而不是其绝对强度和相位。此方法提供了光诱导作用于电中性原子的有效电磁场的一种方式,可用具有非平凡拓扑结构的激光场实现,例如传播方向上具有轨道角动量[5-7,34,35]。诱导出有效矢量势是 Mead-Berry 连接[36,37]的表现,Mead-Berry 连接是许多不同的物理领域中都会遇到的[38-43]。

此外,在电中性原子云中产生有效电磁场的一般方法是旋转系统以使矢量势出现在参考文献[44-46]的旋转框架中,相当于原子处于均匀磁场中。然而以可控的方式搅拌超冷原子云相当困难。也有建议利用光晶格的离散周期结构引入格点间的非对称原子跃迁[47-50]。此方法可在沿格点上封闭路径移动的原子上诱导非零相位,可模拟磁通量[51,47-50]。然而,这种产生有效磁场的方式不适用于不构成晶格的原子气体。光致规范势则避免了以上缺点[5-7,34,52,53]。此外,运用此技术不仅可诱导常规(阿贝尔)规范势[5-7,34,42,43,53],还可以诱导笛卡儿分量不可交换的非阿贝尔规范势[52,54],这在下一节中会被详细讨论。

12.4.2 光场中原子绝热运动的一般形式

为使绝热动力学的一般理论[36-40]适用于固定激光场中原子的质心运动,考虑具有多个内部状态的原子,全原子哈密顿量为:

$$\hat{H}=\frac{\hat{p}^2}{2m}+\hat{H}_0(\boldsymbol{r})+\hat{V}(\boldsymbol{r}) \tag{43}$$

其中 $\hat{\boldsymbol{p}}\equiv -\mathrm{i}\hbar\nabla$ 为原子位于 $\boldsymbol{r}$ 处的动量算子,m 为原子质量。哈密顿量 $\hat{H}_0(\boldsymbol{r})$ 描述原子的电子自由度,$\hat{V}(\boldsymbol{r})$ 表示外部俘获势。需要注意的是,原子的哈密顿量 $\hat{H}_0(\boldsymbol{r})$ 除了包括内部动态的作用外,还包括外部光场的影响。

对于固定的位置 $\boldsymbol{r}$,将原子的哈密顿量 $\hat{H}_0(\boldsymbol{r})$ 对角化可得一系列 N 个光场耦合的原子缀饰态(dressed states) $|\chi_n(\boldsymbol{r})\rangle$。缀饰态的本征值为 $\varepsilon_n(\boldsymbol{r})$,其中 $n=1,2,\cdots,N$。描述内部自由度和运动自由度的原子全量子态在缀饰态下可扩展为:

$$|\Phi\rangle=\sum_{n=1}^{N}\Psi_n(\boldsymbol{r})\,|\chi_n(\boldsymbol{r})\rangle \tag{44}$$

其中 $\Psi_n(\boldsymbol{r})\equiv\Psi_n$ 为原子在内态 n 下质心运动的波函数。将方程(44)代入薛定谔方程(Schrödinger equation) $\mathrm{i}\hbar\partial|\Phi\rangle/\partial t=\hat{H}|\Phi\rangle$ 中,得到分量 Ψ_n 的一组耦合方程。为了方便起见,引入 N 维列向量 $\boldsymbol{\Psi}=(\Psi_1,\Psi_2,\cdots,\Psi_N)^{\mathrm{T}}$,将所得耦合方程组用矩阵形式表示:

$$\mathrm{i}\hbar\frac{\partial}{\partial t}\boldsymbol{\Psi}=\left[\frac{1}{2m}(-\mathrm{i}\hbar\nabla-\boldsymbol{A})^2+U\right]\boldsymbol{\Psi} \tag{45}$$

其中 $\boldsymbol{A}$ 和 $\boldsymbol{U}$ 为 $N\times N$ 矩阵,元素分别如下:

$$\boldsymbol{A}_{n,m}=\mathrm{i}\hbar\langle\chi_n(\boldsymbol{r})\,|\,\nabla\chi_m(\boldsymbol{r})\rangle \tag{46}$$

$$U_{n,m}=\varepsilon_n(\boldsymbol{r})\delta_{n,m}+\langle\chi_n(\boldsymbol{r})\,|\,\hat{V}(\boldsymbol{r})\,|\,\chi_m(\boldsymbol{r})\rangle \tag{47}$$

矩阵 $\boldsymbol{U}$ 既包括内部原子能的贡献，又包括外部的俘获势的贡献。矩阵 $\boldsymbol{A}$ 是由原子缀饰态的空间相关性而产生的规范势。如果矩阵 $\boldsymbol{A}$ 和 $\boldsymbol{U}$ 的非对角元素远小于原子能量差 $U_{nn}-U_{mm}$，则可用**绝热近似**(adiabatic approximation)忽略非对角元素的贡献。这会使不同缀饰态的动力学相互独立。此时，任一缀饰态下的原子都会依据独立的哈密顿量演化，此类哈密顿量中的规范势矩阵 $\boldsymbol{A}$ 减少为 1×1 矩阵，即规范势变为阿贝尔势。如果缀饰态简并(或近似简并)，则不能忽略简并缀饰态之间的非对角线元素(非绝热)耦合，此时不能用绝热近似，规范势矩阵也不能变为 1×1 矩阵。笛卡儿分量不可交换的规范势为非阿贝尔势。

假设 q 原子缀饰态简并(或近似简并)，且这些能级与剩余的 $N-q$ 能级完全分离，忽略原子到剩余能级的跃迁，可将全哈密顿量投射到该子空间上。由此可得关于投射后的列向量 $\tilde{\boldsymbol{\Psi}}=(\Psi_1,\cdots,\Psi_q)^{\mathrm{T}}$ 的封闭薛定谔方程：

$$\mathrm{i}\hbar\frac{\partial}{\partial t}\tilde{\Psi}=\left[\frac{1}{2m}(-\mathrm{i}\hbar\nabla-\boldsymbol{A})^2+U+\Phi\right]\tilde{\Psi} \tag{48}$$

其中 $\boldsymbol{A}$ 和 $\boldsymbol{U}$ 为截取的 $q\times q$ 的矩阵。$\boldsymbol{A}^2$ 项到 q 维子空间的投影不能完整地用截断矩阵 $\boldsymbol{A}$ 表示，由此引入几何标量势 Φ，也是 $q\times q$ 的矩阵：

$$\begin{aligned}\Phi_{n,m}&=\frac{1}{2m}\sum_{l=q+1}^{N}\boldsymbol{A}_{n,l}\cdot\boldsymbol{A}_{l,m}\\&=\frac{\hbar^2}{2m}\left(\langle\nabla\chi_n\mid\nabla\chi_m\rangle+\sum_{k=1}^{q}\langle\chi_n\mid\nabla\chi_k\rangle\langle\chi_k\mid\nabla\chi_m\rangle\right)\end{aligned} \tag{49}$$

其中 $n,m\in(1,\cdots,q)$。减少后的 $q\times q$ 矩阵 $\boldsymbol{A}$ 是 Mead-Berry 连接[36,37]，即有效**矢量势**，与曲率(有效"磁"场)$\boldsymbol{B}$ 有关

$$B_{\mathrm{i}}=\frac{1}{2}\varepsilon_{ikl}F_{kl},F_{kl}=\partial_kA_l-\partial_lA_k-\frac{\mathrm{i}}{\hbar}[A_k,A_l] \tag{50}$$

注意到，由于 $\boldsymbol{A}$ 的向量分量不一定可交换，$\frac{1}{2}\varepsilon_{ikl}[A_k,A_l]=(A\times A)_{\mathrm{i}}$ 通常不为零这正是规范势的非阿贝尔性质的反映。

在下一节中，我们会考虑将双光束耦合到 Λ 型结构中的原子上的情况。在此方案中，存在单一的非简并电子态(被称为暗态)。因此，原子的质量中心会进行绝热运动。绝热运动受(阿贝尔)矢量和俘获势的影响。在本章的后面，我们将分析三脚架型激光—原子相互作用，该作用能产生两个简并暗态。这种情况具有非阿贝尔光致规范势。

12.5　Λ 体系的光致规范势

12.5.1　概述

现在我们考虑 Λ 型三能级冷原子系综，Λ 型的结构如图 12.6 所示，具有两个基态 $|1\rangle$ 和 $|2\rangle$、一个电子激发态 $|0\rangle$。例如，$|1\rangle$ 态和 $|2\rangle$ 态可为原子的不同的超精细基态。原子与图 12.6 所示的 EIT 结构中的双共振激光束相互作用。第一束激光的频率为 ω_1，波矢为 $\boldsymbol{k}_1$，并以拉比频率(Rabi frequency)$\Omega_1\equiv\mu_{01}E_1/2$ 诱导原子由 $|1\rangle$ 态跃迁到 $|0\rangle$ 态，其

中 E_1为电场强度且 μ_{01}为从基态$|1\rangle$跃迁到激发态$|0\rangle$的偶极矩。第二束激光的频率为 ω_2，波矢为 $\boldsymbol{k}_2$，使原子以拉比频率 $\Omega_2 \equiv \mu_{02}E_2/2$ 由$|2\rangle$态跃迁到$|0\rangle$态。

采用旋波近似，则原子与双光束相互作用的电子自由度的哈密顿量为：

$$\hat{H}_0(\boldsymbol{r}) = \varepsilon_{21} \mid 2\rangle\langle 2 \mid + \varepsilon_{01} \mid 0\rangle\langle 0 \mid - \hbar(\Omega_1 \mid 0\rangle\langle 1 \mid + \Omega_2 \mid 0\rangle\langle 2 \mid + \text{H.c.}) \tag{51}$$

其中 ε_{21} 和 ε_{01} 分别为双光子和单光子共振失谐的能量。需要注意的是，哈密顿量 $\hat{H}_0(\boldsymbol{r})$ 的空间相关性由拉比频率 $\Omega_1 \equiv \Omega_1(\boldsymbol{r})$ 和 $\Omega_2 \equiv \Omega_2(\boldsymbol{r})$ 的空间相关性体现。

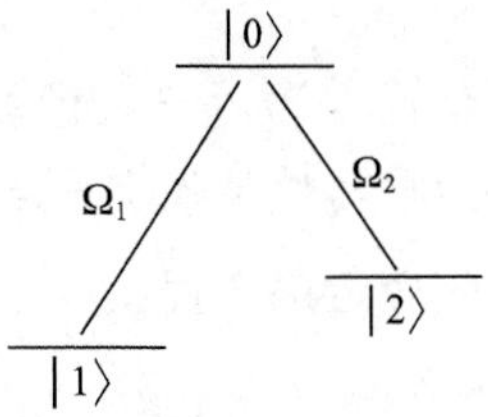

图 12.6 具有双激光束 $\boldsymbol{\Omega}_1$ 和 $\boldsymbol{\Omega}_2$ 耦合能级 EIT 的 $\boldsymbol{\Lambda}$ 体系

忽略双光子失谐(即 $\varepsilon_{21}=0$)，则哈密顿量(51)具有本征态：

$$\mid D\rangle = \frac{1}{\sqrt{1+\mid\zeta\mid^2}}(\mid 1\rangle - \zeta \mid 2\rangle) \tag{52}$$

表示两个基态的相干叠加，其中

$$\zeta = \frac{\Omega_1}{\Omega_2} \tag{53}$$

ζ 是激光场振幅的比值，具有零能量本征值：$\hat{H}_0(\boldsymbol{r})|D\rangle=0$。由于$|D\rangle$态与激发电子态$|0\rangle$，且$|D\rangle$态不会耦合到$|0\rangle$态，因此能避免吸收和自发辐射，由此$|D\rangle$态被称为暗态[29-33]。当原子处于暗态$|D\rangle\equiv|D(\boldsymbol{r})\rangle$时，全原子的态矢量为：

$$\mid \Phi\rangle = \Psi_D(\boldsymbol{r}) \mid D(\boldsymbol{r})\rangle \tag{54}$$

其中 Ψ_D 为暗态原子质心运动的波函数。当原子处于暗态$|D\rangle$时，激光束会诱导出两条吸收路径：$|2\rangle\rightarrow|0\rangle$和$|1\rangle\rightarrow|0\rangle$，产生破坏性干扰，从而导致电磁感应透明[29-33]。此时向上原子能级$|0\rangle$的跃迁被抑制，使得暗态不受电子激发态$|0\rangle$的影响。

再次假设激光场被调谐到双光子共振：$\varepsilon_{21}=0$。剩余的双光子失配(如果有的话)可被包含于俘获势中：

$$\hat{V}(\boldsymbol{r}) = V_1(\boldsymbol{r}) \mid 1\rangle\langle 1 \mid + V_2(\boldsymbol{r}) \mid 2\rangle\langle 2 \mid + V_0(\boldsymbol{r}) \mid 0\rangle\langle 0 \mid \tag{55}$$

其中 $V_j(\boldsymbol{r})$为电子态 j 中原子的俘获势，$j=0,1,2$。利用在上一节中提到的方法，暗态原子的质心动力学可由如下的运动方程描述：

$$\mathrm{i}\hbar\frac{\partial}{\partial t}\Psi_D = \left[\frac{1}{2m}(-\mathrm{i}\hbar\nabla - \boldsymbol{A})^2 + V_{\text{eff}}\right]\Psi_D \tag{56}$$

其中 $\boldsymbol{A}$ 和 V_{eff}分别为有效矢量势和俘获势：

$$\boldsymbol{A} = \mathrm{i}\hbar\langle D \mid \nabla D\rangle \tag{57}$$

$$V_{\mathrm{eff}} = V + \varphi \tag{58}$$

且有

$$V = \frac{V_1(\boldsymbol{r}) + |\zeta|^2 V_2(\boldsymbol{r})}{1 + |\zeta|^2} \tag{59}$$

$$\varphi = \frac{\hbar^2}{2M}(\langle D \mid \nabla D\rangle^2 + \langle \nabla D \mid \nabla D\rangle) \tag{60}$$

$V_1(\boldsymbol{r})$和$V_2(\boldsymbol{r})$分别为原子在电子态 1 和 2 的俘获势，则势 V 表示暗态原子的外部俘获势。

由上述分析可知，有效俘获势 V_{eff} 由外部俘获势 V 和几何标量势 φ 组成。前者 V 取决于俘获势 $V_1(\boldsymbol{r})$、$V_2(\boldsymbol{r})$ 的形状和强度比 $|\zeta|^2$。后者几何势 φ 只由暗态 $|D\rangle$ 的空间相关性决定，此相关性是通过拉比频率 $\zeta = \Omega_1/\Omega_2$ 的空间相关性体现的。注意有效矢量势 $\boldsymbol{A}$ 也具有几何性质，因为它也源自于暗态的空间相关性。

12.5.2　绝热条件

暗态能量和系统剩余缀饰原子态能量的分离由总拉比频率 $\Omega = \sqrt{\Omega_1^2 + \Omega_2^2}$ 描述。如果激光场被调谐到单光子和双光子共振（$\varepsilon_{01}, \varepsilon_{21} \ll \hbar\Omega$），且方程(45)中的非对角线矩阵元素远小于总的拉比频率 Ω，绝热方法有效，则有

$$F \ll \Omega \tag{61}$$

其中与速度相关的项：

$$F = \frac{1}{1 + |\zeta|^2} |\nabla\zeta \cdot \boldsymbol{v}| \tag{62}$$

反映了双光子的多普勒失谐(Doppler detuning)。需要注意的是，方程(61)不适用于由激发态衰变产生的影响。由于耗散效应，单光子失谐的能量由 ε_{01}变为 $\varepsilon_{01} - \mathrm{i}\hbar\gamma_0$，其中 γ_0 为激发态的衰变率。此时，暗态可获得有限的寿命：

$$\tau_D \sim \gamma_0{}^{-1}\Omega^2/F^2 \tag{63}$$

比此系统的其他特征时间更长。

方程(61) 意味着拉比频率的逆 Ω^{-1} 应远小于原子经过特征长度的时间，特征长度位于比例 $\zeta = \Omega_1/\Omega_2$ 的幅度或相位变化很大的阶段。后者长度超过光学波长，且拉比频率可达 $10^7 \sim 10^8\,\mathrm{s}^{-1}$ 数量级[55]。因此，绝热条件(61) 应适用于原子速度高达每秒数十米量级的情况，即达到超冷原子气体下的极大速度。如果考虑激发态原子的自发衰变，则绝热条件所需要的原子速度会降低。由方程(63) 可知，原子暗态的有限寿命 τ_D 等于比值 Ω^2/F^2 的 γ_0^{-1} 倍，又原子的衰变率 γ_3 典型的数量级为 $10^7\,\mathrm{s}^{-1}$，因此为了得到长寿命的暗态，原子的速度不宜过大。例如，如果原子的速度是每秒一厘米的量级（声音在原子 BEC 中的典型速度），则原子在暗态下最多可存活数秒，与原子 BEC 的典型寿命相当。

12.5.3 有效矢量势和俘获势

将拉比频率 ζ 表示成幅度和相位的形式，如下：

$$\zeta=\frac{\Omega_1}{\Omega_2}=|\zeta|\,e^{iS} \tag{64}$$

用方程(52)表示暗态，则有效矢量势为：

$$\boldsymbol{A}=-\hbar\,\frac{|\zeta|^2}{1+|\zeta|^2}\nabla S \tag{65}$$

因此有效磁场为

$$\boldsymbol{B}=\hbar\,\frac{\nabla S\times\nabla|\zeta|^2}{(1+|\zeta|^2)^2} \tag{66}$$

且几何标量势为

$$\varphi=\frac{\hbar^2}{2M}\,\frac{(\nabla|\zeta|)^2+|\zeta|^2(\nabla S)^2}{(1+|\zeta|^2)^2} \tag{67}$$

显而易见，仅当相对强度和相对相位的梯度均非零且彼此不平行时，规范势 $\boldsymbol{A}$ 产生的有效磁场 $\boldsymbol{B}=\nabla\times\boldsymbol{A}$ 不为零。因此在 Λ 系统中采用平面波不能诱导有效磁场[42,43]。然而平面波确实可以用于更复杂的三脚架体系[52,54]，我们将在下一节中讨论。

方程(66)有非常直观的解释：$\nabla[|\zeta|^2/(1+|\zeta|^2)]$ 为连接两光束“质心”的矢量，∇S 与两光束相对动量的矢量成比例。因此非零矢量 $\boldsymbol{B}$ 要求两光束具有**相对轨道角动量**。此情形可用漩涡光束[5-7,34]或利用相向传播的两束直径有限的且带有轴偏移的光束[53]实现。

12.5.4 携带轨道角动量的同向传播光束

假设入射激光束携带沿传播方向 z 轴的轨道角动量，如图 12.7 所示，则光束的空间分布为[56,57]：

$$\Omega_1=\Omega_1^{(0)}\,e^{i(k_1z+l_1\varphi)} \tag{68}$$

和

$$\Omega_2=\Omega_2^{(0)}\,e^{i(k_2z+l_2\varphi)} \tag{69}$$

其中 $\Omega_1^{(0)}$ 和 $\Omega_2^{(0)}$ 为缓慢变化的振幅，$\hbar l_1$ 和 $\hbar l_2$ 为对应的单个光子沿传播轴 z 轴携带的轨道角动量，φ 为方位角。比值 $\zeta=\Omega_1/\Omega_2$ 的相位为 $S=l\varphi$，则有效矢量势和磁场如下：

$$\boldsymbol{A}=-\frac{\hbar l}{\rho}\,\frac{|\zeta|^2}{1+|\zeta|^2}\,\hat{\mathbf{e}}_\varphi \tag{70}$$

$$\boldsymbol{B}=\frac{\hbar l}{\rho}\,\frac{1}{(1+|\zeta|^2)^2}\,\hat{\mathbf{e}}_\varphi\times\nabla|\zeta|^2 \tag{71}$$

其中 $l=l_1-l_2$ 为激光束匝数之差，$\mathbf{e}_\varphi$ 为方位角方向的单位矢量，ρ 为圆柱半径。需要注意的是，虽然由方程(68)和(69)知两束光的轨道角动量通常非零，但理想情况是其中一束光的轨道角动量为零。实际上，如果 l_1 和 l_2 均不为零，幅度 Ω_1 和 Ω_2 将同时在 $\rho=0$ 即原点处取零，此时总的拉比频率 $\Omega=\sqrt{\Omega_1^2+\Omega_2^2}$ 也为零，从而在 $\rho=0$ 处不满足绝热条件(61)。

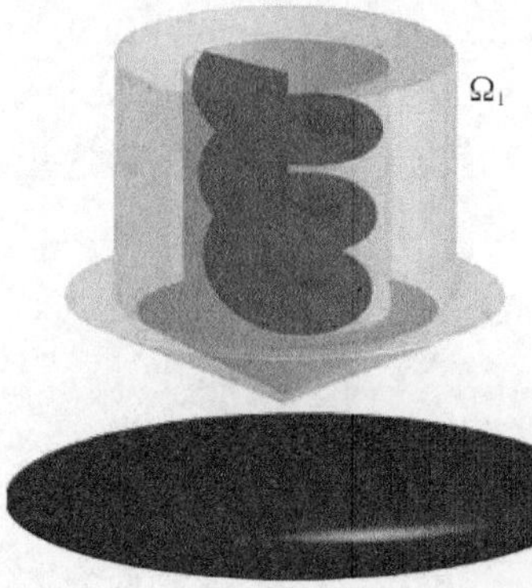

图 12.7　在 EIT 结构的两束耦合光束中，至少有一束光携带有轨道角动量。见彩色插图。

如果激光束是圆柱对称的，则强度比 $|\zeta|^2$ 仅取决于圆柱半径 ρ。此时，有效磁场沿 z 轴方向：

$$\boldsymbol{B}=-\hat{\mathbf{e}}_z\frac{\hbar l}{\rho}\frac{1}{(1+|\zeta|^2)^2}\frac{\partial}{\partial\rho}|\zeta|^2 \tag{72}$$

显然仅当比值 $\zeta=\Omega_1/\Omega_2$ 具有非零相位($l=l_1-l_2\neq 0$) 且幅度 $|\zeta|$ 具有径向相关性($\partial|\zeta|/\partial\rho\neq 0$) 时，有效磁场不为零。

光诱导的磁场影响 $x-y$ 平面上原子的运动。该影响可能会导致一些现象，如原子费米子云中的德哈斯—范阿尔芬效应(de Haas-van Alphen effect)[5]或原子的玻色—爱因斯坦凝聚中的迈斯纳效应(Meissner effect)[35]。此外，光生电势会改变原子云的膨胀动力[35]。关于具有这种几何形状的光致规范场的更详细的分析见参考文献[5-7,34]。

12.5.5　移动的横向剖面的相向传播光束

现在我们考虑一种不一样的情形[53]，使用的是两束直径有限的相向传输激光束。两束光束的轴偏移量分别为 $\Omega_1=\Omega_1^{(0)}\mathrm{e}^{\mathrm{i}k_1y}$、$\Omega_2=\Omega_2^{(0)}\mathrm{e}^{-\mathrm{i}k_2y}$，其中 $\Omega_1^{(0)}$ 和 $\Omega_2^{(0)}$ 为移动的横向剖面的实振幅，如图 12.8 所示。激光束携带所需要的相对轨道角动量，这类似于动量恒定的两个点粒子在某段有限的距离内相互传递，从而产生有效磁场。

比值 $\zeta=\Omega_1/\Omega_2$ 的相位如下：

$$S=ky,k=k_1+k_2 \tag{73}$$

则 $\nabla S=k\hat{\mathbf{e}}_y$，其中 $\hat{\mathbf{e}}_y$ 为笛卡儿单位向量。强度比 $|\zeta|^2=|\Omega_1/\Omega_2|^2$ 的空间相关性由 $|\Omega_1|^2$ 和 $|\Omega_2|^2$ 的空间分布共同决定。由于激光束沿 y 轴相向传播，则传输距离 y 对其强度的影响不大。与此同时，忽略强度比与 z 轴的相关性。例如，如果由于 z 方向上强的俘获势而使得原子运动被限制在 xy 平面内，则该忽略是合理的。由方程(66)得，光诱导的有效磁场的强度如下：

$$\boldsymbol{B}=-\hat{\mathbf{e}}_z\hbar k\frac{\partial}{\partial x}\frac{|\zeta|^2}{(1+|\zeta|^2)}\tag{74}$$

有效磁场 $\boldsymbol{B}$ 沿 z 轴方向。其幅值 B 主要取决于横坐标 x，且在傍轴近似成立的情况下与 y 的相关性不大。

该技术一个可能应用是研究量子霍尔现象(quantum Hall phenomena)，因此可使俘获原子进入最低朗道能级(the lowest Landau level, LLL)。在此过程中，我们必须估算磁场强度的最大值。对此，我们要确定相当于单一的磁通量子 $2\pi\hbar$ 的磁通量所需的最小区域。

图 12.8　两束相向传播且相互重叠的激光束与冷原子云相互作用

由方程(74)得，该区域可由乘积 λx_{eff} 确定，其中 x_{eff} 为两光束中心的有效距离且 $\lambda=4\pi/k$。为在二维气体中实现 LLL，原子密度必须小于每 λx_{eff} 一个原子。

以上分析表明，只要原子运动得足够慢，就能处于暗态中。这是在方程(62)给出的绝热条件成立时的情况。在当前情形下，绝热条件的形式为：

$$F^2=\frac{1}{(1+|\zeta|^2)^2}\left[\left(v_x\frac{\partial}{\partial x}|\zeta|\right)^2+(|\zeta|kv_y)^2\right]\ll\Omega^2\tag{75}$$

假设两束光束都是高斯分布且具有相同的幅度 Ω_0 和宽度 σ：

$$|\Omega_j|=\Omega_0\exp\left(-\frac{(x-x_j)^2}{\sigma^2}\right),j=1,2\tag{76}$$

在傍轴近似中，高斯光束的宽度为 $\sigma\equiv\sigma(y)=\sigma_0[1+(\lambda y/\pi\sigma_0^2)]^{1/2}$，其中 $\sigma_0\equiv\sigma(0)$ 为光束的束腰，λ 为波长。由 $k_1\approx k_2\approx k/2$，可得两光束的波长为 $\lambda\approx 4\pi/k$。比起距离 $|y|$ 我们更关注光束的共焦参数 $b=2\pi\sigma_0^2/\lambda\approx k\sigma_0^2/2$。当距离 $|y|\ll b$ 时，宽度 $\sigma(y)$ 与光束束腰近似：$\sigma(y)\approx\sigma_0$。

假设光束的中心位于 $x_1=x_0+\Delta x/2$ 和 $x_2=x_0-\Delta x/2$。则强度比为 $|\zeta|^2\equiv|\Omega_1/\Omega_2|^2=\exp[(x-x_0)/a]$，其中 $a\equiv a(y)=\sigma^2/4\Delta x$ 为两束光束的相对宽度。由此可得

$$\boldsymbol{B}=-\hbar k\frac{1}{4a\cosh^2((x-x_0)/2a)}\mathbf{e}_z\tag{77}$$

$$V_{\text{eff}}(\boldsymbol{r})=V(\boldsymbol{r})+\frac{\hbar^2k^2}{2m}\frac{(1+1/4a^2k^2)}{4\cosh^2((x-x_0)/2a)}\tag{78}$$

其中 $V(\boldsymbol{r})$ 为外部俘获势。显然 $\boldsymbol{B}$ 和 $V_{\text{eff}}(\boldsymbol{r})$ 在中心点 $x=x_0$ 处同时取得最大值，且当 $|x-x_0|\ll a$ 时呈二次减少。让外部势 $V(\boldsymbol{r})$ 中含有合适的二次项，以消去有效俘获势(78)中位移 $x-x_0$ 的二次项。满足此条件的外部势的频率为：

$$\omega_{\text{ext}}=\frac{\hbar k}{4am}\sqrt{1+1/4a^2k^2}\tag{79}$$

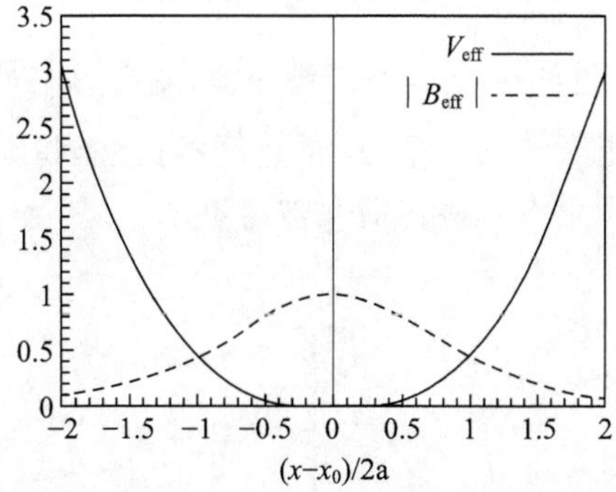

图 12.9 图为相向传播的高斯光束产生的有效俘获势 V_{eff} 和有效磁场 B_{eff}。外部谐振势 V_{ext} 消除了总势 V_{eff} 中的二次项。有效磁场以单位量 $B(0)\equiv\hbar k/4a$ 绘制，而有效俘获势的单位量为 $\hbar\omega_{\text{rec}}(1+1/4a^2k^2)$，其中 $\omega_{\text{rec}}=\hbar^2k^2/2m$。

此时，总的有效俘获势为常数，为 $x-x_0$ 的四次方。在中心点附近($|x-x_0|\ll a$)，磁场强度为 $B\approx\hbar k/4a$，相应的磁性长度(magnetic length)和回旋频率(cyclotron frequency)分别为 $l_B\approx\sqrt{\hbar/B}=2\sqrt{a/k}$ 和 $\omega_c=B/m\approx\hbar k/4am$。磁性长度 l_B 远小于两束光束的相对宽度 $l_B\ll a$，条件是后者远大于光束波长即 $ak\gg1$。此时，很多磁性长度都位于激光束的区间 $|x-x_0|<a$ 内。此外，回旋频率约等于外部势阱的频率：$\omega_c\approx\omega_{\text{ext}}$，且两者均远小于反冲频率。

图 12.9 所示的有效俘获势和有效磁场可分别由方程(77) 和(78) 计算得出。在计算有效俘获势时，方程(78) 中加上了频率为 ω_{ext}(方程(79)) 的外部简谐势 V_{ext} 以消去总势 $V(\boldsymbol{r})$ 中的二次项。有效磁场近似为恒定势能区域 $|x-x_0|\ll a$ 的最大值。当距离更大时，有效俘获势会形成势垒，使原子被俘获在强磁场区域内。

12.6 三脚架型原子的光致规范场

12.6.1 概述

考虑一种更复杂的原子 — 光耦合的三脚架型原子系统[52,58]，如图 12.10 所示，图中用附加的第三束激光驱动额外的基态 3 和激发态 0 之间的跃迁。假设单光子和双光子共振是精确的，三脚架型系统的哈密顿量相互作用表达如下：

$$\hat{H}_0=-\hbar(\Omega_1|0\rangle\langle1|+\Omega_2|0\rangle\langle2|+\Omega_3|0\rangle\langle3|)+\text{H.c.} \tag{80}$$

哈密顿量 $\hat{H}_0$ 有两个本征态 $|D_j\rangle(j=1,2)$ 且本征能量为零 $\hat{H}_0|D_j\rangle=0$。由方程(82) 和(83) 可知，本征态 $|D_j\rangle$ 为暗态，不包含激发态的贡献。

根据下列角度和相位变量将拉比频率 Ω_μ 参数化：

$$\begin{aligned}\Omega_1&=\Omega\sin\theta\cos\varphi\,\mathrm{e}^{\mathrm{i}S_1}\\\Omega_2&=\Omega\sin\theta\sin\varphi\,\mathrm{e}^{\mathrm{i}S_2}\\\Omega_3&=\Omega\cos\theta\,\mathrm{e}^{\mathrm{i}S_3}\end{aligned} \tag{81}$$

其中 $\Omega=\sqrt{|\Omega_1|^2+|\Omega_2|^2+|\Omega_3|^2}$，绝热暗态为：

$$|D_1\rangle=\sin\varphi\,\mathrm{e}^{\mathrm{i}S_{31}}|1\rangle-\cos\varphi\,\mathrm{e}^{\mathrm{i}S_{32}}|2\rangle \tag{82}$$

$$|D_2\rangle=\cos\theta\cos\varphi\,e^{iS_{31}}\,|1\rangle+\cos\theta\sin\varphi\,e^{iS_{32}}\,|2\rangle-\sin\theta\,|3\rangle \tag{83}$$

$S_{ij}=S_i-S_j$ 为相对相位。正如在 Λ 型系统中一样，暗态是本征能量为零 $\hat{H}_0|D_j\rangle=0$ 的哈密顿量 $\hat{H}_0$ 的本征态。由于拉比频率 Ω_j 的空间相关性，暗态取决于原子的位置，导致规范势 $\boldsymbol{A}$ 和 Φ 的出现，这两个参数将在后文被讨论。

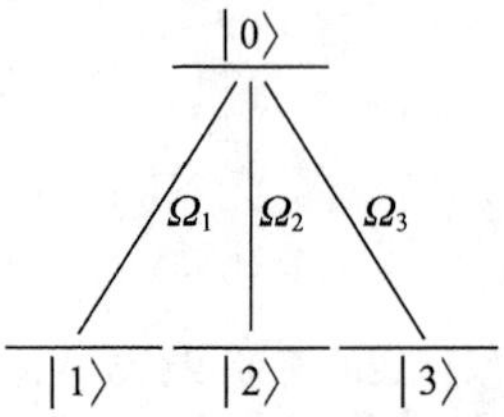

图 12.10 图为三脚架原子系统的结构。

我们关心的是原子处于暗态中的情况。该情形可通过忽略暗态到亮态的跃迁 $|B\rangle\sim\Omega_1^*\,|1\rangle+\Omega_2^*\,|2\rangle+\Omega_3^*\,|3\rangle$ 实现。后者以拉比频率 Ω 耦合到激发态 $|0\rangle$，所以 $|B\rangle$ 态和 $|0\rangle$ 态分裂成一对，与暗态能量相差 $\pm\Omega$。与由激光失配或多普勒频移 (Doppler shift) 导致的双光子失谐相比，如果 Ω 足够大，则绝热近似成立。此时，原子的内态在多种暗态中演化。原子的态矢量 $|\Phi\rangle$ 可由式子 $|\Phi\rangle=\sum_{j=1}^{2}\Psi_j(\boldsymbol{r})\,|D_j(\boldsymbol{r})\rangle$ 在暗态中展开，其中 $\Psi_j(\boldsymbol{r})$ 为第 j 个暗态中原子质心运动的波函数。采用在冷原子光致规范场部分的常规处理方法，将原子的质心运动用双组分波函数描述：

$$\Psi=\begin{pmatrix}\Psi_1\\ \Psi_2\end{pmatrix} \tag{84}$$

式子(84)满足薛定谔方程：

$$i\hbar\frac{\partial}{\partial t}\Psi=\left[\frac{1}{2m}(-i\hbar\,\nabla-\boldsymbol{A})^2+V+\Phi\right]\Psi \tag{85}$$

其中势 $\boldsymbol{A}$、Φ 和 V 均为 2×2 矩阵。前者 $\boldsymbol{A}$ 和 Φ 为由于原子暗态的空间相关性而产生的光致规范势[52]：

$$\begin{aligned}\boldsymbol{A}_{11}&=\hbar(\cos^2\varphi\,\nabla S_{23}+\sin^2\varphi\,\nabla S_{13})\\ \boldsymbol{A}_{12}&=\hbar\cos\theta\left(\frac{1}{2}\sin(2\varphi)\,\nabla S_{12}-i\,\nabla\varphi\right)\\ \boldsymbol{A}_{22}&=\hbar\cos^2\theta(\cos^2\varphi\,\nabla S_{13}+\sin^2\varphi\,\nabla S_{23})\end{aligned} \tag{86}$$

和

$$\begin{aligned}\Phi_{11}&=\frac{\hbar^2}{2m}\sin^2\theta\left(\frac{1}{4}\sin^2(2\varphi)(\nabla S_{12})^2+(\nabla\varphi)^2\right)\\ \Phi_{12}&=\frac{\hbar^2}{2m}\sin\theta\left(\frac{1}{2}\sin(2\varphi)\,\nabla S_{12}-i\,\nabla\varphi\right)\\ &\quad\cdot\left(\frac{1}{2}\sin(2\theta)(\cos^2\varphi\,\nabla S_{13}+\sin^2\varphi\,\nabla S_{23})-i\,\nabla\theta\right)\end{aligned}$$

$$\Phi_{22}=\frac{\hbar^2}{2m}\left(\frac{1}{4}\sin^2(2\theta)\left(\cos^2\varphi\,\nabla S_{13}+\sin^2\varphi\,\nabla S_{23}\right)^2+(\nabla\theta)^2\right) \tag{87}$$

图 12.10 中的能级图对应于碱金属原子的能级，其中 $|1\rangle$、$|2\rangle$ 和 $|3\rangle$ 态为超精细能级的塞曼支线(Zeeman components)，自然地，假设这些态下的外部俘获势为对角矩阵且形式为 $V=V_1(\boldsymbol{r})|1\rangle\langle 1|+V_2(\boldsymbol{r})|2\rangle\langle 2|+V_3(\boldsymbol{r})|3\rangle\langle 3|$。但仍要考虑磁、磁-光和光偶极子力可能是不同或多种塞曼态的事实。由方程(47)得，绝热基础上的外部势为一个 2×2 矩阵，且矩阵元素为 $V_{jk}=\langle D_j|V|D_k\rangle$。由暗态表达式(82)和(83)得，外部势的矩阵元素如下[52]：

$$\begin{aligned}
V_{11}&=V_2\cos^2\varphi+V_1\sin^2\varphi\\
V_{12}&=\frac{1}{2}(V_1-V_2)\cos\theta\sin(2\varphi)\\
V_{22}&=(V_1\cos^2\varphi+V_2\sin^2\varphi)\cos^2\theta+V_3\sin^2\theta
\end{aligned} \tag{88}$$

此时，分析一些例子具有一定的指导意义。

12.6.2　$S_{12}=0$ 的情况

首先假设用于耦合能级 $|1\rangle$ 和 $|2\rangle$ 的激光场同向传播且具有相同的频率和轨道角动量(如果有的话)。在这种情况下，激光场的相对相位固定不变且可以为零 $S_{12}=0$，则有 $S_{13}=S_{23}\equiv S$，矢量势的表达式可简化为

$$\boldsymbol{A}=\hbar\begin{pmatrix}\nabla S & -\mathrm{i}\cos\theta\,\nabla\varphi\\ \mathrm{i}\cos\theta\,\nabla\varphi & \cos^2\theta\,\nabla S\end{pmatrix} \tag{89}$$

有效磁场的 2×2 矩阵的元素可由下列式子通过简单计算得到：

$$\begin{aligned}
\boldsymbol{B}_{11}&=0\\
\boldsymbol{B}_{12}&=\mathrm{i}\hbar\sin\theta\,\mathrm{e}^{-\mathrm{i}S}\,\nabla\theta\times\nabla\varphi-\hbar\cos\theta\,\mathrm{e}^{-\mathrm{i}S}\,\nabla S\times\nabla\varphi(1+\cos^2\theta)\\
\boldsymbol{B}_{22}&=-2\hbar\cos\theta\sin\theta\,\nabla\theta\times\nabla S
\end{aligned} \tag{90}$$

强磁场所需的光场的相对强度的梯度大。相对强度梯度可用角度 φ、θ 和相对相位 S 的大梯度等参数表示。波数 k 量级的角度 φ 和 θ 的梯度可用驻波场实现。梯度大的 S 可由与其他两行波正交的行波 Ω_3 或携带有大轨道角动量的涡旋光束获得。此时，磁通量可达每原子一个狄拉克磁通量子。

现在我们构建一个能得到磁单极子的特殊的场结构。为此考虑两个同向传输的圆极化场 $\Omega_{1,2}$，且沿传播方向 z 轴携带有相反的轨道角动量 $\pm\hbar$。而第三个光场 Ω_3 在 x 轴上传播且沿 y 轴线偏振[52]：

$$\Omega_{1,2}=\Omega_0\,\frac{\rho}{R}\,\mathrm{e}^{\mathrm{i}(kz\mp\varphi)},\Omega_3=\Omega_0\,\frac{z}{R}\,\mathrm{e}^{\mathrm{i}k'x} \tag{91}$$

其中 ρ 为圆柱半径，φ 为方位角。需要注意的是，光场不再发散且满足亥姆霍兹方程(Helmholtz equation)。激光场(91)的总强度在原点消失，原点即为奇点。

光场的矢量势可由方程(86)计算得：

$$\mathbf{A} = -\hbar \frac{\cos\vartheta}{r\sin\vartheta}\hat{\mathrm{e}}_{\varphi}\begin{pmatrix}0 & 1\\ 1 & 0\end{pmatrix} + \frac{\hbar}{2}(k\,\hat{\mathrm{e}}_z - k'\hat{\mathrm{e}}_x)$$

$$\left[(1+\cos^2\vartheta)\begin{pmatrix}1 & 0\\ 0 & 1\end{pmatrix} + (1-\cos^2\vartheta)\begin{pmatrix}1 & 0\\ 0 & -1\end{pmatrix}\right] \tag{92}$$

第一项与 σ_x 成比例，对应于原点处单位强度的磁单极子。通过计算磁场易得

$$\mathbf{B} = \frac{\hbar}{r^2}\hat{\mathrm{e}}_r\begin{pmatrix}0 & 1\\ 1 & 0\end{pmatrix} + \cdots \tag{93}$$

其中省略号表示与泡利矩阵 σ_z 和 σ_y 及单位矩阵成比例的非单极子场的贡献。

12.7　光致规范势中冷原子的超相对论行为

12.7.1　引言

在本节中我们将展示，当冷原子被作用于三脚架形原子的光场操纵时，冷原子如何获得超相对论费米子的特性[54]（原子在光晶格中有类似的效应，见参考文献[51,59]）。特别地，通过选择特定的光场可使矢量势与一个自旋 1/2 的算子成比例。对于小动量，原子运动相当于双组分狄拉克—费米子(Dirac fermions)的超相对论运动，该情况同样适用于石墨烯费米面附近的电子[60-68]。在本节中，我们将介绍观察冷原子的这种准相对论行为的实验装置。此外，我们还将展示原子能经历负折射和被韦谢拉戈透镜(Veselagotype lenses)聚焦[69,70]。

认识到准相对论原子的速度在 1 cm/s 的量级是很重要的。此速度比真空中的光束的速度 $c\approx 3\times 10^8$ m/s 小 10 个数量级。相比之下，石墨烯中狄拉克型电子的速度只比光束的速度 c 小两个数量级[63]。由此可知，冷原子的超相对论行为表现为极微小的速度。

12.7.2　公式表达

为了阐述冷原子的超相对论行为[54]，考虑三脚架形结构：开始的两束激光具有相同的强度并沿 x 轴方向相向传输，而第三束激光则沿 y 轴负方向传输，如图 12.11 所示。特别地，已知 $\Omega_1 = \Omega\sin\theta \mathrm{e}^{-\mathrm{i}\kappa x}/\sqrt{2}$，$\Omega_2 = \Omega\sin\theta\mathrm{e}^{\mathrm{i}\kappa x}/\sqrt{2}$，$\Omega_3 = \Omega\cos\theta\mathrm{e}^{-\mathrm{i}\kappa y}$，其中 $\Omega = \sqrt{|\Omega_1|^2 + |\Omega_2|^2 + |\Omega_3|^2}$ 为总的拉比频率，θ 为用来确定第三束激光场相对强度的混合角。

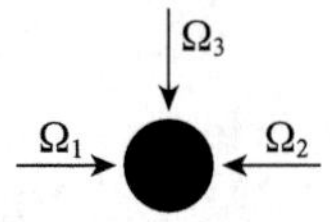

图 12.11　三束激光入射到三脚架形体系中的原子云上。

在上一节分析任意光场作用于三脚架形原子时，已经探讨过势 **A**、Φ 和 **V**。在本节的光场结构下，势具有如下形式[54]：

$$\mathbf{A} = \hbar\kappa\begin{pmatrix}\mathbf{e}_y & -\mathbf{e}_x\cos\theta\\ -\mathbf{e}_x\cos\theta & \mathbf{e}_y\cos^2\theta\end{pmatrix} \tag{94}$$

$$\Phi = \begin{pmatrix}\hbar^2\kappa^2\sin^2\theta/2m & 0\\ 0 & \hbar^2\kappa^2\sin^2(2\theta)/8m\end{pmatrix} \tag{95}$$

$$V = \begin{pmatrix}V_1 & 0\\ 0 & V_1\cos^2\theta + V_3\sin^2\theta\end{pmatrix} \tag{96}$$

$\mathbf{e}_x$ 和$\mathbf{e}_y$ 为单位笛卡儿矢量。假设开始两个原子态的外部俘获势是相同的，即 $V_1=V_2$。

在下文中，我们将利用 $V_3-V_1=\hbar^2\kappa^2\sin^2(\theta)/2m$。这可由第三束激光相对于双光子共振的失谐实现，失谐频率为 $\Delta\omega_3=\hbar^2\kappa^2\sin^2\theta/2m$。因此，总的俘获势可简化为 $V+\Phi=V_1\boldsymbol{I}$（为常数），其中 I 为单位矩阵。也就是说，两个暗态均受相同的俘获势 $V_1\equiv V_1(\boldsymbol{r})$ 的影响。

此外，令混合角 $\theta=\theta_0$ 具有如下关系 $\sin^2\theta_0=2\cos\theta_0$，其中 $\cos\theta_0=\sqrt{2}-1$。此时，矢量势可由泡利矩阵 σ_x 和 σ_z 对称地表示：

$$\mathbf{A}=\hbar\kappa'(-\mathbf{e}_x\sigma_x+\mathbf{e}_y\sigma_z)+\hbar\kappa_0\,\mathbf{e}_y\boldsymbol{I} \tag{97}$$

其中 $\kappa'=\kappa\cos\theta_0\approx0.414\kappa$ 且 $\kappa_0=\kappa(1-\cos\theta_0)$。虽然矢量势是恒定的，但是也不能通过规范变换消除，因为笛卡儿分量 A_x 和 A_y 不可交换。因此光诱导势 $\mathbf{A}$ 是非阿贝尔势。利用其他技术[50]在光晶格中也能诱导出上述非阿贝尔规范势。

12.7.3　冷原子的准相对论行为

方便起见，引入如下两个新的暗态：

$$|D_1'\rangle=\frac{1}{\sqrt{2}}(|D_1\rangle+\mathrm{i}\,|D_2\rangle)\,\mathrm{e}^{\mathrm{i}\kappa_0 y} \tag{98}$$

$$|D_2'\rangle=\frac{\mathrm{i}}{\sqrt{2}}(|D_1\rangle-\mathrm{i}\,|D_2\rangle)\,\mathrm{e}^{\mathrm{i}\kappa_0 y} \tag{99}$$

转换后的双组分波函数与原函数的关系为 $\Psi'=\exp(-\mathrm{i}\kappa_0 y)\exp\left(-\mathrm{i}\,\frac{\pi}{4}\sigma_x\right)\Psi$，其中 σ_x 为泡利自旋矩阵。指数因子 $\exp(-\mathrm{i}\kappa_0 y)$ 使原动量发生变化 $\boldsymbol{k}\rightarrow\boldsymbol{k}-\kappa_0\,\mathbf{e}_y$。在新的暗态下，矢量势为 $\boldsymbol{A}'=-\hbar\kappa'\sigma_\perp$，其中 $\sigma_\perp=\mathbf{e}_x\sigma_x+\mathbf{e}_y\sigma_y$ 为 $x-y$ 平面内自旋 1/2 的算子。原子运动的变换方程为：

$$\mathrm{i}\hbar\,\frac{\partial}{\partial t}\Psi'=\left[\frac{1}{2m}(-\mathrm{i}\hbar\,\nabla+\hbar\kappa'\boldsymbol{\sigma}_\perp)^2+V_1\right]\Psi' \tag{100}$$

可得控制原子运动的矢量势与自旋算符 $\sigma_\perp$ 成比例。

如果俘获势 V_1 为常数，则可考虑平面波解为

$$\Psi'(\boldsymbol{r},t)=\boldsymbol{\Psi}_{\boldsymbol{k}}\,\mathrm{e}^{\mathrm{i}\boldsymbol{k}\cdot\boldsymbol{r}-\mathrm{i}\omega_k t},\ \boldsymbol{\Psi}_{\boldsymbol{k}}=\begin{pmatrix}\Psi_{1k}\\ \Psi_{2k}\end{pmatrix} \tag{101}$$

其中 ω_k 为本征频率。与 $\boldsymbol{k}$ 相关的旋子 $\boldsymbol{\Psi}_{\boldsymbol{k}}$ 满足定态薛定谔方程 $H_k\boldsymbol{\Psi}_{\boldsymbol{k}}=\hbar\omega_k\boldsymbol{\Psi}_{\boldsymbol{k}}$，与 k 相关的哈密顿量如下：

$$H_{\boldsymbol{k}}=\frac{\hbar^2}{2m}(\boldsymbol{k}+\kappa'\boldsymbol{\sigma}_\perp)^2+V_1. \tag{102}$$

对于小波矢（$k\ll\kappa'$），对于狄拉克型双组分无质量粒子来说原子的哈密顿量减少的二维相对论运动的哈密顿量：

$$H_{\boldsymbol{k}}=\hbar\upsilon_0\boldsymbol{k}\cdot\boldsymbol{\sigma}_\perp+V_1+m\upsilon_0^2 \tag{103}$$

其中 $v_0=\hbar\kappa'/m$ 为准相对论粒子的速度。速度 v_0 表示对应于波矢 κ' 的反冲速度且其典型的量级为 1 cm/s。

哈密顿量 H_k 与二维手性算子 $\sigma_k=\boldsymbol{k}\cdot\boldsymbol{\sigma}_\perp/k$ 可交换。后者的本征态为：

$$\Psi_k^{\pm}=\frac{1}{\sqrt{2}}\begin{pmatrix}1\\ \pm\dfrac{k_x+\mathrm{i}k_y}{k}\end{pmatrix} \tag{104}$$

其中 $\sigma_k\Psi_k^{\pm}=\pm\Psi_k^{\pm}$。本征态式(104) 也是本征频率为 $\omega_k\equiv\omega_k^{\pm}$ 的哈密顿量 H_k 的本征态。在下文中，假设原子运动被限制在 xy 平面内，则色散关系如下：

$$\hbar\omega_k^{\pm}=\hbar v_0(k^2/2\kappa'\pm k)+V_1+mv_0^2 \tag{105}$$

其中加(减) 号对应于正(负) 色散分支。当方向 $\boldsymbol{k}/k$ 固定时，不同色散分支中的原子运动的手性相反。对于小波矢($k\ll\kappa'$) 来说，色散可以简化为 $\hbar\omega_k^{\pm}=\pm\hbar v_0k+V_1+mv_0^2$，其中正(负) 号对应于具有正(负) 群速 $v_g^{\pm}=\pm v_0$ 的线性锥。石墨烯费米能级附近的电子也具有完全相同的色散关系[60-64]。

12.7.4　实验研究

为观察冷原子的准相对论运动，提出了以下实验情境[54]。假设最初处于内态 $|3\rangle$ 的原子(或稀原子云) 做平移运动，该运动用中心波矢为 $\boldsymbol{k}_{\text{in}}$ 且波矢增量为 $\Delta k\ll k_{\text{in}}$ 的波包来描述。全初始状态向量由 $|\Psi_{\text{in}}\rangle=\psi(\boldsymbol{r})\mathrm{e}^{\mathrm{i}\boldsymbol{k}_{\text{in}}\cdot\boldsymbol{r}}|3\rangle$ 给出，其中包络函数 $\psi(\boldsymbol{r})$ 在波长 $\lambda_{\text{in}}=2\pi/k_{\text{in}}$ 内缓慢变化。许多技术都可使冷原子运动，如通过双光子散射引发的反冲动量 $\hbar\boldsymbol{k}_{\text{in}}=\hbar\boldsymbol{k}_{\text{2phot}}$ 作用于原子，其中 $\boldsymbol{k}_{\text{2phot}}$ 为双光子失配的波矢。

最初，所有的三个激光器都关闭。随后，将激光器以违反常规的方式接通，先接通 1 号和 2 号激光器，再接通 3 号。在初始阶段，内部状态 $|3\rangle$ 与暗态 $|D_2\rangle$ 一样，则总的初始状态向量可写为 $|\Psi_{\text{in}}\rangle=\psi(\boldsymbol{r})\mathrm{e}^{\mathrm{i}\boldsymbol{k}_{\text{in}}\cdot\boldsymbol{r}}|D_2\rangle$。如果 3 号激光器接通得足够慢，在整个接通阶段原子会保持处于暗态 $|D_2\rangle$。然而接通时间应足够短，以防止此阶段原子质心发生运动。激光器达到稳态后，多组分波函数为：

$$\Psi=\begin{pmatrix}0\\1\end{pmatrix}\psi(\boldsymbol{r})\mathrm{e}^{\mathrm{i}\boldsymbol{k}_{\text{in}}\cdot\boldsymbol{r}} \tag{106}$$

将函数 $|D'_{1,2}\rangle$ 表示为 $|D_2\rangle$，则变换后的多组分波函数形式为：

$$\Psi'=\frac{1}{\sqrt{2}}\begin{pmatrix}-\mathrm{i}\\1\end{pmatrix}\psi(\boldsymbol{r})\mathrm{e}^{\mathrm{i}\boldsymbol{k}_c\cdot\boldsymbol{r}} \tag{107}$$

其中 $\boldsymbol{k}=\boldsymbol{k}_{\text{in}}-\kappa_0\mathbf{e}_y$ 为中心波矢。

我们来考虑激光场中后续的原子运动。正如前面提到的，要得到有超相对论行为的原子，波矢 k 应该很小($k\ll\kappa$) 以保证 $\boldsymbol{k}$ 为 $\boldsymbol{k}_{\text{in}}=\kappa_0\mathbf{e}_y+\boldsymbol{k}$ 中一个很小的增量。此外，波矢增量 $\Delta k\ll k$ 即原子波包的宽度，要远大于中心波长。从而，原子运动易受中心波矢 $\boldsymbol{k}$ 方向的影响。我们将用两个具体的例子来说明。(i) 当 $\boldsymbol{k}=\pm k\mathbf{e}_y$ 时，波函数式(107) 可化为

$$\Psi' = -\mathrm{i}\Psi_k^{\pm}\psi(\boldsymbol{r})\mathrm{e}^{\pm iky}, \Psi_k^{\pm} = \frac{1}{\sqrt{2}}\begin{pmatrix}1\\ \mathrm{i}\end{pmatrix} \tag{108}$$

$\boldsymbol{k}=\pm k\ \mathbf{e}_y$ 中的加(减)符号对应于原子的正(负)手性,因此存在于正(负)色散分量中。在这两种情况中,原子波包均以速度$\boldsymbol{v}_0=\mathbf{e}_y\hbar\kappa'/m$ 沿 y 轴传播。

(ii) 当波矢沿 x 轴方向($\boldsymbol{k}=k\ \mathbf{e}_x$)时,多组分波函数式(107)为:

$$\Psi' = (c_+\ \Psi_k^+ + c_-\ \Psi_k^-)\psi(\boldsymbol{r})\mathrm{e}^{i\boldsymbol{k}\cdot\boldsymbol{r}}, \Psi_k^{\pm} = \frac{1}{\sqrt{2}}\begin{pmatrix}1\\ \pm 1\end{pmatrix} \tag{109}$$

其中 $c_\pm=(-\mathrm{i}\pm 1)/2$。在这种情况下,初始波包分裂成具有相同的重量($|c_\pm^2|=1/2$)和波矢 $\boldsymbol{k}$ 的两部分。这两个波包具有不同的手性,从而向相反的方向移动。具有正手性的波包($\Psi_k^{\pm}$ 中取加号)属于正色散分量,且以速度$\boldsymbol{v}_0=\mathbf{e}_x\hbar\kappa'/m$ 沿 x 轴方向运动。另一方面,具有负手性的波包($\Psi_k^{\pm}$ 中取减号)以速度$\boldsymbol{v}_0=-\mathbf{e}_x\hbar\kappa'/m$ 运动。

如果时间足够短($v_0 t<d$)则宽度为 d 的波包尚未在空间上分裂。内部原子状态将会在暗态 $|D_2\rangle$ 和 $|D_1\rangle$ 之间以频率 $\omega_k^+-\omega_k^-=2v_0 k$ 进行短期震荡。在特定时间点将 3 号激光器关掉就可探测到此内部动态。该方法将暗态 $|D_2\rangle$ 转变成了物理态 $|D_3\rangle$,则可测得不同延时时间和不同的波矢 $\boldsymbol{k}$ 下态 $|3\rangle$ 的粒子布局。如果 $\boldsymbol{k}$ 沿 x 轴方向,则原子运动的手性性质将会表现在原子态 $|3\rangle$ 中粒子布局的震荡中;如果 $\boldsymbol{k}$ 沿 y 轴方向,则不存在这样的振动。

此外,作为构造的哈密顿量式(103)的结果,准相对论原子在势垒区表现为负折射率,从而可被韦谢拉戈透镜聚焦[69,70]。考虑在正色散分量上且以波矢 $\boldsymbol{k}=k\ \mathbf{e}_y$ 沿 y 轴传播的入射原子。在入射角为 α 处设置高度为 $2\hbar v_0 k$ 的势垒,如图 12.12 所示。在势垒内,原子以波矢$\boldsymbol{k}_t=-k[\cos(2\alpha)\mathbf{e}_y+\sin(2\alpha)\mathbf{e}_x]$转移到较低色散分量中,致使图 12.12 的势垒中冷原子的负折射。因此,势垒就相当于重新聚焦于原子波包的平面镜。

用这种方式,我们已经说明了原子运动可等效于超相对论(无质量)双组分狄拉克—费米子的运动。因此,超冷原子系统可具有负折射且能被韦谢拉戈透镜聚焦。另外,原子运动的手性性质体现在内部原子态的粒子布局动力学中,对质心运动方向十分敏感。

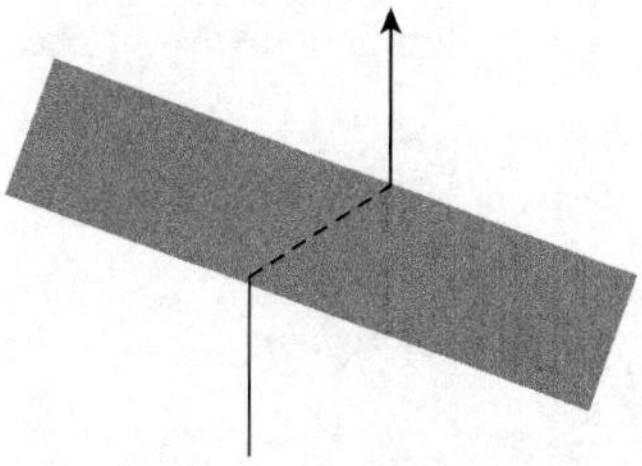

图 12.12　势垒中冷原子的负折射。传入和传出的原子在波矢为 k(实线)的正色散分支中,而势垒中的原子在波矢为 k_t 的负色散分支中。

12.8　结语

本章我们讨论了冷原子不同的光学操纵方式,回顾了俘获超冷原子团的机制。光阱形成了操纵冷原子的基础,其中我们主要是依赖于超冷原子样品和光强之间的相干性质。

接下来，我们讨论了入射光的强度和相位均具有重要作用的情形，即当激光场被用于诱导原子的矢量和标量势时的不同种类的光学操纵。诱导势具有几何性质且完全取决于激光束的相对强度和相对相位而不是其绝对强度。该方法基于制备处于内能叠加态的原子的能力。

该技术为通过光学手段产生作用于电中性原子的有效磁场提供了途径。如果所用的激光场具有非平凡拓扑结构(即在传播方向上携带轨道角动量[5-7,34,35])或原子—光系统含有一个以上的简并暗态，这就能实现。后一种情形出现于有两个简并暗态的光—原子系统的三脚架结构中。因此，光诱生势为 2×2 矩阵，笛卡儿分量一般是不能交换的，即势是非阿贝尔势[52,54]。在这种情形下，即使使用平面波也可以产生非平凡的光致规范势。

最后，我们注意到光—物质耦合的三脚架结构可能具有其他更重要的应用，例如可以用来制造原子玻色—爱因斯坦凝聚体中的孤子[71]。这种方法可以规避传统方法如相位印迹所固有的衍射极限的限制[24,25]。

参考文献

[1] J.D. Jackson, Classical Electrodynamics, Wiley, New York, 1998.

[2] P. Meystre, Atom Optics, American Institute of Physics, 2001.

[3] C.J. Pethick, H. Smith, Bose-Einstein Condensation in Dilute Gases, Cambridge Univ. Press, Cambridge, 2001.

[4] L.P. Pitaevskii, S. Stringari, Bose-Einstein Condensation, Clarendon Press, Oxford, 2003.

[5] G. Juzeliūnas, P. Öhberg, Slow light in degenerate Fermi gases, *Phys. Rev. Lett.* *93* (2004) 033602.

[6] G. Juzeliūnas, P. Öhberg, J. Ruseckas, A. Klein, Effective magnetic fields in degenerate atomic gases induced by light beams with orbital angular momenta, *Phys. Rev. A 71* (2005) 053614.

[7] G. Juzeliunas, J. Ruseckas, P. Öhberg, Effective magnetic fields induced by eit in ultra-cold atomic gases, *J. Phys. B 38* (2005) 4171.

[8] S. Stenholm, The semiclassical theory of laser cooling, *Rev. Mod. Phys.* *58* (1986) 699.

[9] R.J. Cook, Atomic motion in resonant radiation: An application of Ehrenfest's theorem, *Phys. Rev. A 20* (1979) 224.

[10] C. Cohen-Tannoudji, J. Dupont-Roc, G. Grynberg, Atom-Photon Interactions, Wiley, New York, 1998.

[11] S.M. Barnett, P. M. Radmore, Methods in Theoretical Quantum Optics, Clarendon Press, Oxford, 1997.

[12] R. Loudon, The Quantum Theory of Light, Oxford Univ. Press, 1979.

[13] M.H. Anderson, J.R. Ensher, M.R. Matthews, C.E. Wieman, E.A. Cornell, Observation of Bose-Einstein condensation in a dilute atomic vapor, *Science 269* (1995) 198.

[14] K.B. Davis, M.-O. Mewes, M.R. Andrews, N.J. van Druten, D.S. Durfee, D.M. Kurn, W. Ketterle, Bose-Einstein condensation in a gas of sodium atoms, *Phys. Rev. Lett.* *75* (1995) 3969.

[15] C.C. Bradley, C.A. Sackett, J.J. Tollett, R.G. Hulet, Evidence of Bose-Einstein condensation in an atomic gas with attractive interactions, *Phys. Rev. Lett.* *75* (1995) 1687.

[16] J. Stenger, S. Inouye, M. Andrews, H.-J. Miesner, D. Stamper-Kurn, W. Ketterle, Strongly enhanced inelastic collisions in a Bose-Einstein condensate near Feshbach resonances, *Phys. Rev Lett.* *82* (1999) 2422.

[17] S.N. Bose, Plancks Gesetz und Lichtquantenhypothese, *Z. Phys.* *26* (1924) 178.

[18] A. Einstein, Quantentheorie des einatomigen Idealen Gases, Sitzungsber. Kgl. Preuss. Akad.*Wiss.* *3* (1924) 261.

[19] F. London, The λ-phenomenon of liquid helium and the Bose-Einstein degeneracy, *Nature 141* (1938) 643.

[20] K. Huang, Statistical Mechanics, Wiley, New York, 1987.

[21] D. Kleppner, in: M. Inguscio, S. Stringari, C. Wieman (Eds.), *Bose-Einstein Condensation in Atomic Gases: Enrico Fermi International School of Physics*, IOS Press, US, 1999.

[22] A.S. Arnold, C.S. Garvie, E. Riis, Large magnetic storage ring for Bose-Einstein condensates, *Phys. Rev. A 73* (2006) 041606.

[23] G. Baym, C.J. Pethick, Ground-state properties of magnetically trapped Bose-condensed rubidium gas, *Phys. Rev. Lett.* *76* (1996) 6.

[24] S. Burger, K. Bongs, S. Dettmer, W. Ertmer, K. Sengstock, A. Sanpera, G.V. Shlyapnikov, M. Lewenstein, Dark solitons in Bose-Einstein condensates, *Phys. Rev. Lett.* *83* (1999) 5198.

[25] J. Denschlag, J.E. Simsarian, D.L. Feder, C.W. Clark, L.A. Collins, J. Cubizolles, L. Deng, E. W. Hagley, K. Helmerson, W.P. Reinhardt, S.L. Rolston, B.I. Schneider, W.D. Phillips, Generating solitons by phase engineering of a Bose-Einstein condensate, *Science 287* (2000) 97.

[26] M.D. Girardeau, E.M. Wright, Breakdown of time-dependent mean-field theory for a one-dimensional condensate of impenetrable bosons, *Phys. Rev. Lett.* *84* (2000) 5239.

[27] G. Whyte, P. Öhberg, J. Courtial, Transverse laser modes in Bose-Einstein condensates, *Phys. Rev. A 69* (2004) 053610.

[28] D.R. Murray, P. Öhberg, Matter wave focusing, *J. Phys. B 38* (2005) 1227.

[29] E. Arimondo, Coherent population trapping in laser spectroscopy, *Prog. Opt.* *35* (1996) 259.

[30] S.E. Harris, Electromagnetically induced transparency, *Phys. Today 50* (1997) 36.

[31] A.B. Matsko, O. Kocharovskaja, Y. Rostovtsev, G.R. Welch, A.S. Zibrov, M.O. Scully, Slow, ultraslow, stored, and frozen light, *Adv. At. Mol. Opt. Phys.* *46* (2001) 191.

[32] M.D. Lukin, Trapping and manipulating photon states in atomic ensembles, *Rev. Mod. Phys.* *75* (2003) 457.

[33] M. Fleischhauer, A. Imamoglu, J.P. Maragos, Electromagnetically induced transparency: Optics in coherent media, *Rev. Mod. Phys.* *77* (2005) 633.

[34] G. Juzeliūnas, P. Öhberg, Creation of effective magnetic fields using electromagnetically induced transparency, *Opt. Spectroscopy 99* (2005) 357.

[35] P. Öhberg, G. Juzeliūnas, J. Ruseckas, M. Fleischhauer, Filled landau levels in neutral quantum gases, *Phys. Rev. A 72* (2005) 053632.

[36] M.V. Berry, Quantal phase factors accompanying adiabatic changes, *Proc. R. Soc. A 392* (1984) 45.

[37] C.A. Mead, The geometric phase in molecular systems, *Rev. Mod. Phys.* *64* (1992) 51.

[38] F. Wilczek, A. Zee, Appearance of gauge structure in simple dynamical systems, *Phys. Rev. Lett.* *52* (1984) 2111.

[39] J. Moody, A. Shapere, F. Wilczek, Realizations of magnetic-monopole gauge fields: Diatoms and spin precession, *Phys. Rev. Lett.* *56* (1986) 893.

[40] R. Jackiw, Berry's phase-topological ideas from atomic, molecular and optical physics, *Comments At. Mol. Phys.* *21* (1988) 71.

[41] C.-P. Sun, M.-L. Ge, Generalizing Born-Oppenheimer approximations and observable effects of an induced gauge field, *Phys. Rev. D 41* (1990) 1349.

[42] R. Dum, M. Olshanii, Gauge structures in atom-laser interaction: Bloch oscillations in a dark lattice, *Phys. Rev. Lett.* *76* (1996) 1788.

[43] P.M. Visser, G. Nienhuis, Geometric potentials for subrecoil dynamics, *Phys. Rev. A 57* (1998) 4581.

[44] V. Bretin, S. Stock, Y. Seurin, J. Dalibard, Fast rotation of a Bose-Einstein condensate, *Phys. Rev. Lett.* *92* (2004) 050403.

[45] V. Schweikhard, I. Coddington, P. Engels, V.P. Mogendorff, E.A. Cornell, Rapidly rotating Bose-Einstein condensates in and near the lowest landau level, *Phys. Rev. Lett.* *92* (2004) 040404.

[46] M.A. Baranov, K. Osterloh, M. Lewenstein, Fractional quantum hall states in ultracold rapidly rotating dipolar Fermi gases, *Phys. Rev. Lett.* *94* (2004) 070404.

[47] D. Jaksch, P. Zoller, Creation of effective magnetic fields in optical lattices: The Hofstadter butterfly for cold neutral atoms, *New J. Phys.* *5* (2003) 56.

[48] E.J. Mueller, Artificial electromagnetism for neutral atoms: Escher staircase and laughlin liquids, *Phys. Rev. A 70* (2004) 041603.

[49] A.S. Sørensen, E. Demler, M.D. Lukin, Fractional quantum hall states of atoms in optical lattices, *Phys. Rev. Lett.* *94* (2005) 086803.

[50] K. Osterloh, M. Baig, L. Santos, P. Zoller, M. Lewenstein, Cold atoms in non-Abelian gauge potentials: From the Hofstadter moth to lattice gauge theory, *Phys. Rev. Lett.* *95* (2005) 010403.

[51] J. Ruostekoski, G.V. Dunne, J. Javanainen, Particle number fractionalization of an atomic Fermi-Dirac gas in an optical lattice, *Phys. Rev. Lett.* *88* (2002) 180401.

[52] J. Ruseckas, G. Juzeliūnas, P. Öhberg, M. Fleischhauer, Non-Abelian gauge potentials for ultracold atoms with degenerate dark states, *Phys. Rev. Lett.* *95* (2005) 010404.

[53] G. Juzeliūnas, J. Ruseckas, P. Öhberg, M. Fleischh auer, Light-induced effective magnetic fields for ultracold atoms in planar geometries, *Phys. Rev. A 73* (2006) 025602.

[54] G. Juzeliunas, J. Ruseckas, M. Lindberg, L. Santos, P. Öhberg, Quasi-relativistic behavior of cold atoms in light fields, *Phys. Rev. A 77* (2008) 011802(R).

[55] L.V. Hau, Z. Dutton, C. Behrooz, Light speed reduction to 17 metres per second in an ultracold atomic gas, *Nature 397* (1999) 594.

[56] L. Allen, M. Padgett, M. Babiker, The orbital angular momentum of light, *Prog. Opt.* *39* (1999) 291.

[57] L. Allen, S. M. Narnett, M. Padgett, Optical Angular Momentum, Institute of Physics, Bristol, 2003.

[58] R.G. Unanyan, M. Fleischhauer, B.W. Shore, K. Bergmann, Robust creation and phase-sensitive probing of superposition states via stimulated Raman adiabatic passage (stirap) with degenerate dark states, *Opt. Commun.* *155* (1998) 144.

[59] S.L. Zhu, B. Wang, L.-M. Duan, Simulation and detection of Dirac fermions with cold atoms in an

optical lattice, *Phys. Rev. Lett.* *98* (2007) 260402.

[60] K.S. Novoselov, A.K. Geim, S.V. Morozov, D. Jiang, M.I. Katsnelson, I.V. Grigorieva, S.V. Dubonos, A.A. Firsov, Two-dimensional gas of massless Dirac fermions in graphene, *Nature 438* (2005) 197.

[61] E. McCann, V.I. Fal'ko, Landau-level degeneracy and quantum hall effect in a graphite bilayer, *Phys. Rev. Lett.* *96* (2006) 086805.

[62] M.I. Katsnelson, K. S. Novoselov, A. K. Geim, Chiral tunneling and the Klein paradox in graphene, *Nature Phys.* *2* (2006) 620.

[63] A.K. Geim, K.S. Novoselov, The rise of graphene, *Nature Mater.* *6* (2007) 183.

[64] K.S. Novoselov, Room-temperature quantum hall effect in graphene, *Science 315* (2007) 1379.

[65] A. Matulis, F.M. Peeters, Appearance of enhanced Weiss oscillations in graphene: Theory, Phys. Rev. B 75 (2007) 125429.

[66] R. Jackiw, S.-Y. Pi, Chiral gauge theory for graphene, *Phys. Rev. Lett.* *98* (2007) 266402.

[67] J.B. Pendry, Negative refraction for electrons?, *Science 315* (2007) 1226.

[68] V.V. Cheianov, V. Fal'ko, B.L. Altshuler, The focusing of electronow and a veselago lens in graphene p-n junctions, *Science 315* (2007) 1252.

[69] V.G. Veselago, The electrodynamics of substances with simultaneously negative values of ε and μ, *Sov. Phys. Usp.* *10* (1968) 509.

[70] J.B. Pendry, Negative refraction makes a perfect lens, *Phys. Rev. Lett.* *85* (2000) 3966.

[71] G. Juzeliūnas, J. Ruseckas, P. Öhberg, M. Fleischhauer, Formation of solitons in atomic Bose-Einstein condensates by dark-state adiabatic passage, *Lithuanian J. Phys.* *47* (2007) 357.

索　引

A

Absorbing particles, 227, 231, 240 吸收粒子
Absorption, 82, 84, 112, 122, 126, 172, 179, 218, 219, 241, 258, 303, 312 吸收
Acousto-optic deflectors, 114, 158 - 160 声-光偏转器
Adiabatic condition, 313, 314, 316, 318 绝热条件
Amplitudes, 1, 7, 63, 64, 68 - 72, 146, 152, 153, 173, 226, 230, 253, 254, 276, 280, 296, 297, 314 - 316 振幅
  complex, 143 - 145, 149, 153 复振幅
Angle of convergence, 206 - 208, 212, 214, 216, 227 会聚角
Angular momentum, 4 - 9, 16, 19, 20, 24, 59 - 63, 162, 163, 198 - 205, 210, 216 - 222, 226 - 228, 237, 238, 243, 249 - 252, 278 角动量
  content, 221, 224, 252, 253, 256 角动量值
  density, 5, 6, 19, 200, 201, 229 角动量密度
  states, 241, 244, 286 角动量量子态
  transfer, 218, 238, 240, 241, 245, 246, 249, 252 转移角动量
  transport of, 199, 202, 203, 206 传输
Angular range, 188 - 190, 279 方位角
Angular velocity, 45 - 47, 56, 252 角速度
Aperture, 33, 37, 108, 110, 124, 143, 144, 239, 240, 255 孔径
Atomic motion, 298, 316, 324, 326, 328 原子运动
Atomic states, 298, 324, 328, 329 原子态
Atoms
  dark-state, 312 暗态
  excited, 313, 314 激发态原子
  trapped, 170, 171, 296, 297, 317 俘获原子
Axial trapping, 211, 212, 214 轴向俘获
Axis, 5, 6, 14, 20 - 22, 31, 32, 38, 39, 54, 59, 88, 90, 100, 178, 214, 215, 242, 287 光轴
Azimuthal
  angle, 45, 46, 51, 315, 323 方位角
  index, 30, 183, 204, 251, 254, 261 方位角指数

B

Beam
  axis, 2, 5, 7, 14, 37 - 39, 65, 74, 204, 210, 211, 214 - 216, 228 - 231, 240 - 242, 246, 279 束轴
  diameter, 143, 144, 241 束直径
  profile, 37, 71, 72, 171, 204, 206, 228, 276, 279 束剖面
  waist, 3, 34, 122, 180, 186, 187, 283, 318 束腰
Beams, 1, 2, 4 - 7, 35 - 38, 46 - 48, 64 - 72, 142 - 146, 180 - 183, 206 - 219, 221, 226-230, 237 - 242, 252 - 256, 261 - 263, 315 - 319
  asymmetric, 239, 240 非对称光束
  azimuthally phased, 2 具有方位角相位的
  bottle, 142 空心光束
  classical, 37, 276 经典光束
  collinear, 65, 69, 71, 72 共线光束
  diffracted, 9, 11, 73, 143 衍射光束
  helically phased, 2, 8, 10 螺旋形定相光束
  hollow, 195, 211 空心光束
  monochromatic, 34, 36, 38, 48, 196 单色光束

注：页码为原版书的，请中文简体版读者忽略。

multiple, 145, 181, 182, 191, 192 多光束
nonintegral, 73, 74 非整数光束
nonparaxial, 198, 199, 204 非傍轴光束
polychromatic, 42, 43 多色光束
rotating, 46, 47 旋转光束
Bessel beams, 7, 8, 31, 33, 68, 146, 208, 210, 241 贝塞尔光束
Birefringent particles, 245, 252 双折射颗粒
Bose-Einstein condensate (BEC), 81, 170, 171, 285, 295, 299 - 306, 308, 316, 330 玻色—爱因斯坦凝聚体

C

Cells, 100, 122, 125, 140, 169, 239, 264, 265, 268 细胞
Chiral particles, 220, 222 手性颗粒
Chiral rotor, 222 手性转子
Circular polarization, 4, 21, 26, 27, 36, 38 - 40, 44, 51, 209, 215, 216, 226, 252, 255, 256, 265 圆偏振
Cold atoms, 170, 295, 308, 321, 323 - 325, 327 - 329 冷原子
Colloidal
dispersions, 120, 131 胶体分散系
particles, 96, 115, 120, 122, 129, 159 胶体颗粒
Colloids, 117 - 119, 132 胶体
Complex electricfield, 43, 45, 149 复电场
Complexfields, 33, 34, 41, 43 复场
Conservation laws, 199, 201 守恒定律
Counterpropagating
beam traps, 142, 161 相向传输光束陷阱
beams, 81, 172, 182, 183, 185, 191, 317 相向传输光束
Critical radius, 215, 216 临界半径
Crystal, photonic, 131, 132 晶体,光子晶体
Cube, polarizing beam splitter, 255, 256 立方体,偏振分束器

D

Dark solitons, 305 - 307 暗孤子
Dark states, 310, 312 - 314, 318, 320 - 322, 325 - 328 暗态
degenerate, 311, 329 简并暗态
Density matrix, 174, 289, 298 密度矩阵
Dielectric resonator, 116, 119, 120, 130 - 132 介质谐振器
Diffracted orders, 66 - 68, 73, 261, 262 衍射级
Diffraction orders, 11, 148, 275 衍射级
Diffractive optical element (DOE), 142, 144 - 147 衍射光学元件
Dipole, 83, 295 - 299, 311 偶极子
approximation, 83, 86, 296 偶极子近似
force, 142, 174, 175, 179, 299 偶极子力
method, coupled, 113, 132 偶极子方法,偶极子耦合
Direct search algorithm (DS), 156 - 158, 167 直接搜索算法
Doppler forces, 172, 173, 175, 177, 179 多普勒力
Doppler shift, 180, 181 多普勒位移

E

Effective magneticfield, 296, 308, 314, 316, 317, 319, 322, 329 等效磁场
Eigenstates, 21, 51, 52, 54, 56, 305, 312, 326 本征态
circular, 51, 52 圆形特征模式
Eigenvalues, 9, 20, 49, 52, 55, 56, 154 本征值
Electricfield, 5, 8, 22 - 24, 28, 30 - 35, 40 - 42, 46, 80, 121, 124, 149, 150, 186, 226, 251 电场
Electromagnetic
angular momentum, 199 电磁角动量
field, 5, 21, 22, 82, 86, 94, 98, 100, 101, 103, 112, 135 电磁场
Electronic states, 310, 312, 313 电子态
excited, 312 激发电子态
Energy density, 21, 27, 29, 31, 35, 37, 38, 43, 45 - 47 能量密度
Energy shift, 82, 84, 87, 92, 94 能移

induced, 85 - 87, 89 - 91, 93 诱导能移
Energy-momentum tensor, 200, 201 动能张量
Ensemble, 99, 141, 149, 185, 295, 311 系综
Entangled states, 272, 283, 284, 286, 288 纠缠态
Entanglement, 9, 272, 275, 276, 284, 285, 287 纠缠
Entrance pupil, 143, 144 入射光瞳
Equator, 53, 54 赤道
Evanescent
fields, 107, 109, 110, 112, 113, 115, 117, 121, 127, 161, 162 倏逝场
waves, 107 - 109, 122 - 126, 158 倏逝波
Eyefluid, 265, 266 滴眼液

F

Fermions, 299, 300 费米子
Field enhancement, 116, 119 - 122 场增强
Field operators, 27, 41, 302, 303 场算子
Fluid, 63, 117, 128, 245, 246, 249, 252, 253, 257 - 260, 264, 266 - 268 流体
Forks, 66, 70, 73 叉状
Fourier
lens, 143 傅里叶透镜
plane, 143, 144, 148, 150, 161 傅里叶平面
transform, 143, 144, 148, 276, 279 傅里叶变换
Frequencies, corner, 159 角频率
Fresnel holographic optical trapping, 144, 145 菲涅尔全息光俘获
Fringes, 2, 99, 115, 123 条纹

G

Gauge potential, 308 - 310, 314, 321 规范势
light-induced, 308, 311, 316, 321, 323 光诱导规范势
Gaussian beam trap, 211 - 214, 227 高斯光束陷阱
Gaussian beams, 9, 143, 144, 198, 206, 212, 213, 222, 226, 228, 239, 262, 299, 318 高斯光束
polarized, 222, 230 偏振高斯光束
Generalized adaptive additive algorithm (GAA), 155, 157, 158 广义自适应加法
Generalized Lorenz-Mie theory (GLMT), 112, 197, 198 广义 Lorenz-Mie 理论
Generalized phase contrast (GPC), 158, 160, 161 广义相衬
Gerchberg-Saxton algorithms, 153 - 158 Gerchberg-Saxton 算法
weighted (GSW), 155 - 158 加权 Gerchberg-Saxton 算法
Gold nanoparticles, 113, 126 - 128, 142 金纳米颗粒
Gouy phase, 9, 49 - 51, 59, 65, 74 古伊相位
Gratings, 11, 68, 144, 146, 148, 218 光栅
Gross-Pitaevskii equation, 303 - 305 Gross-Pitaevskii 方程

H

Hamiltonian, 20, 27, 41, 49, 51, 296, 301, 310 - 312, 320, 326 哈密顿量
Helmholtz wave equation, 27, 30 赫姆霍兹波动方程
Hermite-Gaussian
beams, 9, 45, 98 厄米特—高斯光束
modes, 2, 3, 9, 10, 12 - 14, 49, 50, 52 - 54, 239 厄米特—高斯模式
Hermite-Laguerre sphere, 53 - 55 厄米特—拉盖尔球面
Holograms, 9, 11, 143 - 147, 149, 152, 153, 155 - 157, 222, 225, 261 - 263, 275 - 277, 279 - 281, 286, 289 全息板
Holographic
optical traps, 98, 144, 149, 153, 155, 157, 159 全息光陷阱
optical tweezers (HOT), 139, 147 - 149, 157, 158, 162, 245 全息光镊

I

Incident
beam, 113, 116, 121, 125, 222, 226, 243, 252 入射光束
field, 121, 130, 196, 197, 202 入射场

laser beams，121，315 入射激光
modes，220，221 入射模式
Intensity
distribution，54，145，146，153 光强分布
modulations，158，160 光强调制
Interference，65，67，99，123，158，277 干涉
patterns，9，10，65，66，70，73，129，145，222，239，240，285 干涉图案
Interparticle forces，79，81 颗粒间作用力

K

Kretschmann geometry，109，114，115，123 Kretschmann 几何

L

Λ scheme，311，313 - 315，317，319，320Λ 方案
Ladder operators，51 - 53，57，173 阶梯算符
Lagrangian density，40，199，200 拉格朗日密度
Laguerre-Gaussian
beams，6，7，9，64，65，68，69，71，96，97，130，170，171，182，183，191，205，225 - 227，231，239 - 242 拉盖尔—高斯光束
counterpropagating，183，185 拉盖尔—高斯相向传播
superposition of，69，74 拉盖尔—高斯叠加态
modes，2 - 4，9 - 14，37，40，44，45，51 - 57，66，69，175，222，242，246，251，253，254 模式
Laser
beams，2，11，110，172，237，239，242，249 - 251，255，257，296，308，310，312 激光
cooling，172，191，295，300 激光制冷
fields，8，173，296，299，308，312，313，322，323，327，329 激光场
Lasers，1，33，84，109，125，126，142，143，147，153，159，295，296，299，300，310，324，327，328 激光器
Lenses，114，115，143，144，160，198，205，242 透镜
LG，*see* Laguerre-Gaussian 拉盖尔—高斯缩写
Light beams，2，3，5，6，19，21，22，33，60，148，149，171，172，181，277，278，280，295，304，315 光束
twisted，186，187 扭转光束
Lightfields，5，19，21，33，43，64，108，112，114，127，281，282，296，309，323，324 光场
Linear momentum，5，6，19，237，238，285 线性动量
Linear polarization，12，13，32，36，38，47，48，287 线偏振
direction of，32，39，40，221 线偏振的偏振方向
position-dependent，39，40，46 位置相关的线偏振
Liquid crystals，38，143，147，149，170，171，186，187，191 液晶
twisted nematic，188 - 190 扭曲向列型液晶
Liquid-crystal (LC) layer，147，148 液晶层
Lobes，1，70，71 波瓣
Loops，74，175，177，178 环路
Lorenz-Mie solution，196，197 Lorenz-Mie 解法

M

Magneticfields，5，22 - 24，28，31，34，42，43，139，226，310，315，317，319，323 磁场
Mathieu beams，7 马丢光束
Maxwell's equations，19，21，24，27，28，33，34，60 麦克斯韦方程组
Methanol，252，256，257 甲醇
Micelle，264，265 胶束
Micromachines，optically driven，140，141，219，221 - 223，243，246 微机械，光驱动
Micrometer-sized particles，117，122 微米量级颗粒
Microparticles，79，96，109，110，114，126 微粒

Microscope slide, 262, 263, 265, 266 显微镜载玻片
Microscopic particles, 131, 169, 195, 237, 249 微观颗粒
Microviscometer, 250, 254, 260, 264, 266 微粘度计
Mie particles, 113, 130 米氏颗粒
Mie theory, 112 米氏理论
Modal composition of beam, 261 - 263 光束的模式成分
Mode
  converter, cylindrical lens, 10, 13 模式转换器,柱面镜模式转换器
  functions, 6, 37, 38, 42, 46, 48, 50, 51, 53 模式函数
  indices, 57, 203, 204, 240 模式折射率
  pattern, 38, 42, 46, 47, 51, 55, 56 模式图案
  pictures, 262, 263 模式图
  transformations, 52, 68 模式转换
Modes
  high-order, 66, 68, 74, 240 高阶模式
  plasmon, 117, 119 等离激元模式
Momentumdensity, 6, 20 - 22, 27, 31, 34, 35 动量密度
Monochromatic paraxial beams, 33, 50, 60 单色傍轴光束
Multipolefields, 21, 27 - 29, 60 多极场
  cylindrical, 19, 22, 30, 33 柱型多极场

N

Nanoparticles, 81, 83, 96, 97, 101, 110, 130, 132 纳米颗粒
Near-field
  optical micromanipulation, 107, 108, 110, 111, 116, 119, 124, 125, 127, 129, 136 近场光学微操控
  optics, 107, 108, 114 近场光学
Neutral atoms, 295, 296, 308, 329 中性原子
Nonmonochromatic paraxial beam, 42 非单色傍轴光束
Nonparaxial optical vortices, 202, 205 非傍轴光涡旋

O

OAM, *see* Orbital angular momentum 轨道角动量缩写
Objects, trapped, 108, 111, 117, 239, 241 - 243, 253, 254 物体,俘获物体
Optical
  beams, 72, 74, 170 光束
  binding, 80, 81, 98 - 102, 129, 130, 133, 134, 158, 169 光结合
  forces, 98, 99, 101 光学约束力
  crystals, 99, 100 光学晶体
  element, diffractive, 142, 146, 224 光学元件,光学衍射元件
  fields, 9, 63, 64, 112, 125, 131, 139, 142, 145, 158, 161 光场
  forces, 79, 99, 109, 111 - 113, 116, 117, 119, 122, 126, 130, 139 - 141, 191, 198, 224, 250 光力
  lattices, 141, 144, 158, 308, 324, 325 光学晶格
  manipulation, 169, 170, 295, 308, 329 光学操控
  molasses, 170, 172, 179, 181, 182, 191 光学黏团
  spatial solitons, 130 - 132 空间光孤子
  torque, 140, 175, 218 - 221, 225, 251, 253, 257, 258, 268 光力矩
  trapping, 81, 98, 110, 111, 114 - 116, 119, 124, 129, 144, 145, 149, 195, 196, 198, 210, 237 光俘获
  traps, 97 - 99, 101, 110, 111, 114, 123, 124, 130, 140, 141, 146, 149, 160 - 162, 195, 249, 250, 261, 262, 304, 305 光陷阱
  tweezers, 11, 79, 99, 112, 114, 116, 141 - 145, 161, 162, 211, 219, 237 - 246, 249-252, 254, 262, 263 光镊
  vortex, 2, 4, 12, 19, 21, 55, 63, 64, 66 - 68, 72, 96, 97, 203, 204, 207, 209 - 212, 226 - 231 光涡旋

Optics, singular, 63, 64, 69 光学,光学奇点
Orbital angular momentum, 20 - 22, 25, 36 - 38, 45, 46, 48, 51, 52, 55, 60, 170 - 172, 181, 182, 271 - 273, 275 - 281, 283, 285 - 287 轨道角动量
conservation of, 275 轨道角动量守恒
content, 174, 181, 231, 254 轨道角动量值
density of, 36 - 38, 45 轨道角动量密度
effects of, 171, 172, 191 轨道角动量的作用
exchange, 171, 172 交换轨道角动量
in quantum communication, 271 量子通信中的轨道角动量
modes, 271, 272, 277, 278, 284 轨道角动量模式
of photons, 278 光子的轨道角动量
total, 5, 204 总轨道角动量
Orbital torque, 215, 225 轨道力矩

P

Pair, entangled, 287, 289 光子对,纠缠光子对
Paraxial
light beams, 22, 57 傍轴光束
optical vortex, 202, 203 傍轴光涡旋
beam, 203 傍轴光束
wave equation, 33, 37, 42 - 44, 48 - 51, 64, 74, 81 傍轴波动方程
Particle symmetry, effect of, 218 颗粒对称性,颗粒对称性的影响
Particles
cylindrical, 81, 88, 94 圆柱形颗粒
elongated, 221 细长型颗粒
entangled, 275 纠缠颗粒
interacting, 119, 123 相互作用颗粒
nonspherical, 196 非球形颗粒
spinning, 266, 268 旋转粒子
symmetric, 90, 92, 93, 219 对称颗粒
Phase
factor, 39, 56, 58 相位因子
fronts, 4, 5 相位波前
geometric, 66, 68 相位几何
hologram, 70, 146, 148, 154, 261, 262 相位全息板
imprinting, 303 - 306, 308, 330 相位压印
levels, 147, 156 相位灰阶
modulation, 146, 149, 153, 160 相位调制
relative, 123, 221, 296, 308, 314, 320, 322, 323, 329 相对相位
shift, 12 - 14, 74, 147, 149, 225, 277 相移
singularities, 2, 19, 21, 22, 30, 37, 38, 54, 64, 68, 210, 242, 280 相位奇点
structure, 2 - 4, 7, 242, 280 相位结构
vortex, 32, 226 相位涡旋
Photon spin, 170, 203 光子自旋
Photonic crystal structures, 131 光子晶体结构
Photonics, 107, 108, 112, 116, 121 光子学
Photons, 26, 28, 29, 40, 44, 46, 47, 73, 82 - 84, 131, 228, 238, 252, 274 - 278, 283 - 287, 290 光子
down-converted, 275, 276, 287 下转换光子
emitted, 79, 275, 276 辐射光子
entangled, 275, 276, 283, 286 纠缠光子
laser, 84, 85 光子激光
lower-frequency, 46 更低频率光子
virtual, 82 - 84 虚光子
Poincaré sphere, 13, 53, 55 庞加莱球
Polarizability, 92, 94, 97, 101 偏振度
Polarization, 12 - 14, 21, 22, 25, 26, 29, 30, 32, 38, 39, 42 - 44, 46 - 48, 51, 88, 112, 113, 129, 130, 203, 215, 216 偏振
degree of, 5, 6 偏振度
direction, 38 偏振方向
plane of, 221, 230 偏振平面
singularities, 22, 60, 64 偏振奇点
state, 12, 14, 129, 241, 242, 246, 250, 263, 272, 287 偏振态
circular, 12, 13 圆偏振
vector, 26, 34, 36, 38, 39, 43, 53, 86, 90, 95, 205 矢量
vortex, 22, 32 偏振涡旋
Polarized beams, 5, 9, 221, 225 - 227, 230, 231, 241, 246, 251 偏振光束
Polarized light, 6, 9, 11, 221, 240, 251, 271 偏振光
Polystyrene, 212, 214 - 217, 227, 250 聚苯

乙烯
Poynting vector，21，35，66，206，226，238，240 坡印廷矢量
Probability operators，274，275，277，278 概率算符
Probe particle，245，250－253，257，258，260，264，266－268 粒子探针
Propulsion，114，126－128 推动
Protocols，273，286，288 协议
Pump，244，246，275 泵补
beam，275，283 泵补光束

Q

Quantum
communication，14，271，273，275，280，286 量子通信
cryptography，272 量子密码
gas，299，303，304 量子气
information，262，272－275，277，280，283，286，290 量子信息
systems，274，290，291 量子系统
key distribution，271，286，288 量子秘钥分配
protocol，272，273，286 量子协议
states，72，273，274，283，290，300，309 量子态
Qubits，271，272，290，291 量子比特
Qunits，272，274，286，290，291 量子尼特

R

Rabi frequency，179，181，182，297，314 Rabi 频率
Radial
trapping efficiencies，212，213，227 径向俘获效率
wave equation，27，30 径向波动方程
Radiation
field，23，24，26，27，33，35，36，81，171 辐射场
forces，116，128，191 辐射力
pressure，109，114，123，126，142，299 辐射压力
Random superposition（SR）holograms，153，156，157 随机叠加全息板
Rayleigh particles，215 瑞利颗粒
Red blood cells，115，125，239 红细胞
Refraction，negative，133，324，328 折射，负折射
Refractive index，relative，212－216，227 折射率，相对折射率
Resonances，two-photon，312，313，320，325 共振态，双光子共振态
Rotating wave，173，297，298，311 旋转波
Rotational symmetry，218，220，222，229，240，277 旋转对称性
discrete，218，219 分立的旋转对称性

S

Schrödinger equation，3，20，48，50，297，309，321 薛定谔方程
Security in quantum cryptography，272，286，289，290 量子密码的安全性
Single photon level，9，277，278，280 单光子级别
Single photons，67，72，273，277，279，285 单光子
Single-trap holograms，152－154 单缺陷全息板
Singularities，optical，63，65 奇点，光学奇点
SLM，*see* Spatial light modulator 空间光调制器缩写
Solitons，305，330 孤子
Solutions，polymer，249，250，257 溶剂，聚合物溶剂
Spatial light modulator，9，11，68，70，72，74，114，142－149，153，160，161，234，235，242，243，262，279，280 空间光调制器
liquid crystal（LC SLM），147－149 液晶空间光调制器
plane，143－145，150，153 平面空间光调制器
reflective，147，148 反射式空间光调制器
Spherical particles，94，96，97，103，192，

198, 218, 250 球形颗粒
Spin
angular momentum, 4 - 6, 9, 21, 35, 36, 41, 60, 199 - 201, 203 - 205, 228, 229, 237, 238, 240, 241, 245, 246, 251 - 254, 263, 264 自旋角动量
measurement, 254, 263 自旋测量
density, 36, 37, 44, 200, 201, 229 自旋密度
flux, 201, 205 自旋通量
tensor, 199, 200 自旋张量
torque, 225 自旋力矩
States, 17 - 20, 42, 51 - 53, 55 - 60, 67, 68, 81, 272 - 275, 279 - 284, 286 - 288, 290, 297, 309 - 312, 321, 322, 327, 328 量子态
excited, 172, 297, 298, 311, 320, 321 激发态
linear, 12, 13 线性态
physical, 26, 328 物理态
steady, 175, 178, 182, 327 稳态
superposition of, 55, 56 态叠加
Superposition
algorithms, 152, 156 叠加算法
of OAM states, 276, 277, 279, 280, 284, 285, 290 轨道角动量量子态的叠加态
states, 273, 274, 276, 280 - 283, 288 叠加态
Surface
plasmon polariton (SPP), 116, 117 表面等离激元极化
modes, 116, 117 表面模式
plasmons, 110, 116, 117, 122 表面等离激元
Surface Enhanced Raman Scattering (SERS), 116 表面增强拉曼散射

T

Torque, 95, 101, 102, 112, 172, 177 - 179, 191, 196 - 200, 202, 215, 218 - 222, 238, 240 - 243, 251 - 254, 262 - 264 力矩
density, 229 力矩密度
light-induced, 170, 172, 175, 178, 179, 181, 191 光诱导力矩
Total angular momentum, 201, 204 - 208, 210, 216, 218, 229 总角动量
Total internal reflection, 108, 109, 111, 114, 122, 162 全内反射
Transverse
electric (TE) fields, 23, 25, 28 - 32, 40 - 42, 129, 203 横电场
magnetic (TM) fields, 28 - 32 横磁场
plane, 22, 31, 32, 34, 36, 39, 42 - 44, 47, 50, 55, 60, 74, 126, 153, 276 横向截面
Trap arrays, 141, 145 - 147, 152, 156, 160, 161 陷阱阵列
optical, 141, 142, 161 光陷阱阵列
Trapped particle, 99, 111, 112, 129, 159, 161, 195, 205, 213, 218, 241, 251, 254, 263 俘获颗粒
Trapping, 112 - 116, 125, 131, 132, 171, 172, 179, 180, 191, 192, 211, 212, 215, 216, 245, 246, 249, 299, 300, 303, 304, 312, 325, 326 俘获
beam, 111, 150, 195, 218, 219, 240, 243, 244, 262, 265 俘获光束
effective, 313, 318, 319 有效俘获
efficiency, 125, 231 俘获效率
external, 309, 313, 318, 322, 324 外部俘获
in vortex beams, 211 涡旋光束中的俘获
laser, 160, 250, 251, 255, 257, 258 激光俘获
nanoparticles, 113, 226 俘获纳米颗粒
plane, 124, 143, 144, 146, 148, 153, 160, 161 俘获面
potentials, 308, 310, 312 - 314 俘获势
volume, 125, 145 捕获体积
Traps, 99, 124, 125, 129, 130, 140, 141, 145, 146, 148 - 151, 156 - 162, 196, 197, 211, 212, 231, 237, 239, 242, 266 陷阱
evanescent wave, 114, 125 倏逝波陷阱
optical vortex, 195, 211 - 213, 231 光涡旋陷阱

Twisted beams，184，185 扭转光束
Twisted light，186－188 扭转光
Two-photon
photopolymerization，223，224 双光子光致聚合
polymerization，244，246 双光子聚合

U

Ultracold atoms，295，328，329 超冷原子

V

Vaterite，254，264－266 球霰石
particle，256－258，264－268 球霰石颗粒
Vector Bessel beams，210 矢量贝塞尔光束
Viscosity，245，246，249－260，263－268 粘度
Vortex，4，5，21，32，54，57，58，63，66，70，71，315
beams，146，211，231，323 涡旋光束
optical，195，203，204，209 光涡旋
composite，69，71，72，74 复合涡旋
pair，58，59 涡旋对
pancakes，281，282 薄饼状涡旋
structure，27，230，231 涡旋结构
VSWFs（vector spherical wave functions），197-199，202－204，207，208，210，218，221，226，230 球形矢量波函数
scattered，218，219，222 散射球形矢量波函数

W

Wave
equation，2，3，8，28，33，64，75 波动方程
fields，63，74，75 波动场
functions，19，20，50，51，56－58，203，305 波函数
vector，4，25，26，30，33，40，81，83，100，108，173，218，299，311，326－329 波矢
Wave-packets，327，328 波包
Wave-plates，9，12，13，240 波片
Waveguide mode，120－122，126 波导模式
Waveguides，113，122，125－128，133，210 波导
optical，125－127，134 光学波导